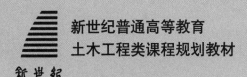

新世纪普通高等教育
土木工程类课程规划教材

土木工程材料

（第三版）

总主编 李宏男
主　编 吕　平　赵亚丁
副主编 卢桂霞　肖会刚　陈渊召
主　审 彭小芹

TUMU GONGCHENG CAILIAO

大连理工大学出版社

图书在版编目(CIP)数据

土木工程材料 / 吕平,赵亚丁主编. -- 3 版. -- 大
连：大连理工大学出版社,2023.2(2024.1重印)
新世纪普通高等教育土木工程类课程规划教材
ISBN 978-7-5685-3920-3

Ⅰ. ①土… Ⅱ. ①吕… ②赵… Ⅲ. ①土木工程－建
筑材料－高等学校－教材 Ⅳ. ①TU5

中国版本图书馆 CIP 数据核字(2022)第 155674 号

大连理工大学出版社出版
地址:大连市软件园路 80 号　邮政编码:116023
发行:0411-84708842　邮购:0411-84708943　传真:0411-84701466
E-mail:dutp@dutp.cn　　　URL:https://www.dutp.cn
辽宁星海彩色印刷有限公司印刷　　大连理工大学出版社发行

幅面尺寸:185mm×260mm　　印张:20　　字数:512 千字
2015 年 8 月第 1 版　　　　　　　　2023 年 2 月第 3 版
2024 年 1 月第 2 次印刷

责任编辑:王晓历　　　　　　　　责任校对:常　皓
封面设计:对岸书影

ISBN 978-7-5685-3920-3　　　　　　定　价:55.80 元

本书如有印装质量问题,请与我社发行部联系更换。

新世纪普通高等教育土木工程类课程规划教材编审委员会

主任委员：

李宏男　大连理工大学

副主任委员（按姓氏笔画排序）：

于德湖　青岛理工大学

牛狄涛　西安建筑科技大学

年廷凯　大连理工大学

范　峰　哈尔滨工业大学

赵顺波　华北水利水电大学

贾连光　沈阳建筑大学

韩林海　清华大学

熊海贝　同济大学

薛素铎　北京工业大学

委员（按姓氏笔画排序）：

马海彬　安徽理工大学

王立成　大连理工大学

王海超　山东科技大学

王崇倡　辽宁工程技术大学

王照雯　大连海洋大学

卢文胜　同济大学

司晓文　青岛恒星学院

吕　平　青岛理工大学

朱　辉　山东协和学院

朱伟刚　长春工程学院

任晓崧　同济大学

刘　明　沈阳建筑大学

刘明泉　唐山学院

刘金龙　合肥学院

许成顺　北京工业大学

苏振超　厦门大学

李　哲　西安理工大学

李伙穆　闽南理工学院

李素贞　同济大学

李晓克　华北水利水电大学

李帼昌　沈阳建筑大学

何芝仙　安徽工程大学

张　鑫　山东建筑大学

张玉敏　济南大学

张金生　哈尔滨工业大学

陈长冰　合肥学院

陈善群　安徽工程大学

苗吉军　青岛理工大学

周广春　哈尔滨工业大学

周东明　青岛理工大学

赵少飞　华北科技学院

赵亚丁　哈尔滨工业大学

赵俭斌　沈阳建筑大学

郝冬雪　东北电力大学

胡晓军　合肥学院

秦　力　东北电力大学

贾开武　唐山学院

钱　江　同济大学

郭　莹　大连理工大学

唐克东　华北水利水电大学

黄丽华　大连理工大学

康洪震　唐山学院

彭小云　天津武警后勤学院

董仕君　河北建筑工程学院

蒋欢军　同济大学

蒋济同　中国海洋大学

前 言

《土木工程材料》（第三版）是新世纪普通高等教育教材编审委员会组编的土木工程类课程规划教材之一。

本教材以高等学校土木工程专业指导委员会制定的土木工程专业培养目标、培养规格，以及课程设置方案为指导原则，以土木工程专业指导委员会审定的《高等学校土木工程专业本科指导性专业规范》为依据，结合现阶段土木工程专业教学改革要求，参考现行国家标准和规范编写而成。

本教材吸纳青岛理工大学"土木工程材料"国家资源共享课程和国家双语示范课程之精华，反映国内外课程体系、教学内容、教学方法和教学手段等方面改革研究成果和学科新进展，将土木工程材料的基础性、系统性、先进性、技能性、前沿性和国际化融于一体，注意强化专业基础，拓宽知识面，优化知识结构，满足厚基础、大专业的要求。本教材每章均设置"学习目标""发展趋势""习题及案例分析"等栏目，以帮助学生加深对各类土木工程材料的理解，培养学生独立思考、发现问题、解决问题的能力。

本教材介绍常用土木工程材料的种类与组成、技术性能与要求、检测方法与应用，以及发展新趋势等。本教材包括：绪论；土木工程材料的基本性质；气硬性胶凝材料；水泥；混凝土；砂浆；建筑钢材；高分子材料；沥青及沥青混合料；木材；砌体材料；建筑功能材料；土木工程材料实验。

本教材随文提供视频微课供学生即时扫描二维码进行观看，实现了教材的数字化、信息化、立体化，增强了学生学习的自主性与自由性，将课堂教学与课下学习紧密结合，力图为广大读者提供更为全面并且多样化的教材配套服务。

为响应教育部全面推进高等学校课程思政建设工作的要求，本教材融入思政目标元素，培养学生正确的观念意识，树立肩负建设国家的重任，从而实现全员、全过程、全方位育人。培养学生的标准化意识，建立文化自信。厚植爱国主义情怀，成为更加符合社会需求的人才。

新世纪

本教材可作为土木工程、材料科学与工程、建筑学、建筑工程管理等本科专业的教学用书,也可作为建材、建筑工程等领域从事设计、科研、施工、管理及生产技术与应用人员的参考用书。

本教材自出版以来,受到许多高校土木工程专业师生和工程技术人员的欢迎。然而,随着我国国民经济的发展,土木工程领域科学与技术的进步,土木工程材料技术不断提高,新材料、新品种和新的工程应用层出不穷,相应的国家标准、规范与规程随之更新。因此,需要更新完善教材部分内容,使之更好地满足教学要求。

本次再版在保持原有教材特色的基础上,广泛征求并采纳了有关高校师生的意见,优化完善了部分教学内容;更新了所涉及的土木工程材料的标准、规范与规程;并根据教学要求,对部分章节进行了调整。

本教材由青岛理工大学吕平(国家资源共享课程和国家双语示范课程负责人),哈尔滨工业大学赵亚丁[黑龙江省一流本科课程(线下课程)负责人]任主编;青岛理工大学卢桂霞,哈尔滨工业大学肖会刚,华北水利水电大学陈渊召任副主编;青岛理工大学刘杏,哈尔滨工业大学高小建、李学英、周春圣,青岛理工大学罗建林、金祖权参与了编写。具体编写分工如下:吕平、卢桂霞编写了绪论、第4章第1节至第5节、第7章、第9章部分内容和第11章;赵亚丁、高小建编写了第1章;赵亚丁、李学英编写了第2章;肖会刚、赵亚丁编写了第3章;陈渊召、卢桂霞编写了第8章、第10章和第12章;卢桂霞、刘杏编写了第5章;周春圣编写了第6章;罗建林编写了第9章部分内容;金祖权编写了第4章第6节。重庆大学彭小琴审阅了书稿并提出了修改建议,在此谨致谢忱。

与本教材配套的课程资源在爱课程网站面向全国资源共享(http://www.icourses.cn/coursestatic/course_2839.html),其包括教学要求、知识点、重点难点、教学设计、评价考核、教材内容、知识点注释、教学录像、演示文稿、习题、试卷、教学课件、例题、电子教材(英文版)、实验/实训/实习等16个课程基本资源。欢迎广大读者在学习过程中参考使用。

在编写本教材的过程中,编者参考、引用和改编了国内外出版物中的相关资料以及网络资源,在此表示深深的谢意!相关著作权人看到本教材后,请与出版社联系,出版社将按照相关法律的规定支付稿酬。

限于水平,书中仍有疏漏和不妥之处,敬请各位专家和读者批评指正,以使教材日臻完善。

编　者

2023 年 2 月

所有意见和建议请发往:dutpbk@163.com

欢迎访问高教数字化服务平台:https://www.dutp.cn/hep/

联系电话:0411-84708462　84708445

目 录

数字资源列表

序号	二维码	名称	序号	二维码	名称
1		绪论	18		混凝土配合比设计(一)
2		课程重要性	19		混凝土配合比设计(二)
3		土木工程材料分类	20		混凝土配合比设计(三)
4		土木工程材料的基本性质	21		建筑钢材
5		气硬性胶凝材料	22		高分子材料
6		水泥	23		沥青及沥青混合料
7		混凝土	24		砌体材料
8		混凝土的技术性质	25		建筑功能材料
9		混凝土的和易性	26		水泥标准稠度用水量实验
10		和易性——测试方法	27		水泥体积安定性实验
11		和易性——影响因素	28		水泥胶砂强度实验
12		和易性——提高措施	29		坍落度法测定混凝土拌和物的稠度
13		混凝土强度	30		维勃稠度法测定混凝土拌和物的稠度
14		强度影响因素-水灰比和混凝土强度公式	31		立方体抗压强度实验
15		强度影响因素——骨料的影响及养护条件	32		抗折强度实验
16		强度影响因素——实验条件	33		钢材的拉伸性能实验
17		如何调节和易性	34		钢筋弯曲(冷弯)实验

第0章 绪　论

0.1　土木工程材料的含义与分类

0.1.1　含义

土木工程材料是指用于土木工程中的各种材料,它是一切社会基础设施建设的物质基础。社会基础设施包括应用于工业生产的厂房、仓库、电站、采矿采油设施;用于农业生产的堤坝、渠道、灌溉排涝设施;用于交通运输和人们出行的高速公路、道路桥梁、海港码头、机场车站设施;用于人们生活需要的住宅、商场、办公楼、宾馆建筑、文化娱乐设施和卫生体育设施;用于官方需要的军事设施、安全保卫设施等。

对于土木工程材料的定义,可以从广义和狭义两个角度理解。从广义角度讲,土木工程材料是指构成土木工程的各种材料以及为土木工程服务的临时设施等所使用的材料及各种工程设备的总称。

(1)构成土木工程本身的材料,如钢材、木材、水泥、石灰、砂石、红砖、玻璃、防水材料等。

(2)施工过程中所用的材料,如钢、木模板及脚手杆、跳板等。

(3)各种工程设备,如给水排水设备、采暖通风设备、电气、电信、消防设备等。

从狭义角度讲,土木工程材料是指直接构成土木工程本身的各种材料,本书中主要介绍狭义的土木工程材料。

土木工程材料作为一切土木工程的物质基础,比如其中用于建筑工程的材料,被称为"建筑业的粮食",其质量、功能以及价格对于房屋建筑工程的质量、功能和价格具有重要的影响,因此作为土木工程材料应具有适用、耐久、量大和价廉四大特点。

0.1.2　分类

土木工程材料的种类繁多,按照化学成分,通常可以分为无机材料、有机材料和复合材料三大类,见表0-1。

表 0-1 土木工程材料的分类

无机材料	金属材料	黑色金属	钢、铁、不锈钢等
		有色金属	铝、铜及其合金等
	非金属材料	天然石材	砂石料及石制品
		烧土制品	砖、瓦、玻璃、陶瓷等
		胶凝材料	石灰、石膏、水泥等
		硅酸盐制品	混凝土、砂浆及硅酸盐制品
有机材料	植物材料		木材、竹材等
	沥青材料		石油沥青、煤沥青、沥青制品
	高分子材料		塑料、涂料、合成橡胶等
复合材料	非金属材料与非金属材料复合		水泥混凝土、砂浆等
	无机非金属材料与有机材料复合		玻璃纤维增强塑料、聚合物水泥混凝土、沥青混合料等
	金属材料与无机非金属材料复合		钢纤维增强混凝土等
	金属材料与有机材料复合		轻质金属夹芯板等

按材料来源,可分为天然材料及人造材料;按其功能,可分为结构材料、保温材料、吸音材料、装饰材料等;按其用途,可分为墙体材料、屋面材料、地面材料等。

0.2 土木工程材料在建设工程中的作用与发展趋势

0.2.1 材料在建设工程中的作用

1. 材料质量是保证土木工程质量的基础

土木工程材料是土木工程建设的重要物质基础,对土木工程的质量、造价以及土木工程技术具有重大的影响。

土木工程材料的品种、组成、构成、规格及使用方法等对土木工程的结构安全性、坚固耐久性和适用性等工程质量指标都有直接的影响。大量的工程实践表明,从材料选择、生产、使用、检验评定,到材料贮运、保存等环节都必须做到科学合理,否则任何环节的失误都可能造成工程的质量缺陷或引发质量事故。

2. 材料对土木工程造价的影响显著

土木工程材料的选择、使用与管理是否合理对工程的经济性影响非常大。在一项工程中,采用不同的材料或不同的材料使用方法,可能达到的工程效果是一致或接近的,但是需要的成本或消耗的资源却有很大的差别。因此,要在确保质量的基础上达到最佳的经济性,就要求优化选择和正确使用材料,充分利用材料的各种功能,在满足工程使用要求的条件下,降低材料的资源消耗或能源消耗,节约与材料有关的费用。从工程技术经济的角度来看,正确地选择和使用材料,在土木工程建设工作中对于创造良好的经济效益与社会效益具有十分重要的意义。

3. 新材料推进建筑工程技术进步

土木工程材料品种、质量及规格,直接影响着各项土木工程的坚固、耐久、适用、美观和经济性,并在一定程度上影响着工程结构的设计形式与施工方法。在通常情况下,结构设计形式或设计方法的创新都必须以适应于充分发挥材料的性能为前提。工程中许多技术问题的突破,往往依赖于土木工程材料问题的解决,而新的土木工程材料的出现,又将促进结构设计及施工技术的革新。因此,土木工程材料生产及其科学技术的迅速发展,对于工程技术的进步,具有重要的推动作用。

0.2.2 发展趋势

随着现代化建设的发展,人类要求现代化的土木工程具有更高的安全性、舒适性、美观性、耐久性及经济实用性。特别是基于新型土木工程材料的自重轻、抗震性能好、能耗低、材料循环利用等优点,研究开发和应用新型土木工程材料已成必然。遵循可持续发展战略,土木工程材料呈现以下发展趋势:

(1)生态化:原料及能源生态化,尽可能少消耗天然资源与能源,应充分利用地方资源,特别是大量开发固体废弃物的资源化利用及风、浪、地热、太阳能等替代能源应用技术;制备技术生态化,尽可能开发节能、环保、简洁的材料生产及制备技术;应用生态化,开发生产无毒害、无污染、无放射性、抗菌、防霉、除静电、调温调湿、调光控光等安全舒适材料产品;废弃材料处理生态化,开发废弃材料的循环利用、减量化及无害化处理技术等。

(2)高性能、多功能及长寿命化:例如研制轻质、高强、高耐久性、优异装饰性和多功能的材料,以及充分利用和发挥各种材料的特性,采用复合技术,制造出具有特殊功能的高性能、长寿命复合材料。

(3)智能化:要求土木工程材料具有自感知、自调节、自修复的功能。目前,如自清洁、混凝土裂缝自修复等智能土木工程材料已经在土木工程中得到很好的应用。

0.3 本课程学习方法与要求

本课程是土木工程专业的专业基础课和核心课程,涵盖了气硬性胶凝材料、水泥、混凝土、砂浆、建筑钢材、高分子材料、沥青和沥青混合料、木材、砌体材料、建筑功能材料等常用土木工程材料,包括原料与生产、组成与结构、技术性能与应用、技术要求与检验以及发展趋势等内容。通过本课程的学习,能够建立土木工程材料知识体系,掌握主要材料的技术原理、性能与标准规范,掌握复杂结构和严酷环境下材料选择设计与运用方法,为从事相关专业技术工作打下基础。在学习中要重视对土木工程材料基本性质的掌握与应用,了解当前土木工程中常用材料的组成、结构、技术性质及机理,熟悉这些材料的主要性能与正确的使用方法,以及这些材料技术性能的试验检测和质量评定方法;掌握解决工程实际中有关材料问题的一般规律,具备深度分析和解决较为复杂土木工程材料问题能力。理论联系工程实践,培养、提高分析材料设计-制备-施工-服役-维护-再利用全生命周期过程中的工程问题与应用开发能力,以及提供解决复杂工程问题的材料技术评价和解决方案能力。立德树人,通过本课程学习,培养学生严谨勤奋的工作态度,精益求精的工作作风,求真务实的社会责任。

本课程具有内容繁多、涉及面广、可实践性强等特点,学生们在初学时要正确理解与全面掌握这些知识的难度较大。因此,在学习过程中,应在首先掌握材料基本性质和相关理论的基础上,再熟悉常用材料的主要性能、技术标准及应用方法,并结合工程案例灵活运用所学知识和试验、测试手段。为了帮助学生更快地达到上述目的,本教材在每章前面设置了"学习指导"和"历史回顾",在大部分章节主体内容中设置了"工程案例与分析"。其中,"学习指导"明确了学生学习时应了解、熟悉、掌握的材料的相关内容,"发展趋势"简单概述了本章所介绍材料的发展趋势。通过"学习目标"和"发展趋势"的学习,有助于理清学习思路并提升学习兴趣。"案例分析"从实际工程案例出发提出与所学知识有关的问题,有助于加深学生们对所学知识的理解并提升理论联系实际的能力。

本课程是一门以生产实践和科学实验为基础的学科,因而实验课是本课程的重要教学环节。实验课的任务是验证基本理论,加深对课本知识的了解,学习试验方法和技术,培养动手能力和科学研究能力及严谨的科学态度。本课程的实验是根据课程的重点、难点和土木工程材料的发展趋势所设计的,由基本实验和开放实验组成。其中基本实验包括五项验证型实验和两项设计型实验,要求学生们在老师的指导下完全掌握并独立完成。做实验时必须严肃认真,应特别了解实验条件对实验结果的影响,并对实验结果做出正确的分析和判断。

与本教材配套的本课程教学资源分为课程基本资源和课程拓展资源二大部分。课程基本资源包括:教学要求、知识点、重点难点、教学设计、评价考核、教材内容、知识点注释、教学录像、演示文稿、习题作业、试卷、教学课件、例题、电子教材(英文版)、实验/实训/实习等16个课程基本资源,而且还包括土木工程材料中英文双语课程、技术前沿库、试验库、工程软件系统、土木工程材料师生互动平台等课程拓展资源。鉴于编者负责国家精品资源共享课程建设,上述课程教学资源面向全国资源共享。

0.4 相关规范与标准

作为有关生产、设计应用、管理和研究等部门应共同遵循的依据,对于绝大多数常用土木工程材料,均由专门的机构制定并发布相应的"技术标准"对其质量、规格和验收方法等做了详尽明确的规定。在我国,技术标准分为四级:国家标准、行业标准、地方标准和企业标准。国家标准是由国家质量监督检验检疫总局发布的全国性指导技术文件,其代号为 GB;行业标准也是全国性的指导技术文件,但它由主管生产部门(或总局)发布,其代号按部名而定。如建材行业标准,其代号为 JC,建工行业标准,其代号为 JG,交通行业标准,其代号为 JT,其他行业标准还有:铁道部标准(TB),冶金行业标准(YB),石化行业标准(SH),林业行业标准(LY);地方标准是地方主管部门发布的地方性指导技术文件,其代号为 DB;企业标准仅适用于本企业,其代号为 QB。凡没有制定国家标准、行业标准的产品,均应制定相应的企业标准。随着我国对外开放和加入世界贸易组织(WTO),常常涉及一些与土木工程材料关系密切的国内、国外标准,如国际标准(ISO)、美国材料试验标准(ASTM)等。熟悉有关的技术标准,并了解制定标准的科学依据,也是十分必要的。

本课程讲述了建筑工程中常用的几种材料,本节结合后续各章节讲述的内容,简述各章节中涉及的主要国家标准。

第1章讲述土木工程材料的基本性质,涉及的国家标准有《民用建筑热工设计规范》(GB 50176—2016)。

第2章讲述气硬性胶凝材料,主要是建筑石膏和石灰,要求了解常用气硬性胶凝材料的性质与应用。涉及的标准有《建筑石膏》(GB/T 9776—2008)、《建筑石膏一般试验条件》(GB/T 17669.1—1999)、《天然石膏》(GB/T 5483—2008)、《建筑生石灰》(JC/T 479—2013)、《建筑石灰试验方法 第1部分:物理试验方法》(JC/T 478.1—2013)、《建筑消石灰》(JC/T 481—2013)等。

第 3 章讲述水泥，阐述了硅酸盐水泥熟料矿物的组成及其特性、硅酸盐水泥水化产物及其特征和硅酸盐水泥的性质与应用。涉及的国家标准有《通用硅酸盐水泥》(GB 175—2007)、《水泥细度检验方法筛析法》(GB/T 1345—2005)、《水泥标准稠度用水量、凝结时间、安定性检验方法》(GB/T1346—2011)、《水泥胶砂强度检验方法(IOS 法)》(GB/T 17671—2021)等。

第 4 章讲述普通混凝土，本章是重点章节，介绍混凝土的定义、材料组成、性质、强度、技术要求和配合比设计等内容。涉及的标准有《混凝土物理力学性能试验方法标准》(GB/T 50081—2019)、《普通混凝土拌和物性能试验方法标准》(GB/T 50080—2016)、《普通混凝土配合比设计规程》(JGJ 55—2011)等。

第 5 章介绍砂浆，主要是建筑砂浆技术性能的概念及测定方法、砌筑砂浆配合比设计和砂浆的应用等内容，相关的国家标准为《砌筑砂浆配合比设计规程》(JGJ/T 98—2010)、《建筑砂浆基本性能试验方法标准》(JGJ/T 70—2009)等。

第 6 章介绍建筑钢材，讲述建筑钢材的基本力学性能及其工艺性能和建筑钢材的合理选用。涉及的标准有《碳素结构钢》(GB/T 700—2006)、《低合金高强度结构钢》(GB/T 1591—2018)、《金属材料 拉伸试验 第 1 部分：室温试验方法》(GB/T 228.1—2021)、《金属材料 弯曲试验方法》(GB/T 232—2010)等。

第 7 章讲述高分子材料，包括基本概念、常用材料和高分子材料的组成与性能。相关的标准有《建筑材料及制品燃烧性能分级》(GB 8624—2012)、《塑料门窗工程技术规程》(JGJ 103—2008)、《聚氨酯防水涂料》(GB/T 19250—2013)等。

第 8 章介绍沥青及沥青混合料的相关内容，包括石油沥青、改性沥青和沥青混合料的组成、结构、性质与技术标准，以及沥青混合料的配合比设计。相关的标准有《公路工程沥青及沥青混合料试验规程》(JTG E20—2011)、《建筑石油沥青》(GB/T 494—2010)《公路沥青路面施工技术规范》(JTG F40—2004)等。

第 9 章简单介绍木材的分类、构造、物理力学性质和木材的干燥、防腐与防火方法。涉及的标准有《木材含水率测定方法》(GB/T 1931—2009)、《木材密度测定方法》(GB/T 1933—2009)、《木材抗弯强度试验方法》(GB/T 1936.1—2009)等。

第 10 章介绍目前常用砌体材料，包括砖、砌块、石材的相关内容。有关的标准有《烧结多孔砖和多孔砌块》(GB 13544—2011)、《烧结空心砖和空心砌块》(GB/T 13545—2014)、《普通混凝土小型砌块》(GB/T 8239—2014)、《砌体结构设计规范》(GB 50003—2011)等。

第 11 章讲述常用建筑功能材料，包括建筑装饰材料、建筑防水材料和建筑绝热材料的内容。相关的标准有《建筑玻璃应用技术规程》(JGJ 113—2015)、《弹性体改性沥青防水卷材》(GB 18242—2008)《屋面工程技术规范》(GB 50345—2012)等。

第 12 章介绍本课程中涉及的实验，明确工程材料性能试验与质量试验，是确保建设工程质量和安全的重要保证。要加强学生试验技能的培训，掌握基本的试验方法，为毕业后从事材料质量的试验与控制工作奠定基础。涉及的标准有《水泥胶砂强度检验方法(ISO 法)》(GB/T 17671—2021)、《混凝土物理力学性能试验方法标准》(GB/T 50081—2019)、《金属材料 拉伸试验 第 1 部分：室温试验方法》(GB/T 228.1—2021)等。

第1章　土木工程材料的基本性质

何为土木工程材料

学习目标

1.知识目标:熟悉本课程中经常涉及的各种土木工程材料性质的基本概念、评价指标;掌握材料组成与结构的基本概念、分析层次及其与材料性质的相互关系;了解土木工程材料生态化发展与环境协调性的关系。

2.能力目标:具备通过材料组成与结构分析,寻求土木工程材料基本性质及特点产生的原因及影响规律,继而实现找到改善土木工程材料性质及合理选用土木工程材料的思路与方法的能力。

3.素质目标:培养学生运用科学方法、求实态度,分析土木工程材料基本性质产生、变化的规律,为土木工程优化、改善及创新材料发展勇于奉献的专业精神与能力。

发展趋势

国家主席习近平在二〇一九年新年贺词中提出:这一年,中国制造、中国创造、中国建造共同发力,继续改变着中国的面貌。土木工程正是中国建造的标志性体现,目前,中国的建筑工程正由快速高峰发展期向着平稳期过渡转变,而高铁、公路、桥梁、港口、机场等基础设施建设正在快速推进,这标志着中国正在开始由制造大国向着制造强国转变。

土木工程材料是土木工程的物质基础,为满足建设安全、健康、生态、舒适的土木工程的需要,土木工程材料应具备生态化、高性能、多功能、长寿命及智能化的发展特点。这也正是中国真正实现成为制造强国目标的重要物质基础。

土木工程材料在实际使用中需要承受不同的力学荷载和环境条件作用(如温度和湿度变化、冻融循环、盐类侵蚀等),因此不同气候环境条件、不同工程结构形式中所使用的土木工程材料要求具备不同的性质。土木工程材料的种类繁多,性质差异很大,只有熟悉和掌握各种材料的基本性质,才能在工程设计与施工中正确选择和合理使用材料,才能成为制造强国的合格工程技术人才。

1.1　材料的组成与结构

材料的组成和结构是决定材料性质的内在因素,要掌握材料的性质,必须先了解材料的组成、结构与材料性质之间的关系。

1.1.1　材料的组成

材料的组成即材料的成分,可由化学组成、矿物组成两个层次来表征。

1. 化学组成

化学组成是指材料的化学成分。无机非金属材料通常以各氧化物含量的百分数来表示,金属材料以各化学元素的含量来表示,有机材料则以各化合物的含量来表示。

材料的化学组成是决定材料性质的主要因素之一,材料可以根据其化学组成推断其某些性质(如导热性、耐腐蚀性、脆性等)。

2. 矿物组成

矿物组成是指构成材料的矿物种类和相对含量。矿物是具有固定化学组成和特定内部结构的单质或化合物。矿物组成是决定无机非金属材料化学性质、物理性质、力学性能和耐久性的重要因素。

材料的化学组成不同时,矿物组成一定不同;化学组成相同时,材料的矿物组成有可能不同,从而表现出不同的性质。例如,同是碳元素组成的石墨和金刚石,虽然它们化学组成相同,但由于矿物组成不同,表现出的物理性质和力学性质完全不同。另外,硅酸盐水泥的主要化学组成是 CaO、SiO_2,形成的两种主要矿物为硅酸三钙($3CaO \cdot SiO_2$)和硅酸二钙($2CaO \cdot SiO_2$),前者强度增长快、放热量大,后者强度增长缓慢、放热量小、耐腐蚀性好。因此,在已知材料化学组成条件下,进一步掌握材料矿物组成对于判断材料性质具有重要作用。

1.1.2　材料的结构

材料的结构是决定材料性质的重要因素之一。根据研究尺度不同,材料结构可以分为宏观结构、细观结构和微观结构三种。

1. 结构层次

(1)宏观结构

宏观结构是指用肉眼或放大镜能够观察到的材料组织和构造状况(毫米级及以上)。该层次结构主要研究材料组成的基本单元形态、形貌、分布状态、空隙与孔隙大小及数量等。例如,混凝土中的砂、石、气泡、纤维的形貌状态、数量多少及分布状态等就属于材料的宏观结构状态。材料的宏观结构分有不同种类及特性,见表 1-1。

表 1-1　　　　　　　　　　　　　　材料宏观结构种类及特性

结构种类	结构特征
致密结构	材料(如钢材、玻璃、沥青和部分塑料等)中的宏观孔隙很少或接近于零,其主要特性为自重大、吸水率低、抗冻及抗渗性好、强度较高等
多孔结构	材料(如石膏制品、加气混凝土、多孔砖、泡沫混凝土、泡沫塑料等)中的孔隙含量较高,这些孔隙或连通或封闭,其主要特性为质轻、吸水率高、抗冻及抗渗性差、保温、隔热、吸声性能好
纤维结构	由纤维状物质构成的材料(如木材、钢纤维、玻璃纤维、岩棉等)结构中,纤维之间通常存在相当多的孔隙,其主要特性为平行纤维方向的抗拉强度较高,且大多数具有轻质、保温及吸声性好
粒状结构	如砂、石子、粉煤灰及各种粉状材料等呈松散颗粒状结构,常用做各类混凝土及保温材料的原材料
聚集结构	通过胶结材料将散颗粒材料彼此牢固结合构成的材料(如各类混凝土、建筑陶瓷、砖、某些天然岩石等)结构,其主要特性为强度较高,脆性高
层状结构	如胶合板、纸面石膏板、夹芯板等天然形成或人工粘结叠合成层状结构的材料,其各层材料的性质不同,但叠合后材料的综合性质较好,扩大了材料的使用范围

材料的宏观结构是影响材料性质的重要因素,改变宏观结构较容易。在材料组成不变的情况下,通过改变材料的宏观结构可以制备不同性质和用途的材料。如通过改变泡沫含量可以制备不同密度等级和保温性能的泡沫混凝土材料,在普通混凝土中掺入纤维材料可以明显改善其抗拉强度和柔韧性等。

(2)细观结构

细观结构也叫亚微观结构,是指在光学显微镜下能观察到的微米级的材料组织结构。主要用于研究材料内部的晶粒、颗粒的大小和形态、晶界与界面、孔隙特征及分布等。

材料的细观结构对于材料的性质具有很大影响,一般情况下,材料内部的晶粒越小、分布越均匀,孔隙越细小、连通孔越少,材料的强度越高、耐久性越好;晶体颗粒或不同材料组成之间的界面(如混凝土中的骨料-水泥石界面)黏结越好,材料的强度和耐久性越高。

(3)微观结构

微观结构是指用电子显微镜或 X 射线衍射仪下观察到的材料在原子、分子层次的结构。微观结构决定材料的许多物理力学性质,如强度、硬度、熔点、导热、导电性等。

按组成质点的空间排列或联结方式,可将材料微观结构区分为晶体、非晶体和胶体。其种类及特性见表 1-2。

表 1-2   材料微观结构种类及特性

结构种类	结构特性		
晶体	质点(离子、原子或分子)在空间按特定的规则、呈周期性排列的固体称为晶体。 晶体具有特定的几何外形和固定的熔点。根据组成晶体的质点及质点间结合键的不同,晶体可分为原子晶体、离子晶体、分子晶体和金属晶体。 从键的结合力来看,共价键与离子键最强,金属键较强,分子键最弱。如纤维状矿物材料和岩棉,纤维内链状方向上的共价键力要比纤维与纤维之间的分子键结合力大得多,这类材料易分散成纤维,强度具有方向性;云母、滑石等结构层状材料的层间结合力是分子力,结合较弱,这类材料易被剥离成薄片;岛状材料如石英,硅、氧原子以共价键结合成四面体,四面体在三维空间形成立体空间网架结构,因此质地坚硬,强度高	原子晶体	中性原子以共价键结合而形成的晶体,这类晶体的主要特性是强度、硬度和熔点均较高,密度较小,如金刚石、石英、刚玉等
		离子晶体	正、负离子以离子键结合而形成的晶体,这类晶体的主要特性是强度、硬度和熔点均较高,但波动较大,部分可溶于水,密度中等,如氯化钠、石膏、石灰岩等
		分子晶体	分子以微弱的分子间力(范德华力)结合而成的晶体,这类晶体的主要特性是强度、硬度和熔点均低,大部分可溶,密度小,如冰、石蜡和部分有机化合物
		金属晶体	金属阳离子与自由电子以较强的金属键结合而形成的晶体,这类晶体的主要特性是强度、硬度变化大,密度大,导电性、导热性、可塑性均高,如铁、铜、铝及其合金等金属材料
非晶体	质点(离子、原子或分子)在空间以无规则、非周期性排列的固体称为非晶体。 非晶体没有固定的熔点和特定的几何外形,且各向同性。相对于晶体来说,非晶体是化学不稳定结构,容易与其他物质发生化学反应,具有较高的化学活性。如生产水泥时,熟料从水泥煅烧窑进入篦冷机,急冷过程使它来不及做定向排列,质点间的能量只能以内能的形式储存起来,具有化学不稳定性,很容易与水反应产生水硬性;粉煤灰、水淬粒化高炉矿渣、火山灰等玻璃体材料,能与石膏、石灰在有水的条件下水化和硬化,常掺入硅酸盐水泥中替代部分水泥熟料		
胶体	物质以极微小的质点(粒径为 1~100 nm)分散在连续相介质(气、水或其他溶剂)中所形成的均匀混合物体系称为胶体。 由于胶体中的分散粒子(胶粒)与分散介质带相反的电荷,胶体能保持稳定。分散质颗粒细小,使胶体具有吸附性、黏结性。与晶体结构和非晶体结构的材料相比,具有胶体结构的物质或材料的强度低、变形大		

2. 材料的孔隙结构

大多数土木工程材料在宏观或显微结构层次上都含有一定数量和大小的孔隙,如混凝土、砖、石材和陶瓷等,孔隙的存在对材料的各种性质具有重要影响。

(1)孔隙形成的原因

由于不同材料的配比、制备工艺(或天然形成机理)、环境条件等不同,材料中的孔隙形成原因有多种,主要归纳如下:

①水分的占据作用

许多土木工程材料,如各种水泥制品(包括混凝土及砂浆)、石膏制品、墙体材料等,为满足施工或制备工艺要求,在生产时均需加水拌和,而且用水量通常要超过理论上(胶凝材料与水发生反应)的需水量,多余水分占据一定的空间,从而在硬化材料中最终形成不同尺寸的孔隙。

②外加剂的引气或发泡作用

为了提高水泥混凝土的抗冻性,常采用掺入引气剂达到引入气泡的目的;为了减轻质量和提高保温性能,加气混凝土、泡沫混凝土及发泡塑料等材料中专门加入各种发泡剂形成大量孔隙。

③火山爆发作用

某些天然岩石如浮石、火山渣等,是通过火山爆发喷出的熔融岩浆快速冷却形成的,内部含有大量孔隙。

④焙烧作用

焙烧形成孔隙的途径有两种:一是材料在高温下熔融的同时,材料内部由于某些成分发生化学作用产生气体而膨胀,形成孔隙,如轻骨料混凝土所用的黏土陶粒中的孔隙;二是材料中掺入的可燃材料(如木屑、煤屑等),在高温下燃烧掉,留下孔隙,如微孔烧结砖中的孔隙。

(2)孔隙的类型

材料中的孔隙,按其基本形态特征可分为如下类型:

①开口孔隙

开口孔隙是指互相连通且与外界相通的孔隙,也称连通孔隙,如木材、膨胀珍珠岩等材料内部的孔隙。

②闭口孔隙

闭口孔隙是指孤立的、彼此不连通而且孔壁致密的孔隙,又称为封闭孔隙,如泡沫玻璃、发泡聚苯乙烯塑料等材料内部的孔隙。

开口孔隙和闭口孔隙的区别是相对的,通常将常压下水能自由吸入的孔隙归为开口孔隙或连通孔隙,否则归为封闭孔隙。实际上,随着水压力的提高,水也可以进入部分或全部封闭孔隙中。开口孔隙除了对材料的吸水性、吸声性等有利以外,对其他性质基本上都是不利的。

(3)孔隙对材料性质的影响

孔隙的数量、尺寸大小及形态特征对材料许多性质都有重要影响。通常,随着材料中孔隙数量的增多,材料的表观密度减小,强度降低,导热系数和热容量减小,渗透性增大,抗冻性和耐各种有害介质腐蚀作用降低。但是,如果孔隙以孤立的封闭孔为主,则可以在孔隙含量较高的情况下,使材料保持低渗透性和良好的抵抗有害介质腐蚀能力。

1.2 材料的基本物理性质

1.2.1 材料的密度

通常来说,单位体积材料的质量称为其密度。由于不同材料的内部密实程度、孔隙状态和颗粒物堆积间隙量不同,材料密度分为绝对密度、表观密度和堆积密度三种。

1. 绝对密度

绝对密度是指材料在绝对密实状态下单位体积的质量,也称为真密度,简称密度,计算公式为

$$\rho = \frac{m}{V} \tag{1-1}$$

式中　ρ——材料的绝对密度,g/cm³;

　　　　m——材料的绝干质量,g;

　　　　V——材料在绝对密实状态下的体积,cm³。

材料的绝对密度取决于材料的组成和微观结构,与材料所处环境、干湿状态及孔隙含量等无关,是区分不同材料的一个重要特征参数。

由于绝大多数土木工程材料内部含有孔隙,因此在测量密度时需要先将材料磨细成粉末,再用排开液体方法测量材料的绝对密实体积。

2. 表观密度

表观密度是指材料在自然状态(包括所有孔隙时的状态)下单位体积的质量,计算公式为

$$\rho_0 = \frac{m'}{V_0} = \frac{m'}{V + V_{tp}} = \frac{m'}{V + V_{cp} + V_{op}} \tag{1-2}$$

式中　ρ_0——材料的表观密度,kg/m³;

　　　　m'——材料在任意含水状态下的质量,kg;

　　　　V_0——材料在自然状态(包括开口孔隙和封闭孔隙)下的体积,m³;

　　　　V_{tp}——材料中所有孔隙的体积,m³;

　　　　V_{cp}——材料中所含封闭孔隙的体积,m³;

　　　　V_{op}——材料所含开口孔隙的体积,m³。

材料在自然状态下所含孔隙包括两种,即开口孔隙和封闭孔隙,如图 1-1 所示。

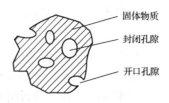

图 1-1　材料中孔隙

密度相同的材料,当内部孔隙含量越多时,材料的表观密度越小。测定质量时,材料可以是任意含水状态,含水率越高时,表观密度越大。在不加任何说明的情况下,通常所说的表观密度是指材料的气干表观密度。根据含水状态不同,材料的表观密度还包括绝干表观密度 ρ_0

和饱和面干表观密度 ρ_{0sw}。

3. 堆积密度

堆积密度是指粉状或颗粒材料在堆积状态下单位体积的质量,计算公式为

$$\rho_p = \frac{m'}{V_p} = \frac{m'}{V_0 + V_v} \tag{1-3}$$

式中　ρ_p——材料的堆积密度,kg/m^3;

V_p——材料在堆积状态下(包括颗粒间空隙)的体积,m^3;

V_v——材料颗粒间空隙的体积(图 1-2),m^3。

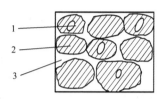

图 1-2　颗粒或粉体材料堆积状态

1—孔隙体积 V_{tp};2—绝对密实体积 V;3—空隙体积 V_v

根据堆积的紧密程度不同,可分为自然堆积密度(也称松堆密度)和紧密堆积密度(也称紧堆密度);根据材料的含水率不同,又可以分为气干堆积密度和绝干堆积密度。通常所指的堆积密度是材料在气干状态下的自然堆积密度。

由此可见,对于同一种材料来说,由于材料内部存在孔隙和颗粒间空隙的影响,几种密度的大小关系为:绝对密度≥表观密度≥堆积密度。

1.2.2　孔隙率与空隙率

1. 孔隙率

根据实际工程情况,绝大多数土木工程材料内部都常含有一定量的不密实结构,我们称其为孔隙,这些孔隙的含量及特征常采用孔隙率来表征。

(1)孔隙率与密实度

孔隙率(P)是指材料中所有孔隙体积占材料在自然状态下总体积的百分率,或称总孔隙率,计算公式为

$$P = \frac{V_{tp}}{V_0} \times 100\% = \frac{V_0 - V}{V_0} \times 100\% = \left(1 - \frac{\rho_{0d}}{\rho}\right) \times 100\% \tag{1-4}$$

密实度(D)是指材料内部固体物质体积占自然状态下总体积的百分率,计算公式为

$$D = \frac{V}{V_0} \times 100\% = \frac{\rho_{0d}}{\rho} \times 100\% \tag{1-5}$$

D 值越大,说明材料被固体物质填充的程度越高,结构越致密,孔隙含量越少。

(2)开口孔隙率与闭口孔隙率

材料中的孔隙分为开口孔隙和闭口孔隙两种,两者对材料性质的影响有很大差异。因此,孔隙率又可分为开口孔隙率 P_o 和闭口孔隙率 P_c 两种,分别指材料中开口孔隙体积和闭口孔隙体积占自然状态下材料总体积的百分率,计算公式为

$$P_o = \frac{V_{op}}{V_0} \times 100\% = \frac{V_{sw}}{V_0} \times 100\% \tag{1-6}$$

$$P_c = \frac{V_{cp}}{V_0} \times 100\% = \frac{V_{tp} - V_{op}}{V_0} \times 100\% = P - P_o \tag{1-7}$$

$$P_o + P_c = P \tag{1-8}$$

由于水可以自由进入开口孔隙而不能进入闭口孔隙,因此,可以通过测量材料吸水饱和状态时的吸水体积 V_{sw} 得到材料的开口孔隙体积 V_{op}。

通常来说,开口孔隙对材料的吸声性有利,但对材料的强度、抗渗、抗冻及其他耐久性均不利;微小而均匀的闭口孔隙对材料抗渗、抗冻等耐久性指标有利,可降低材料表观密度和导热系数,使材料具有轻质隔热的性能。

2. 空隙率

空隙是散粒状材料颗粒之间的没有被填充的空间,其多少用空隙率 P' 表示,即散粒状材料在堆积状态下,颗粒间空隙体积占材料堆积总体积的百分率,计算公式为

$$P' = \frac{V_v}{V_p} \times 100\% = \frac{V_p - V_0}{V_p} \times 100\% = \left(1 - \frac{\rho_{pd}}{\rho_{0d}}\right) \times 100\% \tag{1-9}$$

空隙率的大小反映了散粒材料的颗粒互相填充的致密程度,在配制混凝土、砂浆和沥青混合料时,粗颗粒间的空隙除被细颗粒填充外,还需要被胶凝材料填充,采用空隙率小的颗粒堆积,将有利于降低胶凝材料用量,节约成本;相同胶凝材料用量时,有助于提高工作性能。

1.2.3 材料与水有关的性质

材料在土木工程使用过程中,不可避免会接触水蒸气、潮湿环境甚至是水中环境,而不同环境下的水又会不同程度地影响材料的物理、化学、力学等诸多性质,其取决于材料自身的组成、结构等特征,决定着工程材料的应用。

1. 亲水性与憎水性

当材料与水接触时,水可以在材料表面铺展开,即材料表面可以被水润湿,此性质称为亲水性,具有这种性质的材料称为亲水性材料;反之,如果水不能在材料表面上铺展开,即材料表面不能被水润湿,则称为憎水性,具有这种性质的材料称为憎水性材料。

材料的亲水性和憎水性可通过润湿角 θ 区分,如图 1-3 所示。当材料与水接触时,在材料、水和空气的三相交接处,沿水滴表面的切线与水和固体材料接触面所形成的夹角 θ,称为润湿角。当润湿角 $\theta \leqslant 90°$ 时,材料表现为亲水性,θ 值越小,亲水性越强;当润湿角 $\theta > 90°$ 时,材料表现为憎水性,θ 值越大,憎水性越强。

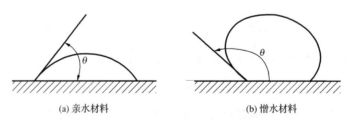

(a) 亲水材料　　　　　　　　　　(b) 憎水材料

图 1-3　材料的润湿角

土木工程中使用的石膏板、墙体砖、砌块、砂浆、混凝土、木材等多属于亲水性材料。而沥青、釉面砖等多属于憎水性材料。由于憎水性材料表面憎水,水分难以进入内部结构,因此,适合用作防潮、防水材料,还可用于涂覆在亲水性材料表面,以降低其吸水性,提高其抗侵蚀能力。

2. 吸水性和吸湿性

(1)吸水性

吸水性是指材料与水接触吸收水分的性质,以吸水率表示。材料吸水率可分为质量吸水

率和体积吸水率两种,材料在吸水饱和状态下,材料吸水的质量占材料绝干质量的百分率称为其质量吸水率;材料吸水的体积占材料自然状态下体积的百分率称为其体积吸水率,计算公式分别为

$$W_m = \frac{m'_{sw} - m}{m} \times 100\% = \frac{m_{sw}}{m} \times 100\% \tag{1-10}$$

式中 W_m——材料的质量吸水率,%;

　　　m'_{sw}——材料吸水饱和状态下的质量,kg;

　　　m_{sw}——材料吸水饱和状态下所吸水的质量,kg。

$$W_v = \frac{V_{sw}}{V_0} \times 100\% = \frac{m'_{sw}/\rho_w}{m/\rho_{0d}} \times 100\% = W_m \cdot \frac{\rho_{0d}}{\rho_w} \tag{1-11}$$

式中 W_v——材料的体积吸水率,%;

　　　V_0——材料在自然状态下的体积,m³;

　　　V_{sw}——材料吸水饱和状态下所吸水的体积,m³;

　　　ρ_w——水的密度,kg/m³。

材料的质量吸水率与体积吸水率的关系为

$$W_v = W_m \cdot \frac{\rho_{0d}}{\rho_w} \tag{1-12}$$

材料吸水率的大小主要取决于材料的孔隙率及孔隙特征。开口孔隙率大的亲水性材料吸水率较大;密实的材料以及仅有封闭孔隙的材料是不吸水的。在通常情况下,材料含水后,自重增加,强度降低,保温性能下降,抗冻性能变差,有时还会发生明显的体积膨胀。因此,要根据使用环境和用途,选择具有合适吸水性的材料。

土木工程材料的吸水率会有很大差别,如花岗岩等致密岩石的吸水率为 $0.5\% \sim 0.7\%$,普通混凝土为 $2\% \sim 3\%$,黏土砖为 $8\% \sim 20\%$,而木材或其他轻质材料吸水率可大于 100%。

(2)吸湿性

材料的吸湿性是指材料在潮湿空气中吸收水蒸气的性质,用含水率表示。吸湿作用一般是可逆的,也就是说材料既可吸收空气中的水分,又可向空气中释放水分。

含水率是指材料在任意含水状态下所含水的质量与干燥状态下材料质量的百分比,计算公式为

$$W'_m = \frac{m'_w - m}{m} \times 100\% \tag{1-13}$$

式中 W'_m——材料的含水率,%;

　　　m——材料在干燥状态下的质量,kg;

　　　m'_w——材料在任意含水状态下的质量,kg。

材料的含水率随着空气的温度和相对湿度变化而变化。除了环境温度和湿度以外,材料的亲水性、孔隙率与孔隙特征对吸湿性都有影响。亲水性材料比憎水性材料有更强的吸湿性,材料中孔对吸湿性的影响与其对吸水性的影响相似。

3.耐水性

耐水性是指材料抵抗长期水作用的能力。对于结构材料来说,耐水性常以软化系数表示,即材料在吸水饱和状态下与绝干状态下的抗压强度之比,计算公式为

$$K_w = \frac{f_{sw}}{f_d} \tag{1-14}$$

式中　K_w——材料的软化系数；

　　　f_{sw}——材料在吸水饱和状态下的抗压强度，MPa；

　　　f_d——材料在干燥状态下的抗压强度，MPa。

通常来说，材料吸水后强度都有不同程度的降低，如花岗岩长期浸泡在水中，强度将下降3%，黏土砖和木材吸水后强度降低更大。所以，材料的软化系数在0～1，钢材、玻璃、陶瓷软化系数接近1，黏土、石膏、石灰的软化系数较低。

软化系数的大小，是选择耐水材料的重要依据。通常称软化系数大于0.85的材料为耐水材料。长期受水浸泡或处于潮湿环境的重要建筑物等工程结材，必须选用耐水材料建造，受潮较轻或次要建筑物的材料，其软化系数也不宜小于0.75。

4. 抗渗性

抗渗性是指材料抵抗压力水或其他液体渗透的能力。不同材料的抗渗性可分别用渗透系数、抗渗等级及氯离子渗透系数等不同指标评价。

（1）渗透系数

根据达西定律，在一定时间t内，透过材料试件的水量Q与试件断面面积A及水头差H成正比，而与试件厚度d成反比，即

$$Q=K \cdot \frac{AtH}{d} \text{ 或 } K=\frac{Qd}{AtH} \tag{1-15}$$

式中　Q——渗水总量，m^3；

　　　K——渗透系数，m/h；

　　　d——试件厚度，m；

　　　A——渗水面积，m^2；

　　　t——渗水时间，h；

　　　H——静水压力水头，m。

材料的渗透系数K越小，其抗渗性能越好。

（2）抗渗等级

抗渗等级是指在标准试验条件下，规定尺寸的试件所能承受的最大水压力值。对于混凝土和砂浆材料，以P_n表示其抗渗等级，n表示材料不渗水时，所能承受的最大水压力值（单位为0.1 MPa）。

材料的抗渗性与材料的孔隙率和孔隙特征有密切关系。大开口孔隙，水易渗入，材料的抗渗性能差；微细连通孔隙也易渗入水，材料的抗渗性能差；闭口孔隙水不能渗入。即孔隙尺寸较大，孔隙含量较多，材料的抗渗性能也良好。

抗渗性是衡量材料耐久性的重要指标。对于地下建筑、压力管道和容器、海工建筑物等，常因受到压力水或其他侵蚀性介质的作用，要求选择具有高抗渗性的材料。

5. 抗冻性

抗冻性是指材料在吸水饱和状态下，抵抗冻融循环作用能保持原有性质而不破坏的能力。对于结构材料，主要指保持强度不降低的能力，并以抗冻等级来表示抗冻性。材料抗冻等级的确定有两种方法：一种是慢冻法，表示符号为D_n，其中n表示：规定尺寸的材料试件在吸水饱和前提下，以抗压强度损失率不超过25%，并且质量损失率不超过5%时，所能经受的最多冻融循环次数；另一种是快冻法，表示符号为F_n，其中n表示：以规定尺寸的材料试件在吸水饱和前提下，以相对冻弹性模量下降至不低于60%，并且质量损失率不超过5%时，所能经受的

最多冻融循环次数。快冻法的试验环境比慢冻法更为恶劣,因此同一材料用快冻法评价的抗冻等级低于慢冻法。目前,结构混凝土材料普遍采用快冻法评价。

材料在冻融循环作用下产生破坏主要原因是材料内部孔隙中的水结冰时体积膨胀约9%。结冰膨胀对材料孔壁产生巨大的冻胀压力,由此产生的拉应力超过材料的抗拉强度极限时,材料内部产生微裂纹,强度下降;在冻融循环条件下,这种微裂纹的产生又会进一步加剧更多水的渗入和结冰,如此反复,材料的破坏越加严重。

影响材料抗冻性的主要因素如下:

(1)材料的孔隙率及孔隙特征

一般情况下,P 越大,特别是 P_0 越大,则材料的抗冻性越差。

(2)材料内部孔隙的充水程度

以水饱和度 K_s 来表示,即

$$K_s = \frac{V_{sw}}{V_{tp}} \tag{1-16}$$

如果材料内部孔隙中充水不多,远未达到饱和,则可以为水的结冰膨胀提供充足的自由空间,即使冻胀也不会产生破坏应力;一般情况下,孤立、封闭的小孔水分不能渗入,而且会对冰冻破坏起缓冲作用而减轻冻害,这也是掺引气剂提高混凝土抗冻性的基本原理。理论上来说,当材料中的水饱和程度低于 0.91 时,便可以避免冻害。实际上,由于材料中孔隙分布不均匀和冰冻程度不一致,即使总的水饱和程度低于 0.91,仍有部分孔隙已被充满,所以必须使水饱和程度更低一些才安全。对于水泥混凝土来说,水饱和程度低于 0.80 时才会使冻害显著减轻。对于受冻材料来说,水饱和度 K_s 越大,抗冻性越差,因此,可以利用 K_s 来估计或粗略评价多数材料抗冻性的好坏,K_s 的系列等价公式为

$$K_s = \frac{V_{sw}}{V_{tp}} = \frac{V_{op}}{V_{tp}} = \frac{W_v}{P} = \frac{P_o}{P} \tag{1-17}$$

(3)材料本身的强度

材料强度越高,抵抗结冰膨胀的能力越强,即抗冻性越高。

就环境条件来说,材料受冻破坏的程度与冻融温度、结冰速度及冻融频繁程度等因素有关,温度越低,降温越快,冻融越频繁,则受冻破坏越严重。另外,无机盐溶液对材料的冻害破坏程度要大于水,如使用除冰盐路面的破坏速率往往大于未使用除冰盐路面。

1.2.4　材料的热工性质

建筑物墙体、屋顶以及门窗等围护结构需要具有保温和隔热性质,以达到降低建筑使用能耗、可维持室内舒适环境温度的目的,工程结构的安全性,也同样需要考虑温度作用的影响。

1. 导热性

导热性是指热量从材料温度高的一侧到温度低的一侧的传递能力。

材料导热性用导热系数表示,即厚度为 1 m 的材料,当材料两侧的温度差为 1 K 时,在 1 s 时间内通过 1 m² 面积上所传递的热量,计算公式为

$$\lambda = \frac{Qd}{A(T_2 - T_1)t} \tag{1-18}$$

式中　λ——材料的导热系数,W/(m·K);

　　　Q——通过材料传导的热量,J;

　　　d——材料的厚度,m;

A——材料的传热面积，m^2；

t——传热的时间，h；

T_2-T_1——材料两侧的温度差，K。

导热系数越小，材料的导热性越差，保温性和绝热性能越好。各种土木工程材料的导热系数差别很大，非金属材料大致在 $0.020\sim3.000$ W/(m·K)，如聚氨酯泡沫塑料的导热系数为 0.025 W/(m·K)左右，甚至更低；金属材料的导热系数往往很高。

材料的导热系数与材料的化学组成、显微结构、孔隙率、孔隙形态特征、含水率及导热时的温度等因素有关，主要有以下基本规律：

(1)无机材料的导热系数大于有机材料，金属材料大于非金属材料，晶体材料大于非晶体材料。

(2)在含孔材料中热量是通过固体骨架和孔隙中的空气而传递的，空气导热系数很小，约为 0.023 W/(m·K)，而构成固体骨架的物质通常具有较大的导热系数，因此，材料的孔隙率越大，即空气含量越多，导热系数越小。导热系数还与孔隙形态特征有关，含大量微细而封闭孔隙的材料，其导热系数小，而含大量粗大而连通孔隙的材料，其导热系数大。

(3)材料的含水率越高，导热系数也随之增大，因为水的导热系数为 0.580 W/(m·K)，是空气导热系数的 25 倍。当水结冰时，其导热系数约为空气的 100 倍，因此保温材料浸水甚至是结冰后，保温和绝热性能显著变差。

(4)大多数土木工程材料(金属除外)的导热系数随温度升高而增加。

2. 传热性

对于建筑墙体、屋面等以材料构建的围护结构的传热能力，以传热系数或热阻来表示，传热系数即材料导热系数与材料层厚度的比，热阻即传热系数的倒数，计算公式分别为

$$K=\frac{\lambda}{d} \tag{1-19}$$

式中 K——结构层的传热系数，W/(m²·K)。

$$R=\frac{1}{K} \tag{1-20}$$

式中 R——结构层的热阻，m²·K/W。

K 值越大或 R 值越小，结构的传热性越强，保温和隔热性能越差。因此，要想提高建筑围护结构隔热保温能力，需要降低其传热系数，或提高其热阻。传统的方法是选用低导热系数的材料和增加结构厚度，但增加厚度会增加材料用量和结构自重，因此，设计更合理的低导热系数材料及结构的复合构造处理将是更合理的发展方向。

3. 热容性

热容性是指材料受热时吸收热量和冷却时放出热量的性质，采用比热容来表征，即单位质量材料在温度升高或降低 1 K 时所吸收或释放出的热量，计算公式为

$$c=\frac{Q}{m(t_2-t_1)} \tag{1-21}$$

式中 c——材料的比热容，kJ/(kg·K)；

Q——材料吸收或释放的热量，kJ；

m——材料的质量，kg；

t_2-t_1——材料受热或冷却前后的温度差，K。

材料比热容 c 与质量 m 的乘积称为热容量，常被用以衡量材料的调温能力，采用热容量

值高的材料作为墙体、屋面等围护结构时,由于其具有较高的调温能力,不仅可以使其维护的室内温度保持稳定舒适,而且可以在一定程度上减少空调或暖气使用,达到节能的目的。

材料的导热系数和热容量是建筑物围护结构热工计算时的重要参数,设计时应选择导热系数较小而热容量较大的材料。

4. 耐热性、耐火性及耐燃性

(1)耐热性

耐热性是指材料长期在高温环境作用下,保持原有性质的能力。材料长期接触高温环境,常会发生变形、老化、强度降低等性能的改变。

(2)耐火性

耐火性是指材料在火或高热温度作用下,保持原有性质的能力。不同材料在火灾、爆炸等极端高热温度作用下,会出现不同程度的损伤甚至毁坏。如一般情况下,有机材料极易出现燃烧或软化流淌现象,玻璃容易炸裂,钢材虽不易燃烧但却易软化变形等。《建筑设计防火规范》[GB 50016—2014(2018 年版)]规定耐火性是指在标准耐火试验条件下,建筑构件、配件或结构从受到火的作用时起,至失去承载能力、完整性或隔热性时为止所用时间,单位为小时。

(3)耐燃性

耐燃性是指材料在火作用下抵抗燃烧的能力,常根据其燃烧温升、质量损失率、持续燃烧时间、热值及燃烧过程中的火焰与材料受热状态等指标分级。《建筑材料及制品燃烧性能分级》(GB 8624—2012)的建筑材料及制品燃烧性能等级见表 1-3。

表 1-3　　　　　　　　　　　　建筑材料及制品燃烧性能等级

燃烧性能等级	名称
A	不燃材料(制品)
B_1	难燃材料(制品)
B_2	可燃材料(制品)
B_3	易燃材料(制品)

1.2.5　材料的声学性质

声音在传播过程中,一部分由于声能随着距离的增大而扩散,另一部分则通过空气分子的吸收而减弱后,传播到材料的表面,一部分声波被反射,另一部分穿透材料,其余部分则被材料所吸收。对于含有大量连通孔隙的材料,传递给材料的声波在材料的孔隙中引起空气分子与孔壁的摩擦和黏滞阻力,使相当一部分声能转化为热能而被材料吸收或消耗。

1. 吸声性

声波通过某种材料或射到某材料表面时,声能被材料消耗或转换为其他能量的性质称为材料的吸声性。表征材料吸声性能的参数是吸声系数 α,计算公式为

$$\alpha = \frac{E_a + E_\tau}{E_0} \tag{1-22}$$

式中　E_τ——材料吸收的声能;

　　　E_a——透过材料的声能;

　　　E_0——入射到材料表面的总声能。

吸声系数 α 值越大,表示材料吸声效果越好。吸声系数大于 0.2 的材料称为吸声材料。

影响其材料吸声效果的主要因素有材料的孔隙率或表观密度、材料的孔隙特征及材料的厚度等。

2. 隔声性

隔声是材料对声音的阻断能力。声音可以通过气体、液体和固体传播,其在建筑结构中的传播主要是通过空气和固体物质实现的,因而建筑隔声主要分为隔空气声和隔固体声两种。

材料的隔空气声能力是用隔声量 R 或声透系数表示的,计算公式为

$$R = 10\lg\frac{1}{\tau} \tag{1-23}$$

$$\tau = \frac{E_a}{E_0} \tag{1-24}$$

R 越大或 τ 越小,材料的隔声效果越好。

对于均质材料,隔声量符合"质量定律",即材料单位面积的质量越大或材料的表观密度越大,其隔声效果越好。轻质材料的质量较小,隔声性较密实材料差,可在构造上采取相应措施:将密实材料用多孔弹性材料分隔,做成夹层结构;对多层材料,应使各层的厚度相同而质量不同,以防止引起结构的谐振;增大复合构造的材料间空气层厚度,在空气层中填充松软的吸声材料,可进一步提高隔声性;密封门窗等的缝隙来提高隔声性;等等。

固体声是由于振源撞击固体材料,引起固体材料受迫振动而发声传播的。隔绝固体声可采取相应措施:在固体材料的表面设置弹性面层,如楼板上铺设地毯、木板、橡胶片等;在构件面层与结构层间设置弹性垫层,如在楼板的结构层与面层间设置弹性垫层以降低结构层的振动;在楼板下做吊顶处理;等等。

1.3 材料的基本力学性质

土木工程结构要达到稳定、安全运行,首先要考虑材料的力学性质是否满足要求。材料的力学性质是指材料在外力作用下的变形性质和抵抗外力破坏的能力。

1.3.1 强度

1. 不同荷载形式下的强度

材料抵抗在外力(荷载)作用下而引起破坏的能力称为强度。当材料在外力作用下,其内部就产生了应力,随着外力增大,内部应力不断增大,直到材料发生破坏。材料破坏时的荷载称为破坏荷载或最大荷载,此时产生的应力称为极限强度,即材料的强度,计算公式为

$$f = \frac{P_{\max}}{A} \tag{1-25}$$

式中 f——材料的强度,MPa;

   $P_{\max}$——材料能承受的最大荷载,N;

   A——材料的受力面积,mm^2。

材料的强度是在不同荷载作用下进行破坏试验来测定的,根据受力形式不同,材料的强度可分为抗压强度、抗拉强度、抗剪强度和抗弯强度等,如图 1-4 所示。

其中,抗压强度、抗拉强度和抗剪强度可以直接根据受力面积和最大荷载值依据式(1-25)计

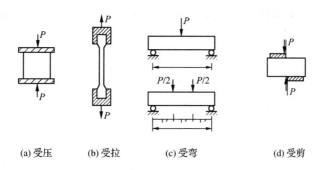

(a) 受压　　(b) 受拉　　　(c) 受弯　　　　(d) 受剪

图 1-4　材料受力形式

算得到,抗弯强度有三点弯曲和四点弯曲两种测试方法,其对应的抗弯强度计算公式分别为

$$f_\mathrm{m}=\frac{3Fl}{2bh^2} \tag{1-26}$$

$$f_\mathrm{m}=\frac{Fl}{bh^2} \tag{1-27}$$

式中　f_m——抗弯强度,MPa;

　　　F——最大荷载值,N;

　　　l——支点间距离,mm;

　　　b——试件断面的宽度,mm;

　　　h——试件断面的高度,mm。

　　材料的强度与其组成和结构密切相关,不同种类的材料具有不同的抵抗外力破坏的能力。相同组成的材料,其孔隙率及孔隙特征不同,材料的强度也有较大差异,材料的孔隙率越低,强度越高。石材、砖、混凝土和铸铁等材料都具有较高的抗压强度,而其抗拉及抗弯强度很低;木材的强度具有方向性,顺纹方向的抗拉强度大于横纹方向的抗拉强度,钢材的抗拉、抗压强度都很高。

　　材料的强度大小是通过试验测试得到的,其理论值主要取决于材料组成和结构,但试验条件等外界因素对材料强度的试验结果也有很大影响,如环境温度、湿度、试件的含水率、形状、尺寸、表面状况及加荷时的速度等,所以测试材料强度时必须严格遵照实际标准规定进行操作。

2. 强度等级

　　由于不同土木工程材料的强度差异较大,为了便于合理设计、生产及选用材料,对于以强度为主要指标的材料,通常按材料强度高低划分为若干等级,称为材料的强度等级。如钢材按拉伸试验测得屈服强度确定其强度等级,水泥、砂浆、混凝土等材料则按抗压强度确定其强度等级。

3. 比强度

　　比强度是指材料单位质量的强度,常以材料质量与其表观密度的比值表示。比强度是衡量材料是否轻质高强的主要指标,比强度值越大,材料轻质高强的性能越好。这对于土木工程结构保证强度、减轻自重、向空间发展及节约材料有重要的实际意义。

1.3.2　弹性与塑性

1. 弹性

　　材料在外力作用下,产生变形,当外力作用取消时,可以完全恢复原始的形状,此性质称为弹性,由此产生的变形称为弹性变形,弹性变形属于可逆变形;明显具有这种特征的材料称为弹性材料。

2. 塑性

材料在外力作用下,产生变形,当外力作用取消时,仍然保持其变形后的形状和尺寸,并不产生裂缝的性质称为塑性,这种不可恢复的永久变形称为塑性变形。具有较高塑性变形的材料称为塑性材料。

3. 弹塑性

材料在外力作用下,产生变形,当外力作用取消时,受力变形后的形状和尺寸不能完全恢复的性质称为弹塑性,具有此性能特点的材料称为弹塑性材料。弹塑性材料在荷载作用下,会同时产生弹性、塑性两种变形,当荷载取消时,弹性变形可以恢复,但仍会留下部分不能恢复的塑性变形。

材料在弹性范围内,受力后应力的大小与应变的大小成正比,这个比值称为弹性模量。弹性模量是反映材料抵抗变形能力大小的指标,弹性模量值越大,外力作用下材料的变形越小,材料的刚度也越大。

多数的材料变形总是弹性变形伴随塑性变形,如建筑钢材,当受力不大时,产生弹性变形;当受力达某一值时,则又主要为塑性变形材料。混凝土受力后,同时产生弹性变形和塑性变形。

1.3.3 脆性与韧性

1. 脆性

材料在外力作用下没有产生明显的塑性变形便发生突然破坏,这种性质称为材料的脆性,具有此性质的材料称为脆性材料。

脆性材料在荷载作用下,变形很小,直到破坏之前都没有明显的变形征兆。其具有较高的抗压强度,但抗拉强度和抗弯强度较低,抗冲击能力和抗振能力较差。无机非金属材料,如砖、石、陶瓷、混凝土和玻璃等都属于典型的脆性材料。

2. 韧性

材料在冲击、动荷载作用下,能吸收大量能量并能承受较大的变形而不突然破坏的性质称为韧性。具有此性质的材料称为韧性材料。

韧性材料破坏时能吸收较大的能量,其主要表现为在荷载作用下能产生较大变形。韧性材料不仅具有较高的抗压强度,抗拉强度接近或高于抗压强度。木材、钢材和橡胶等都属于典型的韧性材料。

1.3.4 硬度与耐磨性

1. 硬度

硬度是指材料表面抵抗硬物压入或刻划的能力。材料硬度有多种表征和测试方法。无机矿物材料常用莫氏硬度表示,莫氏硬度划分为十个等级,由小到大分别为滑石1、石膏2、方解石3、萤石4、磷灰石5、正长石6、石英7、黄玉8、刚玉9、金刚石10。用标准的上述十种材料去刻划硬度未知的材料,从受损情况判断待测材料的硬度。金属材料常用洛氏硬度或布氏硬度表示,高分子材料则常用邵氏硬度和巴氏硬度等表征。

2. 耐磨性

材料的耐磨性是指材料表面抵抗磨损的能力。材料耐磨性可用磨损率表示,计算公式为

$$K_b = \frac{m_0 - m_1}{A} \tag{1-28}$$

式中　K_b——材料的磨损率,kg/m^2;

　　　　m_0——材料磨损前的质量,kg;

　　　　m_1——材料磨损后的质量,kg;

　　　　A——材料的磨损面积,m^2。

楼房地面、楼梯台阶、道路路面或桥面等部位,均要求材料具有较高的耐磨性。通常来说,强度越高的材料,硬度越大,耐磨性越好。

1.4　材料的耐久性与环境协调性

土木工程材料的生产和应用除了要求具有良好的使用性能外,还应该具备良好的耐久性和环境协调性,即持久耐用、绿色环保、低环境负荷。

1.4.1　耐久性

耐久性是指材料在使用过程中,经受各种内部和外部因素共同作用而保持原有性质的持久能力。材料的组成与结构是决定其耐久性的内部因素。密实的结构或者含有细小封闭孔的结构材料,外部侵蚀性的介质成分很难进入材料内部,相对于开口孔多的材料,其自然会降低介质环境对材料的侵蚀作用程度,材料耐久性好。但是若含有易与腐蚀环境介质发生反应,产生破坏性物质的内部组成成分,将会降低材料的耐久性。

材料在使用过程中,会受到周围环境和各种自然因素的综合破坏作用,这些作用称为影响耐久性的外部因素。这些作用包括物理作用、化学作用、机械作用和生物作用等。

物理作用包括环境温度、湿度的变化引起材料热胀冷缩、干缩湿胀、冻融循环,导致材料体积不稳定,产生内应力,如此反复,将使材料破坏。

化学作用包括大气、土壤和水中酸、碱、盐以及其他有害物质对材料的侵蚀作用,使材料产生质变而破坏,此外,日光、紫外线对材料也有不利作用。

机械作用包括持续荷载作用、交变荷载作用以及撞击引起材料疲劳、冲击、磨损、磨耗等。

生物作用包括昆虫、菌类等对材料所产生的蛀蚀、腐朽、微生物腐蚀等破坏作用。

材料的耐久性既取决于材料组成和结构,又和使用环境条件有关。在干燥气候条件下耐久的材料,在潮湿条件下不一定耐久;在温暖气候下耐久的材料,在严寒地区不一定耐久。材料种类不同,使用环境不同,材料的具体耐久性破坏形式差异很大,因此,材料耐久性是一个模糊的、综合性的概念。按引起耐久性破坏的主要因素和破坏形式不同,材料耐久性可以分为抗冻性、抗碳化性、抗老化性、耐化学腐蚀性、抗溶蚀性、耐热性等。

长期以来,人们主要依据结构物要承受的各种力学荷载进行建筑物设计和选用材料。事实上,即便材料力学性能和结构承载力满足要求,也有越来越多的建筑物因材料的某项耐久性不足而导致过早破坏或失效,并且成为目前影响结构物破坏的最主要原因之一。因此,在进行结构物设计和材料选用时,要同时保证材料的力学性质和耐久性达到设计要求。

严格意义上来说,材料的耐久性要根据其在实际使用环境中的各种性质劣化过程进行判断和评价,但这需要很长时间并且会随地域和气候等环境变化而不同。因此,为了方便起见,通常在实验室模拟不同环境条件进行材料的耐久性测试与评价,并形成统一的试验规程或标准对试验环境、测试方法与试件尺寸等加以统一规定和要求,如快速冻融试验、硫酸盐侵蚀试验、碳化试验、钢筋锈蚀试验等。根据实验室评定的材料耐久性参数为结构设计与材料选用提供了重要参考依据,但是实验室测试结果不能等同于实际使用状态,因而是一种定性判断方法。

1.4.2 材料的环境协调性

随着新材料的不断涌现,土木工程也随之不断发生翻天覆地的改变,在人类生活越来越方便、舒适的同时,大量甚至是过度的生产及使用土木工程材料所带来的环境问题也日益凸显。如天然资源(矿物、土、林木、水等)、能源(煤炭、原油、天然气等)的大量消耗,废气、废渣、废水等污染物的大量排放,热污染、声污染、光污染等生态问题的日益严重,对人类生活环境造成的严重破坏,特别是对人类社会发展持续性的不利影响,已经成为全球关注的热点。发展生态材料,重视环境协调性是社会发展的必然。

材料的环境协调性是指材料在生产、使用和废弃全寿命周期中产生较低环境负荷的性质,具体指资源与能源消耗少、环境污染小、材料及废料循环与再生利用率高。如利用废料替代石灰石、黏土等生产水泥、陶瓷的传统天然原料资源,采用低温烧结、免烧结等低能耗技术减少传统高温冶炼、烧结等在土木工程材料的生产、加工过程中的能耗,降低粉磨等生产环节产生的噪声及粉尘等污染,提高废弃产品(包括建筑垃圾、废旧塑料等)及生产、加工过程产生的各种废料(废渣、废灰、废泥凳)的循环再生利用率。

目前,环境协调性已经成为土木工程材料领域的主要研究内容之一,如工业废石膏、尾矿和其他工业废渣在水泥和混凝土生产中的综合利用,土木工程材料生产过程中减量化、无害化及资源化处理技术的研发应用。材料使用中减少对生态和环境的污染,废弃时可再生利用、可降解化或无害化处置等。

例题:

1.质量为 3.4 kg,容积为 10 L 的容量筒装满绝干石子后的总质量为 18.4 kg。若向筒内注入水,待石子吸水饱和后,为注满此筒共注入水 4.27 kg。将上述吸水饱和的石子擦干表面后称得总质量为 18.6 kg(含筒的质量)。求该石子的吸水率、表观密度、堆积密度、开口孔隙率。

解答:根据题意,石子的绝干质量 $m=18.4-3.4=15.0$ kg,堆积体积 $V_p=10$ L,饱和吸水量 $m_{sw}=18.6-18.4=0.2$ kg,开口孔隙体积 $V_{op}=0.2/1.0=0.2$ L,石子自然状态下的体积 $V_o=10-4.27+0.2=5.93$ L。因此,各参数计算结果如下:

吸水率:
$$W_m=\frac{m_{sw}}{m}\times100\%=\frac{0.2}{15}\times100\%=1.33\%$$

表观密度:
$$\rho_o=\frac{m}{V_o}=\frac{15\ \text{kg}}{5.93\ \text{L}}=2\ 530\ \text{kg/m}^3$$

堆积密度:
$$\rho_p=\frac{m}{V_p}=\frac{15\ \text{kg}}{10\ \text{L}}=1\ 500\ \text{kg/m}^3$$

开口孔隙率:
$$P_o=\frac{V_{op}}{V_o}\times100\%=\frac{0.2}{5.93}\times100\%=3.4\%$$

2.某岩石的密度为 2.75 g/cm³,孔隙率为 1.5%;若将该岩石破碎为碎石,测得碎石的堆积密度为 1 560 kg/m³。试求此岩石的表观密度和碎石的空隙率。

解答:根据表观密度和空隙率的计算公式:

$$\rho_0 = \frac{m}{V_0} = \frac{m}{V} \times \frac{V}{V_0} = \rho \times (1-P) = 2.75 \times (1-0.015) = 2.71 \text{ g/cm}^3$$

$$P' = \frac{V_v}{V_P} \times 100\% = (1 - \frac{V_0}{V_P}) \times 100\% = (1 - \frac{\frac{m}{\rho_0}}{\frac{m}{\rho_P}}) \times 100\%$$

$$= (1 - \frac{\rho_P}{\rho_0}) \times 100\% = (1 - \frac{1\ 560}{2\ 710}) \times 100\% = 42.4\%$$

习题及案例分析

一、习题

1.材料化学组成与矿物组成的概念及相互关系如何?

2.材料的结构可分为哪几个层次进行分析,每层次结构研究的对象有哪些?

3.对比分析不同种类晶体材料的主要性能特点,晶体与非晶体材料在基本性质方面有哪些不同?

4.材料中孔隙的种类及其对材料性质的影响如何?

5.材料的绝对密度、表观密度、堆积密度的定义以及孔隙、空隙、含水率对不同密度的影响如何?

6.孔隙率与空隙率有何区别?开口孔隙与闭口孔隙如何界定?

7.材料的亲水性与憎水性如何区分?

8.材料吸水性与吸湿性有何区别,如何表征?

9.什么是材料的渗透系数与抗渗等级?

10.材料抗冻性的定义是什么、如何表示,其主要影响因素有哪些?

11.材料导热系数、传热系数和比热容量的定义、单位及实际意义如何?

12.材料的强度、强度等级、比强度的含义各是什么?常见的不同受力状态下的强度有哪些?

13.何谓材料的弹性变形与塑性变形?何谓弹性材料与塑性材料?

14.何谓材料的脆性与韧性?常见的脆性材料与韧性材料有哪些?

15.影响材料强度的因素有哪些?

16.材料硬度与耐磨性的定义和表征方法各是什么?

17.简述材料耐久性的概念及重要性。

18.某材料试样的外形不规则,它的绝干质量为 m,表面涂以密度为 $\rho_{蜡}$ 的石蜡后称得质量为 m_1。将涂以石蜡的试样放入水中称得在水中的质量为 m_2,同时水的密度为 ρ_w。试求该材料的绝干表观密度。

19.烧结普通砖的尺寸为 240 mm×115 mm×53 mm,其孔隙率为 37%,干燥质量为 2 487 g,浸水饱和质量为 2 984 g。试求该砖的绝干表观密度、绝对密度、吸水率、开口孔隙率和闭口孔隙率。

20.某种材料的密度为 2.70 g/cm³,浸水饱和状态下的表观密度为 1 862 kg/m³,其体积吸水率为 46.2%。试问该材料干燥状态下的表观密度及孔隙率各为多少?

21.破碎的岩石试样经完全干燥后,其质量为 482 g,将其放入盛有水的量筒中.经一定时间碎石吸水饱和后,量筒中的水面由原来的 452 cm³ 刻度上升至 630 cm³ 刻度。取出碎石,擦干表面水分后称得质量为 487 g。试求该岩石的表观密度及吸水率。

二、案例分析

案例 1:

某无机材料吸水率很高,放置在我国北方地区室外自然环境中数年后便发生严重破坏,而长期浸泡在水中并不破坏。试分析上述现象产生的原因和改进措施。

原因分析:

此材料吸水率很高而在长期浸泡在水中条件下并不发生破坏,说明此材料虽然多孔吸水,但耐水性却很好;由于材料的吸水率很高,在北方地区室外自然环境冻融循环作用下发生了严重破坏,说明此材料的抗冻性较差。

改进措施:

根据材料抗冻性的主要影响因素,可以通过减少材料中的开口孔隙量以降低吸水率,增加材料的基体强度以提高抗破坏能力,将材料进行表面改性(由亲水特性变为憎水特性)以减少水的吸入等措施可在一定程度上提高材料的抗冻性。

此案例主要考查材料与水有关的性质:

1.材料的吸水性主要与材料中的开口孔隙含量及亲水特性有关。

2.吸水性、耐水性、抗冻性是材料与水有关的不同性质。

3.材料的抗冻性主要取决于孔隙结构、材料强度、水饱和度等。

第2章　气硬性胶凝材料

胶凝材料

学习目标

1.知识目标:明确胶凝材料的工程概念及区别;通过气硬性胶凝材料的原料生产工艺,了解其组成、结构及无机胶凝材料水化、凝结硬化的过程及机理;掌握土木工程常用气硬性胶凝材料的特点及应用范围。

2.能力目标:具备通过组成、生产工艺等分析气硬性胶凝材料结构特征、水化凝结硬化机理及其对性质特点的影响规律,实现寻求改善气硬性胶凝材料性质及合理选用的思路与方法的能力。

3.素质目标:明确胶凝材料与土木工程的支撑关系,建立工程技术人员正确评价、运用、发展胶凝材料的工程安全责任感与使命感。

发展趋势

工程中将能够把散粒材料或型材胶结为整体的材料称为胶凝材料。要实现建造大国向建造强国的转变,土木工程既需要传统胶凝材料的基础保证,更需要发展生态环保、多功能、高性能的新型胶凝材料。一方面通过物理和化学手段对气硬性胶凝材料进行改性,包括耐水性、耐候性等性能的改善,形成具有高耐久性的防潮型气硬性胶凝材料;另一方面,作为水硬性胶凝材料的辅助材料,近年发展迅速,如灌浆料,修补剂等广泛应用气硬性胶凝材料。肩负着建造强国使命的未来土木人,必须具备扎实的土木工程材料基础知识,而胶凝材料作为土木工程重要物质基础的未来改造与发展应始于对其当下性能特点的掌握及理解。

胶凝材料按化学成分分为有机和无机两类。常用的有机胶凝材料有各种沥青、树脂、橡胶等。无机胶凝材料按硬化条件分为气硬性胶凝材料和水硬性胶凝材料。气硬性胶凝材料只能在空气中凝结硬化,也只能在空气中保持和发展其强度,即气硬性胶凝材料的耐水性差,不宜用于潮湿环境,如石膏、石灰、水玻璃、菱苦土等;水硬性胶凝材料不仅能在空气中硬化,而且在水中能更好地硬化,保持和发展其强度,如各种水泥。本章讲解气硬性胶凝材料,学习方法为:首先熟悉材料的化学组成,了解化学组成在形成新的结构过程中发生的变化,然后掌握材料的性能特点,重点是材料的化学组成与性能之间的关系,根据性能特点分析材料的应用范围,并了解材料的技术要求,达到可根据工程需要选定材料。例如建筑石膏的组成为半水石膏,水化时吸收水分后,体积产生微膨胀,具有细腻的结构,因此适用于装饰抹面等,但形成的网络结构在与水长期接触过程中会分解,强度降低,因此只能适用于湿度较低的环境。

2.1 建筑石膏

石膏是以硫酸钙为主要成分的气硬性胶凝材料。石膏制品性能优良、制作工艺简单,纸面石膏板、建筑饰面板等石膏制品发展快速,已成为极有发展前途的新型建筑材料之一。

2.1.1 石膏的原料与生产

生产石膏的原料主要是含硫酸钙的天然石膏(又称生石膏)或含硫酸钙的化工副产品和废渣(如磷石膏、氟石膏、硼石膏等),其化学式为 $CaSO_4 \cdot 2H_2O$,也称二水石膏。

石膏按其化学成分分为二水石膏、半水石膏和无水石膏。

石膏按其生产时煅烧温度不同,分为低温煅烧石膏与高温煅烧石膏。低温煅烧时,水分不能完全脱除,因此低温煅烧石膏主要为半水石膏,包含建筑石膏、模型石膏和高强度石膏。

1. 低温煅烧石膏

低温煅烧石膏是在低温(107～170 ℃)下煅烧天然石膏或工业副产石膏所获得的产品,主要成分为半水石膏($CaSO_4 \cdot 1/2H_2O$)。其反应式为

$$CaSO_4 \cdot 2H_2O \xrightarrow{107\sim170\ ℃} CaSO_4 \cdot \frac{1}{2}H_2O + 1\frac{1}{2}H_2O \qquad (2\text{-}1)$$

低温煅烧石膏产品有建筑石膏、模型石膏和高强度石膏。

(1)建筑石膏

建筑石膏是将天然二水石膏在石膏炒锅或沸腾炉内煅烧后经磨细所得的产品。在煅烧时加热设备与大气相通,原料中的水分呈蒸汽排出,生成的半水石膏是细小的晶体,称为 β 型半水石膏($\beta\text{-}CaSO_4 \cdot 1/2H_2O$),呈白色或白灰色粉末,密度为 2.60～2.75 g/cm³,堆积密度为 800～1 000 kg/m³。多用于建筑抹灰、粉刷、砌筑砂浆及各种石膏制品,是建筑上应用最多的石膏品种,故称建筑石膏。

(2)模型石膏

模型石膏也是 β 型半水石膏,但杂质少、色白。主要用于陶瓷的制坯工艺,少量用于装饰浮雕。

(3)高强度石膏

高强度石膏是将二水石膏在 0.13 MPa、124 ℃ 的密闭压蒸釜内蒸炼脱水成为 α 型半水石膏,再经磨细制得。由于制备时温度与压力均比建筑石膏的高,晶粒长大,与 β 型半水石膏相比,α 型半水石膏的晶体粗大且密实,因此达到一定稠度所需要的用水量小(是石膏干重的35%～45%),只是建筑石膏的一半左右,这种石膏硬化后结构密实、强度较高,硬化 7 d 时的强度可达 15～40 MPa。

高强度石膏的密度为 2.6～2.8 g/cm³,堆积密度为 1 000～1 200 kg/m³。由于其生产成本较高,因此主要用于要求较高的抹灰工程、装饰制品和石膏板。另外掺入防水剂还可制成高强度防水石膏,加入有机材料,如聚乙烯醇水溶液、聚醋酸乙烯乳液等,亦可配成无收缩的黏结剂。

2. 高温煅烧石膏

高温煅烧石膏是天然石膏在 600～900 ℃ 下煅烧经磨细所得的产品。高温下二水石膏完全脱水为无水硫酸钙,并分解出少量的氧化钙。无水石膏的凝结硬化慢,耐水性和强度高,用

其调制的砂浆或人造大理石可用于地面。

石膏的品种虽很多,但在建筑中应用最多的为建筑石膏。

2.1.2　建筑石膏的凝结与硬化

建筑石膏与水拌和后,发生水化反应,最初形成可塑性的浆体,最后浆体逐渐失去可塑性,但尚无强度,此过程为凝结。浆体逐渐具有强度,此过程为硬化。

1. 建筑石膏的水化

建筑石膏的水化反应过程为

$$CaSO_4 \cdot \frac{1}{2}H_2O + \frac{3}{2}H_2O \longrightarrow CaSO_4 \cdot 2H_2O \qquad (2-2)$$

建筑石膏加水后,首先溶解于水,发生水化反应,生成二水石膏。二水石膏的溶解度较半水石膏的溶解度小许多,很容易出现二水石膏的过饱和,因此二水石膏将不断从过饱和溶液中沉淀析出,并促使一批新的半水石膏溶解和水化,直至半水石膏全部转变为二水石膏为止。这一过程进行得较快,需要 7～12 min。

2. 建筑石膏的凝结与硬化

随着水化的不断进行,生成的二水石膏胶体微粒不断增多,这些微粒较原来的半水石膏更加细小,比表面积很大,吸附着很多的水分;同时浆体中的自由水由于水化和蒸发而不断减少,浆体的稠度不断增大,胶体微粒间的搭接、黏结逐步增大,颗粒间产生摩擦力和黏结力,使浆体逐步失去可塑性,浆体逐渐产生凝结。随着水化的不断进行,二水石膏胶体微粒凝聚并转变为晶体。晶体颗粒逐渐长大,且晶体颗粒间相互搭接、交错、共生(两个以上晶粒生长在一起),使浆体失去可塑性,产生强度,即浆体产生了硬化(图 2-1)。这一过程不断进行,直至浆体完全干燥,强度不再增大。

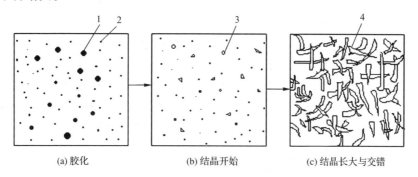

(a) 胶化　　　　　　　(b) 结晶开始　　　　　　(c) 结晶长大与交错

图 2-1　建筑石膏凝结硬化

1—半水石膏;2—二水石膏胶体微粒;3—二水石膏晶体;4—交错的晶体

浆体的凝结硬化过程是一个连续进行的过程。从加水开始拌和一直到浆体刚开始失去可塑性,这个过程称为浆体的初凝,对应的时间称为初凝时间;从加水拌和一直到浆体完全失去可塑性并开始产生强度,这个过程称为浆体的终凝,对应的时间称为终凝时间。

2.1.3　建筑石膏的特点与标准

1. 建筑石膏的特点

(1)凝结硬化快

建筑石膏在加水拌和后,浆体在几分钟内便开始失去可塑性,30 min 内完全失去可塑性而产生强度。由于初凝时间短,不能满足施工要求,一般在使用时均需加入缓凝剂,如硼砂、柠檬酸、动物胶(需用石灰处理)等,掺量为石膏质量的 0.1%～0.5%。掺入缓凝剂后,石膏制品的强度将有所降低,2 h 强度可达 3～6 MPa。

(2)凝结硬化时体积微膨胀

石膏浆体在凝结硬化初期会产生微膨胀(大部分其他胶凝材料产生收缩),体积膨胀率为 0.5%～1.0%。这一性质使石膏制品表面光滑、细腻,尺寸精确,形体饱满,装饰性好,因而特别适合制作建筑装饰制品。

(3)孔隙率大、表观密度小

建筑石膏在拌和时,为使浆体具有施工要求的可塑性,需加入建筑石膏用量 60%～80% 的水,而建筑石膏水化的理论需水量是 18.6%,所以大量的自由水在蒸发后,会在建筑石膏制品内部形成大量的毛细孔隙。其孔隙率达 40%～60%,表观密度为 800～1 000 kg/m³,属于轻质材料。因此石膏制品具有如下特点:

①保温性和吸声性好

建筑石膏制品的孔隙率大且为微细的毛细孔,所以导热系数小,一般为 0.12～0.20 W/(m·K)。大量的毛细孔隙对吸声有一定的作用,特别是穿孔石膏板(板中贯穿孔的孔径为 6～12 mm)对声波的吸收能力强。

②具有一定的调湿性

由于石膏制品内部的大量毛细孔隙对空气中的水蒸气具有较强的吸附能力,当空气湿度大时可以吸收水分,空气干燥时放出水分,所以对室内的空气湿度有一定的调节作用。

③强度较低,塑性变形大

建筑石膏强度较低,7 d 抗压强度为 8～12 MPa(接近最高强度)。石膏及其制品,有明显的塑性变形性能,尤其是在弯曲荷载作用下,徐变显得更加严重,因此一般不用于承重构件。

④耐水性、抗渗性、抗冻性差

建筑石膏制品孔隙率大,且二水石膏可微溶于水,遇水后强度大大降低,其软化系数只有 0.2～0.3(遇水后强度将降低为原强度的 20%～30%)。若吸水后受冻,将因水分结冰而崩裂,故耐水性、抗渗性和抗冻性都较差,一般不易用于室外。为了提高建筑石膏及其制品的耐水性,可以在石膏中掺入适当的防水剂(如有机硅防水剂),或掺入适量的水泥、粉煤灰、磨细粒化高炉矿渣等,可以制备出防潮、防水的石膏制品,也是未来石膏制品的发展方向。

(4)防火性好、但耐火性差

建筑石膏制品的导热系数小,传热慢,且二水石膏受热脱水产生的水蒸气能阻碍火势的蔓延,起到防火作用。但二水石膏脱水后微观结构产生分解,导致强度下降,因而不耐火。

2.建筑石膏的标准

利用工业副产石膏(或称化学石膏)也可生产建筑石膏,如磷石膏、烟气脱硫石膏。因此建筑石膏根据原材料种类不同分为三类,主要为天然建筑石膏(代号 N),脱硫建筑石膏(代号 S)和磷建筑石膏(代号 P)。建筑石膏组成中 β 半水硫酸钙(β-CaSO₄·1/2H₂O)的含量(质量分数)应不小于 60.0%,建筑石膏的技术要求主要有强度、细度和凝结时间,并按此进行分级。

建筑石膏根据 2 小时抗折强度分为 3.0、2.0、1.6 三个等级。产品标记时,按产品名称、代号、等级及标准编号的顺序标记,如:N2.0GB/T 9776—2008 表示等级为 2.0 的天然建筑石膏。建筑石膏的物理力学性能应符合标准《建筑石膏》(GB/T 9776—2008),见表 2-1。

表 2-1 **建筑石膏物理性质（GB/T 9776—2008）**

等级	细度（0.2 mm 方孔筛筛余）/%	凝结时间/min		2 h 强度/MPa	
		初凝	终凝	抗折	抗压
3.0				≥3.0	≥6.0
2.0	≤10	≥3	≤30	≥2.0	≥4.0
1.6				≥1.6	≥3.0

注：强度试件尺寸为 40 mm×40 mm×160 mm。

2.1.4　建筑石膏的应用

建筑石膏的用途很广，主要用于室内抹灰、粉刷和生产各种石膏板等。

1. 室内抹灰和粉刷

建筑石膏由于具有优良特性，常被用于室内高级抹灰和粉刷。建筑石膏加水、砂及缓凝剂拌和成石膏砂浆，用于室内抹灰。抹灰后的表面光滑、细腻、洁白美观。石膏砂浆也作为油漆等的打底层，并可直接涂刷油漆或粘贴墙布或墙纸等。建筑石膏加水及缓凝剂拌和成石膏浆体，可作为室内粉刷涂料。

2. 石膏板

石膏板具有轻质、隔热保温、吸声、防火、尺寸稳定及施工方便等优点，在建筑中得到广泛的应用，是一种很有发展前途的建筑材料。常用石膏板有以下几种：

（1）纸面石膏板

以建筑石膏为主要原料，掺入适量的纤维材料、缓凝剂等作为芯材，以纸板作为增强护面材料，经搅拌、成型（辊压）、切割、烘干等工序制得。纸面石膏板（GB/T 9775—2008）分为普通（代号 P）、耐水（代号 S）、耐火（代号 H）、耐水耐火（代号 SH）纸面石膏板。纸面石膏板的长度为 1 500～3 660 mm，宽度为 600～1 220 mm，厚度为 9.5 mm、12 mm、15 mm、18 mm、21 mm、25 mm，其纵向抗折荷载可达 400～850 N。纸面石膏板主要用于室内隔墙、墙面等，其自重仅为砖墙的1/5。耐水纸面石膏板主要用于厨房、卫生间等潮湿环境。耐火纸面石膏板（耐火极限分为 30 min、25 min、20 min 等）主要用于耐火要求高的室内隔墙、吊顶等。纸面石膏板使用时须采用龙骨（固定石膏板的支架，通常由木材或铝合金、薄钢等制成）。纸面石膏板的生产效率高，但纸板用量大，成本较高。

（2）纤维石膏板

以纤维材料（多使用玻璃纤维）为增强材料，与建筑石膏、缓凝剂、水等经特殊工艺制成的石膏板，其生产效率低。纤维石膏板的强度高于纸面石膏板，规格与其基本相同。纤维石膏板可用于内隔墙、墙面，还可用来代替木材制作家具。

（3）装饰石膏板

由建筑石膏、适量纤维材料和水等经搅拌、浇筑、修边、干燥等工艺制得。装饰石膏板按表面形状分有平板、多孔板、浮雕板，其规格均为 500 mm×500 mm×9 mm、600 mm×600 mm×11 mm，并分为普通板和防潮板[《装饰纸面石膏板》（JC/T 997—2006）]。装饰石膏板造型美观，装饰性强，且具有良好的吸声、防火等功能，主要用于公共建筑的内墙、吊顶等。

（4）空心石膏板

以建筑石膏为主，加入适量的轻质多孔材料、纤维材料和水经搅拌、浇筑、振捣成型、抽芯、脱模、干燥而成。空心石膏板的长度为 2 500～3 000 mm、宽度为 450～600 mm、厚度为 60～100 mm。主要用于隔墙、内墙等,使用时不需要龙骨。

此外,还有吸声用穿孔石膏板[《吸声用穿孔石膏板》(JC/T 803—2007)]及嵌装式装饰石膏板[《嵌装式装饰石膏板》(JC/T 800—2007)],后者分为装饰型和吸声型。

调整石膏板的厚度、孔眼大小、孔距、空气层厚度(石膏板与墙体的距离),可构成适应不同频率的吸声结构。

石膏板表面可以贴上各种图案的面纸,如木纹纸等以增加装饰效果。表面贴一层 0.1 mm 厚的铝箔可使石膏板具有金属光泽,并能起防湿隔热的作用。

建筑石膏在存储中,需要防雨、防潮,存储期一般不宜超过三个月。一般存储三个月后,强度降低 30% 左右。

2.1.5 建筑石膏的性能检测与评价

建筑石膏的性能检测与评价包括生产建筑石膏的原料、检测仪器要求、样品要求、检测方法及规则。

1.原料

生产建筑石膏的原材料要满足相应标准要求,其中生产天然建筑石膏用的石膏石应符合《制作胶结料的石膏石》(JC/T 700—1998)中三级及三级以上石膏石的要求。工业副产石膏应进行必要的预处理后方能使用。磷石膏和烟气脱硫石膏均应符合国家标准和行业标准的相关要求。工业副产建筑石膏的放射性核素限量应符合《建筑材料放射性核素限量》(GB 6566—2010)的要求。试验条件应符合《建筑石膏 一般试验条件》(GB/T 17669.1—1999)的规定,并在标准试验条件下密闭放置 24 h,然后再进行试验。

2.检测仪器要求

应使用不与硫酸钙反应的防水材料(如玻璃、铜、不锈钢、硬质钢等,不包括塑料)制成拌和用的容器和制备试件用的模具。由于二水硫酸钙颗粒的存在能形成晶核,对建筑石膏性能有极大的影响,所以全部试验用容器、设备都应保持十分清洁,尤其应清除已凝固的石膏。细度采用筛分法测定,试验筛由圆形筛帮和方孔筛网组成,筛帮直径为 $\phi200$ mm,标准稠度和凝结时间应符合《水泥净浆标准稠度与凝结时间测定仪》(JC/T 727—2005)的要求。搅拌器具、试模以及测试仪器需满足相应标准规定。

3.样品

(1)从每批需要试验的建筑石膏中抽取至少 15 kg 试样。试样从 10 袋中等量地抽取。

(2)将试样充分拌匀,分为三等份,保存在密封的容器中。其中一份做试验,其余两份在室温下保存三个月,必要时用它做仲裁试验。标准试验全部试验用水(拌和、分析等)应用去离子水或蒸馏水。常规试验分析试验用水应为去离子水或蒸馏水,物理力学性能试验用水应为洁净的城市生活用水。

4.检验规则

(1)产品出厂前必须进行出厂检验。出厂检验项目符合标准要求。对产品质量进行全面考核的型式检验,在正常生产情况下,每 6 个月检验一次。

(2)对于年产量小于 15 万吨的生产厂,以不超过 65 吨同等级的建筑石膏为一批;对于年产量等于或大于 15 万吨的生产厂,以不超过 200 吨同等级的建筑石膏为一批。从每批需要试验的建筑石膏中抽取至少 15 kg 试样,试样从 10 袋中等量地抽取。生产厂应对每一批建筑石膏提供试验报告,作为供货时的产品质量依据。对于复验判为批不合格的产品,可由仲裁单位利用供仲裁封存的试样,对所有不合格指标进行仲裁试验,按规定要求判定该批产品为批合格或批不合格。除满足物理性能外,建筑石膏仍需满足化学成分的检验标准。

5.石膏的化学成分测定方法

评价石膏质量的基本标准是其中 $CaSO_4 \cdot 2H_2O$ 和 $CaSO_4$ 的百分含量。石膏的测定方法分为半分析和全分析两种。

(1)石膏半分析

石膏半分析称为简分析,又称石膏的基本分析,是指其主要成分的分析。它是指测定结晶水 (H_2O)、氧化钙 (CaO) 和三氧化硫 (SO_3) 三项含量的化学分析。就石膏原料的主要应用范围而言,一般指用于水泥缓凝剂,其质量评价的基本标准就是其中二水硫酸钙 $(CaSO_4 \cdot 2H_2O)$ 和无水硫酸钙 $(CaSO_4)$ 的百分含量。其分析方法,化合水是用 400 ℃恒温煅烧脱水法;氧化钙是用高锰酸钾滴定法;三氧化硫是用硫酸钡重量法。此方法是比较经典的分析方法。特点是准确,但时间较长。另一方法是国家标准方法《石膏化学分析方法》(GB/T 5484—2012)。此法中结晶水的分析是用 (230 ± 5) ℃恒温煅烧脱水法。氧化钙采用 EDTA 滴定法,三氧化硫采用离子交换法。本方法的特点是快,也基本上可以达到比较理想的结果。但此方法要求有比较丰富的实践经验和较高的技术。

用来生产建筑石膏的工艺试验一般采用下述方法:将 4～5 kg 的石膏样品捣碎,其细度在 900 孔/cm^2 的筛中筛余 30%～40%。在铸铁锅中以 170 ℃的温度煅烧 2 h,经过一昼夜时间,根据标准对煅烧的石膏进行相应的试验(确定标准稠度、凝结时间、恒温抗压强度)。

(2)石膏全分析

石膏全分析又称全面试验。石膏的全分析包括结晶水 (H_2O)、附着水 (H_2O)、氧化钙 (CaO)、三氧化硫 (SO_3)、酸不溶物 (SiO_2)、三氧化二铝 (Al_2O_3)、三氧化二铁 (Fe_2O_3)、氧化镁 (MgO) 等项。

中国对石膏的质量检验的统一方法为国家标准《石膏化学分析方法》(GB/T 5484—2012)。国家标准《天然石膏》(GB/T 5483—2008)对石膏质量等级的要求,按化学成分百分比,规定各类产品按品位分级,并应符合相应要求。

2.2　石　灰

石灰作为一种古老的建筑材料,由于其原料来源广泛,生产工艺简单,成本低廉,至今仍被广泛用于建筑工程中。石灰是将碳酸钙为主要成分的原料经适当的煅烧,排出二氧化碳后所得到的成品,其主要成分是氧化钙 (CaO)。

2.2.1　石灰的生产

生产石灰所用的原料主要是含碳酸钙 $(CaCO_3)$ 为主的天然岩石,常用的是石灰石等。一般将上述原料进行高温(900～1 100 ℃)煅烧,即得生石灰 (CaO),其反应式为

$$CaCO_3 \xrightarrow{900\sim1\,100\ ℃} CaO + CO_2 \uparrow \qquad (2\text{-}3)$$

正常温度下石灰石煅烧过程中,碳酸钙分解时要失去大量的CO_2,但是煅烧后石灰的体积比原来石灰石的体积一般缩小$10\%\sim15\%$,因此得到的石灰具有多孔结构,即内部孔隙率大、晶粒细小、表观密度小,与水作用速度快,因此在使用过程中一般要进行消化。生产时,由于火候或温度控制不均,常含有欠火石灰或过火石灰。欠火石灰是由于煅烧温度低或煅烧时间短,内部尚有未分解的石灰石内核,外部为正常煅烧的石灰。在使用过程中,欠火石灰的存在降低了石灰的利用率,对工程不会带来危害。过火石灰是由于煅烧温度过高或煅烧时间过长,使内部晶粒粗大、孔隙率减小、表观密度增大,由于原料中混入或夹带的黏土成分在高温下熔融,使过火石灰颗粒表面部分被玻璃状物质(釉状物)所包覆,造成过火石灰与水的作用减慢(需数十天至数年),有时会发生体积安定性不良即石灰的缓慢水化引起体积膨胀,导致结构开裂变形等,这对使用非常不利。

2.2.2 石灰的熟化和硬化

1. 石灰的熟化

石灰在使用过程中,首先要进行石灰的熟化。石灰的熟化,又称消化或消解,是生石灰(CaO)与水作用生成熟石灰[$Ca(OH)_2$]的过程,伴随着熟化过程,放出大量的热,并且体积迅速增加$1.0\sim2.5$倍,其反应式为

$$CaO+H_2O \rightarrow Ca(OH)_2+64 \text{ kJ} \tag{2-4}$$

根据熟化时加水量的不同,石灰的消化方式分为以下两种:

(1)石灰膏

在化灰池中生石灰加大量的水(生石灰的$3\sim4$倍)消化成石灰乳,然后经筛网流入储灰池,沉淀除去多余的水分,所得到的膏状物即石灰膏。石灰膏含水约50%,表观密度为$1\,300\sim1\,400 \text{ kg/m}^3$,1 kg生石灰可熟化成$2.1\sim3.0$ L石灰膏。

(2)消石灰粉

将生石灰块淋适量的水(生石灰量的$60\%\sim80\%$),经消化得到的粉状物称为消石灰粉。加水量以消石灰粉略湿但不成团为宜。

过火石灰在使用后,因吸收空气中的水蒸气而逐步消化膨胀,使已硬化的浆体产生隆起、开裂等破坏。因此,在使用前必须使其消化或将其去除,通常采用的处理方法是陈伏,陈伏是为了消除过火石灰的危害,将消化后的石灰乳在储灰坑中存放两周以上,使过火石灰颗粒充分消化的处理方法。"陈伏"期间,石灰膏表面应覆盖有一层水膜,以隔绝空气,防止碳化。使用前先将较大尺寸的石灰颗粒筛除(使用筛孔为3 mm×3 mm的筛网),然后加水制成石灰膏放置储灰池中(石灰膏表面始终保有水层,防止石灰碳化)存放一段时间(一般为15 d以上)的处理过程。

2. 石灰的硬化

石灰浆体的硬化包括干燥硬化和碳化硬化。

(1)干燥硬化

石灰浆体的主要成分为$Ca(OH)_2$,硬化主要是干燥硬化过程。在干燥过程中,毛细孔隙失水。由于水的表面张力作用,毛细孔隙中的水面呈弯月面,产生毛细管压力,使得氢氧化钙颗粒接触紧密,产生一定的强度。干燥过程中因水分的蒸发,氢氧化钙也会在过饱和溶液中结晶,但结晶数量很少,产生的强度很低。若再遇水,因毛细管压力消失,氢氧化钙颗粒间紧密程

度降低,且氢氧化钙微溶于水,强度丧失。由此可知,石灰浆体具有硬化慢、硬化后强度低、不耐水的特点。

（2）碳化硬化

氢氧化钙与空气中的二氧化碳化合生成碳酸钙晶体的过程称为碳化硬化。其反应式为

$$Ca(OH)_2 + CO_2 + H_2O \rightarrow CaCO_3 + 2H_2O \qquad (2\text{-}5)$$

生成的碳酸钙具有相当高的强度。由于空气中二氧化碳的浓度很低,因此碳化过程极其缓慢。碳化在一定含水量时才会持续进行,当石灰浆体含水量过少或处于干燥状态时,碳化反应几乎停止。石灰浆体含水量多时,孔隙中几乎充满水,二氧化碳气体难以渗透,碳化作用仅在表面进行,生成的碳酸钙达到一定厚度时,阻碍二氧化碳向内渗透和内部水分向外蒸发,从而减慢了碳化速度。因此,在空气中使用时,石灰的碳化硬化速度很慢。从上述硬化过程中可以得出石灰浆体硬化慢、强度低及不耐水的结论。可以采用加大二氧化碳浓度的方式加速碳化过程。

2.2.3　石灰的特点与标准

1. 石灰的特点

石灰与其他胶凝材料相比具有以下特性:

（1）保水性、可塑性好

经过熟化生成的氢氧化钙颗粒极其细小,比表面积（材料的总表面积与其质量的比值）很大,有利于氢氧化钙颗粒表面吸附较厚水膜,即石灰的保水性好。由于颗粒间的水膜较厚,颗粒间的滑移较易进行,即可塑性好。这一性质常被用来改善砂浆的保水性,以克服水泥砂浆保水性差的缺点。

（2）凝结硬化慢、强度低

石灰的凝结硬化很慢,且硬化后的强度很低。如 1∶3 的石灰砂浆,28 d 的抗压强度仅为 0.2～0.5 MPa。

（3）耐水性差

潮湿环境中石灰浆体不会产生凝结硬化。硬化后的石灰浆体的主要成分为氢氧化钙,仅有少量的碳酸钙。由于氢氧化钙微溶于水,所以石灰的耐水性很差,软化系数接近于零,即在水中浸泡后,强度完全丧失。

（4）干燥收缩大

氢氧化钙颗粒吸附的大量水分,在凝结硬化过程中不断蒸发,并产生很大的毛细管压力,使石灰浆体产生很大的收缩而开裂,因此石灰除粉刷外不宜单独使用。

2. 石灰的标准

按石灰中氧化镁的含量,将生石灰分为钙质石灰（MgO≤5%）和镁质石灰（MgO>5%）;将消石灰分为钙质消石灰（MgO≤5%）和镁质消石灰（MgO>5%）。

按生石灰的加工情况分为建筑生石灰和建筑生石灰粉。根据化学成分的含量每类分成各个等级,具体分类见表 2-2。其中 CL（Calcium Lime）和 ML（Magnesium Lime）分别代表钙质石灰和镁质石灰。90 代表 CaO 和 MgO 的百分含量总和为 90% 以上。

表 2-2   建筑生石灰的分类(JC/T 479—2013)

类别	名称	代号
钙质石灰	钙质石灰 90	CL 90
	钙质石灰 85	CL 85
	钙质石灰 75	CL 75
镁质石灰	镁质石灰 85	ML 85
	镁质石灰 80	ML 80

建筑消石灰粉按扣除游离水和结合水后(CaO＋MgO)的百分含量加以分类,见表 2-3。

表 2-3   建筑消石灰的分类(JC/T 481—2013)

类别	名称	代号
钙质消石灰	钙质消石灰 90	HCL 90
	钙质消石灰 85	HCL 85
	钙质消石灰 75	HCL 75
镁质消石灰	镁质消石灰 85	HML 85
	镁质消石灰 80	HML 80

建筑生石灰的技术要求包括其化学成分(氧化钙、氧化镁、二氧化碳和三氧化硫含量)和物理性质(产浆量和细度),两者应符合表 2-4 和表 2-5 的要求,其中 Q 代表生石灰块,QP 代表生石灰粉。

表 2-4   建筑生石灰的化学成分(JC/T 479—2013)   %

名称	(氧化钙＋氧化镁)(CaO＋MgO)	氧化镁(MgO)	二氧化碳(CO_2)	三氧化硫(SO_3)
CL 90-Q CL 90-QP	≥90	≤5	≤4	≤2
CL 85-Q CL 85-QP	≥85	≤5	≤7	≤2
CL 75-Q CL 75-QP	≥75	≤5	≤12	≤2
ML 85-Q ML 85-QP	≥85	>5	≤7	≤2
ML 80-Q ML 80-QP	≥80	>5	≤7	≤2

表 2-5   建筑生石灰的物理性质(JC/T 479—2013)

名称	产浆量/[$dm^3 \cdot (10\ kg)^{-1}$]	细度	
		0.2 mm 筛余量/%	90 μm 筛余量/%
CL 90-Q	≥26	—	—
CL 90-QP	—	≤2	≤7
CL 85-Q	≥26	—	—
CL 85-QP	—	≤2	≤7
CL 75-Q	≥26	—	—
CL 75-QP	—	≤2	≤7
ML 85-Q ML 85-QP	—	≤7	≤7
ML 80-Q ML 80-QP	—	≤2	≤2

注:其他物理特性,根据用户要求,可按照《建筑石灰试验方法 第 1 部分:物理试验方法》(JC/T 478.1—2013)进行测试。

建筑消石灰的技术要求包括其化学成分(氧化钙、氧化镁及三氧化硫含量)应符合表 2-6 和物理性质应满足《建筑消石灰》(JC/T 481—2013)的规定,游离水含量应≤2%,0.2 mm 筛余量≤2%,90 μm 筛余量≤7%,安定性合格。

表 2-6   建筑消石灰的化学成分(JC/T 481—2013)   %

名称	(氧化钙＋氧化镁)($CaO+MgO$)	氧化镁(MgO)	三氧化硫(SO_3)
HCL 90	≥90		
HCL 85	≥85	≤5	≤2
HCL 75	≥75		
MCL 85	≥85	>5	≤2
MCL 80	≥80		

注:表中数值以试样扣除游离水和化学结合水后的干基为基准。

2.2.4 石灰的应用

石灰在建筑上的用途主要包括:

1. 石灰乳涂料和砂浆

石灰加大量的水所得的稀浆,即石灰乳。其主要用于要求不高的室内粉刷。

利用石灰膏或消石灰粉可配制成石灰砂浆或水泥石灰混合砂浆,用于抹灰和砌筑。利用生石灰粉配制砂浆时,生石灰粉熟化时放出的热可大大加速砂浆的凝结硬化(提高 30～40 倍),且加水量也较少,硬化后的强度较消石灰配制时高 2 倍。在磨细过程中,由于过火石灰也被磨成细粉,因而克服了过火石灰熟化慢而造成的体积安定性不良的危害,可不经陈伏直接使用,但用于罩面抹灰时,需要进行陈伏,陈伏时间应大于 3 h。

2. 灰土和三合土

消石灰粉与黏土拌和后称为灰土或石灰土,再加砂或石屑、炉渣等即成三合土。由于消石灰粉的可塑性好,在夯实或压实下,灰土和三合土的密实度增大,并且黏土中含有少量的活性氧化硅和活性氧化铝与氢氧化钙反应生成了少量的水硬性产物——水化硅酸钙,所以二者的密实程度、强度和耐水性得到改善。因此,灰土和三合土广泛用于建筑物的基础和道路的垫层。

3. 硅酸盐混凝土及其制品

以石灰和硅质材料(如石英砂、粉煤灰、矿渣等)为主要原料,经磨细、配料、拌和、成型、养护(蒸汽养护或压蒸养护)等工序得到的人造石材,其主要产物为水化硅酸钙,所以称为硅酸盐混凝土。常用的硅酸盐混凝土制品有蒸汽养护和压蒸养护的各种粉煤灰砖及砌块、灰砂砖及砌块、加气混凝土等。

4. 碳化石灰板

将磨细生石灰、纤维状填料(如玻璃纤维)或轻质骨料加水搅拌成型为坯体,然后再通入二氧化碳进行人工碳化(12～24 h)而成的一种轻质板材。为减轻自重,提高碳化效果,通常制成薄壁或空心制品。碳化石灰板的可加工性能好,适合做非承重的内隔墙板、天花板等。

生石灰块及生石灰粉须在干燥条件下运输和储存,不宜存放太久。因存放过程中,生石灰会吸收空气中的水分熟化成消石灰粉,进一步与空气中的二氧化碳作用生成碳酸钙,失去胶结能力。长期存放时应在密闭条件下,且应防潮、防水。

2.2.5 石灰的性能检测与评价

建筑生石灰和建筑消石灰的性能需满足国家建材标准《建筑生石灰》(JC/T 479−2013)和《建筑消石灰》(JC/T 481−2013)的规定。

检测石灰中有效氧化钙、氧化镁含量的一般方法是俗称的蔗糖法。

石灰中有效氧化钙是指活性游离的氧化钙。它不同于总钙量,因为有效氧化钙不包括碳酸钙、硅酸钙以及其他钙盐中的钙。石灰中有效氧化钙含量,是指能溶解于蔗糖溶液中,并能与蔗糖作用而生成蔗糖钙的氧化钙含量占原检测试样的质量百分率。原理是活性游离氧化钙与蔗糖化合成在水中溶解度较大的蔗糖钙,而其他钙盐则不与蔗糖作用,故利用不同的反应条件,用已知浓度的盐酸进行滴定(用酚酞指示剂),根据盐酸达到终点时的耗量,可以计算出有效 CaO 的含量。氧化镁的滴定方法是用 EDTA 滴定法。先测定钙镁含量,然后测定出钙含量与钙镁含量的差值,通过计算检测氧化镁的含量。石灰的质量主要取决于有效氧化钙和氧化镁的含量,它们的含量越高,则石灰黏结性越好。

试验方法按 JC/T 478.1−2013 进行物理试验,按 JC/T 478.2−2013 进行化学分析。

检验规则:每批产品出厂前按标准 JC/T 479—2013 建筑生石灰要求进行检验,以班产量或日产量为一个批量,取样按 JC/T 620−2021 的规定进行。检验结果均达到标准相应等级的要求时,则判定为合格产品。每个包装袋上应注明产品名称、标记、净重、批号、厂名、地址和生产日期。散装产品提供相应的标签。建筑生石灰石自热材料,不应与易燃、易爆和液体物质混装,在运输和储存时不应受潮或混入杂物,不宜长期储存,不同类生石灰应分别储存或运输,不得混杂。每批产品出厂时应向用户提供质量证明书,证明书上应注明厂名、产品名称、标记、检验结果、批号、生产日期。

2.3　水玻璃

水玻璃是一种气硬性胶凝材料。在耐酸工程和耐热工程中常用来配制水玻璃胶泥、水玻璃砂浆及水玻璃混凝土,也可单独使用水玻璃或以水玻璃为主要原料配制涂料。

2.3.1 水玻璃生产

硅酸钠(俗称泡花碱)是一种水溶性硅酸盐,是一种气硬性胶凝材料,在耐酸工程和耐热工程中常用来配制水玻璃胶泥、水玻璃砂浆及水玻璃混凝土,也可单独使用水玻璃或以水玻璃为主要原料配制涂料。

硅酸盐的水溶液俗称水玻璃,其化学式为 $R_2O \cdot nSiO_2$,式中 R_2O 为碱金属氧化物,n 为 SiO_2 与 R_2O 摩尔数的比值,称为水玻璃的模数。n 值越大,则水玻璃的黏度越大,黏结力、强度、耐酸和耐热性越高,但也越难溶于水,且黏度太大不利于施工。同一模数的水玻璃,其浓度(或密度)增大(含水量降低),则黏度增大,黏结力、强度、耐酸、耐热性均提高,但太大时不利于施工。建筑上常用的水玻璃是硅酸钠($Na_2O \cdot nSiO_2$)的水溶液,要求高时也使用硅酸钾($K_2O \cdot nSiO_2$)的水溶液,水溶液为青灰色或黄色黏稠液体。常用水玻璃模数为 2.2～3.0、密度为 1.3～1.5 g/cm^3,其他技术性质应满足《工业硅酸钠》(GB/T 4209—2022)的规定。

生产水玻璃的方法有湿法和干法两种,目前生成水玻璃的主要方法是以纯碱和石英砂为原料,将其磨细拌匀后,在 1 300~1 400 ℃ 的熔炉中熔解,经冷却后会生成固体水玻璃,其反应式为

$$Na_2CO_3 + nSiO_2 \xrightarrow{1\ 300 \sim 1\ 400\ ℃} Na_2O \cdot nSiO_2 + CO_2 \uparrow \tag{2-6}$$

液体水玻璃是将固体水玻璃装进蒸压釜内,通入水蒸气使其溶于水而得,或者将石英砂和氢氧化钠溶液在蒸压锅内(20~30 kPa)用蒸汽加热并搅拌,使其直接反应成液体水玻璃,其溶液具有碱性溶液的性质。若用碳酸钾代替碳酸钠,则可制得碳酸钾水玻璃。

2.3.2　水玻璃硬化

水玻璃在空气中吸收二氧化碳,生成无定形的二氧化硅凝胶(又称硅酸凝胶),凝胶脱水转成为二氧化硅而硬化(又称自然硬化),其化学反应式为

$$Na_2O \cdot nSiO_2 + CO_2 + mH_2O \rightarrow Na_2CO_3 + nSiO_2 \cdot mH_2O \tag{2-7}$$

由于空气中的二氧化碳含量极少,上述反应缓慢,因此水玻璃在使用时常加入促硬剂,以加快其硬化速度,常用的促硬剂为氟硅酸钠(Na_2SiF_6),其化学反应式为

$$2(Na_2O \cdot nSiO_2) + Na_2SiF_6 + mH_2O \rightarrow 6NaF + (2n+1)SiO_2 \cdot mH_2O \tag{2-8}$$

$$(2n+1)SiO_2 \cdot mH_2O \rightarrow (2n+1)SiO_2 + mH_2O \tag{2-9}$$

加入氟硅酸钠后,初凝时间可缩短至 30~60 min。氟硅酸钠的适宜掺量一般为水玻璃的 12%~15%,若掺量少于 12%,则其凝结硬化慢,强度低,并且存在有较多的没参加反应的水玻璃,当遇水时,残余水玻璃易溶于水,影响硬化后水玻璃的耐水性;若其掺量超过 15%,则凝结硬化过快,造成施工困难,且抗渗性和强度降低。

2.3.3　水玻璃的特点与应用

1. 水玻璃的特点

(1)黏结力强、强度较高

水玻璃在硬化后,其主要成分为二氧化硅凝胶和氧化硅,因而具有较高的黏结力和强度。用水玻璃配制的混凝土的抗压强度可达 15~40 MPa。

(2)耐酸性好

由于水玻璃硬化后的主要成分为二氧化硅,它可以抵抗除氢氟酸、过热磷酸以外的几乎所有的无机酸和有机酸。用于配制水玻璃耐酸混凝土、耐酸砂浆、耐酸胶泥等。

(3)耐热性好

硬化后形成的二氧化硅网状骨架,在高温下强度下降不大。可用于配制水玻璃耐热混凝土、耐热砂浆、耐热胶泥等。

(4)耐碱性和耐水性差

水玻璃在加入氟硅酸钠后仍不能完全反应,硬化后的水玻璃中仍含有一定量的 $Na_2O \cdot nSiO_2$。由于 SiO_2 和 $Na_2O \cdot nSiO_2$ 均可溶于碱,且 $Na_2O \cdot nSiO_2$ 可溶于水,所以水玻璃硬化后不耐碱、不耐水。为提高耐水性,常采用中等浓度的酸对已硬化的水玻璃进行酸洗处理。

2. 水玻璃的应用

水玻璃除用于耐热和耐酸材料外,还有以下主要用途:

(1)涂刷材料表面,提高其抗风化能力

水玻璃浸渍或涂刷多孔材料表面,可提高材料的密实度、强度、抗渗性、抗冻性及耐水性等。这是因为水玻璃与空气中的二氧化碳反应生成硅酸凝胶,同时水玻璃也与材料中所含的氢氧化钙反应生成硅酸钙凝胶,二者填充材料的孔隙,使材料致密。

(2)加固土壤

将水玻璃和氯化钙溶液交替压注到土壤中,生成的硅酸钙凝胶在潮湿环境下,因吸收土壤中水分处于膨胀状态,使土壤固结。

(3)配制速凝防水剂

水玻璃加二种、三种或四种矾,即可配制成二矾、三矾、四矾速凝防水剂。

(4)修补砖墙裂缝

将水玻璃、粒化高炉矿渣粉、砂及氟硅酸钠按适当比例拌和后,直接压入砖墙裂缝,可起到黏结和补强作用。

水玻璃应在密闭条件下存放。长时间存放后,水玻璃会产生一定的沉淀,使用时应搅拌均匀。

习题及案例分析

一、习题

1.什么是气硬性胶凝材料与水硬性胶凝材料?二者有何区别?常用气硬性胶凝材料有哪些?

2.石膏的种类有哪些?建筑中常用的石膏是哪种石膏?建筑石膏在使用时,为什么常常要加入动物胶?什么是初凝时间、终凝时间?

3.为什么说建筑石膏是一种很好的室内装饰材料?一般建筑石膏及其制品为什么适用于室内,而不适用于室外?

4.建筑石膏的等级是如何划分的?

5.生石灰和熟石灰的成分是什么?什么是生石灰的熟化?

6.与石膏相比,石灰的水化、硬化过程、硬化速度如何?由此导致石灰具有何种性质?由此性能分析为什么石灰除粉刷外,均不可单独使用?

7.过火石灰、欠火石灰的定义及对石灰的性能有什么影响?

过火石灰的危害举例:某建筑的内墙使用石灰砂浆抹面,数月后墙面上出现了许多不规则的网状裂纹,同时个别部位还有一部分凸出的呈放射状裂纹。试分析上述现象产生的原因。

8.石灰属于气硬性胶凝材料,本身不耐水,但配制成的灰土或三合土却可用于基础的垫层、道路的基层等潮湿部位,为什么?

9.什么是水玻璃的模数?模数和密度对性能有什么影响?使用水玻璃时为什么要用促硬剂?常用的促硬剂是什么?

10.水玻璃的主要性质和用途有哪些?

二、案例分析

案例1:

某单位楼房的内墙使用石灰砂浆抹面,数月后,墙面上出现了许多不规则的网状裂纹,同时在个别部位还发现了部分凸出的放射状裂纹。试分析上述现象产生的原因。

原因分析：

石灰砂浆抹面的墙面上出现不规则的网状裂纹，引发的原因有很多，但最主要的原因在于石灰在硬化过程中，蒸发大量的游离水而引起体积收缩。

墙面上个别部位出现凸出的呈放射状的裂纹，是由于配制石灰砂浆时所用的石灰中混入了过火石灰。过火石灰表面常被黏土杂质融化形成的玻璃釉状物包覆，熟化很慢。如未经过充分的陈伏，当石灰已经硬化后，过火石灰才开始吸收空气中的水蒸气继续消化，消化过程中消化产物体积增大，产生膨胀压力，导致放射状的裂纹。

此案例考察石灰性能的三个基本知识点：

1.石灰的消化过程吸收大量的水分，在干燥环境下容易蒸发，引起体积收缩，产生裂纹。

2.过火石灰消化速度缓慢，如果不充分消化，后期仍旧会反应。

3.石灰消化过程中体积增大，产生较大的体积膨胀压力，导致裂纹。

案例 2：

由于石膏装饰物饱满细腻，某住户喜爱石膏制品，全室均用普通石膏浮雕板作装饰。使用一段时间后，客厅、卧室效果相当好，但厨房、厕所、浴室的石膏制品出现发霉变形。请分析发霉变形的原因，并举例说明改性石膏制品是否可以用于潮湿环境。

原因分析：

厨房、厕所、浴室等处一般较潮湿，普通石膏制品的多孔结构，具有强的吸湿性和吸水性，在潮湿的环境下，晶体间的黏结力削弱、软化系数低、耐水性差、强度下降、软化变形，且还会发霉。

普通建筑石膏一般不宜在潮湿和温度过高的环境中使用。欲提高其耐水性，可于建筑石膏中掺入一定量的水泥或其他活性 SiO_2、Al_2O_3 及 CaO 的材料，如粉煤灰、石灰。掺入有机防水剂亦可改善石膏制品的耐水性。如福建正霸新型建材生产的防潮石膏制品采用新型防水组分，减水剂等组分改善了石膏耐水性差的特点，其制品不但可以用于卫生间等潮湿部分，还可以应用于外墙，打破了传统的石膏制品的概念，由于该石膏制品不需要水泥砂浆找平，施工效率高，砌块虽然具有多孔结构，但是新型防水剂的加入大大降低了吸水率，解决了墙体渗水、发霉、吐黄的问题，该石膏制品成功应用于厦门火车站南广场商业等诸多建筑工程的内外墙中，取得了优异的效果，因此这也将是新型石膏的发展趋势。

此案例考察石膏的两个基本知识点：

1.石膏水化产物具有多孔结构，容易吸收水分，分子结构破坏，降低强度。

2.石膏制品软化系数低、耐水性差，不适合于单独使用在潮湿环境，但是可以配合水硬性胶凝材料或者防水剂等增强其耐水性能，用于潮湿环境。

第 3 章 水 泥

硅酸盐水泥

掺混合材料的硅酸盐水泥

学习目标

1. 知识目标：通过硅酸盐类水泥的原料、生产工艺等分析，了解其熟料矿物的组成及特性、水泥水化及凝结硬化过程及机理；掌握硅酸盐类水泥的主要腐蚀类型及防腐措施；掌握通用硅酸盐水泥的组成、特点及应用；掌握通用硅酸盐水泥的主要技术指标及评价方法；了解其他水泥的主要特点。

2. 能力目标：具备通过通用硅酸盐水泥组成、制备及水泥水化、凝结硬化及水泥石结构特征，分析水泥特性及其腐蚀的产生、影响规律及改善措施，实现根据工程需要合理选用通用水泥的能力；具备通过主要技术指标的测试，正确评价分析水泥产品质量的能力。

3. 素质目标：明确水泥作为土木工程中应用最广泛、最大量的胶凝材料对土木工程的支撑关系，建立工程技术人员正确评价、分析、改造、运用水泥以保证土木工程功能性、安全性、生态性的责任感与使命感。

发展趋势

为应对气候变化，我国提出"二氧化碳排放力争于 2030 年前达到峰值，努力争取 2060 年前实现碳中和"等庄严的目标承诺。据统计，每生产 1 吨水泥熟料将排放约 1 吨的 CO_2，水泥行业总二氧化碳排放量约占所有人为二氧化碳排放量的 5%～7%。因此，充分地掌握水泥的性质并合理应用，发展低碳水泥、减少水泥用量并延长结构寿命，对实现碳达峰和碳中和具有重要意义，也是我们土木人的责任与使命。

水泥作为胶凝材料，是建造、修复房屋建筑、道路、桥隧等土木工程不可或缺的重要组成物质。但是，从目前其制造过程来看，无论是大量使用不可再生天然资源的原材料选择，还是高能耗、高污染的煅烧、粉磨等生产工艺过程，都对人类赖以生存的环境造成了极大的破坏，加重了地球的负担。因此，为使人类社会能够持续健康发展，创造生态环保的人类生存环境，水泥材料的发展趋势重点在于：开发利用工农业固体废弃物及城市垃圾替代石灰石、黏土等作为原材料，以达到保护天然资源、变废为宝的目的；开发、改造水泥生产技术与工艺，降低煅烧温度、利用废料作燃料、减少粉尘污染及噪声等，以达到节省能源、保护环境的目的；研发新品种水泥，以满足现代土木工程长寿命、多功能等特殊需要。

水泥是一种在土木工程中应用广泛的水硬性胶凝材料。水泥不仅能在空气中硬化，而且能在水中更好地硬化、保持和继续发展其强度。以水泥、砂、石和水为主要原料配制而成的混凝土,是当今世界上用量最大的人造复合材料,混凝土与钢筋混凝土广泛用于建造房屋、桥梁、道路、港口、机场、隧道、水坝、电站、矿山等各类基础设施工程。水泥是混凝土的基本组成材料,水泥水化后形成的水泥石将砂、石等"黏合"在一起,形成具有强度的混凝土。从 1824 年开始,水泥的发明与使用开启了建筑业的新纪元,全球的水泥产量从 1880 年不足 200 万吨,到 2018 年,全球水泥产量合计达 39.5 亿吨。其中,中国水泥产量近十年变化不大,一直保持在 23 亿～24 亿吨,占全球总产量的一半以上。我国处于基础设施建设快速发展时期,2014 年全国规模的水泥产量近 24.8 亿吨,之后随着产业结构调整,略有下降,但一直居世界首位。

水泥的品种很多,按其矿物组成可分为硅酸盐水泥、铝酸盐水泥、硫铝酸盐水泥、铁铝酸盐水泥和氟铝酸盐水泥;按水泥的特性和用途可分为通用水泥、专用水泥和特种水泥。硅酸盐类水泥能满足大部分工程建设的需求,是土木工程中使用最多的水泥,本章内容以通用硅酸盐水泥为主。

3.1　水泥的生产与性能

3.1.1　原料与生产

1. 水泥的原料

(1)生产水泥熟料的原料

生产通用硅酸盐水泥的主要原料包括石灰质原料和黏土质原料。石灰质原料主要提供氧化钙,如石灰石、白垩等;黏土质原料主要提供氧化硅、氧化铝、氧化铁,如黏土、黄土、页岩等。有时为调整化学成分还需加入少量铁质和硅质校正原料,如铁矿石、砂岩等。

(2)石膏

为调整硅酸盐水泥的凝结时间,在生产的最后阶段还要加入适量石膏。

(3)混合材料

混合材料是水泥粉磨过程中掺加的矿物材料。混合材料掺入水泥中的主要作用是:扩大水泥使用范围,降低水化热,增加产量,降低成本,进一步改善水泥性能。根据火山灰性或潜在水硬性,可将混合材料分为活性混合材料和非活性混合材料。

①活性混合材料

活性混合材料是指活性指数(试验水泥与对比水泥的 28 d 抗压强度比)符合相应标准要求的混合材料[水泥的命名原则和术语(GB/T 4131—2014)]。实际是指常温下与石灰和水拌和后能生成具有水硬性产物的混合材料。活性混合材料主要包括以下几种:

A.粒化高炉矿渣。高炉炼铁的熔融矿渣,经水或水蒸气急速冷却处理所得到的质地疏松、多孔的粒状物,也称水淬矿渣。粒化高炉矿渣在急冷过程中,熔融矿渣的黏度增大很快,来不及结晶,大部分呈玻璃态,储存有潜在的化学能。如熔融矿渣任其自然冷却,凝固后成结晶态,活性很小,属非活性混合材料。粒化高炉矿渣的活性来源主要是活性氧化硅和活性氧化铝。

在矿渣中 CaO、SiO_2、Al_2O_3 含量在 90% 以上,其化学组成与硅酸盐水泥类似,只是 CaO

含量较低,而 Al_2O_3 含量较高,所以,有的粒化高炉矿渣磨细后本身就有微弱水硬性。

B. 火山灰质混合材料。火山灰质混合材料泛指以活性氧化硅和活性氧化铝为主要成分的活性混合材料。它的应用是从火山灰开始的,故而得名,其实并不限于火山灰,也包括具有火山灰性质的人工火山灰。

按其活性主要来源又分为如下三类:

a. 含水硅酸质混合材料。含水硅酸质混合材料主要有硅藻土、蛋白石、硅质渣等。其活性来源为活性氧化硅。

b. 铝硅玻璃质混合材料。铝硅玻璃质混合材料主要是火山爆发喷出的熔融岩浆在空气中急速冷却所形成的玻璃质多孔的岩石,如火山灰、浮石、凝灰岩等。其活性来源为活性氧化硅和活性氧化铝。

c. 烧黏土质混合材料。烧黏土质混合材料主要有烧黏土、炉渣、燃烧过的煤矸石等。其活性来源为活性氧化铝和活性氧化硅。掺这种混合材料的水泥水化后水化铝酸钙的含量较高,其抗硫酸盐腐蚀性差。

C. 粉煤灰。粉煤灰是火力发电厂以煤粉为燃料燃烧后从烟气中收集下来的灰渣,经急速冷却而成。粉煤灰多为 $1\sim50~\mu m$ 玻璃态的实心或空心球形颗粒。就其活性来源,也属于火山灰质混合材料,但它是大宗的工业废料,亟待利用,因此我国水泥标准将其单独列出。

②非活性混合材料

非活性混合材料是指活性指数低于相应标准要求的混合材料(GB/T 4131—2014)。实际是指常温下不能与石灰和水拌和后生成具有水硬性产物的混合材料。它掺和在水泥中主要起填充作用,如扩大水泥强度等级范围,降低水化热,增加产量,降低成本等。常用的非活性混合材料主要有石灰石、石英砂和自然冷却的矿渣等。

2. 水泥的生产

通用硅酸盐水泥生产的简要过程如图 3-1 所示。首先将原料和校正原料按一定比例混合后在磨机中磨到一定细度,制成生料,然后将生料入窑煅烧。煅烧时,首先生料在 500 ℃以下干燥脱水,然后在 1 300~1 450 ℃的温度下煅烧,形成以硅酸钙为主的化合物,最后快速冷却形成硅酸盐水泥熟料矿物。煅烧后获得的黑色球状物即熟料。熟料与少量石膏或者再加入一定比例的混合材料共同磨细即成通用硅酸盐水泥。水泥生产的主要工艺可概括为"两磨""一烧"。

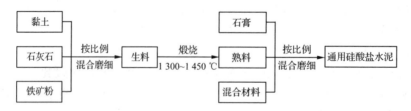

图 3-1　通用硅酸盐水泥生产流程示意图

3.1.2 熟料及性能

熟料是通用硅酸盐水泥的主要组成,熟料的水化硬化是水泥强度的主要成因。

硅酸盐水泥熟料的主要矿物的名称和含量如下:

硅酸三钙($3CaO \cdot SiO_2$,简称 C_3S)含量为 $37\%\sim60\%$;

硅酸二钙($2CaO \cdot SiO_2$,简称 C_2S)含量为 $15\% \sim 37\%$;

铝酸三钙($3CaO \cdot Al_2O_3$,简称 C_3A)含量为 $7\% \sim 15\%$;

铁铝酸四钙($4CaO \cdot Al_2O_3 \cdot Fe_2O_3$,简称 C_4AF)含量为 $10\% \sim 18\%$。

前两种统称硅酸钙矿物,一般占总量的 $75\% \sim 82\%$。《通用硅酸盐水泥》(GB 175—2007)中规定硅酸钙矿物含量不小于 66%,氧化钙和氧化硅质量比不小于 2.0。

各种熟料矿物单独的水化特性见表 3-1。

表 3-1　　　　　　　　　　通用硅酸盐水泥熟料主要矿物的特性

	矿物名称	硅酸三钙	硅酸二钙	铝酸三钙	铁铝酸四钙
水化特性	水化速度	快	慢	很快	快
	放热量	多	少	很多	中
	早期强度	高	低	低	高
	后期强度	高	高	低	低

水泥熟料中硅酸三钙含量大,水化速度快,28 d 内基本水化完毕,硅酸盐水泥的 28 d 强度主要由硅酸三钙的水化决定。硅酸二钙水化较慢,约半年左右才能达到硅酸三钙 28 d 的强度。铝酸三钙强度低,铁铝酸四钙的强度发展较快,但后期强度较低。

由上述各种熟料矿物的水化特性可见,改变水泥熟料的矿物组成,可生产各种性能和用途的水泥。例如,适当提高熟料中 C_3S 和 C_3A 的含量,可生产硬化快、强度高的水泥。

3.1.3　水泥的水化、凝结硬化

水泥加水搅拌后,水泥颗粒分散于水中形成具有一定可塑性的浆体,同时水泥颗粒中的熟料矿物与水发生化学反应生成水化产物,并同时放出热量。随着水化反应进行,水泥浆在一定时间后逐渐变稠并失去可塑性,这一过程称为凝结。随着时间的继续增长产生强度,形成坚硬的水泥石,这一过程称为硬化。水泥的凝结硬化是一个连续的、复杂的物理化学过程。

(一)水泥熟料的水化

水泥熟料中主要矿物的水化过程及其产物如下:

1. 硅酸三钙

在水泥矿物中,硅酸三钙含量最高,水化反应较快,放热量最大,水化产物为水化硅酸钙凝胶(C-S-H)和氢氧化钙晶体(CH),其反应式为

$$2(3CaO \cdot SiO_2) + 6H_2O \rightarrow 3CaO \cdot 2SiO_2 \cdot 3H_2O(水化硅酸钙凝胶) + 3Ca(OH)_2$$

生成的水化硅酸钙几乎不溶于水,以胶体微粒析出并逐渐聚集而成为凝胶。水化硅酸钙凝胶具有很高的强度。水化生成的氢氧化钙很快在溶液中达到饱和并以晶体析出。氢氧化钙的强度、耐水性及耐腐蚀性很差。

2. 硅酸二钙

其水化反应较慢,水化放热量小,水化产物与硅酸三钙相同,但数量不同。其反应式为

$$2(2CaO \cdot SiO_2) + 4H_2O \rightarrow 3CaO \cdot 2SiO_2 \cdot 3H_2O(水化硅酸钙凝胶) + Ca(OH)_2$$

3. 铝酸三钙

铝酸三钙水化反应极快,生成水化铝酸三钙,水化放热量很大。单独水化会引起快凝。其反应式为

$$3CaO \cdot Al_2O_3 + 6H_2O \rightarrow 3CaO \cdot Al_2O_3 \cdot 6H_2O$$

水化铝酸三钙为晶体,易溶于水,它在氢氧化钙饱和溶液中,能与氢氧化钙进一步反应,生成水化铝酸四钙($4CaO \cdot Al_2O_3 \cdot 12H_2O$)。二者强度都低,且耐硫酸盐腐蚀性很差。

4. 铁铝酸四钙

铁铝酸四钙与水作用反应也较快,水化热中等,生成水化铝酸三钙晶体及水化铁铝酸凝胶。后者强度也很低。其反应式为

$$4CaO \cdot Al_2O_3 \cdot Fe_2O_3 + 7H_2O \rightarrow 3CaO \cdot Al_2O_3 \cdot 6H_2O + CaO \cdot Fe_2O_3 \cdot H_2O(水化铁酸钙凝胶)$$

5. 石膏的作用

为了调节水泥凝结时间,可将水泥中掺有适量石膏(一般为水泥质量的 $3\% \sim 5\%$)。有石膏存在的条件下,C_3A 会与石膏反应生成三硫型水化硫铝酸钙(也称高硫型水化硫铝酸钙),又称钙矾石,以 AFt 表示,其反应式为

$$3CaO \cdot Al_2O_3 + 3(CaSO_4 \cdot 2H_2O) + 26H_2O \rightarrow 3CaO \cdot Al_2O_3 \cdot 3CaSO_4 \cdot 32H_2O$$
$$或 \quad C_3A + 3C\overline{S}H_2 + 26H \rightarrow C_3A\overline{S}_3H_{32} \quad (AFt)$$

高硫型水化硫铝酸钙是难溶于水的针状晶体,它生成后即围在熟料颗粒的周围,阻碍了其水化的进行,起到缓凝的作用。

当浆体中的石膏被消耗完毕后,而水泥中还有未完全水化的 C_3A 时,C_3A 会与三硫型水化硫铝酸钙(AFt)继续反应生产单硫型水化硫铝酸钙(也称低硫型水化硫铝酸钙),以 AFm 表示,其反应式为

$$3CaO \cdot Al_2O_3 \cdot 3CaSO_4 \cdot 32H_2O + 2(3CaO \cdot Al_2O_3) + 4H_2O \rightarrow 3CaO \cdot Al_2O_3 \cdot CaSO_4 \cdot 12H_2O$$
$$或 \quad C_3A\overline{S}_3H_{32} + 2C_3A + 4H \rightarrow C_3A\overline{S}H_{12} \quad (AFm)$$

综上所述,如果忽略一些次要的和少量的成分,则硅酸盐水泥与水作用后,生成的主要产物有水化硅酸钙凝胶和水化铁酸钙凝胶,氢氧化钙,水化铝酸钙,以及水化硫铝酸钙晶体。水泥完全水化后,水化硅酸钙约占 70%,氢氧化钙约占 20%,水化硫铝酸钙约占 7%。

(二)活性混合材料的水化

磨细的活性混合材料与水拌和后,不会产生水化及凝结硬化(仅某些粒化高炉矿渣有微弱的反应)。但活性混合材料在氢氧化钙饱和溶液中,在常温下就会产生明显的水化反应,其反应式为

$$xCa(OH)_2 + SiO_2 + mH_2O \rightarrow xCaO \cdot SiO_2 \cdot (x+m)H_2O$$
$$xCa(OH)_2 + Al_2O_3 + nH_2O \rightarrow yCaO \cdot Al_2O_3 \cdot (x+n)H_2O$$

生成的水化硅酸钙和水化铝酸钙是具有水硬性的水化物(式中的系数 x、y 值与介质的石灰浓度、温度和作用时间有关,为 1 或略大于 1)。当有石膏存在时,水化铝酸钙还可以和石膏进一步反应生成水硬性产物水化硫铝酸钙。

可以看出,活性混合材料的活性是在氢氧化钙和石膏作用下才激发出来的,故称它们为活性混合材料的激发剂。

当掺有活性混合材料的通用硅酸盐水泥与水拌和后,首先的反应是水泥熟料的水化,生成氢氧化钙。然后,它与掺入的石膏作为活性混合材料的激发剂,产生前述的反应(称二次反应)。二次反应的速度较慢,因此可有效降低水化放热速度,适宜于大体积混凝土。但在冬季施工时则需注意。

(三)水泥的凝结硬化过程

水泥的凝结硬化是一个复杂而连续的物理化学过程。水泥与水拌和后,水泥颗粒表面的

熟料矿物立即溶于水,并与水发生水化反应,生成水化产物,并同时放出热量。生成的水化产物溶解度很小,不断地沉淀析出。这个时期水化产物生成的速度很快而来不及扩散,便附着在水泥颗粒的表面形成膜层。膜层是以水化硅酸钙凝胶为主体,其中分布着氢氧化钙等晶体。在这个阶段水泥颗粒呈分散状态,水泥浆的可塑性基本保持不变。

随着水化反应的进一步进行,水化产物不断增多,自由水分不断减少,颗粒间距离逐渐减小,逐渐相互接触并形成网状凝聚结构。此时,水泥浆体开始变稠、失去可塑性,表现为初凝。

随着水化产物不断增多,水泥之间的空隙逐渐缩小为毛细孔,水化生成物进一步填充毛细孔,毛细孔越来越少,使水泥浆结构更加紧密,逐渐产生强度,表现为终凝。在适宜的温度和湿度条件下,在若干年内水泥强度可继续增长。

(四)水泥石的构造及其强度的影响因素

1. 水泥石的构造

水泥浆体硬化后的石状物称为水泥石。水泥石是由水泥水化产物(凝胶、晶体)、未水化水泥颗粒内核和毛细孔(孔隙)等组成的非均质体,如图 3-2 所示。

(1)水泥水化产物

水泥水化产物包括凝胶和晶体,其中水化硅酸钙凝胶是水泥石的主要组分,它占水化产物的70%左右,对水泥石的强度及其他性质起决定作用。

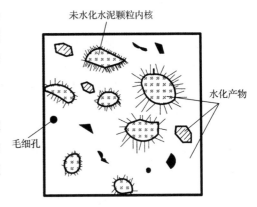

图 3-2 水泥石构造

(2)未水化的水泥颗粒内核

水泥水化是一个长期的过程,水泥石中经常存在未水化完的水泥颗粒内核。

(3)毛细孔

毛细孔是水泥石中未被水化产物填充的空间,也就是孔隙,对强度和耐久性影响较大。

水泥的水化程度越高,则水化产物含量越多,未水化水泥颗粒内核和毛细孔含量越少。

2. 水泥石强度的影响因素

(1)水灰比

拌和水泥浆时,水与水泥的质量比称为水灰比。水灰比越大,水泥浆流动性越好,但凝结硬化和强度发展越慢,硬化后的水泥石中毛细孔的含量越多,强度也越低。反之,凝结硬化和强度发展越快,强度越高。因此,在保证成型质量的前提下,应降低水灰比,以提高水泥石的硬化速度和强度。

(2)养护时间

水泥的水化程度随养护时间延长而增加,因此随养护时间延长,凝胶体数量增加,毛细孔减少,强度不断增长。

(3)温度和湿度

温度升高,水泥水化反应加速,强度增长也快;温度降低则水化反应减慢,强度增长也趋缓,水完全结冰后水化停止。上述影响主要表现在水化初期,对后期影响不大。

水泥的水化及凝结硬化必须在有足够的水分的条件下进行。如果环境干燥,水分将很快蒸发,水泥浆体中缺乏水泥水化所需的水分,使水化不能正常进行,强度也不再增长,还可能使水泥石或水泥制品表面产生干缩裂纹。因此水泥水化需要进行一定的保湿措施。

3.1.4 水泥石的腐蚀及防护

(一)水泥石腐蚀的类型

硅酸盐水泥水化硬化后形成的水泥石在通常情况下具有较高的耐久性,其强度在几年甚至几十年仍随水化进行而持续增长。但水泥石在腐蚀性液体或气体的作用下,结构会受到破坏,甚至完全破坏,即水泥石的腐蚀。下面为几种典型的腐蚀类型:

1. 软水侵蚀(溶出性侵蚀)

软水是指硬度低的水,如雨水、雪水、冷凝水、含重碳酸盐少的河水和湖水。

当水泥石长期与软水接触时,其中一些水化物将依照溶解度的大小,依次逐渐被溶解。在各种水化物中,氢氧化钙的溶解度最大,所以首先被溶解。如在静水和无水压的情况下由于周围的水迅速被溶出的氢氧化钙所饱和,溶出作用很快终止。所以溶出仅限于表面,影响不大。但在流动水中,尤其在有压力的水中,或者在水泥石渗透性较大的情况下,水流不断将氢氧化钙溶出并带走,降低了周围介质中氢氧化钙的浓度。随着氢氧化钙浓度的降低,其他水化物,如水化硅酸钙、水化铝酸钙,亦将发生分解,使水泥石结构遭到破坏,强度不断降低,最后引起整个构筑物毁坏。研究发现,当氢氧化钙溶出 5% 时,强度下降 7%,溶出 24% 时,强度下降 29%。

当环境水的水质较硬,即水中的重碳酸盐[以 $Ca(HCO_3)_2$ 为主]含量较高时,它可与水泥石中的氢氧化钙作用,生成几乎不溶于水的碳酸钙,其反应式为

$$Ca(OH)_2 + Ca(HCO_3)_2 \rightarrow 2CaCO_3 + 2H_2O$$

生成的碳酸钙积集在水泥石的孔隙内,形成密实的保护层。所以,水的硬度越高,对水泥石腐蚀越小;反之,水质越软,侵蚀性越大。对密实度高的混凝土来说,溶出性侵蚀一般发展很慢。

2. 盐类腐蚀

(1)硫酸盐腐蚀

一般的河水和湖水中,硫酸盐含量不多,而在海水、盐沼水、地下水及某些工业污染水中常含有钠、钾、铵等硫酸盐,它们对水泥石有腐蚀作用。

现以含硫酸钠的水为例,说明其对水泥石的腐蚀。硫酸钠与水泥石中的氢氧化钙作用,生成二水硫酸钙,其反应式为

$$Ca(OH)_2 + Na_2SO_4 + 10H_2O \rightarrow CaSO_4 \cdot 2H_2O + 2NaOH + 8H_2O$$

然后,生成的硫酸钙和水化铝酸钙作用,生成高硫型水化硫铝酸钙,其反应式为

$$3CaO \cdot Al_2O_3 \cdot 6H_2O + 3(CaSO_4 \cdot 2H_2O) + 19H_2O \rightarrow 3CaO \cdot Al_2O_3 \cdot 3CaSO_4 \cdot 31H_2O$$

高硫型水化硫铝酸钙含有大量的结晶水,其体积较原来体积增加 1.5 倍,产生巨大的膨胀力,使水泥石破坏。高硫型水化硫铝酸钙是针状晶体,有人称它为"水泥杆菌",以形容其对水泥石的危害。

当水中硫酸盐浓度很高时,生成的硫酸钙以二水石膏的形式,在水泥石毛细孔中结晶析出。二水石膏结晶时体积增大,同样也会造成水泥石膨胀破坏。

(2)镁盐腐蚀

在海水及地下水中常含有大量镁盐,主要是硫酸镁和氯化镁。它们可与水泥石中的氢氧化钙发生置换反应,其反应式为

$$MgCl_2 + Ca(OH)_2 \rightarrow CaCl_2 + Mg(OH)_2$$
$$MgSO_4 + Ca(OH)_2 \rightarrow CaSO_4 + Mg(OH)_2$$

生成的氢氧化镁松软而无胶结能力,生成的硫酸钙又将产生硫酸盐腐蚀。因此,硫酸镁腐蚀属于双重腐蚀,腐蚀特别严重。

3. 酸类腐蚀

(1)碳酸腐蚀

在某些工业废水和地下水中,常溶有一定量的二氧化碳及其盐类。当水中二氧化碳的浓度较低时,水泥石中的氢氧化钙受其作用,生成碳酸钙,其反应式为

$$CO_2 + H_2O + Ca(OH)_2 \rightarrow CaCO_3 + 2H_2O$$

显然,不会对水泥石造成腐蚀。但当水中二氧化碳的浓度较高时,它与生成的碳酸钙进可一步反应,其反应式为

$$CO_2 + H_2O + CaCO_3 \rightarrow Ca(HCO_3)_2$$

生成的重碳酸钙易溶于水。在天然水中常含有一定浓度的重碳酸盐,所以只当水中二氧化碳的浓度超过反应平衡浓度时,反应才向右进行。即将水泥石微溶的氢氧化钙转变为易溶的重碳酸钙,加剧了溶失,孔隙率增大,水泥石受到腐蚀。

(2)一般酸腐蚀

在工业废水、地下水、沼泽水中常含有无机酸和有机酸。它们对水泥石有不同程度的腐蚀作用。它们与水泥石中氢氧化钙反应的生成物,或溶于水,或体积膨胀,使水泥石遭受腐蚀,并且由于氢氧化钙被大量消耗,引起水泥石的碱度降低,促使其水化物分解,使水泥石进一步腐蚀。腐蚀作用最快的无机酸有盐酸、氟酸、硝酸和硫酸,有机酸有醋酸、蚁酸和乳酸,其反应式为

例如,盐酸与水泥石中氢氧化钙作用,其反应式为

$$2HCl + Ca(OH)_2 \rightarrow CaCl_2 + 2H_2O$$

生成的氯化钙易溶于水。

又如,硫酸与水泥石中的氢氧化钙作用,其反应式为

$$H_2SO_4 + Ca(OH)_2 \rightarrow CaSO_4 \cdot 2H_2O$$

生成二水石膏,或者直接在水泥石孔隙中结晶产生膨胀,或再与水泥石中的水化铝酸钙作用生成结晶膨胀度高的高硫型水化硫铝酸钙,其破坏作用更大。

(二)水泥石腐蚀的原因和防腐措施

通过上述几种腐蚀类型,可以得出水泥石腐蚀的基本原因包括内因与外因两部分。内因:一是水泥石中存在氢氧化钙、水化铝酸钙等水化物;二是水泥石本身不密实,含有大量的毛细孔,外部介质得以进入水泥石内部。外因:接触流动或有压力的软水,盐类、酸类及强碱的介质

环境;较高的环境温度、压力、较快的介质流速、适宜的湿度及干湿交替等变化。

防止水泥腐蚀的措施如下:

1.合理选择水泥品种

水泥品种的选择必须根据腐蚀介质的种类来确定。例如,水泥石受软水侵蚀时,可选用水化物中氢氧化钙含量较少的水泥;水泥石处于硫酸盐腐蚀的环境中,可选用铝酸三钙含量较少的抗硫酸盐水泥。

2.提高水泥石的密实度

水泥石越密实,抗渗能力越强,侵蚀介质也越难进入。可降低水灰比来提高水泥石的密实度。有些工程因水泥石不够密实而过早破坏。相反,水泥石密实度很高,即使所用水泥品种不甚理想,也能减轻腐蚀。提高水泥密实度对抵抗软水侵蚀具有更为明显的效果。

3.设置保护层

当腐蚀作用较强,采用上述措施也难以满足防腐要求时,可在混凝土等水泥制品表面设置保护层。一般可用耐酸石材、陶瓷、玻璃、塑料、沥青等。

4.掺加混合材料

可掺加活性矿物掺和料,改善水泥石的孔结构,提高抗渗性。

3.2 通用硅酸盐水泥

《通用硅酸盐水泥》(GB 175—2007)对通用硅酸盐水泥的定义为:以硅酸盐水泥熟料和适量的石膏及规定的混合材料制成的水硬性胶凝材料。通用硅酸盐水泥按混合材料的品种和掺量分为硅酸盐水泥、普通硅酸盐水泥、矿渣硅酸盐水泥、火山灰质硅酸盐水泥、粉煤灰硅酸盐水泥和复合硅酸盐水泥。

3.2.1 硅酸盐水泥及普通硅酸盐水泥

(一)硅酸盐水泥

1.硅酸盐水泥定义

《通用硅酸盐水泥》(GB 175—2007)中定义:凡由硅酸盐水泥熟料,0～5％的石灰石或粒化高炉矿渣,适量石膏磨细制成的水硬性胶凝材料称为硅酸盐水泥,也称波特兰水泥。硅酸盐水泥分为两种类型,未掺加混合材料的称为Ⅰ型硅酸盐水泥(代号 P·Ⅰ);掺加混合材料不超过5％的称为Ⅱ型硅酸盐水泥(代号 P·Ⅱ)。

2.硅酸盐水泥的特点及应用

(1)强度等级高,强度发展快

硅酸盐水泥强度等级较高,适用于地上、地下和水中重要结构的高强混凝土和预应力混凝土工程。这种水泥硬化较快,还适用于要求早期强度高和冬期施工的混凝土工程。

(2)水化热高

硅酸盐水泥中含有大量的硅酸三钙和较多的铝酸三钙,其水化放热速度快,放热量高。对大型基础、大坝、桥墩等大体积混凝土工程,由于水化热聚集在内部不易散发,而形成温差应力,可导致混凝土产生裂纹。所以,硅酸盐水泥不得单独直接用于大体积混凝土工程。

（3）抗冻性好

水泥石抗冻性主要取决于孔隙率和孔隙特征。硅酸盐水泥如采用较小的水灰比,并经充分养护,可获得密实的水泥石。因此,这种水泥适用于严寒地区遭受反复冻融的混凝土工程。

（4）抗碳化性好

水泥石中的氢氧化钙与空气中二氧化碳作用称为碳化。碳化使水泥的酸碱度（pH）降低,引起水泥石收缩和钢筋混凝土中钢筋的防锈蚀能力降低。硅酸盐水泥石中含有较多的氢氧化钙,碳化时碱度不易降低,该水泥制成的混凝土抗碳化性好,适合用于空气中二氧化碳浓度较高的环境,如翻砂、铸造车间。

（5）耐腐蚀性差

硅酸盐水泥石中含有较多的易受腐蚀的氢氧化钙和水化铝酸钙,不宜用于受流动的和有压力的软水作用的混凝土工程,也不宜用于受海水及其他腐蚀性介质作用的混凝土工程。

（6）耐热性差

水泥石中水化物在高温下会脱水和分解,而遭受破坏。其中,氢氧化钙脱水温度较低,580 ℃即可分解成氧化钙和水。若再吸湿或长期放置,氧化钙又会重新熟化,体积膨胀使水泥石再次受到破坏。可见,硅酸盐水泥是不耐热的,不得用于耐热混凝土工程。但应指出,硅酸盐水泥石在受热温度不高（100～250 ℃）时,由于内部存在游离水可使水化继续进行,且凝胶脱水使得水泥石进一步密实,水泥石强度反而提高。当受到短时间火灾时,因混凝土的导热系数相对较小,仅表面受到高温作用,内部温度仍很低,故不致发生破坏。

（7）干缩小

硅酸盐水泥硬化时干缩小,不易产生干缩裂纹,可用于干燥环境下的混凝土工程。

（8）耐磨性好

硅酸盐水泥的耐磨性好,且干缩小,表面不易起粉,可用于地面或道路工程。

硅酸盐水泥的运输、储存应按国家标准的规定进行。必须指出,水泥应注意防潮,即使是在良好的储存条件下,水泥也不宜久存。水泥在存放过程中会吸收空气中水蒸气和二氧化碳,产生水化和碳化,使水泥丧失胶结能力,强度下降。一般储存三个月后,强度降低 10％～20％;六个月后降低 15％～30％;一年后降低 25％～40％。超过三个月的水泥须重新试验,确定其强度等级。

（二）普通硅酸盐水泥

1. 普通硅酸盐水泥定义

《通用硅酸盐水泥》（GB 175—2007）中定义:凡由硅酸盐水泥熟料、>5％且≤20％的活性混合材料、适量石膏磨细制成的水硬性胶凝材料,称为普通硅酸盐水泥（简称普通水泥）,代号P·O。其中允许用不超过水泥质量8％的非活性混合材料（符合 GB 175—2007 规定）或不超过水泥质量5％的窑灰（符合 GB 175—2007 规定）来代替。

2. 普通硅酸盐水泥的特点及应用

普通硅酸盐水泥中掺入少量混合材料的主要作用是扩大强度等级范围,以利于合理选用。

由于混合材料掺量较少,其矿物组成的比例仍在硅酸盐水泥的范围内,所以其性能、应用范围与同强度等级的硅酸盐水泥相近。与硅酸盐水泥比较,早期硬化速度稍慢,强度略低;抗冻性、耐磨性及抗碳化性稍差;而耐腐蚀性稍好,水化热略有降低。

3.2.2 矿渣硅酸盐水泥、火山灰质硅酸盐水泥及粉煤灰硅酸盐水泥

矿渣硅酸盐水泥、火山灰质硅酸盐水泥和粉煤灰硅酸盐水泥可分别简称为矿渣水泥、火山灰水泥和粉煤灰水泥。

(一)矿渣水泥、火山灰水泥及粉煤灰水泥的定义

《通用硅酸盐水泥》(GB 175—2007)中定义:由硅酸盐水泥熟料、>20%且≤70%的粒化高炉矿渣、适量石膏磨细制成的水硬性胶凝材料称为矿渣硅酸盐水泥(简称矿渣水泥),代号P·S。水泥中粒化高炉矿渣掺量>20%且≤50%的,为A型矿渣水泥,代号P·S·A;粒化高炉矿渣掺量>50%且≤70%的,为B型矿渣水泥,代号P·S·B。允许用窑灰、粉煤灰和火山灰质混合材料之一代替粒化高炉矿渣,代替数量不得超过水泥质量的8%。

由硅酸盐水泥熟料、>20%且≤40%火山灰质混合材料、适量石膏磨细制成的水硬性胶凝材料称为火山灰质硅酸盐水泥(简称火山灰水泥),代号P·P。

由硅酸盐水泥熟料、>20%且≤40%粉煤灰、适量石膏磨细制成的水硬性胶凝材料称为粉煤灰硅酸盐水泥(简称粉煤灰水泥),代号P·F。

(二)矿渣水泥、火山灰水泥及粉煤灰水泥的特点及应用

矿渣水泥、火山灰水泥及粉煤灰水泥的组成特点都是以大量混合材料替代了水泥熟料,所以这三种水泥在性质和应用上有许多相同点,在许多情况下可以代替使用。但由于混合材料的活性来源和物理性质(如致密程度、需水量大小等)存在着某些差别,故这三种水泥又各有其特性。

1. 三种水泥特点与应用的相同点

(1)强度发展受温度影响较大

矿渣水泥等水泥强度发展受温度的影响,较硅酸盐水泥和普通硅酸盐水泥更为敏感。这三种水泥在低温下水化明显减慢,强度较低。采用高温养护时,加大二次反应的速度,可提高早期强度,且不影响常温下后期强度的发展。而硅酸盐水泥或普通水泥,采用高温养护也可提高早期强度,但其后期强度比一直在常温下养护的强度低。

(2)早期强度低,后期强度增进率大

与硅酸盐水泥及普通水泥比较,其熟料含量较少,而且二次反应很慢,所以早期强度低。后期,由于二次反应不断进行和水泥熟料的水化产物不断增多,使得水泥强度的增进率加大,后期强度可赶上甚至超过同强度等级的硅酸盐水泥(图3-3)。这三种水泥不宜用于早期强度要求高的混凝土,如工期较紧或温度较低时用的混凝土。冬期施工混凝土需进行一定的保温措施。

(3)水化热少

由于熟料含量少,因而水化放热量少,适用于大体积

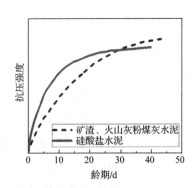

图 3-3 矿渣水泥等三种水泥与硅酸盐水泥的强度随龄期发展趋势的比较

混凝土工程。

(4)耐腐蚀性好

这三种水泥中熟料数量相对较少,水化生成的氢氧化钙数量也较少,而且还要与活性混合材料进行二次反应,使水泥石中易受硫酸盐腐蚀的水化铝酸三钙含量也相对较低,因而它们的耐腐蚀性较好。但当采用含活性 Al_2O_3 含量较多的混合材料(如烧黏土)时,水化生成较多的水化铝酸钙,因而水泥石的耐硫酸盐腐蚀性较差。适用于受溶出性侵蚀,以及硫酸盐、镁盐腐蚀的混凝土工程。

(5)抗冻性及耐磨性较差

因水泥石的密实性不及硅酸盐水泥和普通水泥,所以抗冻性和耐磨性较差。不宜用于严寒地区水位升降范围内的混凝土工程及有耐磨要求的混凝土工程。

(6)抗碳化能力较差

由于水泥石中氢氧化钙的含量较少,所以抵抗碳化的能力差。不适合处于二氧化碳浓度高的环境(如铸造、翻砂车间)中的混凝土工程。

2. 三种水泥特点与应用的不同点

(1)矿渣水泥

①耐热性好。矿渣水泥硬化后氢氧化钙含量低,矿渣本身又是耐火掺料,当受高温(不高于 200 ℃)作用时,强度不致显著降低。因此矿渣水泥适用于受热的混凝土工程,若掺入耐火砖粉等材料可制成耐更高温度的混凝土。

②泌水性和干缩性较大。由于粒化高炉矿渣系玻璃体,对水的吸附能力差,即保水性差,成型时易泌水而形成毛细通道粗大的水隙。由于泌水性大,增加水分的蒸发,所以其干缩较大。矿渣水泥不宜用于要求抗渗的混凝土工程和受冻融干湿交替作用的混凝土工程。

在三种水泥中矿渣水泥的活性混合材料的含量最多,耐腐蚀性最好、最稳定。

(2)火山灰水泥

①抗渗性高。水泥中含有大量较细的火山灰,泌水性小,当在潮湿环境下或水中养护时,生成较多的水化硅酸钙凝胶,使水泥石结构致密,因而具有较高的抗渗性。适用于要求抗渗的水中混凝土工程。

②干缩大。火山灰水泥在硬化过程中干缩现象较矿渣水泥更显著。若处在干燥的空气中,水泥石中水化硅酸钙会逐渐干燥,产生干缩裂缝。火山灰水泥由于空气中二氧化碳的作用,会出现已硬化的水泥石表面产生"起粉"现象。为此施工时应加强养护,较长时间保持潮湿,以免产生干缩裂纹和起粉。所以火山灰水泥不宜用于干燥或干湿交替环境下的混凝土工程,以及有耐磨要求的混凝土工程。

(3)粉煤灰水泥

①干缩小,抗裂性高。因粉煤灰吸水能力弱,拌和时需水量较小,因而干缩小,抗裂性高。但球形颗粒保水性差,泌水较快,若养护不当易引起混凝土产生失水裂纹。

②早期强度低。在三种水泥中,粉煤灰水泥的早期强度更低,这是因为粉煤灰呈球形颗粒,表面致密,不易水化。粉煤灰活性的发挥主要在后期,所以这种水泥早期强度的增进率比矿渣水泥和火山灰水泥更低,但后期可以赶上。

3.2.3　复合硅酸盐水泥

凡由硅酸盐水泥熟料、两种或两种以上规定的混合材料、适量石膏磨细而成的水硬性胶凝材料，称为复合硅酸盐水泥（简称复合水泥，代号 P·C）。其中混合材料总掺量＞20％且≤50％，允许用不超过8％的窑灰代替部分混合材料，掺矿渣时混合材料掺量不得与矿渣水泥重复。

复合硅酸盐水泥由于掺入两种或两种以上的混合材料，可以取长补短，改善了上述矿渣水泥等三种单一混合材料水泥的性质。其早期强度接近于普通水泥，并且水化热低，耐腐蚀性、抗渗性及抗冻性较好，因而适用范围广。通用硅酸盐水泥的特点及应用范围见表 3-2。

表 3-2　通用硅酸盐水泥的特点及应用范围

项目		硅酸盐水泥	普通硅酸盐水泥	矿渣硅酸盐水泥	火山灰质硅酸盐水泥	粉煤灰硅酸盐水泥	复合硅酸盐水泥
性质		1. 早期、后期强度高。 2. 耐腐蚀性差。 3. 水化热大。 4. 抗碳化性好。 5. 抗冻性好。 6. 耐磨性好。 7. 耐热性差	1. 早期强度稍低、后期强度高。 2. 耐腐蚀性稍好。 3. 水化热略小。 4. 抗碳化性好。 5. 抗冻性好。 6. 耐腐蚀性好。 7. 耐热性稍好。 8. 抗渗性好	早期强度低、后期强度高 1. 对温度敏感，适合高温养护。 2. 耐腐蚀性好。 3. 水化热小，适合大体积混凝土。 4. 抗冻性较差。 5. 抗碳化性较差 1. 泌水性大、抗渗性差。 2. 耐热性较好。 3. 干缩较大	1. 保水性好、抗渗性好。 2. 干缩大。 3. 耐磨性差	早期强度稍低、后期强度高 1. 泌水性大（快）、易产生失水裂纹、抗渗性差。 2. 干缩小、抗裂性好。 3. 耐磨性差	干缩较大
应用	优先使用	早期强度要求高的混凝土、有耐磨要求的混凝土、冬季施工的混凝土、严寒地区反复遭受冻融作用的混凝土、抗碳化性能要求高的混凝土、掺加矿物掺和料的混凝土 高强度混凝土	普通气候及干燥环境中的混凝土、有抗渗要求的混凝土、受干湿交替作用的混凝土	水下混凝土、海港混凝土、大体积混凝土，耐腐性要求较高的混凝土、高温下养护的混凝土 有耐热要求的混凝土	有抗渗要求的混凝土	受载较晚的混凝土	参照普通硅酸盐混凝土
	可以使用	一般工程	高强度混凝土、水下混凝土、高温养护混凝土、耐热混凝土	普通气候环境中的混凝土 —	—	—	早期强度要求较高的混凝土
	不宜或不得使用	大体积混凝土、耐腐蚀性要求高的混凝土 耐热混凝土、高温养护混凝土	—	早期强度要求高的混凝土 掺加矿物掺和料的混凝土、冬季施工的混凝土、抗冻性要求高的混凝土、抗碳化性能要求高的混凝土 抗渗性要求高的混凝土 —	干燥环境中的混凝土、有耐磨要求的混凝土 —	—	—

3.3 通用硅酸盐水泥性能检测与评价

通用硅酸盐水泥是决定混凝土性能的主要组成材料,是土木工程的重要物质基础。掌握通用硅酸盐水泥主要性能检测与评价方法,是土木工程相关专业学生学习本课程的重要内容,是其必须实践、掌握的重要实验环节。因此,本阶段只对通用硅酸盐水泥性能检测主要内容进行概述,其具体测试方法及要求、评价指标及分析,均在本教材之土木工程材料实验内容中详细介绍。

根据工程实际需要,通用硅酸盐水泥性能检测的主要内容包括细度、凝结时间、体积安定性、氯离子和强度等级等。

3.3.1 细度

细度是指水泥颗粒的粗细程度。细度对水泥性质有很大的影响,水泥颗粒越细,其比表面积(单位质量的表面积)越大,因而水化较快也较充分,水泥的早期强度和后期强度均较高。但磨制过细将消耗较多的能量,成本提高,而且在空气中硬化时收缩较大,因此水泥的细度要适当。

水泥细度检验分为比表面积法和筛析法,比表面积法适合用于硅酸盐水泥、普通硅酸盐水泥,筛析法适合用于其他各种水泥,《水泥细度检验方法 筛析法》(GB/T 1345—2005),筛析法又分为负压筛法、水筛法和手工干筛法,在检验工作中,负压筛法、水筛法和手工干筛法测定的结果发生争议时,以负压筛法为准。

《通用硅酸盐水泥》(GB 175—2007)规定:硅酸盐水泥及普通硅酸盐水泥的细度以比表面积表示,应不小于 300 m²/kg;矿渣硅酸盐水泥、火山灰质硅酸盐水泥、粉煤灰硅酸盐水泥及复合硅酸盐水泥的细度以筛余百分数表示,80 μm 方孔筛筛余应不大于 10% 或 45 μm 方孔筛筛余应不大于 30%,为合格。

3.3.2 凝结时间

水泥的凝结时间分初凝时间和终凝时间。自水泥加水拌和起到水泥浆开始失去可塑性的时间称为初凝时间;自水泥加水拌和算起到水泥浆完全失去可塑性的时间称为终凝时间。

水泥凝结时间在施工中具有重要作用。初凝时间不宜过快,以便有足够的时间对混凝土进行搅拌、运输和浇筑。当浇筑完毕,则要求混凝土尽快凝结硬化,以利于下道工序的进行。为此,终凝时间又不易过迟。

水泥凝结时间的测定,是以标准稠度的水泥浆,在规定温度和湿度条件下,用凝结时间测定仪测定。《通用硅酸盐水泥》(GB 175—2007)规定:硅酸盐水泥初凝时间不小于 45 min,终凝时间不大于 390 min;普通硅酸盐水泥、矿渣硅酸盐水泥、火山灰质硅酸盐水泥、粉煤灰硅酸盐水泥和复合硅酸盐水泥初凝时间不小于 45 min,终凝时间不大于 600 min,为合格。

3.3.3 体积安定性

水泥体积安定性是指水泥浆体硬化后因体积膨胀不均匀而发生的变形性质。如水泥浆硬化后产生了不均匀的体积变化,即安定性不良。

引起体积安定性不良的原因是水泥中含有过多的游离氧化钙和游离氧化镁。它们是在高温下生成的,水化很慢,在水泥已经凝结硬化后才进行水化产生体积膨胀,破坏已经硬化的水泥石结构,引起龟裂、弯曲、崩溃等现象。

当水泥中石膏掺量过多时,在水泥浆硬化后,石膏还会继续与固态的水化铝酸钙反应生成高硫型水化硫铝酸钙,体积膨胀,引起水泥石开裂。

《通用硅酸盐水泥》(GB 175—2007)、《水泥标准稠度用水量、凝结时间、安定性检验方法》(GB/T 1346—2011)规定:水泥的体积安定性用沸煮法(试饼法和雷氏法)来检验。试饼法是观察水泥净浆试饼沸煮后的外形变化,目测试饼未出现裂缝,也没有弯曲,即认为体积安定性合格。雷氏法则是测定水泥净浆在雷氏夹中煮沸后的膨胀值,若膨胀值不大于规定值,即认为体积安定性合格。当试饼法与雷氏法所得结论有争议时,以雷氏法为准。

游离氧化镁的水化比游离氧化钙更缓慢,由游离氧化镁引起的安定性不良,必须采用压蒸法才能检验出来。由三氧化硫造成的体积安定性不良,则需长期浸泡在常温水中才能发现。由于上述原因引起的体积安定性不良不便于检验,在生产时限制硅酸盐水泥及普通水泥中氧化镁含量(质量分数)不得超过 5.0%[如果水泥压蒸试验合格,则水泥中氧化镁的含量(质量分数)允许放宽至 6.0%],三氧化硫含量(质量分数)不得超过 3.5%;矿渣水泥、火山灰水泥、粉煤灰水泥和复合水泥中的氧化镁含量(质量分数)不得超过 6.0%(P·S·B 型无要求),如超过 6.0%,需进行水泥压蒸安定性试验并合格。矿渣水泥和复合水泥中的三氧化硫含量(质量分数)不得超过 4.0%,火山灰水泥和粉煤灰水泥中的三氧化硫含量(质量分数)不得超过 3.5%。

3.3.4 氯离子

通用硅酸盐水泥中的氯离子含量(质量分数)不得超过 0.06%。

3.3.5 强度及强度等级

硅酸盐水泥的强度主要取决于水泥熟料矿物的相对含量(质量分数)和水泥细度。此外,还与试验方法、养护条件及养护时间(龄期)有关。

《通用硅酸盐水泥》(GB 175—2007)、《水泥胶砂强度检验方法(ISO 法)》(GB/T 17671—2021)规定:水泥的强度是由水泥胶砂试件测定的。将水泥、中国 ISO 标准砂和水按规定的比例和方法拌制成塑性水泥胶砂,并按规定方法成型为 40 mm×40 mm×160 mm 的试件,在标准养护条件[温度为(20±1)℃、相对湿度为 90%以上]下,养护至 3 d 和 28 d,测定各龄期的抗折强度和抗压强度。据此将硅酸盐水泥分为 42.5、42.5R、52.5、52.5R、62.5、62.5R 六个强度等级,R 代表早强型硅酸盐水泥;将普通硅酸盐水泥划分为 42.5、42.5R、52.5、52.5R 四个强度等级,其中 R 代表早强型;将矿渣硅酸盐水泥、火山灰质硅酸盐水泥、粉煤灰硅酸盐水泥划分为 32.5、32.5R、42.5、42.5R、52.5、52.5R 六个强度等级,其中 R 代表早强型;将复合硅酸盐水泥划分为 32.5R、42.5、42.5R、52.5、52.5R 五个强度等级。不同品种、不同强度的通用硅酸盐水泥,其不同龄期的强度应符合表 3-3 的规定。

表 3-3　　　　　　通用硅酸盐水泥各强度等级各龄期的强度值(GB 175－2007)　　　　MPa

品种	强度等级	抗压强度		抗折强度	
		3d	28d	3d	28d
硅酸盐水泥	42.5	≥17.0	≥42.5	≥3.5	≥6.5
	42.5R	≥22.0		≥4.0	
	52.5	≥23.0	≥52.5	≥4.0	≥7.0
	52.5R	≥27.0		≥5.0	
	62.5	≥28.0	≥62.5	≥5.0	≥8.0
	62.5R	≥32.0		≥5.5	
普通硅酸盐水泥	42.5	≥17.0	≥42.5	≥3.5	≥6.5
	42.5R	≥22.0		≥4.0	
	52.5	≥23.0	≥52.5	≥4.0	≥7.0
	52.5R	≥27.0		≥5.0	
矿渣硅酸盐水泥 火山灰质硅酸盐水泥 粉煤灰硅酸盐水泥	32.5	≥10.0	≥32.5	≥2.5	≥5.5
	32.5R	≥15.0		≥3.5	
	42.5	≥15.0	≥42.5	≥3.5	≥6.5
	42.5R	≥19.0		≥4.0	
	52.5	≥21.0	≥52.5	≥4.0	≥7.0
	52.5R	≥23.0		≥4.5	
复合硅酸盐水泥	32.5R	≥15.0	≥32.5	≥3.5	≥5.5
	42.5	≥15.0	≥42.5	≥3.5	≥6.5
	42.5R	≥19.0		≥4.0	
	52.5	≥21.0	≥52.5	≥4.0	≥7.0
	52.5R	≥23.0		≥4.5	

3.4　特种水泥

3.4.1　铝酸盐水泥

凡以铝酸钙为主的铝酸盐水泥熟料,磨细制成的水硬性胶凝材料称为铝酸盐水泥,代号 CA。这是一种快硬、早强、耐腐蚀、耐热的水泥。

(一)铝酸盐水泥的矿物组成及水化特点

铝酸盐水泥的主要矿物组成是铝酸一钙($CaO \cdot Al_2O_3$,简写 CA)和其他铝酸盐矿物。铝酸一钙具有很高的水化活性,其凝结正常,但硬化迅速,是铝酸盐水泥的强度来源。铝酸一钙的水化反应因温度不同而异:温度低于 20℃时水化产物为水化铝酸一钙($CaO \cdot Al_2O_3 \cdot 10H_2O$);温度在 20～30 ℃时水化产物为水化铝酸二钙($2CaO \cdot Al_2O_3 \cdot 8H_2O$);温度高于 30 ℃时水化产物为水化铝酸三钙（$3CaO \cdot Al_2O_3 \cdot 6H_2O$）。在上述后两种水化物生成的同时有氢氧化铝 $Al_2O_3 \cdot 3H_2O$ 凝胶生成。

水化铝酸一钙和水化铝酸二钙为强度高的片状或针状的结晶连生体，而氢氧化铝凝胶填充于结晶连生体骨架中，形成致密的结构。经 $3\sim 5$ d 后水化产物的数量就很少增加，强度趋于稳定。

水化铝酸一钙和水化铝酸二钙属亚稳定的晶体，随时间的推移将逐渐转化为稳定的水化铝酸三钙，其转化的过程随温度的升高而加剧。晶型转化的结果，使水泥石的孔隙率增大，耐腐蚀性变差，强度大大地降低。一般浇筑五年以上的铝酸盐水泥混凝土，其强度仅为早期的一半，甚至更低。因此，在配制混凝土时，必须充分考虑这一因素。

铝酸盐水泥的比表面积不小于 $300 \ m^2/kg$ 或 0.045 mm 筛余不大于 20%。

铝酸盐水泥按 Al_2O_3 含量（质量分数）分为四类：

$$CA\text{-}50 \quad 50\% \leqslant Al_2O_3 < 60\%$$
$$CA\text{-}60 \quad 60\% \leqslant Al_2O_3 < 68\%$$
$$CA\text{-}70 \quad 68\% \leqslant Al_2O_3 < 77\%$$
$$CA\text{-}80 \quad 77\% \leqslant Al_2O_3$$

铝酸盐水泥强度发展很快，四类水泥各龄期强度应符合表 3-4 中的规定。

表 3-4　　　　　铝酸盐水泥胶砂强度值（GB 201—2015）　　　　　　　　MPa

类型		抗压强度				抗折强度			
		6 h	1 d	3 d	28 d	6 h	1 d	3 d	28 d
CA50	CA50-Ⅰ	≥20	≥40	≥50	—	≥3.0	≥5.5	≥6.5	—
	CA50-Ⅱ		≥50	≥60	—		≥6.5	≥7.5	—
	CA50-Ⅲ		≥60	≥70	—		≥7.5	≥8.5	—
	CA50-Ⅳ		≥70	≥80	—		≥8.5	≥9.5	—
CA60	CA60-Ⅰ	—	≥65	≥85	—	—	≥7.0	≥10.0	—
	CA60-Ⅱ	—	≥30	≥45	≥85	—	≥2.5	≥5.0	≥10.0
CA-70		—	≥30	≥40	—	—	≥5.0	≥6.0	—
CA-80		—	≥25	≥30	—	—	≥4.0	≥5.0	—

（二）铝酸盐水泥的特点及应用

铝酸盐水泥与硅酸盐水泥比较有如下特点：

1. 早期强度增长快

铝酸盐水泥 1 d 强度即在 3 d 强度的 80% 以上，属快硬型水泥。适用于紧急抢修工程和早期强度要求高的特殊工程，但必须考虑其后期强度的降低。使用铝酸盐水泥应严格控制其养护温度，一般不得超过 25 ℃，最宜为 15 ℃ 左右。

2. 水化热大

铝酸盐水泥放热量大而且集中，因此不宜用于大体积混凝土工程。

3. 耐热性高

铝酸盐水泥在高温下仍能保持较高的强度，甚至高达 1 300 ℃ 时尚有 50% 的强度。因此可作为耐热混凝土的胶结材料。

4. 抗硫酸盐腐蚀性强

铝酸盐水泥由于水化时不生成氢氧化钙,且水泥石结构致密,因此具有较好的抗硫酸盐及镁盐腐蚀的作用。铝酸盐水泥对碱的腐蚀无抵抗能力。

5. 铝酸盐水泥如用于钢筋混凝土,保护层厚度不应小于 60 mm

铝酸盐水泥在使用时应避免与硅酸盐水泥混杂使用,以免降低强度和缩短凝结时间。

3.4.2 硫铝酸盐水泥

硫铝酸盐水泥是以矾土和石膏、石灰石按适当比例混合磨细后,经煅烧得到以无水硫铝酸钙为主要矿物的熟料,加入适量石膏再经磨细而成的水硬性胶凝材料,称为快硬硫铝酸盐水泥。

以硫铝酸盐水泥为基础,再加入不同数量的二水石膏,这时随石膏量的增加,水泥膨胀量从小到大递增,而成为微膨胀硫铝酸盐水泥、膨胀硫铝酸盐水泥和自应力硫铝酸盐水泥。

硫铝酸盐水泥水化反应生成的钙矾石(高硫型水化硫铝酸钙),大部分均在水泥尚未失去可塑性时形成,迅速构成晶体骨架。

快硬硫铝酸盐水泥以 3 d 抗压强度表示,分为 42.5、52.5、62.5、72.5 四个强度等级。这是一种早期强度很高的水泥,其中 12 h 强度即可达 3 d 强度的 60%～70%。适用于要求早强、抢修、堵漏和抗硫酸盐腐蚀的混凝土工程。由于它的碱度较低,用于玻璃纤维增强水泥制品,可防止玻璃纤维腐蚀。

低碱度硫铝酸盐水泥以 7 d 抗压强度表示,分为 42.5、52.5 两个强度等级。这是一种具有低碱度的水硬性胶凝材料,可用于制作玻璃纤维增强水泥制品。

自应力硫铝酸盐水泥根据 7 d、28 d 自应力值分为 30、40、45 三个级别。所有自应力等级的水泥抗压强度 7 d 不小于 32.5,28 d 不小于 42.5。用这种水泥配制的混凝土,当膨胀时受钢筋的束缚,混凝土产生压应力,即自应力。用它可配制自应力混凝土,如钢筋混凝土压力管。

硫铝酸盐水泥有如下特点,使用时必须注意:①硫铝酸盐系列水泥不能与其他品种水泥混合使用;②硫铝酸盐系列水泥泌水性大,黏聚性差,避免用水量大;③硫铝酸盐水泥耐高温性能差,一般应在常温下使用;④硫铝酸盐水泥对钢筋的保护作用较弱,混凝土保护层薄时则钢筋腐蚀加重,在潮湿环境中使用,必须采取相应措施。

3.4.3 白色硅酸盐水泥及彩色硅酸盐水泥

(一)白色硅酸盐水泥

由白色硅酸盐水泥熟料,加入适量石膏和混合材料共同磨细制成的水硬性胶凝材料,称为白色硅酸盐水泥(简称白水泥)。

依据《白色硅酸盐水泥》(GB/T 2015－2017),白色硅酸盐水泥熟料和石膏(总质量分数为70%～100%),石灰岩、白云质石灰岩和石英砂等天然矿物作为混合材料(质量分数为 0%～30%)。白色硅酸盐水泥熟料以硅酸钙为主要成分,含少量氧化铁,氧化镁的含量(质量分数)限制在 5% 以下。

白色硅酸盐水泥的初凝应不早于 45 min,终凝应不迟于 600 min。

白度是白色硅酸盐水泥的主要技术指标之一,白色硅酸盐水泥按照白度分为 1 级和 2 级,代号分别为 P.W-1 和 P.W-2。

白色硅酸盐水泥按 3 d、28 d 的强度划分 32.5、42.5、52.5 三个强度等级,各强度等级的强度应符合表 3-5 的规定。

表 3-5 各强度等级白色硅酸盐水泥各龄期的强度值(GB/T 2015—2017) MPa

水泥类型	抗折强度		抗压强度	
	3 d	28 d	3 d	28 d
32.5	≥3.0	≥6.0	≥12.0	≥32.5
42.5	≥3.5	≥6.5	≥17.0	≥42.5
52.5	≥4.0	≥7.0	≥22.0	≥52.5

(二)彩色硅酸盐水泥

白色硅酸盐水泥熟料与适量的石膏和耐碱矿物颜料共同磨细即成彩色硅酸盐水泥,简称彩色水泥。常用耐碱矿物颜料有氧化铁(着红、黄、褐、黑等色)、氧化锰(黑、褐色)、氧化铬(绿色)等。

彩色硅酸盐水泥也可在白色硅酸盐水泥生料中加入着色氧化物,直接烧成彩色硅酸盐水泥熟料,然后加入适量石膏共同磨细制得。

白色及彩色硅酸盐水泥主要用于建筑装修的砂浆、混凝土,如人造大理石、水磨石、斩假石等。

3.4.4 快硬硅酸盐水泥

快硬硅酸盐水泥的原料和生产过程与硅酸盐水泥基本相同,只是为了快硬和早强,生产时适当提高熟料中硅酸三钙和铝酸三钙的含量,适当增加石膏的掺量(质量分数达 8%)和粉磨的细度。

快硬硅酸盐水泥的早期、后期强度均高,抗渗性和抗冻性也高,水化热大,耐腐蚀性差,适用于早强、高强混凝土工程,以及紧急抢修混凝土工程和冬期施工混凝土工程。快硬硅酸盐水泥不得用于大体积混凝土工程和与腐蚀介质接触的混凝土工程。

快硬硅酸盐水泥易吸收空气中的水蒸气,存放时应特别注意防潮,且存放期一般不得超过一个月。

3.4.5 道路硅酸盐水泥

根据国标《道路硅酸盐水泥》(GB 13693—2017),由道路硅酸盐水泥熟料与适量石膏(质量分数为 90%~100%),加入本标准规定的混合材料(质量分数为 0%~10%),磨细制成的水硬性胶凝材料,称为道路硅酸盐水泥(简称道路水泥),代号 R.R。它是在硅酸盐水泥基础上,通过对水泥熟料矿物组成的调整及合理煅烧、磨粉,使之达到增加抗折强度及增韧、阻裂、抗冲击、抗冻和抗疲劳等性能。为此,对水泥熟料的组成做如下的限制:$C_3A \leqslant 5.0\%$,$C_4AF \geqslant 15.0\%$。

道路水泥的初凝时间应不早于 1.5 h,终凝时间不得迟于 12 h。

道路水泥按其 28 天的抗折强度分为 7.5,8.5 两个强度等级,各强度等级相应龄期的强度应符合表 3-6 中的规定。

表 3-6 各强度等级道路水泥相应龄期的强度值(GB 13693—2017) MPa

强度等级	抗折强度		抗压强度	
	3 d	28 d	3 d	28 d
7.5	≥4.0	≥4.0	≥21.0	≥42.5
8.5	≥5.0	≥5.0	≥26.0	≥52.5

从表 3-6 中可以看出,道路水泥的抗折强度比同强度等级的硅酸盐水泥高,特别是 28 d 的抗折强度。道路水泥的高强度,可提高其耐磨性和抗冻性;道路水泥的高抗折强度,可使板状混凝土路面在承受车轮之间荷载时,具有更高的抗弯强度。

在道路水泥技术要求中,对初凝时间的规定较长($\geqslant 1.5$ h),这是考虑混凝土的运输浇筑需较长的时间。

在道路混凝土的技术要求中,对水泥的干缩性和耐磨性做如下要求:28 d 干缩率不大于 0.10%;28 d 磨耗量不大于 3.00 kg/m^2。混凝土路面的破坏,往往是从产生裂缝开始的,干缩率小可减少产生裂缝的概率。磨耗损坏也是路面破坏的一个重要方面,所以设了限制磨耗量的指标。

3.4.6　膨胀水泥及自应力水泥

一般硅酸盐水泥在空气中硬化时,通常都表现为收缩,常导致混凝土内部产生微裂缝,降低了混凝土的耐久性。在浇筑构件的节点、堵塞孔洞、修补缝隙时由于水泥石的干缩,也不能达到预期的效果。采用膨胀水泥配制混凝土,可以解决由于收缩带来的不利后果。

膨胀水泥根据膨胀值不同,分为膨胀水泥和自应力水泥。膨胀水泥的线膨胀率一般在 1% 以下,相当或稍大于一般水泥的收缩率,可以补偿收缩,所以又称补偿收缩水泥或无收缩水泥。自应力水泥的线膨胀率一般为 1%~3%,膨胀值较大,在限制的条件(如配有钢筋)下,使混凝土受到压应力,从而达到预应力的目的。

膨胀水泥是由强度组分和膨胀组分组成的。强度组分主要起保证水泥强度的作用。膨胀组分是在水泥水化过程中形成膨胀物质,导致体积稍有膨胀。由于膨胀的发生是在水泥浆体完全硬化之前,所以能使水泥石的结构密实而不致引起破坏。目前使用得比较多的膨胀组分,是在水泥水化过程中形成的钙矾石。

膨胀水泥及自应力水泥按其强度组分的类型可分为如下几种:

(一)硅酸盐膨胀水泥

硅酸盐膨胀水泥是以硅酸盐水泥为主要组分,外加铝酸盐水泥和石膏配制而成的膨胀水泥。其膨胀作用是由于铝酸盐水泥中的铝酸盐矿物和石膏遇水后生成具有膨胀性的钙矾石晶体,膨胀值的大小可通过改变铝酸盐水泥和石膏的含量来调节。

硅酸盐膨胀水泥中的铝酸盐水泥如用明矾石取代,则称为明矾石膨胀水泥。明矾石的主要成分是[$K_2SO_4 \cdot Al_2(SO_4)_3 \cdot 4Al(OH)_3$],它能生成钙矾石。这种水泥被认为是目前使用效果较好的膨胀水泥。

除了膨胀水泥外,我国还生产膨胀剂,如明矾石膨胀剂、铝酸盐膨胀剂等,将它们掺入硅酸盐水泥中也可产生膨胀,获得与膨胀水泥类似的效果。

(二)铝酸盐膨胀水泥

铝酸盐膨胀水泥由铝酸盐水泥和二水石膏混合磨细或分别磨细后混合而成。

(三)硫铝酸盐膨胀水泥

硫铝酸盐膨胀水泥以含有适量无水硫铝酸钙的熟料,加入较多石膏磨细而成。

习题及案例分析

一、习题

1.现有两种硅酸盐水泥熟料,其矿物组成及其含量(质量分数)见表3-7:

表3-7　　　　　两种硅酸盐水泥熟料的矿物组成及其含量(质量分数)　　　　　　%

组别	C_3S	C_2S	C_3A	C_4AF
甲	53	21	10	13
乙	45	30	7	15

如用来配制硅酸盐水泥,试估计这两种水泥的强度发展、水化热、耐腐蚀性和28 d的强度有什么差异,为什么?

2.硅酸盐水泥熟料矿物的水化各有何特点?生成的水化物有哪些?其特性如何?掺入水泥中的石膏,其水化反应的产物是什么?特性如何?

3.什么是水泥石?其组成成分有哪些?影响水泥强度发展的因素是什么?

4.为什么要规定水泥的细度与凝结时间?

5.何谓水泥的体积安定性?体积安定性不良的原因和危害是什么?如何测定?

6.硅酸盐强度等级是如何确定的?分哪些强度等级?

7.什么叫水泥石的软水侵蚀?

8.什么是水泥石的硫酸盐腐蚀和镁盐腐蚀?

9.什么是水泥活性混合材料?分几类?

10.矿渣水泥、火山灰水泥及粉煤灰水泥的组成如何?这三种水泥特点及应用的共同点以及不同点(与硅酸盐水泥比较)有哪些?

二、案例分析

案例1:奥运工程(国家体育场、国家游泳中心)

国家体育场位于北京奥林匹克公园中心区南部,为2008年北京奥运会的主体育场。工程总占地面积21 hm^2,场内观众座席约为91 000个。举行了奥运会、残奥会开闭幕式,田径比赛及足球比赛决赛。奥运会后成为北京市民参与体育活动及享受体育娱乐的大型专业场所,并成为地标性的体育建筑和奥运遗产。

2003年12月24日开工建设,2008年3月完工,总造价22.67亿元。作为国家标志性建筑、2008年奥运会主体育场、国家体育场,其结构特点十分显著。体育场为特级体育建筑,大型体育场馆。主体结构设计使用年限为100年,耐火等级为一级,抗震设防烈度为8度,地下工程防水等级为1级。

国家游泳中心位于北京奥林匹克公园内,2003年12月24日开工建设,2008年1月28日正式竣工。规划建设用地62 950 m^2,总建筑面积为65 000~80 000 m^2,其中地下部分的建筑面积不少于15 000 m^2,长×宽×高分别为177 m×177 m×30 m。

两项重点工程共使用北京市琉璃河水泥有限公司生产的"金隅"牌普通硅酸盐水泥42.5(P·O 42.5)和普通硅酸盐水泥32.5(P·O 32.5)约为15万t。

原因分析：

国家体育场、国家游泳中心均为 2008 年北京举办奥运会而兴建的标志性建筑，其不仅要求强度高，而且考虑安全度及耐久性的指标。因而选择了 P·O 42.5、P·O 32.5 的普通水泥。

此案例主要考查在重要结构中安全性的性质：

P·O 42.5、P·O 32.5 水泥既保证重要结构强度高、坚固耐久等特点，更要考虑经济合理性。

案例 2：京石铁路客运专线

京石客运专线是中国正在兴建的高速铁路之一，连接首都北京市及河北省石家庄市，也是中国"四纵四横"客运专线网络中京港客运专线的组成部分。沿线设 7 个车站，列车最高营运时速为 350 km。

京石铁路客运专线是北京—广州—深圳—香港客运专线的一部分，国家和河北省的重点建设项目，由铁道部和北京市、河北省共同投资，2008 年 10 月正式开工建设，总投资为 438.7 亿元人民币。该专线全长为 282 km，共设北京西（以后将迁往丰台火车站）、新涿州、新高碑店、新保定、新定州、正定国际机场、石家庄南 7 个车站。其中河北省境内 233 km，途经保定市、涿州、徐水、定州等 10 个县（市、区）。列车类型为动车组，速度目标值为 350 km/h，初期运营速度为 300 km/h。项目投资估算总额为 438.7 亿元。此外，为了配合新线开通，铁路部门还将配套建设动车运用设施和北京、石家庄铁路枢纽工程。

工程中的桩基、桥墩、箱梁和轨枕使用北京市琉璃河水泥有限公司生产的"金隅"牌低碱普通硅酸盐水泥 42.5（低碱 P·O 42.5）和硅酸盐水泥（Ⅱ）42.4（P·Ⅱ 42.5）约为 141 万 t。

原因分析：

铁路、桥梁等土木工程需要强度高、耐久、安全的胶凝材料。

此案例主要考查水泥在路、桥结构中安全性的性质：

低碱 P·O 32.5 可保证耐腐蚀及经济成本，P·Ⅱ 42.5 水泥可保证路、桥结构强度高、坚固耐久等特点。

第4章 混凝土

普通混凝土和易性

普通混凝土强度

普通混凝土配合比设计

学习目标

1. 知识目标:掌握普通混凝土组成材料的技术性质,普通混凝土技术性质和易性、强度及耐久性的概念、指标、标准及实验方法、影响因素及改善措施,混凝土配合比设计的原理、步骤及方法等。掌握复杂结构和严酷环境下混凝土的选择设计、混凝土和易性和强度等影响因素分析并提供相应的解决方案等。

2. 能力目标:具备深度分析和解决较为复杂混凝土材料问题能力。提供解决复杂工程的混凝土材料技术评价和解决方案。

3. 素质目标:立德树人,培养学生严谨勤奋的工作态度,精益求精的工作作风,求真务实的社会责任。

发展趋势

混凝土是目前世界上应用最广、用量最大的工程材料,广泛用于建筑、桥梁、道路等土木工程领域。混凝土的起源可以追溯到埃及金字塔、古罗马建筑落成的时代,当时人们将石灰矿石烧成石灰之后,掺砂及水拌和使用,形成了最初的混凝土。18世纪水泥的发明使混凝土材料大量使用起来,19世纪混凝土得到飞速发展。随着时代和科技的不断发展,混凝土的应用领域不断扩大,过去的100年中,人类利用混凝土建造了大量的重要工程和基础设施。目前,混凝土正向着多功能、高体积稳定性、轻质高强、高耐久性等趋势发展,并要求掺用复合掺和料,使用无毒的提高特定性能的外加剂,充分、合理、有效地利用工业废渣,实现混凝土资源的可持续发展,即向绿色高性能混凝土方向发展。

4.1 普通混凝土的特点及分类

4.1.1 概　述

混凝土是由胶凝材料将骨料胶结成整体的复合材料的统称。按胶凝材料的组成,混凝土可分为水泥混凝土、石膏混凝土、水玻璃混凝土、聚合物混凝土和沥青混凝土等。普通混凝土是以水泥为胶凝材料而制成的混凝土,在土木工程中应用最为广泛。例如青岛胶州湾大桥,这座由我国自行设计、施工、建造的世界第二大跨海大桥,就是以混凝土为主要材料的工程。我国工程技术人员以高超的工程能力勇于创新、无私奉献,采用多项世界上首创技术,于 2011 年建成了这座举世瞩目的跨海大桥。

4.1.2　普通混凝土的主要特点

1. 优点

(1)可根据不同要求配制不同性质的混凝土,即通过调整配合比可配制出具有不同强度、流动性、抗渗性等性能的混凝土。

(2)可根据不同要求配制不同形状和尺寸的混凝土,即其在凝结前具有良好的可塑性,可以浇筑成各种形状和尺寸的构件或结构物,与现代施工机械及施工工艺具有较好的适应性。

(3)硬化后具有抗压强度高和耐久性良好的特性,可抵抗大多数破坏作用,且维护费用低。

(4)与钢筋有牢固的黏结力,二者具有相近的热膨胀系数,且在碱性环境中能有效保护钢筋免受腐蚀,能制成坚固耐久的钢筋混凝土构件,形成具有互补性的整体。

(5)耐火性较好,在高温作用下数小时仍能保持其力学性能,较为可靠,耐火性优于钢材、木材、塑料等常用土木工程材料。

(6)可就地取材,大量利用工业废料,节能环保,方便经济。

2. 缺点

(1)抗拉强度低,一般只有其抗压强度的 1/10,受拉时变形能力小,易开裂,很多情况下必须配制钢筋才能使用。

(2)抗冲击能力差,在冲击荷载作用下容易产生脆断。

(3)自重大,不利于提高有效承载能力,也给施工及安装带来一定困难。

(4)体积稳定性不高。当水泥浆量过大时,此缺陷更为突出,随着温度、湿度、环境介质的变化,容易引发体积变化,产生裂纹等内部缺陷,直接影响工程质量。

(5)缺陷隐蔽,质量易波动。

4.1.3　混凝土的分类

混凝土的分类方法很多,常见的有以下几种:

1. 按表观密度分类

(1)重混凝土:表观密度[试件在温度为 (105 ± 5) ℃的条件下干燥至恒温后测定]大于 2 800 kg/m³,采用密度较大和特别重的骨料配制而成,如重晶石混凝土、钢屑混凝土、铁矿石混凝土等。此类混凝土具有屏蔽 X 射线和 γ 射线的功能。

(2)普通混凝土:表观密度为 2 000~2 800 kg/m³,用天然的砂、石作为骨料配制而成。这类混凝土在土木工程中应用最为广泛,常用于房屋及桥梁等承重结构、道路建筑中的路面等工程。

(3)轻混凝土:表观密度小于 1 950 kg/m³。轻混凝土可以分为三类,包括轻骨料混凝土、多孔混凝土和大孔混凝土。部分用于承重结构,强度较低的可用于保温。

2. 按使用场合分类

普通混凝土主要用于一般的土木工程,具有一般范围的综合性能;特种混凝土主要用于一些特定的场合,具有某方面的特殊性能,如抗渗、耐酸、防辐射、抗裂、耐火等性能。

3. 按生产和施工方法分类

按混凝土的生产和施工方法不同可分为预拌(商品)混凝土、泵送混凝土、喷射混凝土、压力灌浆混凝土(预填骨料混凝土)、挤压混凝土、离心混凝土、真空吸水混凝土、碾压混凝土等。

4.2 普通混凝土的组成材料

普通混凝土一般是由水泥、粗(细)骨料和水组成的,为改善混凝土的某些性能还常加入适量的外加剂和掺和料。各组成材料的作用不同,改变原材料的种类和比例,所配制混凝土的性能也会产生相应的变化。

在混凝土中砂、石除起填充作用外,还起限制水泥石变形,提高强度、刚度和抗裂性能等骨架作用,故称为骨料,可对混凝土起稳定作用。水泥和水组成水泥浆,包裹在砂、石表面并填充其空隙。硬化前,水泥浆在拌和物中起润滑作用,赋予混凝土拌和物一定的流动性,使混凝土拌和物具有良好的和易性;硬化过程中,胶结砂、石将骨料颗粒牢固地黏结成整体,使混凝土有一定的强度;硬化后,则将骨料胶结成一个坚实的整体以硬化混凝土的组织结构,如图4-1所示。只有了解混凝土原材料的性质、作用及质量要求,合理选择原材料,才能保证工程质量。

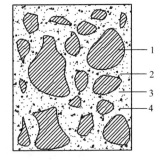

图 4-1 混凝土的组织结构
1—石;2—砂;3—水泥浆;4—气孔

4.2.1 水 泥

水泥是普通混凝土的胶凝材料,水泥的品种、等级及用量在很大程度上决定了混凝土的性能和混凝土工程造价。在保证混凝土性能的前提下,应尽量节约水泥,以降低工程造价。

1. 品种的选择

配制普通混凝土的通用水泥一般有硅酸盐水泥、普通水泥、矿渣水泥、火山灰水泥、粉煤灰水泥和复合水泥,必要时也可采用快硬硅酸盐水泥或其他水泥。水泥品种应根据工程特点、工程所处环境条件以及施工条件,并考虑当地水泥的供应情况进行选用。不同工程条件和环境条件下可选用的水泥品种见表4-1。

表 4-1 　　　　　　　　　　　常用水泥适用环境

	工程性质	硅酸盐水泥	普通水泥	矿渣水泥	火山灰水泥	粉煤灰水泥
工程特点	大体积工程	不宜	可	宜	宜	宜
	早强混凝土	宜	可	不宜	不宜	不宜
	高强混凝土	宜	可	不宜	不宜	不宜
	抗渗混凝土	宜	宜	不宜	宜	不宜
	耐磨混凝土	宜	宜	可	不宜	不宜
环境特点	普通环境	可	宜	可	可	可
	干燥环境	可	宜	不宜	不宜	不宜
	潮湿或水下环境	可	可	宜	可	可
	严寒地区	宜	宜	可	不宜	不宜
	严寒地区并有水位升降	宜	宜	不宜	不宜	不宜

2.强度等级的选择

水泥的强度等级应与混凝土设计强度等级相适应。混凝土用水泥强度等级选择的一般原则:配制低强度的混凝土应选用低强度等级的水泥,反之亦然。若采用高强度等级水泥配制低强度等级混凝土,则由于其水泥用量偏少,会影响和易性和强度,故应掺入适量混合材料(火山灰、粉煤灰、矿渣等)予以改善。若采用低强度等级水泥配制高强度等级混凝土,则混凝土中水泥用量过多,不仅不经济,还会影响混凝土的其他技术性质。对 C30 及其以下的混凝土,水泥强度等级一般应为混凝土强度等级的 1.5～2.0 倍;对 C30～C50 的混凝土,水泥强度等级一般应为混凝土强度等级的 1.1～1.5 倍;对 C60 级以上的混凝土,水泥强度等级与混凝土强度等级的比值可小于 1.0,但不宜低于 0.70。

4.2.2　细骨料

粒径小于 4.75 mm 的骨料称为细骨料,俗称砂。

1.种类

土木工程中常用的细骨料主要有天然砂和人工砂。

天然砂包括河砂、海砂及山砂等。其中,河砂是天然砂中综合性质最好的细骨料。

人工砂包括经除土处理的机制砂和混合砂两种。机制砂富有棱角、较洁净,但砂中片状颗粒及细粉含量较多,且成本较高。混合砂是由机制砂和天然砂按一定比例混合而成的砂。

根据《建设用砂》(GB/T 14684－2022)的规定,砂按技术要求分为 Ⅰ 类、Ⅱ 类和 Ⅲ 类。其中,Ⅰ 类宜用于强度等级大于 C60 的混凝土;Ⅱ 类宜用于强度等级为 C30～C60 及抗冻、抗渗或有其他要求的混凝土;Ⅲ 类宜用于强度等级小于 C30 的混凝土和建筑砂浆。

2.质量要求

(1)粗细程度和颗粒级配

砂的粗细程度是指不同粒径的砂混合在一起的平均粗细程度。砂按粗细程度分为粗砂、中砂、细砂等规格。在混凝土各种材料用量相同的情况下,若砂过细,则砂粒表面积过大,其黏聚性、保水性虽好,但需较多水泥浆来包裹砂粒表面,使用于润滑的水泥浆减少,导致混凝土拌和物流动性变差,甚至影响混凝土强度和耐久性;反之亦然。所以,配制混凝土用的砂不宜过粗,也不宜过细。

砂的颗粒级配是指不同粒径的颗粒互相搭配及组合的情况。级配良好的砂,其各种颗粒的含量适当,一般有较多的粗颗粒,并有适当数量的中等颗粒及少量的细颗粒填充空隙,砂的总表面积及空隙率均较小(图 4-2)。使用级配良好的砂不但可以节省水泥,而且使得配制的混凝土的和易性好,有利于混凝土强度和耐久性等硬化后性能的发展。

砂的粗细程度和颗粒级配通常采用筛分析试验进行测定。砂的粗细程度用细度模数 M_X 表示。筛分析试验方法是采用一套孔径从大到小(孔径分别为 4.75 mm、2.36 mm、1.18 mm、0.60 mm、0.30 mm、0.15 mm)的标准金属方孔筛,将已采用 9.50 mm 方孔筛筛过的质量为 500 g 的干砂由粗到细依次过筛,称各筛上剩余粗颗粒的质量(称为筛余量,分别用 m_1、m_2、m_3、m_4、m_5 和 m_6 表示);将各筛余量分别除以试样总量(500 g)得到分计筛余百分率,分别用 a_1、a_2、a_3、a_4、a_5 和 a_6 表示;将分计筛余百分率累加得到累计筛余百分率,分别以 A_1、A_2、A_3、A_4、A_5 和 A_6 表示。其计算过程见表 4-2。

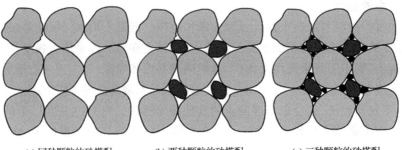

(a) 同种颗粒的砂搭配　　　(b) 两种颗粒的砂搭配　　　(c) 三种颗粒的砂搭配

图 4-2　骨料的颗粒级配

表 4-2　　　　　　　　　　　累计筛余百分率与分计筛余百分率的关系

筛孔尺寸/mm	分计筛余		累计筛余百分率/%
	筛余量/g	分计筛余百分率/%	
4.75	m_1	a_1	$A_1 = a_1$
2.36	m_2	a_2	$A_2 = a_1 + a_2$
1.18	m_3	a_3	$A_3 = a_1 + a_2 + a_3$
0.60	m_4	a_4	$A_4 = a_1 + a_2 + a_3 + a_4$
0.30	m_5	a_5	$A_5 = a_1 + a_2 + a_3 + a_4 + a_5$
0.15	m_6	a_6	$A_6 = a_1 + a_2 + a_3 + a_4 + a_5 + a_6$

注：表中 $a_i = \dfrac{m_i}{500} \times 100\%$。

细度模数的计算公式为

$$M_X = \frac{(A_2 + A_3 + A_4 + A_5 + A_6) - 5A_1}{100 - A_1} \tag{4-1}$$

水泥混凝土用砂的细度模数为 3.7～1.6，细度模数越大，表示砂越粗。当 $M_X = 3.7～3.1$ 时，为粗砂；当 $M_X = 3.0～2.3$ 时，为中砂；当 $M_X = 2.2～1.6$ 时，为细砂；当 $M_X = 1.5～0.7$ 时，为特细砂。在可能的情况下应选用粗砂或中砂，以节约水泥。对于特细砂，配制混凝土时应采用特殊的方法。

砂的颗粒级配用级配区表示，见表 4-3，以级配区或筛分析曲线判定砂级配的合格性。根据计算和试验结果，规定将砂的合理级配以 0.60 mm 级的累计筛余百分率为准划分为三个级配区，分别称为Ⅰ区、Ⅱ区和Ⅲ区，如图 4-3 所示。任何一种砂，只要其累计筛余百分率 A_1～A_6 分别分布在某同一级配区的相应累计筛余百分率的范围内，即级配合理，符合级配要求。除 4.75 mm 和 0.60 mm 级外，其他级的累计筛余百分率可以略有超出，但超出总量应小于 5%。在三个级配区内，只有 0.60 mm 级的累计筛余百分率是不重叠的，故称其为控制粒级。控制粒级使任何一个砂样只能处于某一级配区内，避免出现同属两个级配区的现象。

为保证混凝土具有较好的和易性、较高的密实度并且节约水泥，混凝土用砂的选择应考虑颗粒级配和粗细程度。配制混凝土应优先使用Ⅱ区砂；Ⅰ区砂适用于配制富混凝土和低流动性混凝土，为保证拌和物的保水性，使用时应适当提高砂率；Ⅲ区以细砂为主，配制的混凝土拌和物黏性大，保水性好，但易于干缩。使用Ⅲ区砂时，应适当降低砂率。

当砂的自然级配不符合级配区要求时,可采用人工级配方法进行调整。

表 4-3　　　　　　　　　　　　　　　　砂的颗粒级配区范围

筛孔尺寸/mm	累计筛余百分率/%		
	Ⅰ区	Ⅱ区	Ⅲ区
9.50	0	0	0
4.75	10～0	10～0	10～0
2.36	35～5	25～0	15～0
1.18	65～35	50～10	25～0
0.60	85～71	70～41	40～16
0.30	95～80	92～70	85～55
0.15	100～90	100～90	100～90

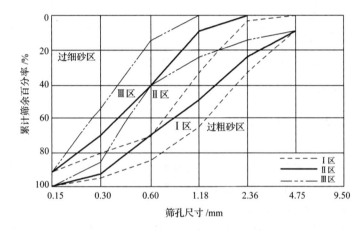

图 4-3　砂的级配区曲线

（2）颗粒形状及表面特征

细骨料的颗粒形状及表面特征会影响其与水泥的黏结力和混凝土拌和物的流动性。山砂的颗粒多具有棱角、表面粗糙,与水泥的黏结力较好,但拌和物的流动性较差;河砂、湖砂和海砂,其颗粒多呈圆形,表面光滑,与水泥的黏结力差,拌和物的流动性较好。但海砂中常混有贝壳和盐类等有害杂质,配制钢筋混凝土时海砂中氯货物质量分数不能大于 0.02%,因此,河砂和湖砂应用较广。

（3）有害杂质含量

有害杂质是指骨料中妨碍水泥水化或引起水泥石腐蚀,降低水泥石与骨料黏附性的各种物质。砂中有害杂质主要有淤泥、泥块或石粉、云母、轻物质、有机质、硫化物和硫酸盐、氯盐等。有害杂质妨碍水泥与骨料的黏结,影响混凝土强度,增大用水量及收缩,引起水泥石腐蚀。混凝土用砂要求砂粒的质地坚实、清洁、有害杂质含量少。《建设用砂》(GB/T 14684—2022)对其含量限制见表 4-4。另外,砂中不得混有草根、树叶、树枝、煤块、炉渣等杂物。

表 4-4   砂中有害杂质限量

项目		指标		
		Ⅰ类	Ⅱ类	Ⅲ类
天然砂中含泥量(按质量计)/%		≤1.0	≤3.0	≤5.0
机制砂中石粉含量 (按质量计)/%	MB≤1.40 或快速法试验合格	≤15.0		
	MB>1.40 或快速法试验不合格	≤1.0	≤3.0	≤5.0
泥块含量(按质量计)/%		≤0.2	≤1.0	≤2.0
云母(按质量计)/%		≤1.0	≤2.0	≤2.0
轻物质(按质量计)/%		≤1.0		
有机物(比色法)		合格	合格	合格
硫化物和硫酸盐(按 SO_3 质量计)/%		≤0.5		
氯化物(按氯离子质量计)/%		≤0.01	≤0.02	≤0.06

注:①轻物质指表观密度小于 2 000 kg/m³ 的物质。

②MB:亚甲蓝值,用于判定机制砂中粒径小于 75 μm 颗粒的吸附性能的指标。

4.2.3　粗骨料

粗骨料是指粒径大于 4.75 mm 的岩石颗粒。

1. 种类

常用的粗骨料有碎石和卵石(砾石)。人工破碎而成的石子称为碎石或人工石子;天然形成的石子称为卵石。与碎石相比,卵石表面光滑,配成的混凝土拌和物流动性更好,有利于施工操作,但与水泥砂浆的黏结力差,故强度较低。

粗骨料按粒径尺寸分布状况的不同,可分为连续粒级和单粒粒级两种;按有害杂质含量及强度高低又可分为Ⅰ类、Ⅱ类、Ⅲ类三个等级。Ⅰ类适合配制各种混凝土,包括强度等级大于 C60 的高强混凝土;Ⅱ类用于强度等级为 C30～C60 及抗冻、抗渗或有其他要求的混凝土;Ⅲ类适用于强度等级小于 C30 的混凝土。

2. 质量要求

(1)最大粒径及颗粒级配

①最大粒径

粗骨料公称粒径的上限称为该粒级的最大粒径。粗骨料的最大粒径增大,总表面减小,包裹在骨料表面所需的水泥浆数量减少,从而节约水泥。在用水量和水灰比固定不变的情况下,最大粒径增大将导致骨料表面包裹的水泥浆层加厚,混凝土拌和物可获得较高的流动性。在和易性一定的前提下,可减小水灰比,使强度和耐久性提高。通常加大粒径可节约水泥。但最大粒径过大,不但节约水泥的效率不再明显,还会降低混凝土的强度,对施工质量甚至搅拌机械造成一定的影响。

根据《混凝土质量控制标准》(GB 50164—2011)规定,混凝土用的粗骨料最大公称粒径不得超过构件截面最小尺寸的 1/4,且不得超过钢筋最小净间距的 3/4;对混凝土实心板,骨料的最大公称粒径不宜大于板厚的 1/3,且不得大于 40 mm。

②颗粒级配

粗骨料与细骨料一样,也要有良好的颗粒级配,以减小空隙率,提高密实性,节约水泥,保证混凝土的和易性及强度。特别是配制高强度混凝土时,粗骨料级配尤为重要。

粗骨料的颗粒级配也是通过筛分析试验来确定的,分计筛余百分率及累计筛余百分率的计算方法与砂相同。试样筛分所需筛号、碎石及卵石的颗粒级配应符合表 4-5 的规定。

表 4-5　　　　　　　　　　水泥混凝土用粗骨料的颗粒级配范围

公称粒径/mm		累计筛余百分率/%											
		2.36	4.75	9.50	16.0	19.0	26.5	31.5	37.5	53.0	63.0	75.0	90.0
连续粒级	5~16	95~100	85~100	30~60	0~10	0	—	—	—	—	—	—	—
	5~20	95~100	90~100	40~80	—	0~10	0	—	—	—	—	—	—
	5~25	95~100	90~100	—	30~70	—	0~5	0	—	—	—	—	—
	5~31.5	95~100	90~100	70~90	—	15~45	—	0~5	0	—	—	—	—
	5~40	—	95~100	70~90	—	30~65	—	—	0~5	0	—	—	—
单粒粒级	5~10	95~100	80~100	0~15	0								
	10~16		95~100	80~100	0~15								
	10~20		95~100	85~100		0~15	0						
	16~25			95~100	55~70	25~40	0~10						
	16~31.5		95~100		85~100			0~10	0				
	20~40			95~100		80~100			0~10	0			
	40~80					95~100			70~100		30~60	0~10	0

粗骨料可分为连续粒级和单粒粒级两种。连续粒级是石子的粒径从大到小连续分级,每一级都占适当的比例。连续粒级的颗粒大小搭配连续合理,颗粒上、下限粒径之比接近 2,配制的混凝土拌和物流动性好,不易发生离析,在工程中应用较多。但缺点是当上极限粒径较大(大于 37.5 mm)时,天然形成的连续级配往往与理论最佳值有偏差,且在运输、堆放过程中易发生离析,影响到级配的均匀合理性。实际应用时,除了直接采用级配理想的天然连续粒级外,常采用预先分级筛分形成的单粒粒级进行掺配,组合成人工连续粒级。

单粒粒级是石子粒级不连续,人为剔去某些中间粒级的颗粒而形成的级配方式。单粒粒级能够有效降低石子颗粒间的空隙率,使水泥得以最大限度地节约,但由于粒径相差较大,混凝土拌和物易发生离析。单粒粒级可用于配制高强混凝土或干硬性混凝土,但须强力振捣。

(2)颗粒形状及表面特征

粗骨料的颗粒形状及表面特征同样会影响其与水泥的黏结及混凝土拌和物的流动性。碎石具有棱角,表面粗糙,与水泥的黏结性较好;而卵石多为圆形,表面光滑,与水泥的黏结性较差。在水泥用量和水用量相同的情况下,碎石拌制的混凝土流动性较差,但强度较高;而卵石拌制的混凝土流动性较好,但强度较低。

为提高混凝土强度和减小骨料间的空隙,粗骨料颗粒的理想形状应为三维长度相等或相近的立方体或球形颗粒,但实际骨料产品中常会出现颗粒长度大于平均粒径的 40% 的针状颗粒和厚度小于平均粒径的 40% 的片状颗粒。若针、片状颗粒含量过多,则会影响混凝土拌和物的和易性及其硬化后的强度、耐久性。其含量应符合表 4-6 的规定。

表 4-6　　　　　　　　　　　混凝土用粗骨料的针、片状颗粒含量要求

项目	指标		
	Ⅰ类	Ⅱ类	Ⅲ类
针、片状颗粒总含量(按质量计)/%	≤5	≤10	≤15

（3）强度

为保证混凝土的强度,粗骨料必须质地致密,具有足够的强度。碎石的强度可用岩石立方体抗压强度和压碎指标表示,卵石的强度则用压碎指标表示。

将岩石制成棱长为 5 cm 的立方体(或直径与高均为 5 cm 的圆柱体)试件,在水饱和状态下测定其极限抗压强度。普通混凝土用粗骨料要求其岩石立方体抗压强度不小于混凝土抗压强度的 1.5 倍,但对于高强混凝土和路面混凝土不应小于 2.0 倍。根据标准 GB 14685—2011 规定,在水饱和状态下,不同岩石抗压强度要求不同,其中,火成岩不小于 80 MPa,变质岩不小于 60 MPa,水成岩不小于 30 MPa。

压碎指标是对粒状粗骨料强度的另一种测定方法。该方法是将气干状态下一定粒径的粗骨料按规定方法填充于压碎指标测定仪(内径为 ϕ152 mm 的圆筒)内,再按规定方法加载,卸载后称量试样质量(m_1),并用孔径为 2.36 mm 的筛进行筛分,称其筛余量(m_2),精确至 1 g,其压碎指标 Q_C 可用式(4-2)表示为

$$Q_C = \frac{m_1 - m_2}{m_1} \times 100\% \tag{4-2}$$

压碎指标越大,说明骨料的强度越小。该种方法操作简便,在实际生产质量控制中应用较普遍。粗骨料的压碎指标要求见表 4-7。

表 4-7　　　　　　　　　　　　　粗骨料的压碎指标要求

项目	指标		
	Ⅰ类	Ⅱ类	Ⅲ类
碎石压碎指标/%	≤10	≤20	≤30
卵石压碎指标/%	≤12	≤14	≤16

（4）坚固性

粗骨料颗粒在气候、外力及物理力学因素作用下抵抗碎裂的能力称为坚固性。粗骨料的坚固性采用硫酸钠溶液法检验,即测试粗骨料颗粒在硫酸钠溶液中干湿循环 5 次后的质量损失率,其指标应符合表 4-8 的规定。

表 4-8　　　　　　　　　　　　　粗骨料的坚固性指标要求

项目	指标		
	Ⅰ类	Ⅱ类	Ⅲ类
质量损失/%	≤5	≤8	≤12

（5）有害杂质含量

粗骨料中常含有一些有害杂质,如黏土、淤泥、细屑、硫酸盐、硫化物和有机杂质。它们的危害作用与在细骨料中的相同。其含量一般应符合表 4-9 的规定。

表 4-9　　　　　　　　　　　　混凝土用粗骨料有害杂质含量要求

项目	指标		
	Ⅰ类	Ⅱ类	Ⅲ类
含泥量(按质量计)/%	≤0.5	≤1.0	≤1.5
泥块含量(按质量计)/%	0	≤0.2	≤0.5
有机物(比色法)	合格	合格	合格
硫化物和硫酸盐(按 SO₃ 质量计)/%	≤0.5	≤1.0	≤1.0

　　粗骨料的含泥量是指粒径小于 75 μm 颗粒的含量;泥块含量是指粒径大于 4.75 mm,经水洗、手捏后粒径小于 2.36 mm 颗粒的含量。如含泥量和泥块含量不符合表 4-9 中的要求,将会影响普通混凝土的性能。

　　重要工程的混凝土所使用的碎石或卵石必须进行碱活性检验,经检验判定骨料有潜在危害时,则应按照以下规定使用:①使用含碱量小于 0.6% 的水泥或采用能抑制碱-骨料反应的掺和料;②当使用含钾、钠离子的混凝土外加剂时,必须进行专门试验。

　　(6)骨料的含水状态

　　骨料的含水状态可分为干燥状态、气干状态、饱和面干状态及湿润状态四种(图 4-4)。骨料的含水率等于或接近于零时称为干燥状态;骨料的含水率与大气湿度相平衡,但未达到饱和状态时称为气干状态;骨料表面干燥而内部孔隙含水达到饱和状态时称为饱和面干状态;当骨料不仅内部含水率达到饱和,而且表面还附着一层自由水时称为湿润状态。

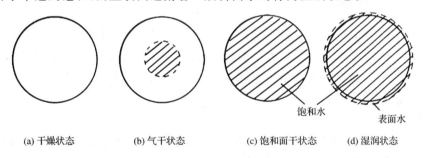

(a) 干燥状态　　　　(b) 气干状态　　　　(c) 饱和面干状态　　(d) 湿润状态

图 4-4　骨料的含水状态

　　在不同含水状态下,骨料的体积也会有所不同。骨料的体积通常随骨料含水率的提高而增大,当达到湿润状态时,体积表现为最大。通常以骨料饱和面干状态时的含水率(也称为饱和面干吸水率)来表示其吸水能力。饱和面干吸水率越小,骨料颗粒越密实,质量越好。通常,普通骨料的饱和面干吸水率在 1% 左右,密实骨料的饱和面干吸水率在 1% 以下。

　　骨料的含水状态对所配制混凝土用水量、骨料用量乃至硬化混凝土的性能都有一定影响。在施工中,应随时测定现场骨料含水率,以便及时调整混凝土组成材料实际用量的比例,从而保证混凝土配料的质量稳定性。

4.2.4　水

　　混凝土用水包括拌和用水和养护用水,通常符合国家标准《混凝土用水标准》(JGJ 63—2006)的生活用水(自来水、河水、江水、湖水)可直接拌制各种混凝土。

1. 混凝土拌和用水

　　混凝土拌和用水的水质应符合表 4-10 的规定。对于设计使用年限为 100 年的结构混凝土,其氯离子含量不得超过 500 mg/L;对使用钢丝或轻热处理钢筋的预应力混凝土,其氯离子含量不得超过 350 mg/L。

表 4-10   混凝土拌和用水水质要求

项　目	预应力混凝土	钢筋混凝土	素混凝土
pH	≥5.0	≥4.5	≥4.5
不溶物含量/(mg·L^{-1})	≤2 000	≤2 000	≤5 000
可溶物含量/(mg·L^{-1})	≤2 000	≤5 000	≤10 000
氯化物含量(以 Cl$^-$ 计)/(mg·L^{-1})	≤500	≤1 000	≤3 500
硫化物含量(以 SO$_4^{2-}$ 计)/(mg·L^{-1})	≤600	≤2 000	≤2 700
碱含量/(mg·L^{-1})	≤1 500	≤1 500	≤1 500

当对水质有怀疑时,应采用该水与蒸馏水或饮用水进行水泥凝结时间、砂浆或混凝土强度对比试验。试验测得的初凝时间差及终凝时间差均不得大于 30 min,同时其初凝和终凝时间还应符合水泥国家标准的规定。用该水制成的砂浆或混凝土 28 d 抗压强度应不低于蒸馏水或饮用水制成的砂浆或混凝土抗压强度的 90%。

2.混凝土养护用水

混凝土养护用水可不检测不溶物和可溶物,其他检测项目应符合混凝土拌和用水的水质技术要求和放射性技术要求的规定;另外,混凝土养护用水可不检测水泥凝结时间和水泥或混凝土的强度。

4.2.5 外加剂

混凝土外加剂是指在拌制混凝土过程中掺入的,用量一般不超过水泥用量 5%,可以明显改善混凝土性能的化学物质。采用外加剂是提高混凝土强度、改善混凝土其他性能、节约水泥和能源的有效方法。外加剂的掺量虽小,但技术经济效果却显著,已成为混凝土的重要组成部分,被称为混凝土的第五组分。

1.分类

根据《混凝土外加剂术语》(GB/T 8075—2017)混凝土外加剂按主要功能可分为四类:

(1)改善混凝土拌和物流变性能的外加剂,如各种减水剂和泵送剂等。

(2)调节混凝土凝结时间、硬化性能的外加剂,如缓凝剂、早强剂、促凝剂和速凝剂等。

(3)改善混凝土耐久性的外加剂,如引气剂、防水剂和阻锈剂等。

(4)改善混凝土其他性能的外加剂,如膨胀剂、防冻剂、着色剂等。

2.常用外加剂

(1)减水剂

减水剂是指在混凝土拌和物坍落度基本相同的条件下,能减少拌和用水量的外加剂,是目前应用最广的外加剂。减水剂按效能可分为普通减水剂(减水率不小于 8%)和高效减水剂(减水率不小于 14%,又称为超塑化剂或硫化剂)。按对凝结时间的影响可分为标准型、缓凝型和促凝型。按对含气量的影响可分为引气型和非引气型等。

①作用机理

减水剂多为表面活性剂,尽管成分不同,但其减水作用机理相似。表面活性剂是具有显著改变(通常为降低)液体表面张力或两相界面张力的物质,其分子由亲水基团和憎水基团两个部分组成。表面活性剂加入水溶液中后,其分子中的亲水基团指向溶液,憎水基团指向空气、固体或非极性液体并定向排列,形成定向吸附膜而降低水的表面张力和两相间的界面张力,这种现象称作表面活性。这种表面活性作用是减水剂产生减水增强效果的主要原因。

减水剂对混凝土拌和物的作用,根据目前的研究主要有以下作用:

A. 吸附-分散作用。水泥在加水搅拌后,会因物理化学作用产生一种絮凝状结构(图 4-5)。这些絮凝状结构中包裹着很多拌和水,使水泥颗粒表面不能与水充分接触,从而降低了混凝土拌和物的流动性。施工中为了保持混凝土拌和物所需的流动性,必须在拌和时相应地增加用水量,使水泥石结构中形成过多的孔隙,从而影响硬化混凝土的性能。

加入减水剂后,减水剂的憎水基团定向吸附于水泥质点表面,亲水基团朝向水溶液形成单分子(或多分子)的吸附。减水剂的定向排列,水泥质点表面均带有相同电荷,在电性斥力的作用下,水泥颗粒相互分散,水泥絮凝结构被破坏,絮凝体中的水被释放出来,从而达到减水的目的。同时,部分减水剂具有一定的引气作用,减水剂分子也在气泡表面定向排列形成水化膜,同时带上与水泥颗粒相同的电荷,对水泥颗粒产生隔离作用,从而阻止水泥颗粒凝聚,达到减水的目的(图 4-6)。

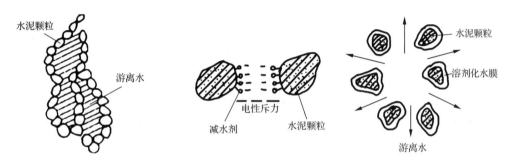

图 4-5　水泥浆的絮凝状结构　　　　　　　　图 4-6　减水剂作用简图

B. 润滑作用。减水剂在水泥颗粒表面吸附并定向排列,使水泥颗粒表面形成一层稳定的溶剂化水膜,它不仅能阻止水泥颗粒间的直接接触,而且在颗粒间起润滑作用。可有效降低水泥颗粒间的滑动阻力;同时,引入的气泡也有助于水泥颗粒和滑料颗粒之间的相互滑动,提高混凝土拌和物的流动性。

C. 湿润作用。水泥加水拌和后,颗粒表面被水所湿润,其湿润状况对混凝土拌和物的性能有很大影响。掺入减水剂后,絮凝结构中的水被释放出来,使水泥颗粒充分分散,并提高了水泥颗粒表面的润滑性,增大了水泥的水化面积,加快了水泥的水化速度。

由于减水剂具有吸附-分散、润滑和湿润作用(图 4-6),所以只要掺入很少量的减水剂,就能使混凝土拌和物的流动性得到显著改善;同时,拌和物孔隙和分散程度的改善,使混凝土硬化后的性能也得到改善。

②技术经济效益

合理使用减水剂效果明显,其在技术经济效益上的优越性主要体现在以下几个方面:

A. 在保证混凝土流动性和水泥用量不变的条件下,可以减少用水量,提高混凝土强度,特别是使用高效减水剂可大幅度减少用水量,有利于配制早强、高强混凝土。

B. 在保持混凝土用水量和水泥用量不变的条件下,可增大混凝土的流动性。采用高效减水剂可制备大流动混凝土和泵送混凝土。

C. 在保证混凝土流动性和强度不变的条件下,可节约水泥用量,降低工程成本。

③常用减水剂

减水剂是使用最广泛和效果最显著的一种外加剂。常用减水剂的品种和性能见表4-11。

表4-11 常用减水剂的品种和性能

种类	木质素系	萘系	树脂系	糖蜜系	腐殖酸系
减水效果类别	普通型	高效型	高效型	普通型	普通型
主要品种	木质素磺酸钙、木钠、木镁	NNO、NF、UNF、FDN、JN、MF、NHJ、DH 等	SM、CRS 等	3FG、TF、CRS 等	腐殖酸
主要成分	木质素磺酸钙、木质素磺酸钠、木质素磺酸镁	芳香族磺酸盐、甲醛缩合物	三聚氰胺树脂、磺酸钠(SM)、古玛隆-茚树脂、磺酸钠(CRS)	糖渣、废蜜经石灰水中和而成	磺化胡敏酸
适宜掺量(占水泥质量比)/%	0.2~0.3	0.2~1.0	0.5~2.0	0.2~0.3	0.3
减水率/%	10左右	15~25	20~30	6~10	8~10
早强效果	—	明显	显著	—	有早强型、缓凝型两种
缓凝效果	1~3 h	—	—	3 h以上	—
引气效果	1%~2%	一般为非引气型，部分引气<2%	<2%		

(2)早强剂

早强剂是指能提高混凝土早期强度,并对后期强度无显著影响的外加剂。早强剂能加速水泥的水化和硬化过程,缩短养护周期,使混凝土在短期内达到拆模强度,提高模板和场地的周转率,加快施工进度。早强剂可用于常温、低温和负温(不低于−5 ℃)条件下施工的混凝土,多用于冬期施工和抢修工程。

早强剂按其化学成分可分为无机早强剂和有机早强剂两大类。无机早强剂主要是一些盐类,有氯盐类(如氯化钙、氯化钠等)和硫酸盐类(如硫酸钠、硫代硫酸钠以及硫酸钙等);有机早强剂是一些有机物质,如三乙醇胺、三异丙醇胺等。不同的早强剂的早强机理也各不相同,其常用品种及性能见表4-12。

表4-12 早强剂的常用品种及性能

类别	氯盐类	硫酸盐类	有机胺类	复合类
常用品种	氯化钙	硫酸钠(元明粉)	三乙醇胺	①三乙醇胺(A)+氯化钠(B) ②三乙醇胺(A)+亚硝酸钠(B)+氯化钠(C) ③三乙醇胺(A)+亚硝酸钠(B)+二水石膏(C) ④硫酸盐复合早强剂(NC)
适宜掺量(占水泥质量/%)	0.5~1.0	0.5~2.0	0.02~0.05常与其他早强剂复合用	①(A)0.05+(B)0.5 ②(A)0.05+(B)0.5+(C)0.5 ③(A)0.05+(B)1.0+(C)2.0 ④(NC)2.0~4.0
早强效果	3 d强度可提高50%~100%；7 d强度可提高20%~40%	掺1.5%时达到混凝土设计强度70%的时间可缩短50%	早期强度可提高50%；28 d强度不变或稍有提高	2 d强度可提高70%；28 d强度提高20%

（3）引气剂

引气剂是指在搅拌混凝土过程中能引入大量均匀分布、稳定而封闭的微小气泡的外加剂。引气剂在每 1 m³ 混凝土中可生成 500～3 000 个直径为 50～1 250 μm（大多在 200 μm 以下）的独立气泡。

混凝土引气剂主要有松香树脂、烷基苯磺酸盐及脂肪醇磺酸盐等。松香树脂类引气剂应用最广，其主要品种有松香热聚物和松香皂两种，其中又以松香热聚物效果最好。

引气剂多为憎水性表面活性剂，其活性作用主要发生在水-气界面上。溶于水中的引气剂掺入混凝土拌和物后，能显著降低水的表面张力，使水在搅拌作用下引入空气形成许多微小的气泡；同时引气剂分子定向排列在气泡表面形成一层保护膜，可阻止气泡膜上水分流动并使气泡膜坚固不易破裂而稳定存在。大量微细气泡的存在，影响了混凝土性能，主要表现在：

①改善混凝土拌和物的和易性

大量微小、独立封闭的气泡在混凝土中起着滚珠轴承的作用，减小了拌和物流动时的滑动阻力，从而大大提高了混凝土拌和物的流动性。在保持流动性不变时，可减少 10% 水量或节约 8% 水泥量。同时，大量微气泡的存在阻碍了固体颗粒的沉降和水分的上升，加上气泡薄膜形成时消耗了部分水分，减少了能够自由流动的水量，使混凝土拌和物的保水性得到改善，泌水率显著降低，黏聚性提高。

②显著提高混凝土的抗渗性和抗冻性

混凝土中大量微小气泡的存在，堵塞和隔断了混凝土中毛细管的渗水通道，并且保水性的提高，也减少了混凝土内因泌水造成的贯通孔缝，显著地提高了混凝土的抗渗性。同时，因气泡形成的封闭孔隙，能缓冲结冰产生的膨胀破坏力，故提高了混凝土的抗冻性。

③使混凝土强度下降、变形能力增大

大量气泡的存在减小了混凝土有效受力面积，使混凝土强度有所降低。一般混凝土含气量每增加 1%，其抗压强度降低 4%～6%，抗折强度降低 2%～3%。为防止混凝土强度降低过多，施工时应严格控制引气剂的含量。大量气泡的存在还增大了混凝土的弹性变形，使弹性模量略有降低，这对提高混凝土的抗裂性有利。此外，掺引气剂的混凝土干缩变形也略有增加。

引气剂一般用于水灰比较大、要求强度不太高的混凝土，以提高混凝土的抗渗、抗冻等性能，如水利工程中的大体积混凝土等。引气剂不适合用于蒸养混凝土及预应力混凝土。

随着外加剂技术的发展，引气剂已逐渐被引气型减水剂所代替。由于引气型减水剂不仅起引气作用，还能减水，故能提高混凝土强度，节约水泥用量，因此应用范围更广。

（4）防冻剂

防冻剂是指能使混凝土在一定的负温下正常水化硬化，并在规定时间内达到足够防冻强度的外加剂。

目前冬季用防冻剂绝大部分是由减水剂、引气剂、早强剂和防冻剂四种外加剂复合而成的，主要有以下三类：

①氯盐类防冻剂：氯盐或以氯盐为主与其他早强剂、引气剂、减水剂复合的外加剂。

②氯盐阻锈类防冻剂：以氯盐和阻锈剂（亚硝酸钠）为主复合的外加剂。

③无氯盐类防冻剂：以亚硝酸盐、硝酸盐、碳酸盐、乙酸钠或尿素为主复合的外加剂。

目前国产混凝土防冻剂品种适用于 −15～0 ℃ 的气温，当在更低气温下施工时，应额外采取其他冬期施工措施。

（5）膨胀剂

膨胀剂是指能使混凝土产生一定体积膨胀的外加剂。在混凝土中添加膨胀剂可以起到补偿混凝土的收缩、提高混凝土的密实度等作用。常用的膨胀剂有硫铝酸钙类(如明矾石膨胀剂、CSA 膨胀剂和 U 形膨胀剂等)、氧化钙类和硫铝酸钙—氧化钙类等。

4. 常用混凝土外加剂的适用范围

常用混凝土外加剂的适用范围见表 4-13。

表 4-13　　　　　　　　　　　常用混凝土外加剂的适用范围

外加剂类别		使用目的或要求	适用的混凝土工程	备注
减水剂	木质素磺酸盐	改善混凝土流变性能	一般混凝土、大模板、大体积浇筑、滑模施工、泵送混凝土、夏季施工	不宜单独用于冬期施工、蒸汽养护、预应力混凝土
	萘系	显著改善混凝土流变性能	早强、高强、流态、防水、蒸养、泵送混凝土	—
	水溶性树脂系	显著改善混凝土流变性能	早强、高强、蒸养、流态混凝土	—
	聚羧酸盐系	显著改善混凝土流变性能	早强、高强、蒸养、流态、高性能和自密实混凝土	—
	糖类	改善混凝土流变性能	大体积、夏季施工等有缓凝要求的混凝土	不宜单独用于有早强要求、蒸汽养护混凝土
早强剂	氯盐类	显著提高混凝土早期强度;冬期施工时防止混凝土早期受冻破坏	冬期施工、紧急抢修工程、有早强或防冻要求的混凝土;硫酸盐类适用于不允许掺氯盐的混凝土	氯盐类的掺量应符合有关标准的规定;应严格控制掺量,掺量过多会造成严重缓凝和强度下降
	硫酸盐类			
	有机胺类			
引气剂	松香热聚物	改善混凝土拌和物和易性;提高混凝土抗冻、抗渗等耐久性	抗冻、防渗、抗硫酸盐的混凝土,水工大体积混凝土,泵送混凝土	不宜用于蒸养混凝土、预应力混凝土
缓凝剂	木质素磺酸盐	降低水化热,在分层浇筑过程中防止出现冷缝等	夏季施工、大体积混凝土、泵送及滑模施工、远距离输送的混凝土	掺量过大会使混凝土长期不硬化、强度严重下降;不宜单独用于蒸养混凝土;不宜用于低于 5 ℃下施工的混凝土
	糖类			
速凝剂	红星 1 型	施工中要求混凝土快凝、快硬,迅速提高早期强度	井巷、隧道、涵洞、地下及喷锚支护时的喷射混凝土或喷射砂浆,抢修、堵漏工程	常与减水剂复合使用,以防混凝土后期强度降低
	711 型			
	782 型			
泵送剂	非引气型	泵送施工中保证混凝土拌和物的可泵性,防止管道堵塞	泵送施工的混凝土	掺引气型外加剂的泵送混凝土的含气量不宜大于 4%
	引气型			
防冻剂	氯盐类	使混凝土在负温下能继续水化、硬化,提高强度,防止冰冻破坏	负温下施工的无筋混凝土	—
	氯盐阻锈类		负温下施工的钢筋混凝土	—
	无氯盐类		负温下施工的钢筋混凝土和预应力钢筋混凝土	硝酸盐、亚硝酸盐、磺酸盐不得用于预应力混凝土;六价铬盐、亚硝酸盐等有毒防冻剂,严禁用于饮水工程及与食品接触部位
膨胀剂	硫铝酸钙类	减少混凝土干缩裂缝,提高抗裂性和抗渗性,提高机械设备和构件的安装质量	补偿收缩混凝土;填充用膨胀混凝土;自应力混凝土(仅用于常温下使用的自应力钢筋混凝土管)	硫铝酸钙类、硫铝酸钙-氧化钙类不得用于长期处于 80 ℃以上的工程,氧化钙类不得用于海水和有侵蚀性水的工程;掺膨胀剂的混凝土只适用于有约束条件的钢筋混凝土工程和填充性混凝土工程;不得使用硫铝酸盐水泥、铁铝酸盐水泥和高铝水泥
	氧化钙类			
	硫铝酸钙-氧化钙类			

4.3　普通混凝土的技术性质

混凝土在未凝结硬化前称为混凝土拌和物（或新拌混凝土），其必须具有良好的和易性。混凝土拌和物凝结硬化后即混凝土，此时其应具有足够的强度、出色的耐久性、较好的体积稳定性以及经济性，以保证建筑物能安全地承受设计荷载，满足使用寿命的要求，并达到适用性、耐久性和经济性的统一。

混凝土的技术性质主要包括和易性、强度、体积稳定性（变形）和耐久性等。

4.3.1　混凝土拌和物的和易性

1. 概念

和易性是指混凝土拌和物易于施工操作（拌和、运输、浇筑、捣实），形成质量均匀、成型密实的混凝土的性能，也称工作性能。和易性是一项与施工工艺有关的综合的技术性质，包括流动性、黏聚性和保水性。

适宜的和易性、稳定而匀质的混凝土拌和物、正确的施工和充分的养护，是保证混凝土质量的前提，对于提高混凝土的强度与结构的耐久性具有重要的意义。

流动性是指混凝土拌和物在自重或机械振捣作用下能产生流动并均匀密实地填满模板的性质。它是重要的工艺性质之一，反映了混凝土拌和物的稀稠程度。良好的流动性可使混凝土拌和物操作方便，容易成型和振捣密实。

黏聚性是指混凝土拌和物在施工过程中其组成材料之间有一定的黏聚力，在自重和一定的外力作用下能保持整体均匀和稳定的性质，从而保证自身不致产生分层和离析现象，避免混凝土出现"蜂窝""麻面"等缺陷，保证混凝土的强度和耐久性。

保水性是指混凝土拌和物在施工过程中有一定的保水能力，不致产生严重的泌水现象。发生泌水现象的混凝土拌和物，由于水分分泌出来会形成空隙，从而导致混凝土密实性降低，影响其质量。

由上述可知，混凝土拌和物的流动性、黏聚性和保水性均有其各自的特点和内容，且相互联系，但也存在矛盾。若混凝土的黏聚性和保水性不好，混凝土拌和物在施工过程中的粗骨料容易下沉，水分易上行泌出，降低混凝土的流动性。故和易性就是这三种性质在某种具体条件下矛盾统一的概念。

2. 测定方法与指标

混凝土拌和物的和易性是一项综合性能，目前还没有一种能够全面表征混凝土拌和物和易性的测定方法。按《混凝土物理力学性能试验方法标准》（GB/T 50081—2019）规定，拌和物的流动性检测方法有坍落度法和维勃稠度法两种；同时辅以经验目测评定混凝土拌和物黏聚性和保水性，从而综合判断混凝土拌和物的和易性。

（1）坍落度法

坍落度试验方法：将混凝土拌和物按规定方法装入圆锥坍落度筒内，装满刮平后垂直向上提起，移到一旁，混凝土拌和物由于自重将会产生坍落现象；将圆锥筒与拌和物并排，测量得到筒高与坍落后混凝土最高点之间的高度差，即混凝土拌和物的坍落度（图 4-7），以 mm 为单位。

图 4-7　坍落度试验

坍落度越大,表明混凝土拌和物的流动性越大。根据坍落度的不同,可将混凝土拌和物分为 5 级,见表 4-14。坍落度试验只适用于骨料最大粒径不大于 40 mm 且坍落度值不小于 10 mm 的混凝土拌和物。当混凝土拌和物的坍落度不小于 220 mm 时,需用坍落度扩展度法测定其扩展度。用钢尺测量混凝土扩展后最终的最大直径和最小直径,在这两个直径之差小于 50 mm 的条件下,用其算术平均值作为坍落扩展度值。

表 4-14　　　　　　　　　　　　　　混凝土按坍落度的分级

级别	名称	坍落度/mm
T_1	低塑性混凝土	10～40
T_2	塑性混凝土	50～90
T_3	流动性混凝土	100～150
T_4	大流动性混凝土	160～210
T_5	流态混凝土	≥220

另外,进行坍落度试验的同时,应观察混凝土拌和物的黏聚性和保水性,以便全面评价混凝土拌和物的和易性。混凝土拌和物的黏聚性和保水性可在测定坍落度时通过以下方法判定:用捣棒在已坍落的混凝土锥体一侧轻轻敲打,如果锥体渐渐下沉,则表示黏聚性良好,如果锥体突然倒坍,部分崩裂或发生离析现象,则表示黏聚性不好;保水性以混凝土拌和物中稀浆析出的程度来评定,坍落度筒提起后,如有较多的稀浆从底部析出,锥体部分也因失浆而骨料外露,则表明此混凝土拌和物保水性能不好,如无稀浆或仅有少量稀浆从底部析出,则表示此混凝土拌和物保水性良好。

(2)维勃稠度法

对于坍落度小于 10 mm 的干硬性混凝土拌和物,通常采用维勃稠度仪测定其和易性。

维勃稠度测试方法:在坍落度筒中按规定方法装满拌和物,提起坍落度筒,在拌和物试体顶面放一透明圆盘,开启振动台,同时用秒表计时,到透明圆盘的底面完全被水泥浆布满时,停止秒表,关闭振动台。此时可认为混凝土拌和物已振捣密实,所读秒数即维勃稠度。该方法适用于骨料最大粒径小于 40 mm,维勃稠度在 5～30 s 的混凝土拌和物。根据混凝土拌和物维勃稠度的大小,可以将混凝土分为 4 个等级,见表 4-15。

表 4-15　　　　　　　　　　　　　　混凝土按维勃稠度的分级

级别	名称	维勃稠度/s
V_0	超干硬性混凝土	>31
V_1	特干硬性混凝土	21～30
V_2	干硬性混凝土	11～20
V_3	半干硬性混凝土	5～10

3. 流动性(坍落度)的选择

低塑性和塑性混凝土拌和物坍落度,应根据构件截面大小、钢筋疏密和捣实方法来确定。当构件截面尺寸较小,或钢筋较密,或采用人工插捣时,可选择大的坍落度;反之,当构件截面尺寸较大,或钢筋较疏,或采用振捣器振捣时,可选择小的坍落度。具体可参考表 4-16,根据结构参数和施工方法来选择。

表 4-16   不同结构对混凝土拌和物坍落度的要求

序号	结构种类	坍落度/mm
1	基础或地面等的垫层,无筋的厚大结构或配筋稀疏的结构构件	10~30
2	板、梁和大型及中型截面的柱	30~50
3	配筋密列的结构	50~70
4	配筋特密的结构	70~90

表 4-16 中的数值是指采用机械振捣混凝土时的坍落度,当采用人工振捣时应适当提高坍落度值。而泵送混凝土选择坍落度时除考虑振捣方式外,还要考虑其可泵性,通常泵送混凝土要求坍落度为 120~180 mm。

4. 影响和易性的主要因素

(1)水泥浆数量

水泥浆除了填充骨料间的空隙外,还通过包裹骨料的表面,减小骨料颗粒间的摩擦阻力,赋予混凝土拌和物以一定的流动性。但水泥浆数量过多,将会产生流浆现象,导致混凝土拌和物的黏聚性变差,影响混凝土的强度和耐久性;若水泥浆数量过少,不足以填满骨料的空隙和包裹骨料表面,则混凝土拌和物黏聚性变差,甚至产生崩坍现象。因此,混凝土拌和物中水泥浆数量应根据具体情况确定,在满足和易性要求的前提下,同时要考虑强度和耐久性要求,尽量采用较少的水泥浆用量,以节约水泥。

(2)水泥浆稠度

水泥浆稠度是由水灰比所决定的,水灰比是指水泥混凝土中水的用量与水泥用量之比。水灰比较小,则水泥浆稠度较大,混凝土拌和物的流动性较小;当水灰比小于某一极限时,在一定施工方法下就不能保证密实成型。反之,水灰比较大,则水泥浆稠度较小,混凝土拌和物的流动性较大,但黏聚性和保水性却随之变差;当水灰比大于某一极限时,将产生严重的离析、泌水现象,因此,所采用的水灰比要适当。无论是水泥浆的多少,还是水泥浆的稀稠,实际上对混凝土拌和物流动性起决定作用的是用水量的多少,因为不管是提高水灰比还是增加水泥浆用量最终都表现为混凝土用水量的增加。水灰比的变化将直接影响水泥混凝土的强度及耐久性,在实际工程中,为增加拌和物的流动性而增加用水量时,必须保证水灰比不变,即同时增加水泥用量,否则将显著降低混凝土的质量。通常在使用范围内,当混凝土中水量一定时,水灰比在小的范围内变化对混凝土拌和物的流动性影响不大。

(3)砂率

砂率是指混凝土中砂的质量占砂、石总质量的百分率。砂率表征混凝土拌和物中砂与石相对用量比例,砂率的变动会使骨料的空隙率和骨料的总表面积有显著改变,对混凝土拌和物的和易性产生显著影响。在水和水泥用量一定的情况下,混凝土拌和物坍落度与砂率的关系如图 4-8 和图 4-9 所示。从图中可以看出,当砂率过大时,骨料的空隙率和总表面积增大,在水泥浆用量不变的条件下,相对的水泥浆显得少了,减弱了水泥浆的润滑作用,使混凝土拌和物显得稠度过大,流动性降低;当砂率过小时,虽然骨料的总表面积减小,但由于砂浆量不足,不能保证在粗骨料之间有足够的砂浆层,不能在粗骨料的周围形成足够的砂浆层来起润滑作用,使混凝土拌和物的流动性降低。由此可见,砂率过大或过小都将影响混凝土拌和物的黏聚性与保水性,使拌和物显得粗糙,粗骨料离析,水泥浆流失,甚至出现溃散等不良现象。因此,在不同的砂率中应有一个合理砂率值,使混凝土拌和物在水量及水泥用量一定的情况下获得最大的流动性,并能保持良好的黏聚性和保水性。

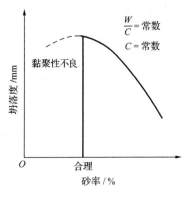

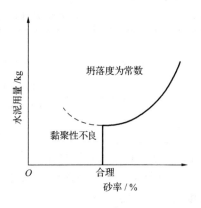

图 4-8　砂率与坍落度的关系　　　　图 4-9　砂率与水泥用量关系

（4）环境条件

引起混凝土拌和物和易性降低的环境因素主要有温度、湿度和风速。对于既定组成材料性质和配合比例的混凝土拌和物,其和易性的变化主要受水泥的水化速率和水分的蒸发速率支配。混凝土拌和物随着时间的延长逐渐变干变稠,流动性降低,这是因为水泥的水化不仅消耗了水分,还生成起胶结作用的水化产物,进一步阻碍了颗粒间的滑动,同时部分水分也在这一过程中蒸发。混凝土拌和物从搅拌到捣实的这段时间里,温度的升高使得水泥水化反应及水分蒸发加快,导致拌和物坍落度降低。图 4-10 表明了温度对混凝土拌和物坍落度的影响。同样,风速和湿度因素也会影响水分的蒸发速率,从而影响坍落度。对于不同环境条件,要保证拌和物具有一定的和易性,就必须采取相应的改善和易性的措施。

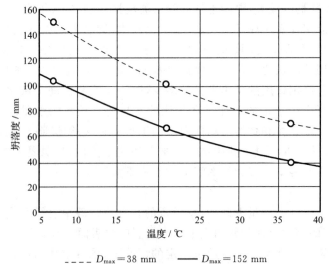

- - - - $D_{max} = 38$ mm　　——　$D_{max} = 152$ mm

图 4-10　温度对拌和物坍落度的影响

（图中 D_{max} 表示骨料最大粒径）

（5）外加剂

在拌制混凝土时，加入少量的外加剂能使混凝土拌和物在不增加水泥浆用量的条件下，增大流动性，改善黏聚性以及降低泌水性，并且由于改变了混凝土结构，还能提高混凝土的耐久性。如加入少量的减水剂能使混凝土拌和物在不增加水泥用量的条件下获得很好的和易性，增大流动性；掺入适量的矿物掺和料，可以改善黏聚性、降低泌水性。

此外，水泥和骨料性质、搅拌条件等因素也会对拌和物的和易性产生一定影响。

5. 改善和易性的措施

通过以上讨论混凝土拌和物和易性的变化规律，可以运用这些规律去能动地调整混凝土拌和物的和易性，以适应具体的结构和施工条件。但当决定采取某项措施来调整和易性时，还必须同时考虑对混凝土其他性质的影响。在实际工程中调整拌和物的和易性，可采取以下措施：

（1）尽可能降低砂率，并改善砂、石的级配，尽量采用较粗的砂、石。通过试验，采用合理砂率，有利于提高混凝土的质量和节约水泥。

（2）掺加外加剂

使用外加剂是调整混凝土性能的重要手段。常用的外加剂有减水剂、泵送剂等，不仅可以改善混凝土拌和物的和易性，还具有提高混凝土强度、改善混凝土耐久性、降低水泥用量等作用。

（3）改进混凝土拌和物的施工工艺

采用高效率的强制式搅拌机可以提高水的润滑效率，采用高效振捣设备可以在较小的坍落度情况下，获得较高的密实度。现代的商品混凝土在远距离运输时，为减小坍落度损失，还经常采用二次加水法，即在搅拌站拌和时只加入大部分的水，剩余少部分在快到施工现场时再加入，然后迅速搅拌以获得较好的坍落度。

4.3.2　混凝土强度

强度是混凝土重要的技术性质之一，包括抗压强度、抗拉强度、抗弯强度、抗折强度、与钢筋的黏结强度等。其中，抗压强度最大，抗拉强度最小，因此，结构工程中的混凝土主要用于承受压力。混凝土的抗压强度是结构设计的主要参数，也是其质量评定和控制的主要技术指标。

1. 混凝土立方体抗压强度和强度等级

按照《混凝土物理力学性能试验方法标准》（GB/T 50081—2019），制作边长为 150 mm 的立方体试件，在标准养护条件[温度为(20±2)℃，相对湿度为 95％以上]下，养护 28 d 测得的抗压强度值为混凝土标准立方体抗压强度（简称混凝土抗压强度），以 f_{cu} 表示。测定普通混凝土抗压强度时，也可采用非标准尺寸的试件，但测得的抗压强度值乘以换算系数方可换算成标准抗压强度值（边长为 100 mm、200 mm 的非标准立方体试件的换算系数分别为 0.95、1.05）。

混凝土强度等级是根据立方体抗压强度标准值来确定的。混凝土立方体抗压强度标准值（$f_{cu,k}$）是用标准试验方法测定的抗压强度总体分布中的一个值，强度低于该值的百分率不超过 5％（具有 95％保证率的抗压强度），以 MPa 计。混凝土强度等级表示方法是用符号 C 和立方体抗压强度标准值两项内容表示。例如，C30 即表示立方体抗压强度标准值 $f_{cu,k}$＝30 MPa 的混凝土。普通混凝土按立方抗压强度标准值划分为：C15、C20、C25、C30、C35、C40、C45、C50、C55、C60 10 个强度等级。混凝土强度等级是混凝土结构设计时强度计算取值的依据，不同的工程部位常采用不同强度等级的混凝土。

2. 轴心抗压强度

为了使测得的混凝土强度接近混凝土结构的实际情况,在结构设计中,计算轴心受压构件(例如柱子、桁架的腹杆等)时,均采用混凝土的轴心抗压强度(f_{cp})作为依据。

按标准《混凝土物理力学性能试验方法标准》(GB/T 50081—2019)规定,测轴心抗压强度应采用 150 mm×150 mm×300 mm 的棱柱体作为标准试件。如有必要,也可采用非标准尺寸的棱柱体试件,但其高(h)与宽(a)之比(h/a)应在 2～3 的范围内。

关于轴心抗压强度(f_{cp})与立方抗压强度(f_{cu})之间的关系,相关试验表明:在立方抗压强度 f_{cu}=10～55 MPa 的范围内,轴心抗压强度(f_{cp})与立方体强度(f_{cu})之比为 0.70～0.80。

3. 抗拉强度

混凝土的抗拉强度只有抗压强度的 1/10～1/20,且随着混凝土强度等级的提高,比值有所降低,也就是当混凝土强度等级提高时,抗拉强度的增加不及抗压强度的增加快。因此,混凝土在工作时一般不依靠其抗拉强度。但抗拉强度对于混凝土开裂现象有重要意义,在结构设计中抗拉强度是确定混凝土抗裂度的重要指标。有时也用它来间接衡量混凝土与钢筋的黏结强度等。

由于混凝土的脆性特点,其抗拉强度难以直接测定,通常采用劈裂抗拉试验法间接得出混凝土的抗拉强度,并称之为劈裂抗拉强度(f_{ts})。试验采用的是边长为 150 mm 立方体试件,其劈裂抗拉强度计算公式为

$$f_{ts} = \frac{2P}{\pi A} = 0.637 \cdot \frac{P}{A} \tag{4-3}$$

式中　f_{ts}——混凝土劈裂抗拉强度,MPa;

　　　P——破坏荷载,N;

　　　A——试件劈裂面积,mm²。

混凝土按劈裂试验所得的抗拉强度 f_{ts} 换算成轴拉试验所得的抗拉强度 f_t,应乘以换算系数,该系数可由试验确定。

4. 抗折强度

混凝土的抗折强度是指处于受弯状态下混凝土抵抗外力的能力,由于混凝土为典型的脆性材料,它在断裂前无明显的弯曲变形,故称为抗折强度。通常混凝土的抗折强度是利用 150 mm×150 mm×550 mm 的试梁在三分点加荷状态下测得。试件受弯状态下抗折强度计算公式为

$$f_{tf} = \frac{FL}{bh^2} \tag{4-4}$$

式中　f_{tf}——混凝土的抗折强度,MPa;

　　　F——所承受的最大垂直荷载,N;

　　　L——试梁两支点间的间距,mm;

　　　b——试梁高度,mm;

　　　h——试梁宽度,mm。

对于采用 150 mm×150 mm×400 mm 的试梁或跨中单点加荷方法时,所得抗折强度值应乘以折减系数 0.85 后作为标准抗折强度值。

根据《公路水泥混凝土路面设计规范》(JTG D40—2011),道路、机场道面与广场道面用水泥混凝土的强度控制指标以抗折强度为准,抗压强度仅作为参考指标。上述用途的水泥混凝

土必须满足规范和设计要求的抗折强度,其中用于不同交通量分级的水泥混凝土抗折强度标准值应满足表 4-17 规定。在进行抗折配比设计时,其配制抗折强度应取要求抗折强度标准值的 1.15 倍。

表 4-17　　　　　　　　　　　道面混凝土抗折强度标准值要求

交通等级	特重	重	中等	轻
普通水泥混凝土的 f_{tf}/MPa	5.0	5.0	4.5	4.0
钢纤维混凝土的 f_{tf}/MPa	6.0	6.0	5.5	5.0

普通水泥混凝土的抗折强度与抗压强度之间具有一定的相关性,通常抗压强度越高、抗折强度也越大,关系见表 4-18。

表 4-18　　　　　　　　普通水泥混凝土抗折强度与抗压强度参考关系

抗折强度/MPa	1.0	1.5	2.0	2.5	3.0	3.5	4.0	4.5	5.0	5.5
抗压强度/MPa	5.0	7.7	11.0	14.9	19.3	24.2	29.7	35.8	41.8	48.4

5. 影响混凝土强度的主要因素

普通混凝土是由水泥石和粗细骨料组成的复合材料,是一种结构复杂的非匀质多相堆聚体,其力学性能主要取决于其中的水泥石和骨料的性质以及水泥石与骨料的界面胶结能力。混凝土强度试验表明,正常配比的混凝土在受力破坏时主要表现为骨料与水泥石的黏结界面开裂或水泥石本身的开裂。因此,混凝土强度主要取决于水泥石强度及其与骨料的黏结强度。而水泥石强度及其与骨料的黏结强度又与水泥强度、水灰比及骨料的性质有密切关系。此外,混凝土强度还受施工质量、养护条件及龄期的影响。

(1)材料组成的影响

①骨料

骨料的强度、表面特征、粒径及级配等都会对混凝土的强度产生不同程度的影响。粗骨料的强度高时,裂纹扩展至骨料时绕界面而过,混凝土强度也高。粗骨料自身的强度不足,就会降低混凝土的强度,在配制高强混凝土时尤为突出。骨料的表面特征是影响混凝土强度的另一个重要因素。碎石表面粗糙,黏结力较大,卵石表面光滑,黏结力较小,因而在水泥等级和水灰比相同的条件下,碎石混凝土的强度往往高于卵石混凝土的强度。

粗骨料的最大粒径对普通混凝土的影响较小,对高强混凝土的影响则较为明显,当最大粒径过大时,高强混凝土强度降低。另外,级配良好的骨料空隙率小,所配制混凝土和易性和密实性好,具有较高的强度。

②水泥的强度和水灰比

水泥是混凝土中的活性组分,其强度的大小直接影响混凝土强度的高低。在一定的范围内,水泥强度等级越高,所配制的混凝土强度也越高。

当用同一种水泥(品种及等级相同)时,混凝土的强度主要取决于水灰比。水泥在水化过程中所需的结合水一般只占水泥质量的 23% 左右,但在拌制混凝土拌和物时,为了获得必要的流动性,常加入较多的水(占水泥质量的 40%~70%),当混凝土硬化后,多余的水分残留在混凝土中,形成水泡或蒸发后形成气孔,不仅大大地减少混凝土抵抗荷载的实际有效面积,而且在混凝土受力时可能因在孔隙周围产生应力集中而降低水泥石与骨料的黏结强度。因此,在水泥强度等级相同的情况下,水灰比越小,水泥石的强度越高,与骨料黏结力也越大,混凝土的强度越高。但若加水太少(水灰比太小),拌和物过于干硬,在一定的捣实成型条件下,就无法保证浇筑质量,混凝土中将出现较多蜂窝、孔洞,强度降低。试验证明,混凝土强度随水灰比的增大而降低,呈曲线关系,而混凝土强度与灰水比则呈直线关系(图 4-11)。

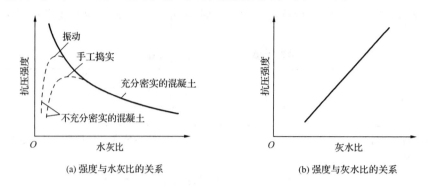

(a) 强度与水灰比的关系　　　　　　(b) 强度与灰水比的关系

图 4-11　混凝土强度与水灰比及灰水比的关系

(2)工艺因素的影响

①养护温度与湿度

混凝土养护条件主要指混凝土工程所处的环境温度与湿度,它们分别通过影响混凝土中水泥的水化速度和水化程度来影响混凝土的强度。

温度对混凝土的强度,尤其是早期强度的影响非常明显。一般情况下,在 4~40 ℃的温度范围内,提高养护温度可以加速水泥水化产物的生成,从而提高水泥的强度。养护温度降低,将会使水泥水化速度减慢,产生的水化产物减少,不利于强度的发展。若温度在冰点以下,还将使混凝土受冻破坏。

不同品种的水泥对温度有不同的适应性,因此需要不同的养护温度。对于硅酸盐水泥和普通水泥,若早期养护温度过高(在 40 ℃以上)时,会使混凝土早期强度增长加快,但对后期强度增长不利。对于掺混合材料的硅酸盐水泥(如矿渣水泥、火山灰水泥、粉煤灰水泥等),提高养护温度不但有利于早期水泥水化,而且有利于混凝土后期强度增长。因此,掺混合材料的硅酸盐水泥可采用湿热养护(蒸汽养护或蒸压养护)。

②龄期

混凝土在正常养护条件下,其强度将随着龄期的增加而增长。最初的 7~14 d,强度增长较快,14 d 后增长缓慢,28 d 以后强度仍在缓慢发展。只要温度和湿度条件适当,其强度增长过程很长。

在标准条件养护下,普通水泥混凝土强度的发展大致与其龄期的对数成正比关系(龄期不小于 3 d),可根据这种关系估算不同龄期的混凝土强度,即

$$f_n = f_{28} \cdot \frac{\log n}{\log 28} \tag{4-7}$$

式中　f_n——混凝土 n d 龄期的抗压强度,MPa;

　　　f_{28}——混凝土 28 d 龄期的抗压强度,MPa;

　　　n——养护龄期,d,且 $n \geqslant 3$ d。

根据式(4-7)可由已知龄期的混凝土强度估算另一个龄期的强度。但影响水泥混凝土强度的影响因素很多,强度发展不可能一致,故此式仅能作为参考。

(3)试验因素的影响

在进行混凝土强度试验时,试件尺寸、试件表面状态及含水率、试验加荷速度等试验因素也会对混凝土的强度产生一定的影响。

①试件尺寸

测定混凝土立方体试件抗压强度,也可以按粗骨料最大粒径的尺寸而选用不同的试件尺寸,但在计算其抗压强度时,应乘以换算系数,以得到相当于标准试件的试验结果。试验证明,试件尺寸越大,测得的抗压强度值越小。这包括以下两方面原因:一方面,立方体试件尺寸较大时,环箍效应的相对作用较小,测得的立方抗压强度因而偏低;另一方面,试件中的裂缝、孔隙等缺陷将减少受力面积并引起应力集中,使得强度测试值降低。随着试件尺寸增大,存在缺陷的概率增大,较大尺寸的试件测得的抗压强度偏低。

②表面状态

当在压板和试件表面间加润滑剂时,由于压板与试件表面的摩擦力减小,使环箍效应大大减小,试件将出现直裂破坏,测出的强度也较低。

③试验加荷速度

试验加荷速度过快,测得的混凝土强度值偏高。这是因为材料裂纹扩展的速度慢于荷载增加速度。所以在进行混凝土立方体抗压强度试验时,应按规定的加荷速度进行。

④含水率

混凝土试件含水率越高,其强度越低。

6. 提高混凝土强度的措施

(1)采用高强度等级水泥。

在混凝土配合比相同并满足和易性和耐久性要求的条件下,高强度等级水泥配制的混凝土强度高。

(2)降低水灰比。

(3)采用级配好、质量好、粒径与粒形合理、强度高的骨料。

(4)掺加合理的混凝土外加剂和掺和料。

外加剂是配制高强混凝土的必备组分,常用来提高水泥混凝土强度和促进强度发展的外加剂有高效减水剂、早强剂等。另外,具有高活性的掺和料,如超细粉煤灰、硅灰等,可以与水泥的水化产物进一步发生反应,生成大量的凝胶物质,使混凝土更趋密实,强度也进一步得到提高。

(5)采用湿热处理。

为了在早期获得较高的强度,常对混凝土预制件采用湿热处理。常用处理方法包括蒸汽养护和蒸压养护。

(6)采用机械搅拌和振捣等强化施工工艺。

机械搅拌比人工拌和能使混凝土拌和物更均匀,特别在拌和低流动性混凝土拌和物时效果更显著。利用振捣器捣实时,在满足施工和易性的要求下,其用水量比采用人工捣实少得多,必要时也可采用更小的水灰比,或将砂率减到相当低的程度。一般情况下,当用水量越少、水灰比越小时,通过振动捣实效果也越显著。采用高频振动器振捣,则更能进一步排除混凝土中的气泡,使之更密实,强度有更大的提高。在施工中,对于干硬性混凝土或低流动性混凝土,必须同时采用机械搅拌和振捣,使混凝土成型密实,强度提高。

4.3.3 混凝土的变形

1. 在短期荷载作用下的变形

混凝土内部结构中含有砂、石、骨料、水泥石(水泥石中又存在着凝胶、晶体和未水化的水泥颗粒)、游离水分和气泡,这就决定了混凝土本身的不匀质性。混凝土不是一种完全的弹性体,而是一种弹塑性体。它在受力时,既会产生可以恢复的弹性变形,也会产生不可恢复的塑性变形,其应力与应变之间的关系不是直线而是曲线,如图 4-12 所示。

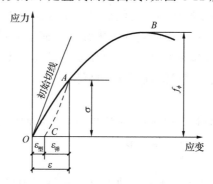

图 4-12　混凝土在短期荷载作用下的应力-应变关系曲线

在静力试验的加荷过程中,若加荷至应力为 σ、应变为 ε 的 A 点,然后将荷载逐渐卸去,则卸荷时的应力-应变曲线如 AC 所示。卸荷后能恢复的应变 $\varepsilon_{弹}$ 是由混凝土的弹性作用引起的,称为弹性应变;剩余的不能恢复的应变 $\varepsilon_{塑}$,则是由于混凝土的塑性性质引起的,称为塑性应变。

弹性变形是指当荷载施加于材料时立即出现、荷载卸除后立即消失的变形。一般把加荷瞬间产生的变形看作弹性变形,而把持荷期间产生的变形看作徐变,但两者难于严格分开。在工程应用中,采用反复加荷、卸荷的方法可以使徐变减小,从而测得弹性变形。

2. 在长期荷载作用下的变形——徐变

在恒定荷载的长期作用下,混凝土的塑性变形随时间延长而不断增大,这种变形称为徐变,一般要延续 2~3 年才趋向稳定。图 4-13 是混凝土徐变的一个实例。徐变是一种不可恢复的塑性变形,几乎所有的材料都有不同程度的徐变。金属及天然石材等材料,在正常温度及使用荷载下徐变是不显著的,可以忽略。而混凝土因徐变较大,且受拉、受压、受弯时都会产生徐变,所以不可忽略,在结构设计时,必须予以考虑。

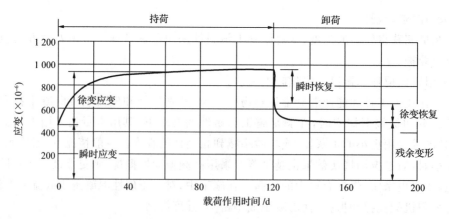

图 4-13　混凝土的徐变与恢复实例

当混凝土受荷后立即产生瞬时变形,瞬时变形的大小与荷载成正比;随着荷载持续时间的增长,就逐渐产生徐变,徐变的大小不仅与荷载的大小有关,而且与荷载作用时间有关。徐变初期变形增长较快,以后逐渐减慢,经 2~3 年渐行停止。混凝土的徐变为瞬时变形的 2~3

倍,一般可达(3~15)×10⁻⁴ mm/mm,即 0.3~1.5 mm/m。混凝土在长期荷载作用一段时间后,若卸掉荷载,则一部分变形可以瞬间恢复,而另一部分变形可以在几天内逐渐恢复,此称为徐变恢复,最后留下来的是大部分不可恢复的残余变形,称为永久变形。

混凝土徐变一般认为是由于水泥石中的凝胶体在长期荷载作用下产生黏性流动并向毛细孔中移动以及吸附在凝胶粒子上的吸附水由于荷载应力而向毛细孔迁移渗透的结果。

混凝土的最终徐变值受荷载大小及持续时间、材料组成(如水泥用量及水灰比等)、混凝土受荷龄期、环境条件(温度和湿度)等许多因素的影响。混凝土的水灰比较小或混凝土在水中养护时,同龄期的水泥石中未填满的孔隙较少,故徐变较小。水灰比相同的混凝土,其水泥用量越多,其徐变越大。混凝土所用骨料弹性模量较大时,徐变较小。此外,徐变与混凝土的弹性模量也有密切关系,一般弹性模量大者,徐变小。

对混凝土构件而言,可采取下列措施减少其徐变:选用小的水灰比,并保证潮湿养护条件,使水泥充分水化,形成密实结构的水泥石;选用级配优良的骨料,并用较高的集浆比,提高混凝土的弹性模量;选用快硬高强水泥,并适当采用早强剂,提高混凝土早期强度;对于预应力混凝土构件还应延长养护期,推迟预应力张拉时间。

对钢筋混凝土构件来说,混凝土的徐变能消除钢筋混凝土内的应力集中,使应力较均匀地重新分布;对大体积混凝土,混凝土的徐变能消除一部分由于温度变形所产生的破坏应力。但在预应力钢筋混凝土结构中,混凝土的徐变将使钢筋的预加应力受到损失。

3. 在非荷载作用下的变形

(1)化学收缩

由于水泥水化生成物的体积,比反应前物质的总体积(包括水的体积)小,而使混凝土收缩,称为化学收缩。化学收缩量是随混凝土硬化龄期的延长而增加的,大致与时间的对数成正比,一般在混凝土成型后 40 多天内增长较快,以后渐趋稳定。

(2)温度变形

混凝土与其他材料一样,也具有热胀冷缩的性质。混凝土的温度膨胀系数为 $(1.0 \sim 1.5) \times 10^{-5}$ mm/(mm·℃),即温度升高 1 ℃,每米长的混凝土会膨胀 0.010~0.015 mm。温度变形对大体积混凝土工程及大面积混凝土工程极为不利。

在混凝土硬化初期,水泥水化放出较多的热量,混凝土又是热的不良导体,散热较慢,因此在大体积混凝土内部的温度较外部高,有时可达 50~70 ℃。这将使内部混凝土产生较大的膨胀,而外部混凝土却随气温降低而收缩。内部膨胀和外部收缩互相制约,在混凝土外表面将产生很大拉应力,严重时使混凝土产生裂缝。因此,对大体积混凝土工程,必须尽量设法减少混凝土发热量,如采用低热水泥,减少水泥用量,采用人工降温等措施。为防止温度变形带来的危害,对于纵长的混凝土结构物,应采用每隔一段距离设置一道伸缩缝,以及在结构物中设置温度钢筋等措施。

(3)干湿变形

干湿变形是混凝土最常见的非荷载作用下的变形,取决于周围环境的湿度变化。混凝土在干燥过程中,首先发生气孔水和毛细孔水的蒸发。气孔水的蒸发并不引起混凝土的收缩;毛细孔水的蒸发,使毛细孔中形成负压,随着空气湿度的降低负压逐渐增大,产生收缩力,导致混凝土收缩。当毛细孔中的水蒸发完后,如继续干燥,则凝胶体颗粒的吸附水也发生部分蒸发,缩小了凝胶体颗粒间的距离,甚至产生新的化学结合而收缩。混凝土这种收缩在重新吸水以后大部分可以恢复。当混凝土在水中硬化时,体积不变,甚至轻微膨胀。这是由于凝胶体中胶体粒子的吸附水膜增厚,胶体粒子间的距离增大所致。膨胀值远比收缩值小,一般不会产生有害的作用。一般条件下混凝土的极限收缩值为$(50\sim90)\times10^{-5}$ mm/mm。收缩受到约束时往往引起混凝土开裂,故施工时应予以注意。

混凝土的干燥收缩变形无法完全恢复(图 4-14),即混凝土干燥收缩后,即使长期再放在水中也仍然有残余变形保留下来。通常残余收缩为收缩量的 30%～60%。混凝土的干燥收缩与水泥品种、水泥用量和用水量有关。采用矿渣水泥比采用普通水泥的收缩大;采用高等级水泥,由于水泥颗粒较细,混凝土收缩也较大;水泥用量多或水灰比大者,收缩也较大。砂石在混凝土中形成骨架,对收缩有一定的抵抗作用。骨料的弹性模量越高,混凝土的收缩越小,故轻骨料混凝土的收缩比水泥混凝土大得多。砂、石越干净,混凝土捣固得越密实,收缩值也越小。在水中养护或在潮湿条件下养护可大大减少混凝土的收缩,普通蒸养可减少混凝土收缩,蒸压养护效果更显著。因此,为减少混凝土的收缩量,应该尽量减少水泥用量,砂、石骨料要洗干净,尽可能采用振捣器捣固并加强养护等。一般工程设计中,通常采用混凝土的线收缩值为$(15\sim20)\times10^{-5}$ mm/mm,即每米收缩 0.15～0.20 mm。

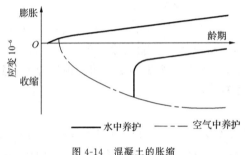

图 4-14　混凝土的胀缩

4.3.4　混凝土的耐久性

混凝土除应具有设计要求的强度,以保证其能安全地承受设计荷载外,还应根据其周围的自然环境以及在使用上的特殊要求,而具有各种特殊性能。例如,承受压力水作用的混凝土,需要有一定的抗渗性能,遭受反复冰冻作用的混凝土,需要有一定的抗冻性能;遭受环境水侵蚀作用的混凝土,需要有一定的抗侵蚀性能;处于高温环境中的混凝土,则需要具有较好的耐热性能等。因而,把混凝土这种抵抗环境介质和内部劣化因素作用并能长期保持其良好的使用性能和外观完整性,从而维持混凝土结构的安全、正常使用的能力称为混凝土的耐久性。

混凝土的耐久性是一个综合性概念,包含的内容很多,如抗渗性、抗冻性、抗氯离子渗透性、抗侵蚀性、抗碳化性、抗碱-骨料反应等。

1. 抗渗性

抗渗性是指混凝土抵抗水、油等液体在压力作用下渗透的性能。它直接影响混凝土的抗冻性和抗侵蚀性。混凝土的抗渗性主要与其密实度及内部孔隙的大小和构造有关。混凝土内部的互相连通的孔隙和毛细管通路,以及在混凝土施工成型时振捣不实导致的蜂窝、孔洞都会造成混凝土渗水。

对于混凝土的抗渗性,我国一般采用抗渗等级表示,也有采用相对渗透系数来表示的。抗渗等级是按标准试验方法进行试验,用每组 6 个试件中 4 个试件未出现渗水时的最大水压力来表示的。如分为 P4、P6、P8、P10、P12 和 > P12,6 个等级,即相应表示能抵抗 0.4 MPa、0.6 MPa、0.8 MPa、1.0 MPa、1.2 MPa 和大于 1.2 MPa 的水压力而不渗水。抗渗等级大于或等于 P6 级的混凝土为抗渗混凝土。

我国水利行业混凝土抗水渗透等级应符合《水运工程混凝土质量控制标准》(JTS 202-2—2011)的要求,规范中将最大作用水头与混凝土壁厚之比与混凝土抗水渗透等级做了一个相对应的划分,见表 4-19。

表 4-19　　　　　　　　　　　　混凝土抗水渗透等级

最大作用水头与混凝土壁厚之比	<5	5~10	11~15	16~20	>20
抗水渗透等级	P4	P6	P8	P10	P12

对于有抗水渗透要求的结构,应根据所承受的水头、水力梯度、水质条件和渗透水的危害程度等因素进行确定,具体要求则参照相关标准。

影响混凝土抗渗性的因素有水灰比、骨料的最大粒径、养护方法、水泥品种、外加剂、掺和料及龄期等。

(1)水灰比:混凝土水灰比的大小,对其抗渗性能起决定性作用。水灰比越大,抗渗性越差。在成型密实的混凝土中,水泥石的抗渗性对混凝土的抗渗性影响最大。

(2)骨料的最大粒径:在水灰比相同时,混凝土骨料的最大粒径越大,其抗渗性能越差。这是由于骨料和水泥浆的界面处易产生裂隙,较大骨料下方易泌水形成孔穴。

(3)养护方法:蒸汽养护的混凝土,其抗渗性较潮湿养护的混凝土要差。在干燥条件下,混凝土早期失水过多,容易形成收缩裂隙,因而使混凝土的抗渗性变差。

(4)水泥品种:水泥的品种、性质也影响混凝土的抗渗性能。水泥的细度越大,水泥石孔隙率越小,强度就越高,其抗渗性越好。

(5)外加剂:在混凝土中掺入某些外加剂,如减水剂等,可降低水灰比,提高混凝土的密实性,即提高了混凝土的抗渗性。

(6)掺和料:在混凝土中加入掺和料,如掺入优质粉煤灰,可提高混凝土的密实度、细化孔隙,从而改善孔结构和骨料与水泥石界面的过渡区结构,使混凝土的抗渗性得到提高。

(7)龄期:混凝土龄期越长,抗渗性越好。因为随着水泥水化的进行,混凝土的密实性逐渐增大。

凡是受水压作用的构筑物的混凝土,如地下室、大坝等,就有抗渗性的要求。提高混凝土抗渗性的措施是增大混凝土的密实度和改变混凝土中的孔隙结构,减少连通孔隙。

2. 抗冻性

混凝土的抗冻性是指混凝土在水饱和状态下,经受反复冻融循环作用,能保持强度和外观完整性的能力。在寒冷地区,特别是处于水环境下的混凝土要求具有较高的抗冻性能。混凝土受冻融作用破坏是由于混凝土内部孔隙中的水在负温下结冰后体积膨胀产生了静水压力,因冰水蒸气压的差别推动未冻水向冻结区的迁移造成了渗透压力,当这两种压力所产生的内应力超过混凝土的抗拉强度时,混凝土就会产生裂缝;反复冻融循环使裂缝不断扩展直至破坏。混凝土的抗冻性主要取决于混凝土的密实度、内部孔隙构造、大小和数量及含水程度。因此,当混凝土采用的原材料质量好、水灰比小、具有封闭细小孔隙(如掺入引气剂的混凝土)及掺入减水剂、防冻剂时,混凝土的抗冻性较好。

随着混凝土龄期增加,混凝土抗冻性能也得到提高。由于水泥不断水化,可冻结水量减少;水中溶解盐浓度随水化深入而浓度增加,冰点也随龄期而降低,抵抗冻融破坏的能力随之增强,所以延长冻结前的养护时间可以提高混凝土的抗冻性,因此混凝土工程应赶在温度降到冰点前半个月到一个月时完工。一般在混凝土抗压强度尚未达到 5.0 MPa 或抗折强度尚未达到 1.0 MPa 时,不得遭受冰冻。接触盐溶液的混凝土受冻时,盐溶液会增大混凝土吸水饱和度,增加混凝土毛细孔水冻结的渗透压,使毛细孔中过冷水的结冰速度加快,同时还会因为毛细孔内水结冰后盐溶液浓缩而产生盐的结晶膨胀作用,引起更加严重的混凝土受冻破坏。

混凝土抗冻性一般以抗冻等级表示。抗冻等级采用慢冻法测试时,以龄期 28 d 的试块在吸水饱和后,承受反复冻融循环,以抗压强度下降不超过 25%,而且质量损失不超过 5% 时所能承受的最大冻融循环次数来确定。

对高抗冻性的混凝土,其抗冻性可采用快冻法测试。以相对动弹性模量值不小于 60%,而且质量损失率不超过 5% 时所能承受最大循环次数来表示。混凝土按抗冻等级划分为 F50、F100、F150、F200、F250、F300、F350、F400 和 >F400 9 个等级。根据不同的设计使用年限和环境,规定设计使用年限分别为 100 年、60 年和 30 年的混凝土,其龄期为 56 d 的抗冻等级分别为 ≥F300、≥F250 和 ≥F200。

我国对不同地区的水位变动区的混凝土抗冻等级选定做了规定,见表 4-20。抗冻试验过程中试件所接触的介质应与建筑物实际接触的介质相近,开敞式码头和防波堤等建筑物混凝土应选用比同一地区高一级的抗冻等级。

提高混凝土抗冻性的最有效方法是采用加入引气剂(如松香热聚物等)、减水剂和防冻剂的混凝土或密实混凝土。

表 4-20 水位变动区混凝土抗冻等级选定标准

建筑所在地区	海水环境		淡水环境	
	钢筋混凝土及预应力混凝土	素混凝土	钢筋混凝土及预应力混凝土	素混凝土
严重受冻地区(最冷月月平均气温低于 −8 ℃)	F350	F300	F250	F200
受冻地区(最冷月月平均气温在 −8～−4 ℃)	F300	F250	F200	F150
微冻区(最冷月月平均气温在 −4～0 ℃)	F250	F200	F150	F100

3. 抗氯离子渗透性能

氯离子是腐蚀很强的离子,有很强的扩散能力,当混凝土中氯离子含量达 0.6～1.2 kg/m³ 时,就会发生钢筋腐蚀。因此,混凝土的抗氯离子渗透性是衡量混凝土耐久性的重要方面。混凝土抗氯离子渗透性能是通过测试氯离子迁移系数来评定的,其测试方法有快速氯离子迁移系数法(RCM 法)和通电量法两种。按照氯离子迁移系数的大小将混凝土抗氯离子渗透性能划分为 I～V 五级,RCM 法分别用 RCM-I、RCM-II、RCM-III、RCM-IV、RCM-V 表示,通电量法分别用 Q-I、Q-II、Q-III、Q-IV、Q-V 表示。级数越高表明混凝土抗氯离子渗透性能越好。混凝土抗氯离子渗透等级定性描述参照表 4-21。

表 4-21 混凝土抗氯离子渗透性能评级

等级代号	I	II	III	IV	V
混凝土抗氯离子渗透	差	较差	较好	好	很好

4. 抗侵蚀性

环境介质对混凝土的侵蚀主要是对水泥石的侵蚀。通常有软水侵蚀、硫酸盐侵蚀、镁盐侵蚀、碳酸侵蚀、一般酸侵蚀及强碱侵蚀等。在海岸、海洋工程中,海水对混凝土的侵蚀作用除化学作用外,还有反复干湿的物理作用以及盐分在混凝土内的结晶与聚集、海浪的冲击磨损、海水中氯离子对混凝土内钢筋的锈蚀作用,上述物理、化学作用都会使混凝土遭受破坏。

混凝土的抗侵蚀性与所用水泥的品种、混凝土的密实程度和孔隙特征有关。密实和孔隙封闭的混凝土,环境水不易侵入,则其抗侵蚀性较强。所以,提高混凝土抗侵蚀性的措施主要是合理选择水泥品种、降低水灰比、提高混凝土的密实度和改善孔结构。

5. 混凝土的碳化(中性化)

混凝土的碳化作用是二氧化碳与水泥石中的氢氧化钙作用,生成碳酸钙和水。碳化过程是二氧化碳由表及里向混凝土内部逐渐扩散的过程。碳化引起水泥石化学组成及组织结构的变化,从而对混凝土的化学性能和物理力学性能有明显的影响,主要表现为对碱度、强度和收缩的影响。

碳化对混凝土性能既有有利的影响,也有不利的影响。碳化使混凝土碱度降低,从而减弱了对钢筋的防锈保护作用,导致钢筋容易锈蚀。碳化还将显著增加混凝土的收缩,这是因为干缩而产生的压应力使得氢氧化钙晶体发生溶解且碳酸钙在无压力处沉淀所致,这一现象暂时加大了水泥石的可压缩性。由于碳化层产生碳化收缩,对混凝土核心形成压力,而表面碳化层则产生拉应力,导致混凝土可能产生微细裂缝而使混凝土抗拉强度、抗折强度降低。碳化使混凝土的抗压强度增大,其原因是碳化产生的水分有助于水泥的水化作用,而且碳酸钙减少了水泥石内部的孔隙。混凝土抗压强度的增大值随水泥品种而异(高铝水泥混凝土碳化后强度明显下降)。

6. 碱-骨料反应

当粗骨料中夹杂着活性氧化硅(活性氧化硅的矿物形式有蛋白石、玉髓和鳞石英等,含有活性氧化硅的岩石有流纹岩、安山岩和凝灰岩等),而混凝土中所用的水泥又含有较多的强碱(Na_2O、K_2O 水解而成)时,就可能发生碱骨料反应。即氧化物(Na_2O、K_2O)水解后形成的氢氧化钠和氢氧化钾与骨料中的活性氧化硅起化学反应,在骨料表面生成复杂的碱-硅酸凝胶;碱-硅酸凝胶吸水后体积不断膨胀,导致水泥石胀裂,其称为碱-骨料破坏。这种碱性氧化物和活性氧化硅之间的化学作用通常称为碱-骨料反应。

碱-骨料反应缓慢,有一定的潜伏期,往往要经过几年或十几年后才会出现,破坏作用一旦发生便难以阻止,故素有混凝土的"癌症"之称,应以预防为主。通常主要通过以下措施预防碱-骨料反应的发生:

(1)采用含碱量<0.6%的水泥,或在水泥中掺入能抑制碱-骨料反应的混合材料。

(2)在水泥中掺加火山灰质混合材料,如沸石岩、粉煤灰、火山灰等,它们能吸收溶液中的钠离子和钾离子,促使反应产物早期能均匀分布于混凝土中,不致集中于骨料颗粒周围,从而减轻膨胀反应。

(3)加强骨料生产质量控制,及时检验其是否含有活性骨料,以便尽早采取措施。

(4)适当掺入引气型外加剂,使混凝土内形成许多微小气孔,缓冲膨胀破坏应力。

(5)当使用含钾、钠离子的混凝土外加剂时,必须进行专门试验,并严格限制其含量。

碱-骨料反应引起混凝土开裂后,还会大幅度加剧冻融、钢筋锈蚀、化学腐蚀等因素对混凝土的破坏作用,上述因素的综合破坏,会导致混凝土迅速劣化。因此,应综合考虑这些因素的影响。

7. 提高混凝土耐久性的措施

混凝土在遭受压力水、冰冻或侵蚀作用时的破坏过程,虽然各不相同,但对提高混凝土耐久性的措施来说,却有很多共同之处。除原材料的选择外,混凝土的密实度是提高混凝土耐久性的一个重要环节。一般提高混凝土耐久性的措施有以下几个方面:

（1）合理选择水泥品种或胶凝材料等级。

（2）选用品质良好的砂、石骨料。

（3）改善混凝土的孔隙特征可以减少大的开孔。为此可采取降低水灰比、掺加减水剂或引气剂等外加剂、掺入适量混合材料等措施，来改善混凝土的孔结构。

（4）加强混凝土质量的生产控制。在施工过程中，应保证搅拌均匀、浇灌和振捣密实及加强养护，以保证混凝土的施工质量。

（5）适当控制混凝土的水灰比和水泥用量。这是影响混凝土耐久性的关键，水灰比的大小是决定混凝土密实性的主要因素，为保证混凝土密实度，必须严格控制水灰比并保证足够的水泥用量。《普通混凝土配合比设计规程》（JGJ 55－2011）规定，根据混凝土使用时所处的环境条件考虑其满足耐久性要求所必要的水灰比及水泥用量见表 4-22。

表 4-22　　　　　　　　　　　混凝土的最大水胶比和最小水泥用量

环境等级	最大水胶比	混凝土的最小胶凝材料用量		
		素混凝土	钢筋混凝土	预应力混凝土
一	0.60	250	280	300
二 a	0.55	280	300	300
二 b	0.50(0.55)	320		
三 a	0.45(0.50)	330		
三 b	0.40	330		

注：①表中环境等级类别按现行国家标准《混凝土结构设计规范》（GB 50010—2010）中表 3.5.2 的要求划分。

②处于严寒或寒冷地区二 b、三 a 类环境中的混凝土应使用引气剂，并可采用括号中的有关参数。

（6）混凝土表面涂覆相关的保护材料。

4.4　普通混凝土应满足的基本要求和质量控制

4.4.1　混凝土应满足的基本要求

建筑工程中所使用的混凝土必须满足以下四大要求：

（1）混凝土拌和物须具有与施工条件相适应的和易性。

（2）满足混凝土结构设计的强度等级。

（3）具有适应所处环境条件下的耐久性。

（4）保证上述三项基本要求基础上的经济性。

4.4.2　混凝土的质量控制和生产质量水平评定

1. 混凝土的质量控制

水泥混凝土的质量控制对保证混凝土的质量非常重要。水泥混凝土的质量控制包括初步控制、生产控制和合格控制。

初步控制：包括人员配备、设备调试、组成材料的检验及配合比的确定与调整等内容。

生产控制：包括控制称量、搅拌、运输、浇筑、振捣及养护等内容。

合格控制：包括批量划分、确定批量采样数、确定检测方法和验收界限等内容。

混凝土的质量是通过对其性能的检验结果来评定的。在施工中,虽然力求做到既要保证混凝土所要求的性能,又要保证其质量的稳定性,但在实践中,由于原材料、施工条件及试验条件等许多复杂因素的影响,必然造成混凝土质量的波动。一般混凝土质量波动因素主要有:水泥、骨料、外加剂等原材料的质量和计量的波动;砂、石含水量变化引起水灰比的波动;施工条件、养护条件等引起的波动。另外试验条件的差异也会引起混凝土质量的波动。

在正常连续生产的情况下,可利用数理统计的方法来检验混凝土强度或其他技术指标是否达到质量要求。统计方法可采用算术平均值、标准差、变异系数和保证率等参数,综合地评定混凝土的质量。

2. 混凝土生产质量水平评定

用数理统计方法可求出几个特征统计量:强度平均值、强度标准差以及变异系数等。强度标准差越大,说明强度的离散程度越大,混凝土质量越不均匀。也可用变异系数来评定,其值越小,说明混凝土质量越均匀。我国《混凝土强度检验评定标准》(GB 50107—2010)根据强度标准差的大小,将混凝土生产单位的质量管理水平分为"优良""一般""差"三等。

4.4.3　混凝土的强度保证率

强度保证率是指混凝土强度总体不小于设计的强度等级值的概率,以正态分布曲线的阴影部分来表示(图 4-15)。经过随机变量 $t = \dfrac{f_{cu,k} - m_{f_{cu}}}{\sigma}$ 的变量转换,可将正态分布曲线变换为随机变量 t 的标准正态分布曲线。

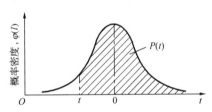

图 4-15　强度保证率标准正态分布曲线

在标准正态分布曲线上,从 t 至 $+\infty$ 之间所出现的概率 $P(t)$,其表达式为

$$P(t) = \int_{t}^{+\infty} \varphi(t)\,\mathrm{d}t = \frac{1}{\sqrt{2\pi}} \int_{t}^{+\infty} \mathrm{e}^{-\frac{t^2}{2}}\,\mathrm{d}t \tag{4-11}$$

混凝土强度保证率 $P(\%)$ 是通过概率度来计算的。概率度计算方法为

$$t = \frac{f_{cu,k} - m_{f_{cu}}}{\sigma} = \frac{f_{cu,k} - m_{f_{cu}}}{C_v m_{f_{cu}}} \tag{4-12}$$

式中　$f_{cu,k}$——混凝土设计强度;

　　　$m_{f_{cu}}$——混凝土强度平均值。

其中概率度 t 和保证率 P 可以通过表 4-23 查得。

表 4-23　　　　　　　　　　　　　　不同 t 值的保证率 P

t	0.00	−0.50	−0.80	−0.84	−1.00	−1.04	−1.20	−1.28	−1.40	−1.50	−1.60
$P/\%$	50.00	69.20	78.80	80.00	84.10	85.10	88.50	90.00	91.90	93.50	94.50
t	−1.645	−1.70	−1.75	−1.81	−1.88	−1.96	−2.00	−2.05	−2.33	−2.50	−3.00
$P/\%$	95.00	95.50	96.00	96.50	97.00	97.50	97.70	98.00	99.00	99.40	99.87

4.4.4　混凝土强度的检验评定

混凝土强度应分批进行检验评定。一个检验批的混凝土应由强度等级相同、龄期相同、生产工艺条件和配合比基本相同的混凝土组成。混凝土强度评定分为统计法和非统计法两种。

1. 统计法评定混凝土强度

当混凝土的生产条件在较长时间内能保持一致，且同一品种混凝土的强度变异性能保持稳定时，应由连续的三组试件组成一个检验批，强度应同时满足式(4-13)、式(4-14)要求，即

$$m_{f_{cu}} \geq f_{cu,k} + 0.7\sigma_0 \tag{4-13}$$

$$f_{cu,min} \geq f_{cu,k} - 0.7\sigma_0 \tag{4-14}$$

当混凝土强度等级不高于 C20 时，其强度的最小值尚应满足式(4-15)要求，即

$$f_{cu,min} \geq 0.85 f_{cu,k} \tag{4-15}$$

当混凝土强度等级高于 C20 时，其强度的最小值尚应满足式(4-16)要求，即

$$f_{cu,min} \geq 0.90 f_{cu,k} \tag{4-16}$$

检验批混凝土立方体抗压强度的标准差 σ_0，计算数据应为前一个检验期内同一品种混凝土试件强度，计算公式为

$$\sigma_0 = \sqrt{\frac{\sum\limits_{i=1}^{n} f_{cu,i}^2 - n\, m_{f_{cu}}^2}{n-1}} \tag{4-17}$$

式中　$f_{cu,i}$——第 i 组混凝土试件立方体抗压强度代表值，MPa；

n——检验期内的样本容量，样本容量不得少于 45。

当混凝土的生产条件在较长时间内不能保持一致，且混凝土强度变异性不能保持稳定时，或在前一个检验期内的同一品种混凝土没有足够的数据用以确定检验批混凝土立方体抗压强度的标准差时，应由不少于 10 组的试件组成一个检验批，其强度应同时满足式(4-18)、式(4-19)的要求，即

$$m_{f_{cu}} \geq f_{cu,k} + \lambda_1 S_{f_{cu}} \tag{4-18}$$

$$f_{cu,min} \geq \lambda_2 f_{cu,k} \tag{4-19}$$

同一检验批混凝土立方体抗压强度的标准差应按式(4-20)计算，即

$$S_{f_{cu}}0 = \sqrt{\frac{\sum\limits_{i=1}^{n} f_{cu,i}^2 - nm_{f_{cu}}^2}{n-1}} \tag{4-20}$$

式中　λ_1、λ_2——合格评定系数，参照表 4-24；

n——本检验期内的样本容量。

表 4-24　　　　　　　　　　混凝土强度的统计法合格评定系数

试件组数	10～14	15～24	≥25
λ_1	1.15	1.05	0.95
λ_2	0.90	0.85	

2. 非统计法评定混凝土强度

对于试件数量有限，不具备按统计法进行混凝土强度评定的工程，可采用非统计法进行评定。其强度应同时满足式(4-21)、式(4-22)的要求，即

$$m_{f_{cu}} \geqslant \lambda_3 f_{cu,k} \tag{4-21}$$

$$f_{cu,min} \geqslant \lambda_4 f_{cu,k} \tag{4-22}$$

式中　λ_3、λ_4——合格评定系数,参照表 4-25。

表 4-25　　　　　　　　　　混凝土强度的非统计法合格评定系数

混凝土强度等级	<C60	≥C60
λ_3	1.15	1.10
λ_4	0.95	

当检验评定结果不能满足上述规定时,该批混凝土强度判定为不合格。对不合格的结构或构件必须及时处理。当对混凝土试件的代表性有怀疑时,可采用从结构或构件中钻取试件的方法或采用非破损检验方法,按有关标准的规定对结构或构件中混凝土的强度进行推定。其中非破损检验方法主要有回弹法、超声波法和超声-回弹综合法。

4.4.5　水泥混凝土耐久性的检验评定

混凝土耐久性是混凝土质量的重要方面,根据《混凝土耐久性检验评定标准》(JGJ/T 193—2009)的规定,混凝土耐久性检验评定的项目包括抗冻性能、抗水渗透性能、抗硫酸盐侵蚀性能、抗氯离子渗透性能和抗碳化性能等。当混凝土需要进行耐久性检验评定时,检验评定的项目及等级应根据设计要求确定。

进行耐久性评定的混凝土,强度应满足设计要求。一个检验批的混凝土强度等级、龄期、生产工艺和配合比应相同,混凝土的耐久性应根据各耐久性检验项目的检验结果,分项评定;符合设计要求的项目,可评定为合格;全部耐久性项目检验合格,则该检验批混凝土耐久性可评定为合格。

4.5　普通混凝土的配合比设计

4.5.1　配合比设计中的基本资料

混凝土配合比设计之前,首先应掌握原材料的性能、混凝土技术要求以及施工条件和管理水平等相关的基本资料,主要有:

(1)原材料的技术性能。水泥品种和实际强度、密度;砂、石的种类、表观密度、堆积密度和含水率;砂的级配和粗细程度;石子的级配和最大粒径;拌和水的水质及水源;外加剂的品种、特性和适宜用量。

(2)混凝土的技术要求。和易性要求、强度等级和耐久性要求(如抗冻、抗渗、耐磨等性能要求)。

(3)施工条件和管理水平。搅拌和振捣的方式、构件类型、最小钢筋净距、施工组织和施工季节、施工管理水平等。

4.5.2　配合比设计中的三个参数

混凝土配合比设计,实质上就是确定胶凝材料、水、砂与石子这四项基本组成材料用量之间的三个比例关系,即:水与胶凝材料之间的比例关系,常用水胶比表示;砂与石子之间的比例关系,常用砂率表示;水泥浆与骨料之间的比例关系,常用单位用水量(1 m³ 混凝土的用水量)来反映。水胶比、砂率和单位用水量是混凝土配合比的三个重要参数,因为这三个参数与混凝土的各项性能之间有着密切的关系,在配合比设计中正确地确定这三个参数,就能使混凝土满足上述设计的基本要求。

混凝土配合比常用的表示方法有两种:一种以每立方米混凝土中各项材料的质量表示,如胶凝材料 300 kg、水 180 kg、砂 720 kg、石子 1 200 kg,其每立方米混凝土总质量为 2 400 kg;另一种则以各项材料相互间的质量比来表示,通常以胶凝材料质量为"1",将上例换算成质量比为胶凝材料∶砂∶石=1∶2.4∶4,水胶比=0.6。

4.5.3 配合比设计的步骤

混凝土配合比设计包括初步配合比计算、试配和调整等步骤。

1. 初步配合比计算

按选用的原材料性能及对混凝土的技术要求进行初步配合比计算,初步确定以下内容:

(1)配制强度($f_{cu,0}$)

为了使混凝土强度具有要求的保证率,则必须使其配制强度高于所设计的强度等级值。

由于

$$m_{f_{cu}} = f_{cu,k} - t\sigma$$

令配制强度

$$f_{cu,0} = m_{f_{cu}}, 则\ f_{cu,0} = f_{cu,k} - t\sigma\ 且\ C_v = \frac{\sigma}{m_{f_{cu}}}$$

所以

$$f_{cu,0} = \frac{f_{cu,k}}{1 + tC_v} \tag{4-23}$$

式中　$f_{cu,0}$——混凝土的配制强度,MPa;

　　　　$f_{cu,k}$——设计的混凝土立方体抗压强度标准值,MPa;

　　　　σ——混凝土强度标准差,MPa;

　　　　C_v——混凝土强度变异系数;

　　　　t——概率度。

设计要求的混凝土强度等级已知,混凝土的配制强度可以按式(4-24)确定:

$$f_{cu,0} = f_{cu,k} - t\sigma \tag{4-24}$$

根据《混凝土结构工程施工规范》(GB 50666—2011)和《普通混凝土配合比设计规程》(JGJ 55—2011)的规定:

当混凝土的设计强度等级小于 C60 时,配制强度应按式(4-25)确定:

$$f_{cu,0} \geqslant f_{cu,k} + 1.645\sigma \tag{4-25}$$

当混凝土的设计强度等级不小于 C60 时,配制强度应按式(4-26)确定:

$$f_{cu,0} \geqslant 1.15 f_{cu,k} \tag{4-26}$$

混凝土标准差的计算:

当施工单位具有近期(1~3 个月)的同一品种、同一强度等级混凝土的强度资料时,且试件组数不小于 30 时,其混凝土强度标准差 σ 应按式(4-27)计算:

$$\sigma = \sqrt{\frac{\sum_{i=1}^{n} f_{cu,i}^2 - n m_{f_{cu}}^2}{n-1}}$$ (4-27)

式中　σ——混凝土强度标准差；

$f_{cu,i}$——第 i 组的试件强度，MPa；

$m_{f_{cu}}$——n 组试件的强度平均值，MPa；

n——试件组数。

当混凝土强度等级不大于 C30，混凝土强度标准差计算值不小于 3.0 MPa 时，应按式(4-27)计算；当混凝土强度标准差计算值小于 3.0 MPa 时，应取 3.0 MPa。当混凝土强度等级大于 C30 且小于 C60，且混凝土强度标准差计算值不小于 4.0 MPa 时，应按式(4-27)计算；当混凝土强度标准差计算值小于 4.0 MPa 时，应取 4.0 MPa。

当施工单位不具有近期的同一品种混凝土强度资料时，其混凝土强度标准差 σ 可按表 4-26 取用。

表 4-26　　　　　　　　　　标准差 σ 值　　　　　　　　　　MPa

混凝土强度等级	≤C20	C25～C45	C50～C55
σ	4.0	5.0	6.0

(2)水胶比值($\frac{W}{B}$)

根据已测定胶凝材料 28 d 胶砂抗压强度 f_b、粗骨料种类及所要求的混凝土配制强度 $f_{cu,0}$，可按式(4-28)计算出工程所要求的且强度等级小于 C60 的混凝土的水胶比值：

$$\frac{W}{B} = \frac{a_a f_b}{f_{cu,0} + a_a a_b f_b}$$ (4-28)

式中　a_a、a_b——回归系数。

回归系数应按下列要求确定：

①根据工程所使用的原材料，通过试验建立的水胶比与混凝土强度关系式来确定；

②当不具备上述试验统计资料时，可按表 4-27 选用。

当胶凝材料 28 d 胶砂抗压强度值(f_b)无实测值时，可按式(4-29)计算：

$$f_b = \gamma_f \gamma_s f_{ce}$$ (4-29)

式中　γ_f、γ_s——粉煤灰影响系数和粒化高炉矿渣粉影响系数，可按表 4-28 选用；

f_{ce}——水泥 28 d 胶砂抗压强度，MPa。

当水泥 28 d 胶砂抗压强度 f_{ce} 无实测值时，可按式(4-30)计算：

$$f_{ce} = \gamma_c f_{ce,g}$$ (4-30)

式中　γ_c——水泥强度等级值的富余系数，按实际统计资料确定；当缺乏实际统计资料时，也可按表 4-29 选用；

$f_{ce,g}$——水泥强度等级值，MPa。

根据表 4-22，进行混凝土的最大水胶比校核。

表 4-27　　　　　　　　　　回归系数(a_a、a_b)取值表

回归系数	原材料	
	碎石	卵石
a_a	0.53	0.49
a_b	0.20	0.13

表 4-28 粉煤灰影响系数 γ_f 和粒化高炉矿渣粉影响系数 γ_s

掺量/%	种类	
	粉煤灰影响系数 γ_f	粒化高炉矿渣粉影响系数 γ_s
0	1.00	1.00
10	0.90～0.95	1.00
20	0.80～0.85	0.95～1.00
30	0.70～0.75	0.90～1.00
40	0.60～0.65	0.80～0.90
50	—	0.70～0.85

注：①采用Ⅰ级、Ⅱ级粉煤灰时取上限值；

②采用 S75 级粒化高炉矿渣粉时取下限值，采用 S95 级粒化高炉矿渣粉时取上限值，采用 S105 级粒化高炉矿渣粉时取上限值加 0.05；

③当超出表中的掺量时，粉煤灰和粒化高炉矿渣粉影响系数应经试验确定。

表 4-29 水泥强度等级值的富余系数（γ_c）

水泥强度等级值	32.5	42.5	52.5
富余系数	1.12	1.16	1.10

（3）用水量（m_{w0}）和外加剂用量（m_{a0}）

每立方米干硬性或塑性混凝土的用水量（m_{w0}）应符合下列规定：

①混凝土水胶比在 0.40～0.80 范围时，可按表 4-30 选取；

②混凝土水胶比小于 0.40 时，可通过试验确定。

表 4-30 干硬性和塑性混凝土的用水量   kg/m³

拌和物稠度		卵石最大粒径/mm				碎石最大粒径/mm			
项目	指标	10	20	31.5	40	16	20	31.5	40
维勃稠度/s	16～20	175	160		145	180	170	—	155
	11～15	180	165	—	150	185	175	—	160
	5～10	185	170	—	155	190	180		165
坍落度/mm	10～30	190	170	160	150	200	185	175	165
	35～50	200	180	170	160	210	195	185	175
	55～70	210	190	180	170	220	205	195	185
	75～90	215	195	185	175	230	215	205	195

注：①本表用水量系采用中砂的取值，采用细砂时，每立方米混凝土用水量可增加 5～10 kg；采用粗砂时，可减少 5～10 kg；

②采用矿物掺和料和外加剂时，用水量应相应调整。

当掺外加剂时，每立方米流动性或大流动性混凝土的用水量（m_{w0}）可按式（4-31）计算：

$$m_{w0} = m'_{w0}(1-\beta) \tag{4-31}$$

式中 m_{w0}——计算配合比每立方米混凝土的用水量，kg/m³；

         m'_{w0}——未掺外加剂时推定的满足实际坍落度要求的每立方米混凝土用水量，kg/m³，以表 4-30 中 90 mm 坍落度的用水量为基础，按每增大 20mm 坍落度相应增加 5 kg/m³ 用水量计算，当坍落度增大到 180 mm 以上时，随坍落度相应增加的用水量可减少；

         β——外加剂的减水率，%，应经混凝土试验确定。

每立方米混凝土中外加剂用量（m_{a0}）应按式（4-32）计算：

$$m_{a0} = m_{b0}\beta_a \tag{4-32}$$

式中　m_{a0}——计算配合比每立方米混凝土中外加剂用量，kg/m³；

　　　m_{b0}——计算配合比每立方米混凝土中胶凝材料用量（kg/m³），计算应符合《普通混凝土配合比设计规程》(JGJ 55－2011)第5.3.1条规定；

　　　β_a——外加剂掺量（％），应经混凝土试验确定。

（4）混凝土中胶凝材料用量（m_{b0}）、矿物掺和料用量（m_{f0}）和水泥用量（m_{c0}）

每立方米混凝土的胶凝材料用量（m_{b0}）应按式（4-33）计算，并应进行试拌调整，在拌和物性能满足的情况下，取经济合理的胶凝材料用量。

$$m_{b0} = \frac{m_{w0}}{W/B} \qquad (4-33)$$

式中　m_{b0}——计算配合比每立方米混凝土中胶凝材料用量，kg/m³；

　　　m_{w0}——计算配合比每立方米混凝土的用水量，kg/m³；

　　　W/B——混凝土水胶比。

每立方米混凝土的矿物掺和料用量（m_{f0}）应按式（4-34）计算

$$m_{f0} = m_{b0}\beta_f \qquad (4-34)$$

式中　m_{f0}——计算配合比每立方米混凝土中矿物掺和料用量，kg/m³；

　　　β_f——矿物掺和料用量，％，可结合《普通混凝土配合比设计规程》(JGJ 55—2011)第3.0.5条和5.1.1条规定确定。

每立方米混凝土的水泥用量（m_{c0}）应按式（4-35）计算：

$$m_{c0} = m_{b0} - m_{f0} \qquad (4-35)$$

式中　m_{c0}——计算配合比每立方米混凝土中水泥用量，kg/m³。

为了保证混凝土的耐久性，由式（4-35）计算得出的水泥用量还需满足表4-22中规定的最小水泥用量的要求。如算得的水泥用量小于规定的最小水泥用量，则应取规定的最小水泥用量值。

（5）砂率（β_s）

合理的砂率主要根据混凝土拌和物的坍落度、黏聚性及保水性等特征来确定。一般应通过试验找出合理的砂率。如无使用经验，混凝土砂率的确定应符合下列规定：

①坍落度小于10 mm的混凝土，其砂率应经试验确定；

②坍落度为10～60 mm的混凝土，其砂率可根据粗骨料品种、最大公称粒径及水胶比按表4-31选取；

③坍落度大于60 mm的混凝土，其砂率可经试验确定，也可在表4-31的基础上，按坍落度每增大20 mm、砂率增大1％的幅度予以调整。

表 4-31　　　　　　　　　　　　混凝土的砂率　　　　　　　　　　　　　　　　％

水胶比（W/B）	卵石最大粒径/mm			碎石最大粒径/mm		
	10.0	20.0	40.0	16.0	20.0	40.0
0.40	26～32	25～31	24～30	30～35	29～34	27～32
0.50	30～35	29～34	28～33	33～38	32～37	30～35
0.60	33～38	32～37	31～36	36～41	35～40	33～38
0.70	36～41	35～40	34～39	39～44	38～43	36～41

注：①本表数值系中砂的选用砂率，对细砂或粗砂，可相应地减小或增大砂率；

　　②采用人工砂配制混凝土时，砂率可适当增大；

　　③只用一个单粒级粗骨料配制混凝土时，砂率应适当增大。

（6）粗、细骨料的用量（m_{g0}）及（m_{s0}）

粗、细骨料的用量可用质量法（假定表观密度法）或体积法求得。

①质量法（假定表观密度法）

根据经验，如果原材料情况比较稳定，所配制的混凝土拌和物的质量接近一个固定值，所以粗、细骨料可按式（4-36a）计算，砂率应按式（4-36b）计算。

$$m_{f0}+m_{c0}+m_{g0}+m_{s0}+m_{w0}=m_{cp} \tag{4-36a}$$

$$\beta_s=\frac{m_{s0}}{m_{g0}+m_{s0}}\times100\% \tag{4-36b}$$

式中　m_{g0}——计算配合比每立方米混凝土的粗骨料用量，kg/m³；

　　　m_{s0}——计算配合比每立方米混凝土的细骨料用量，kg/m³；

　　　β_s——砂率，％；

　　　m_{cp}——每立方米混凝土中拌和物的假定质量，kg，可取 2 350～2 450 kg/m³。

②体积法

假定混凝土拌和物的体积等于各组成材料绝对体积和混凝土拌和物中所含空气的体积之和。当采用体积法计算混凝土配合比时，砂率应按式（4-36b）计算。因此 1 m³ 混凝土拌和物的各材料用量满足式（4-37）：

$$\frac{m_{c0}}{\rho_c}+\frac{m_{f0}}{\rho_f}+\frac{m_{g0}}{\rho_g}+\frac{m_{s0}}{\rho_s}+\frac{m_{w0}}{\rho_w}+0.01\alpha=1 \tag{4-37}$$

式中　ρ_c——水泥密度，kg/m³，可按现行国家标准《水泥密度测定方法》（GB/T 208—2014）测定，也可取 2 900～3 100 kg/m³；

　　　ρ_f——矿物掺和料密度，kg/m³，可按现行国家标准《水泥密度测定方法》（GB/T 208—2014）测定；

　　　ρ_g——粗骨料的表观密度，kg/m³，应按现行行业标准《普通混凝土用砂、石质量及检验方法标准》（JGJ 52—2006）测定；

　　　ρ_s——细骨料的表观密度，kg/m³，应按现行行业标准《普通混凝土用砂、石质量及检验方法标准》（JGJ 52—2006）测定；

　　　ρ_w——水的密度，kg/m³，可取 1 000 kg/m³；

　　　α——混凝土的含气量百分数，在不使用引气剂或引气型外加剂时，可取"1"。

由以上两个关系式可计算出粗、细骨料的用量。

通过以上六个步骤便可将水、水泥、砂及石子的用量全部求出，得到初步配合比，供试配用。

注意：以上混凝土配合比计算公式和表格，均以干燥状态骨料为基准；当需以饱和面干骨料为基准进行计算时，则应做相应的修改。

2. 配合比的试配、调整与确定

（1）配合比的试配、调整

以上求出的各材料的用量，是借助于一些经验公式和数据计算出来的，或是利用经验资料查得的，因而不一定能够符合实际情况，所以计算配合比要进行试配。通过试拌调整，直至混凝土拌和物的和易性符合要求为止，然后提出供检验混凝土强度用的基准配合比。下面介绍和易性的调整方法：

按初步配合比称取材料进行试拌。混凝土试配应采用强制式搅拌机搅拌，并应符合现行行业标准《混凝土试验用搅拌机》(JG 244－2009)的规定,搅拌方法宜与施工采用的方法相同。混凝土拌和物搅拌均匀后应测定坍落度,并检查其黏聚性和保水性能。当坍落度不满足要求,或黏聚性、保水性不好时,则应在保持水灰比不变的条件下相应调整用水量或砂率。当坍落度低于设计要求时,可保持水灰比不变,增加适量水泥浆。当坍落度大于设计要求时,可在保持砂率不变的条件下增加骨料。当出现含砂不足,黏聚性和保水性不良时,可适当增大砂率;反之应减小砂率。每次调整后再试拌,直到符合要求为止。当试拌调整工作完成后,应测出混凝土拌和物的表观密度($\rho_{c,t}$)。

经过和易性调整试验得出的混凝土基准配合比,其结果不一定符合要求,所以还应检验混凝土的强度。一般采用三个不同的配合比,其中一个为基准配合比,另外两个配合比的水灰比值应较基准配合比分别增大、减小 0.05,其用水量与基准配合比相同,砂率值可分别增大、减小 1%。按每个配合比各制作一组试块,测其标准立方体抗压强度值(在制作混凝土试块时,还需检验混凝土拌和物的和易性及测定表观密度,并以此结果作为代表这一配合比的混凝土拌和物的性能)。试验室成型条件应符合现行国家标准《普通混凝土拌合物性能试验方法标准》(GB/T 50080—2016)的规定。

(2)配合比的确定

根据混凝土强度试验结果,宜绘制强度和胶水比的线性关系图或插值法确定略大于配制强度对应的胶水比,并按下列原则确定每立方米混凝土的材料用量:

用水量(m_w)和外加剂用量(m_a),根据确定的水胶比做调整;

胶凝材料用量(m_b)——取用水量乘以确定的胶水比计算得出;

粗、细骨料用量(m_g)及(m_s)——取基准配合比中的粗、细骨料用量,并按确定出的水胶比值做适当的调整。

配合比经试配、调整确定后,还需要根据实测的混凝土表观密度 $\rho_{c,t}$ 做必要的校正,其步骤如下:

按式(4-38)计算出混凝土的计算表观密度($\rho_{c,c}$)

$$\rho_{c,c} = m_c + m_f + m_g + m_s + m_w \tag{4-38}$$

式中　$\rho_{c,c}$——混凝土拌和物的表观密度计算值,kg/m^3;

m_c——每立方米混凝土的水泥用量,kg/m^3;

m_f——每立方米混凝土的矿物掺和料用量,kg/m^3;

m_g——每立方米混凝土的粗骨料用量,kg/m^3;

m_s——每立方米混凝土的细骨料用量,kg/m^3;

m_w——每立方米混凝土的用水量,kg/m^3。

将混凝土的实测表观密度值 $\rho_{c,t}$ 除以 $\rho_{c,c}$ 得出混凝土配合比校正系数 δ,见式(4-39)

$$\delta = \frac{\rho_{c,t}}{\rho_{c,c}} \tag{4-39}$$

式中　δ——混凝土配合比校正系数;

$\rho_{c,t}$——混凝土拌和物的表观密度实测值,kg/m^3。

当 $\rho_{c,t}$ 与 $\rho_{c,c}$ 之差的绝对值不超过 $\rho_{c,c}$ 的 2% 时,由以上定出的配合比,即确定的设计配合比;若二者之差超过 2%,则须将已定出的混凝土配合比中每项材料用量均乘以校正系数 δ,得到最终定出的设计配合比。

配合比调整后,应测定拌和物水溶性氯离子的含量,试验结果应符合《普通混凝土配合比设计规程》(JGJ 55—2011)中的有关规定。

针对特殊要求的混凝土,如有抗渗性能或抗冻性能要求的混凝土、高强混凝土和大体积混凝土等,其混凝土配合比设计应按《普通混凝土配合比设计规程》(JGJ 55—2011)中有关规定计算。

3. 施工配合比

设计配合比是以干燥材料为基准的,而工地存放的砂、石材料都含有一定的水分。所以现场材料的实际称量应按工地砂、石的含水情况进行修改,修正后得到一个配合比,叫作施工配合比。工地存放的砂、石的含水情况常有变化,因此使用时应按变化情况加以修改。

施工配合比按下列公式计算:

$$m'_c = m_c$$
$$m'_s = m_s(1+W'_s)$$
$$m'_g = m_g(1+W'_g)$$
$$m'_w = m_w - m_s \times W'_s - m_g \times W'_g$$

式中,m'_c、m'_s、m'_g、m'_w 分别为修正后每立方米混凝土拌和物中水泥、砂、石、水的用量;W'_s、W'_g 分别为砂、石的含水率。

【例题 4-1】 某现浇钢筋混凝土梁,混凝土设计强度等级 C25,施工要求坍落度为 35～50 mm,使用环境为无冻害的室外。施工单位无该种混凝土的历史统计资料,该混凝土采用统计法评定。所用的原材料情况如下:

(1)水泥:32.5 级普通水泥,实测 28 d 抗压强度为 38.0 MPa,密度 $\rho_c = 3\ 100\ kg/m^3$;

(2)砂:级配合格,$\mu_f = 2.7$ 的中砂,表观密度 $\rho_s = 2\ 650\ kg/m^3$;

(3)石子:5～20 mm 的碎石,表观密度 $\rho_g = 2\ 720\ kg/m^3$。

试求:(1)该混凝土的设计配合比(试验室配合比)。

(2)施工现场砂的含水率为 3%,碎石的含水率为 1% 时的施工配合比。

步骤一　计算配合比(初步配合比)

(1)配制强度($f_{cu,0}$)的确定

$$f_{cu,0} = f_{cu,k} + 1.645\sigma$$

查表 4-26 可知,当混凝土强度等级为 C25 时,取 $\sigma = 5.0$,得:

$$f_{cu,0} = f_{cu,k} + 1.645\sigma = 25 + 1.645 \times 5.0 = 33.2\ MPa$$

(2)计算水胶比(W/B)

查表 4-27 可知,对于碎石 $\alpha_a = 0.53$,$\alpha_b = 0.20$,且已知:$f_{ce} = 38.0\ Mpa$,则

$$\frac{W}{B} = \frac{\alpha_a f_{ce}}{f_{cu,0} + \alpha_a \alpha_b f_{ce}} = \frac{0.53 \times 38.0}{33.2 + 0.53 \times 0.20 \times 38.0} = 0.54$$

查表 4-22 得最大水胶比为 0.60,可取水胶比为 0.54。

(3)确定单位用水量(m_{w0})

根据混凝土坍落度为 35～50 mm,砂为中砂,石子为 5～20 mm 的碎石,查表 4-30 可知,可选取单位用水量 $m_{w0} = 195\ kg$。

(4)计算胶凝材料用量(m_{b0})

$$m_{b0} = \frac{m_{w0}}{\dfrac{W}{B}} = \frac{195}{0.54} = 361\ kg$$

本题胶凝材料中无矿物掺和料,所以胶凝材料只有水泥,即 $m_{b0}=m_{c0}$。

查表 4-22 得最小水泥用量为 280 kg,可取水泥用量为 361 kg。

(5)选取确定砂率(β_s)

查表 4-31 可知,$W/B=0.54$ 和碎石最大粒径为 20 mm 时,可取 $\beta_s=34\%$。

(6)计算粗、细骨料的用量(m_{g0}、m_{s0})

①质量法求计算配合比

假定 1 m^3 混凝土拌和物的质量为 2 400 kg。则有

$361+m_{g0}+m_{s0}+195=2\,400$,且砂率:

$$34\% = \frac{m_{s0}}{m_{s0}+m_{g0}} \times 100\%$$

求得:$m_{g0}=1\,217$ kg,$m_{s0}=627$ kg。

1 m^3 混凝土:水泥 361 kg,水 195 kg,砂 627 kg,碎石 1 217 kg。

材料之间的比例:$m_{c0}:m_{w0}:m_{s0}:m_{g0}=1:0.54:1.74:3.37$。

②体积法求计算配合比($\alpha=1$)

$$\frac{361}{3\,100}+\frac{m_{g0}}{2\,720}+\frac{m_{s0}}{2\,650}+\frac{195}{1\,000}+0.01\alpha=1$$

$$\beta_s = \frac{m_{s0}}{m_{s0}+m_{g0}}=34\%$$

求得:$m_{g0}=1\,207$ kg,$m_{s0}=622$ kg。

1 m^3 混凝土:水泥 361 kg,水 195 kg,砂 622 kg,碎石 1 207 kg。

材料之间的比例:$m_{c0}:m_{w0}:m_{s0}:m_{g0}=1:0.54:1.72:3.34$。

步骤二　配合比的试配、调整与确定(基准配合比、设计配合比)

(以质量法计算配合比为例)

(1)配合比的试配

按计算配合比试拌 15 L 混凝土,各材料用量为:

水泥:$0.015\times361=5.42$ kg;水:$0.015\times195=2.93$ kg;砂:$0.015\times627=9.41$ kg;碎石:$0.015\times1\,217=18.26$ kg。

拌和均匀后,测得坍落度为 25 mm,低于施工要求的坍落度(35~50 mm),增加水泥浆量 5%,测得坍落度为 40 mm,混凝土拌和物的黏聚性和保水性良好。经调整后各项材料用量为:

水泥 5.69 kg,水 3.08 kg,砂 9.26 kg,碎石 17.98 kg,其总量为 36.21 kg。因此,基准配合比为:$m_{c0}:m_{w0}:m_{s0}:m_{g0}=1:0.54:1.63:3.16$。

以基准配合比为基础,采用水胶比为 0.49、0.54 和 0.59 的三个不同配合比,制作强度试验试件。其中,水胶比为 0.49 和 0.59 的配合比也应经和易性调整,保证满足施工要求的和易性;同时,测得其表观密度分别为 2 420 kg/m^3、2 415 kg/m^3 和 2 408 kg/m^3,见表 4-32。

表 4-32　混凝土配合比的试配结果

编号	混凝土配合比				混凝土实测性能		
	水胶比	水泥/kg	水/kg	砂/kg	石/kg	坍落度/mm	表观密度/(kg·m^{-3})	28 d 抗压强度/MPa
1	0.49	418	205	586	1 190	40	2 420	41.2
2	0.54	379	205	617	1 198	40	2 415	35.1
3	0.59	347	205	647	1 200	40	2 408	30

（2）设计（基准）配合比的调整与确定

三种不同水灰比混凝土的配合比、实测坍落度、表观密度和 28 d 强度见表 4-32 所列。由表 4-32 的结果并经计算可得与 $f_{cu,0}=33.2$ MPa 对应的 W/B 为 0.56（内插法）。因此，取水胶比为 0.56，用水量为 205 kg，砂率保持不变。调整后的配合比为：水泥 366 kg，水 205 kg，砂 622 kg，石子 1 207 kg，表观密度为 2 400 kg。

由以上定出的配合比，还需根据混凝土的实测表观密度 $\rho_{c,t}$ 和计算表观密度 $\rho_{c,c}$ 进行校正。按调整后的配合比实测的表观密度为 2 415 kg，计算表观密度为 2 400 kg；因 $\rho_{c,t}-\rho_{c,c}=2\,415-2\,400=15$，该差值小于 $\rho_{c,c}$ 的 2%，故可以不调整。

设计配合比：

1 m^3 混凝土的材料用量：水泥 366 kg；水 205 kg；砂 622 kg；碎石 1 207 kg。

各材料之间的比例：$m_{c0}:m_{w0}:m_{s0}:m_{g0}=1:0.56:1.70:3.30$

步骤三　现场施工配合比

将设计配合比，换算成施工配合比时，用水量应扣除砂、石所含水量，砂、石用量则应增加砂、石所含水量。因此，

$m'_c=m_c=366$ kg

$m'_s=m_s(1+W'_s)=622\times(1+0.03)=641$ kg

$m'_g=m_g(1+W'_g)=1\,207\times(1+0.01)=1\,219$ kg

$m'_w=m_w-m_s\times W'_s-m_g\times W'_g=205-622\times0.03-1\,207\times0.01=174$ kg

施工配合比：$m'_c:m'_w:m'_s:m'_g=1:0.48:1.75:3.33$

4.6　其他混凝土

4.6.1　高强混凝土与高性能混凝土

一、高强混凝土

现代工程结构正在向超高、大跨、重载方向发展，对混凝土强度的要求越来越高。美国混凝土协会（ACI）高强混凝土委员会将 28 d 抗压强度大于或等于 50 MPa 的混凝土定义为高强混凝土。在我国，通常将强度等级大于或等于 C60 的混凝土称为高强混凝土（High Strength Concrete，HSC）。

（一）高强混凝土的原材料

1. 水泥。硅酸盐水泥、普通硅酸盐水泥及掺活性混合材的硅酸盐水泥均可用于配制高强混凝土，水泥强度等级应不低于 42.5。通常，配制高强混凝土时，需掺加高效减水剂。使用萘系或三聚氰胺磺酸盐类高效减水剂时存在与水泥的适应性差的问题，聚羧酸系高效减水剂与多数品种的水泥的适应性强，坍落度损失小，目前高强混凝土主要使用减水率大于 25% 的聚羧酸减水剂。

2. 集料。由于高强混凝土水灰比低，基体和界面区结构致密，部分集料如花岗岩和石英岩由于温度应力容易在界面过渡区产生微裂缝，因此，配制高强混凝土的集料应具有高的强度、高的弹性模量和低的热膨胀系数。在特定的水灰比下，减小粗集料的最大粒径可以显著提高混凝土的强度，因此，粗集料的粒径不宜大于 31.5 mm。配制 70 MPa 的混凝土时，适宜的粗集料最大粒径是 20～25 mm；配制 100 MPa 的混凝土时，宜用最大粒径为 14～20 mm 的粗集

料;而配制超过 125 MPa 的超高强混凝土时,粗集料的最大粒径宜控制在 10~14 mm。细集料宜采用中砂,细度模数应大于 2.6,最大可达 3.0,略高于普通混凝土用砂的细度模数。

3.外加剂。高强混凝土可使用一种或多种外加剂(如高效减水剂、缓凝剂、引气剂等)。高强混凝土通常还掺用矿物外加剂(如粉煤灰、矿渣和硅灰等)。

(二)高强混凝土配合比

高强混凝土的水泥用量通常高于 400 kg/m³,但水泥基材料的总量一般不大于 600 kg/m³。水泥基材料的用量过高会导致水化热高、干燥收缩大,而且水泥用量超过一定范围后,混凝土的强度不再随水泥用量的增加而提高。为降低混凝土的干燥收缩、减小徐变,应尽可能降低灰集比。例如某高层建筑用高强混凝土的配合比为:每立方米混凝土用硅酸盐水泥 360 kg、粉煤灰 150 kg、粒集料 1 157 kg、细集料 603 kg、高效减水剂 6 kg、用水量 148 kg,其水胶比为 0.29,28 d 抗压强度为 80 MPa。

(三)高强混凝土的性能与应用

高强混凝土通过使用高效减水剂,即使水胶比很低,新拌混凝土的坍落度仍可达 200~250 mm。由于粉料用量高,很少出现离析和泌水现象。

因水泥用量高,高强混凝土的自收缩不可忽视。根据理论计算,高强混凝土的自收缩值可达 220×10^{-6},实测值与理论计算结果的数量级一致。高强混凝土水化热高,绝热温升高,用于大体积混凝土时易产生开裂。高强混凝土的干燥收缩大,长龄期高强混凝土的干燥收缩高达 $(500 \sim 700) \times 10^{-6}$,即每米收缩 0.5~0.7 mm。水胶比低于 0.29 时,干燥收缩略有降低。高强混凝土的徐变通常是普通混凝土的 1/3~1/2。混凝土的强度越高,徐变越小。弹性模量为 40~50 GPa。

高强混凝土由于结构致密,具有极高的抗渗性和抗溶液腐蚀性。高强混凝土可用于高层建筑的基础、梁、柱、楼板,预应力混凝土结构、大跨度桥梁、海底隧道、海上平台、现浇混凝土桥面板、洒除冰盐的车库等。

二、高性能混凝土

随着现代工程结构的高度、跨度和体积不断增大,结构越来越复杂,使用的环境条件日益严酷,工程建设对混凝土性能的要求越来越高,使用寿命要求也越来越长。近年来,为了适应土木工程的发展,人们对高性能混凝土(High Performance Concrete,HPC)给予了越来越多的关注。

(一)HPC 的定义

Mehta 和 Aitcin 于 1990 年首先提出 HPC 的概念,并将具有高工作性、高强度和高耐久性的混凝土定义为高性能混凝土。ACI 于 1998 年提出的 HPC 的定义:能同时满足性能和通过传统的组成材料、拌和工艺、浇筑和养护而达到的特殊要求的混凝土。因此,HPC 应具有满足特殊应用和环境的某些特性,如易于浇筑,不离析,早强,密实,长期强度和力学性能高,渗透性和水化热低,韧性和体积稳定性强,寿命长等。

中国土木工程学会标准《混凝土结构耐久性设计与施工指南》(CCES 01—2004)(2005 年修订版)对 HPC 的定义:以耐久性为基本要求并满足工程及其他特殊性能和匀质性要求,用常规材料和常规工艺制造的水泥基混凝土。这种混凝土在配合比上的特点是掺加合格的矿物掺和料和高效减水剂,取用较低的水胶比和较少的水泥用量,并在制作上通过严格的质量控制,使其达到良好的工作性、均匀性、密实性和体积稳定性。

由此可见,我国土木工程学会标准对 HPC 的定义中,强调了高工作性、高耐久性及高体积稳定性才是 HPC 的基本特性,而非高性能混凝土一定要求其高强。

(二)HPC 的组成材料、性能及应用

高性能混凝土的组成材料具有水胶比低、胶凝材料用量少、掺加活性混合材等特点。HPC 使用的水泥基材料总量一般不超过 $400\ kg/m^3$,其中粉煤灰或磨细矿渣粉的掺量可达 $30\%\sim40\%$。为了同时满足低水胶比、少胶凝材料用量及高工作性要求,HPC 配制时均需使用高效减水剂。

HPC 具有如下特性及应用:

1. 自密实性。HPC 用水量较低,但由于使用了高效减水剂,并掺加适量的活性混合材,流动性好,抗离析性高,具有优异的填充密实性。因此,HPC 适用于结构复杂、用普通振捣密实方法施工难以进行的混凝土结构工程。

2. 体积稳定性。HPC 针对工程对混凝土变形能力的具体要求,可通过优选适宜的原材料(包括骨料、水泥、混合材、外加剂),优化施工工艺,提高其体积稳定性和抗裂能力。

3. 水化热。由于使用了大量的火山灰质矿物掺合料,HPC 的水化热低于 HSC,这对大体积混凝土结构非常有利。

4. 抗渗性。掺加了活性混合材的 HPC 渗透性低,特别是 Cl^- 的渗透性较普通混凝土大幅度降低。掺加 $7\%\sim10\%$ 的硅灰、偏高岭土或稻壳灰后,HPC 的渗透性(特别是 Cl^- 的渗透性)更低。因此,HPC 特别适用于对抗渗性要求高的水工或海工混凝土结构工程。

5. 耐久性。现代许多复杂的混凝土结构设计寿命长达 $100\sim200$ 年,要求混凝土暴露在侵蚀性环境中工作时不允许出现裂缝,在相当长的时间内应具有极高的抗渗性。HPC 适应变形能力好,抗裂性高,抗侵蚀能力强,使用寿命长。因此,HPC 可用于海上钻井平台、大跨桥梁、高速公路桥面板等要求高耐久、长寿命的工程。

(三)高性能混凝土的应用

杭州湾大桥为世界上最长的跨海大桥,大桥工程全长 36 千米,海上段长度达 32 千米。全桥总计使用混凝土 245 万立方,各类钢材 82 万吨,钢管桩 5 513 根,钻孔桩 3 550 根,承台 1 272 个,墩身 1 428 个。杭州湾大桥所处位置潮差大、流速急、流向乱、波浪高、冲刷深、软弱地层厚,部分区段浅层气富集。其中,南岸 10 千米滩涂区干湿交替,海上工程大部分为远岸作业,施工条件很差。为提高混凝土的抗腐蚀能力,杭州湾大桥针对不同部位采用了如下混凝土配合比,见表 4-33。

表 4-33 海上工程耐久混凝土典型配合比

部位	水胶比	每立方混凝土各种材料用量/kg							
		水泥	矿粉	粉煤灰	砂	石子	水	减水剂	阻锈剂
陆上桩基	0.36	165	124	124	754	960	149	4.13	/
海上桩基	0.31	264	/	216	753	997	150	5.76	/
陆上承台、墩身	0.36	170	85	170	742	1 024	153	4.25	/
海上承台	0.33	162	81	162	779	1 032	134	4.86	8.1
海上现浇墩身	0.345	126	168	126	735	1 068	145	5.04	8.4
海上预制墩身	0.31	180	90	180	779	1 032	139	5.4	9.0
箱梁	0.32	212	212	47	724	1 041	150	1.0	/

由表 4-33 可知,杭州湾大桥为保证混凝土的高耐久性,通过高效减水剂的使用实现了混凝土的低水胶比方案。同时为降低混凝土的水化热、提高其耐久性能,该方案还采用了粉煤灰

与矿粉复掺的方法,有效降低了混凝土中水泥用量。海工高性能混凝土实测性能见表 4-34。显然,针对杭州湾大桥所配制的高性能混凝土不仅具有良好的工作性,且抗裂性能优于普通混凝土,其氯离子扩散系数均满足设计要求。

表 4-34　　　　　　　　　　　　　海上工程耐久混凝土实测性能

部位	28 d 抗压强度/ MPa	84 d DRCV/ ($\times 10^{-12}$ $m^2 \cdot s^{-1}$)	坍落度/ cm	扩展度/ cm	抗裂性能
陆上桩基	39.3	1.37	21	43	良好
海上桩基	53.8	1.57	22	55	良好
陆上承台、墩身	39.3	1.21	21	42	良好
海上承台	57.4	0.73	18	/	良好
海上现浇墩身	56.0	0.68	18	55	良好
海上预制墩身	57.6	0.37	18	/	良好
箱梁	68.8	0.34	18	40	良好

4.6.2　自密实混凝土

对于密集配筋混凝土结构、异型混凝土结构(如拱形结构、变截面结构等)、薄壁混凝土结构、水下混凝土结构等,采用需振捣密实的普通混凝土已不能满足这些特殊结构的施工要求。近年来,自密实混凝土因其流动性大、无须振捣、能自动流平并密实的优异特性而得到快速的发展。

自密实混凝土(SCC)是指混凝土拌和物具有良好的工作性,即使在密集配筋条件下仅靠混凝土自重作用而无须振捣便能均匀密实成型的高性能混凝土。SCC 可用于难以浇筑甚至无法浇筑的结构,解决传统混凝土施工中的漏振、过振以及钢筋密集难以振捣等问题,可保证钢筋、预埋件、预应力孔道的位置不因振捣而移位。SCC 还可增加结构设计的自由度。同时,SCC 能大量利用工业废料做矿物掺合料,大幅度降低工人劳动强度,降低施工噪声,改善工作环境。

一、原材料

SCC 的组成材料包括砂、粗集料(最大粒径为 19～25 mm)、普通硅酸盐水泥或掺混合材的硅酸盐水泥、高效减水剂、增稠剂、粉状矿物外加剂等。

通常,根据防止离析和泌水采取的方法不同将 SCC 分为两种:一种是水泥等粉状材料用量高于 400 kg/m^3 的 SCC,一种是使用增稠剂(如水解淀粉、硅灰、超细无定形胶状硅酸)的SCC。前者通过提高粉状材料的用量提高拌和物的黏聚性,后者通过增稠剂提高黏聚性。SCC 中粒径小于 0.125 mm 的材料为粉料。除水泥外,SCC 用粉状材料包括惰性或半惰性填料(如石灰石粉、白云石粉)、火山灰质材料(如粉煤灰、硅灰)、水硬性材料(如磨细矿渣粉)。矿物填料的粒径宜小于 0.125 mm。

集料:配制 SCC 时应测试集料的含水率、吸水率、级配,集料使用前最好用水冲洗干净。粗集料的最大粒径主要取决于钢筋间距,通常为 12～20 mm。

二、配合比设计

与普通混凝土相比,SCC 的配合比具有粗集料用量低、浆体含量高、水粉比(水与粒径小

于 0.125 mm 固体粉料的质量比)低、高效减水剂掺量高、有时使用增稠剂等特点。其配合比设计的主要步骤如下:

1. 粗骨料的最大粒径和单位体积粗骨料量

(1)粗骨料最大粒径不宜大于 20 mm。

(2)单位体积粗骨料量可参照表 4-35 选用。

表 4-35 单位体积粗骨料量

混凝土自密实性能等级	一级	二级	三级
单位体积粗骨料绝对体积/m³	0.28~0.30	0.30~0.33	0.32~0.35

2. 单位体积用水量、水粉比和单位体积粉体量

(1)单位体积用水量、水粉比和单位体积粉体量的选择应根据粉体的种类和性质以及骨料的品质进行选定,并保证自密实混凝土所需要的性能。

(2)单位体积用水量宜为 155~180 kg。

(3)水粉比根据粉体的种类和掺量有所不同,按体积比宜取 0.80~1.15。

(4)根据单位体积用水量和水粉比计算得到单位体积粉体量。单位体积粉体量宜为 0.16~0.23 m³。

(5)自密实混凝土单位体积浆体量宜为 0.32~0.40 m³。

3. 含气量

自密实混凝土的含气量应根据粗骨料最大粒径、强度、混凝土结构的环境条件等因素确定,宜为 1.5%~4.0%。有抗冻性要求时应根据抗冻性确定新拌混凝土的含气量。

4. 单位体积细骨料量

单位体积细骨料量应由单位体积粉体量、骨料中粉体含量、单位体积粗骨料量、单位体积用水量和含气量确定。

5. 单位体积胶凝材料体积用量

单位体积胶凝材料体积用量可由单位体积粉体量减去惰性粉体掺和料体积量以及骨料中小于 0.075 mm 的粉体颗粒体积量确定。

6. 水灰比与理论体积水泥用量

应根据工程设计的强度计算出水灰比,并得到相应的理论单位体积水泥用量。

7. 实际单位体积活性矿物掺合料量和实际单位体积水泥用量

应根据活性矿物掺合料的种类和工程设计强度确定活性矿物掺合料的取代系数,然后通过胶凝材料体积用量、理论水泥用量和取代系数计算出实际单位体积活性矿物掺和料量和实际单位体积水泥用量。

8. 水胶比

应根据第 2、6、7 步计算得到的单位体积用水量、实际单位体积水泥用量以及单位体积活性矿物掺合料量计算出自密实混凝土的水胶比。

9. 外加剂掺量

高效减水剂和高性能减水剂等外加剂掺量应根据所需的自密实混凝土性能经过试配确定。

三、混凝土配合比调整与确定

自密实混凝土的配合比调整与确定应按下列要求进行:

1.验证新拌混凝土的质量

采用初期配合比进行试拌,验证该配合比是否满足新拌混凝土的性能要求。

2.根据新拌混凝土性能进行配合比调整

(1)当试拌混凝土不能达到所需要的新拌混凝土性能时,应对外加剂、单位体积用水量、单位体积粉体量(水粉比)和单位体积粗骨料量进行适当调整。如果性能要求中包括含气量,也应加以适当调整。

(2)当上述调整仍不能满足要求时,应对使用材料进行变更。当变更较难时,应对配合比重新进行综合分析,调整新拌混凝土性能目标值,重新设计配合比。

3.验证硬化混凝土质量

新拌混凝土性能满足要求后,应验证硬化混凝土性能是否符合设计要求。当不符合要求时,应对材料和配合比进行适当调整后,重新进行试拌和试验再次确认。

一般而言,SCC 配合比设计主要参数范围见表 4-36。

表 4-36　　　　　　　　　　　SCC 配合比设计主要参数范围

组分	典型的质量掺量范围/(kg·m^{-3})	典型的体积掺量范围/(L·m^{-3})
粉体	380～600	
浆体		300～380
水	150～210	150～210
粗集料	750～1 000	270～360
细集料(砂)	砂率(48%～55%)(质量比)	
水粉体积比		0.85～1.10

四、自密实混凝土性能

单位用水量或水灰比相同的条件下,由于 SCC 不需要振捣,浆体与集料的界面得到改善,SCC 的抗压强度略高于普通混凝土,SCC 的浆体与钢筋的黏结强度也比普通界面混凝土的黏结强度高。SCC 的强度发展规律与普通混凝土一致。普通 SCC 的水胶比为 0.45～0.50,28 d 抗压强度约为 40 MPa。通过调整水胶比和组成材料,可配制高强 SCC、轻质 SCC 和低热 SCC。

由于 SCC 浆体体积高于普通混凝土,SCC 的干燥收缩和温度收缩均高于普通混凝土,弹性模量则略低,徐变系数略高于同强度的普通混凝土。但用水量或水灰比相同时,SCC 的徐变系数略低于普通混凝土,由徐变和收缩引起的总变形则与普通混凝土接近。掺加有机纤维和钢纤维可降低 SCC 的早期塑性收缩和后期干燥收缩及提高韧性,但纤维的加入会降低 SCC 的工作性和间隙通过能力。SCC 的均匀性好,耐久性比普通混凝土强。SCC 的热膨胀系数与普通混凝土相同,为 10^{-13} $\mu\varepsilon$/K。

五、自密实混凝土性能测试

自密实混凝土的自密实性能包括流动性、抗离析性和填充性。可采用坍落扩展度试验、V 形漏斗试验(或 T50 试验)和 U 形箱试验进行检测。自密实混凝土性能等级分为三级,其指标应符合表 4-37 的要求,相关项目的检测方法可查询相应的技术规程。

表 4-37 自密实混凝土性能等级指标

性能等级	一级	二级	三级
U形箱试验填充高度/mm	320 以上(隔栅型障碍1型)	320 以上(隔栅型障碍2型)	320 以上(无障碍)
坍落扩展度/mm	700±50	650±50	600±50
T50/s	5～20	3～20	3～20
V形漏斗通过时间/s	10～25	7～25	4～25

自密实混凝土的使用应根据结构物的形状、尺寸、配筋状态等选用其等级。一般的钢筋混凝土结构物及构件可采用自密实性能等级二级。

一级:适用于钢筋的最小净间距为 35～60 mm、结构形状复杂、构件断面尺寸小的钢筋混凝土结构物及构件的浇筑。

二级:适用于钢筋的最小净间距为 60～200 mm 的钢筋混凝土结构物及构件的浇筑。

三级:适用于钢筋的最小净间距为 200 mm 以上、断面尺寸大、配筋量少的钢筋混凝土结构物及构件的浇筑,以及无筋结构物的浇筑。

六、自密实混凝土生产与运输

自密实混凝土与生产普通混凝土相比应适当延长搅拌时间,其投料顺序宜先投入细骨料、水泥及掺合料搅拌 20 s 后,再投入 2/3 的用水量和粗骨料搅拌 30 s 以上,然后加入剩余水量和外加剂搅拌 30 s 以上。冬季施工时,应先投入骨料和全部净用水量后搅拌 30 s 以上,然后再投入胶凝材料搅拌 30 s 以上,最后加外加剂搅拌 45 s 以上。

自密实混凝土生产过程中应测定骨料的含水率,每个工作班不应少于 2 次。当含水率有显著变化时,应增加测定次数,并应依据检测结果及时调整用水量和骨料用量,不得随意改变配合比。

自密实混凝土配合比使用过程中,应根据原材料的变化或混凝土质量动态信息及时进行调整。运输车在接料前应将车内残留的其他品种的混凝土清洗干净,并将车内积水排尽,严禁向车内的混凝土加水。

混凝土的运输时间应符合规定,未做规定时,宜在 90 min 内卸料完毕。当最高气温低于 25 ℃时,运送时间可延长 30 min。混凝土的初凝时间应根据运输时间和现场情况加以控制,当需延长运送时间时,应采用相应技术措施,并应通过试验验证。

自密实混凝土卸料前搅拌运输车应高速旋转 1 min 以上方可卸料。在混凝土卸料前,当需对混凝土扩展度进行调整时,加入外加剂后混凝土搅拌车应高速旋转 3 min,使混凝土均匀一致,经检验合格后方可卸料。外加剂的种类、掺量应事先试验确定。混凝土的运输速度应保证施工的连续性,并避免混凝土遗散。

七、自密实混凝土的应用

SCC 可用于密集配筋条件下的混凝土施工、结构加固与维修工程中混凝土的施工、钢管混凝土、大体积混凝土和水下混凝土施工,以及薄壁结构、拱形结构等形状复杂的钢筋混凝土的施工。

SGS 通标公司(风能技术中心)WETC 厂房设备基础项目是为配合绿色清洁能源——风力发电项目发展建设的,用于风力叶片性能试验的装置,可进行 75 m 风叶的实验。在亚洲独此一家,由德国一家公司设计。其设备基础上部结构为三个试验台,6.0 m×6.0 m×7.5 m 两个、6.0 m×6.0 m×6.9 m 一个。此设备基础对构件尺寸、预埋件及预留洞位置要求精密,因此必须降低混凝土的收缩和徐变确保结构尺寸的精确性。该试验台体积大,需要低水化热混凝土;混凝土强度高,强度等级为C70;钢筋密度大,间距为10～50 mm,施工中无法振捣,需要高流动性和高填充性,属大体积、高强、高性能混凝土。

为此,德国设计方对混凝土提出如下技术要求:

- C70 SCC自密实混凝土,混凝土龄期设为60 d;
- 水泥:低水化热水泥,水化热不大于270 kJ/kg;
- 混凝土扩展度Slumpflow:650～750 mm;
- V形漏斗试验V-funnel:7～20 sec;
- 60 d收缩率:≤600 $\mu\varepsilon$;
- 混凝土入模温度:<30 ℃;
- 弹性模量:>37 GPa;
- 含气量:1.5%～4.0%。

1.自密实混凝土原材料的选择

鉴于以上技术要求与混凝土浇筑部位的情况,选择如下原材料:

(1)水泥

选用28 d强度较高的P.O42.5水泥,且水化热低于270 kJ/kg。

天津水泥P.O42.5,具体性能指标见表4-38。

表4-38 水泥性能

厂家	品牌标号	细度/(kg·m^{-2})	初凝时间/h:s	终凝时间/h:s	抗压强度/MPa		抗折强度/MPa		稠度/%
					3 d	28 d	3 d	28 d	
Tj	P.O42.5	355	2:30	3:35	28.8	52.8	5.1	8.8	26.6

(2)掺合料

选用Ⅰ级粉煤灰和S95级矿粉作为混凝土矿物掺合料,其性能指标见表4-39和表4-40。

表4-39 粉煤灰性能

细度/%	烧失量/%	需水比/%	$w(SO_3)$/%	含水/%	R_2O/%	f_{cuo}
9.0	1.0	94	0	0.1	0.76	0

表4-40 矿粉性能

比表面积/m²	活性指数/%		密度/(g·m^{-3})	流动度比/%	烧失量/%	R_2O/%	$w(SO_3)$/%	CL$^-$
410	85	101	2.9	110	0.8	0.56	0.8	0.01

(3)硅灰

SiO_2>90%。

(4)骨料

为达到混凝土要求的弹性模量,采用5～16 mm的粗骨料,德国专家担心混凝土的流动性和填充性,提出使用5～8 mm骨料。但考虑较大的骨料尺寸有利于抑制混凝土的收缩,最终采用5～16 mm骨料作为粗骨料,采用细度模数为2.7～3.0的中砂作为细骨料,其性能指标见表4-41和表4-42。

表4-41 玄武岩5～16 mm级配

类目	16 mm	10 mm	6.7 mm	5 mm	2.5 mm	筛余/%	泥块含量/%	针片状含量/%
分计筛余/%	5.0	51.7	30.4	4.2	1.4	7.2	—	—
累计筛余/%	5.1	56.8	87.2	91.4	92.8	100	0.3	5.0

表 4-42 河砂级配

类目	4.74 mm	2.36 mm	1.25 mm	0.63 mm	0.315 mm	0.16 mm	筛余/%	细度模数	含泥量/%
分计筛余/%	2	2.6	5.6	14.0	71.8	3.4	0.6	—	—
累计筛余/%	2	4.6	10.2	24.2	96.0	99.4	100.0	2.3	0.5

（5）外加剂

采用西卡 SIKA 聚羧酸外加剂确保混凝土的流动性、填充性和减少混凝土的收缩。

2. 自密实混凝土配合比设计

为达到 SGS 通标公司提出的技术要求,确保产品品质和施工性能,采用不同原材料、不同混凝土初始温度、不同添加剂、不同胶凝材料等配合比试验,最终确定了自密实混凝土配合比,见表 4-43。同时,应甲方、监理和施工方的要求进行了两次现场模拟试验,如图 4-16 和图 4-17 所示,混凝土基本性能指标见表 4-44 和表 4-45。

表 4-43 自密实混凝土配合比及试验测试结果

P.O42.5 水泥	粒化高炉矿粉	1 级粉煤灰	硅灰	5～16 mm 骨料	江砂	聚羧酸外加剂	W/B
1	0.23	0.13	0.08	2.32	2.2	2.0%	0.30
初凝结时间	扩展度	V 形漏斗		3 d	7 d	28 d	60 d
12 h	680 mm	13 s		50 MPa	63 MPa	75 MPa	88 MPa

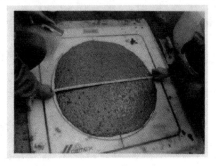

图 4-16 SCC 扩展度测试

图 4-17 自密实混凝土 V 形漏斗试验

表 4-44 现场混凝土工作性检测结果

P.O42.5 水泥	坍落扩展度/mm		含气量/%	混凝土温度/℃	V 形漏斗/s	
取样地点	站内	现场	现场	现场	站内	站外
第一次	650	700	1.5	23	17	14
第二次	640	680	1.5	19	17	13
第三次	630	670	1.5	22	13	17
第四次	640	683	1.5	21	16	15

表 4-45 现场混凝土强度检测结果

P.O42.5 水泥	混凝土强度/MPa						
	3 d	7 d	7 d	18 d	18 d	60 d	60 d
试块尺寸 (mm×mm)	100×100	100×100	150×150	100×100	150×150	100×100	150×150
第一次	53	68	72	87	89	95	96
第二次	44	66	62	85	86	97	95
第三次	56	70	71	86	87	93	96
平均	51	68	68	86	87	95	96

　　风能技术中心试验装置用 C70 自密实混凝土分 3 次浇筑,每次历时 16 h,浇筑混凝土养护 60 d 后,测试 3 次浇筑混凝土平均弹性模量为 45.3 GPa,轴心抗压强度为 77.6 MPa。混凝土各项性能指标全部达到甲方提出的技术要求,各项指标检测稳定,达到了预期效果。

4.6.3　轻混凝土

　　凡是表观密度不大于 1 950 kg/m³ 的混凝土称为轻混凝土。普通混凝土的主要弱点之一是自重大,而轻混凝土的主要优点就是轻,由于质轻,就带来了一系列的优良特性,使其在工程中应用可获得良好的技术性能和经济效益。轻混凝土质轻且力学性能良好,故特别适用于高层、大跨度和有抗震要求的建筑。

　　轻混凝土具有以下特点:

　　(1)质轻。轻混凝土与普通混凝土相比,其质量一般可减轻 1/4~3/4,甚至更多。

　　(2)保温性能良好。具有优良的保温能力,且兼具承重和保温双重功能。

　　(3)耐火性能良好。具有传热慢、热膨胀性小、不燃烧等特点。

　　(4)力学性能良好。力学性能接近普通混凝土,但其弹性模量较低,变形较大。

　　(5)易于加工。轻混凝土中,尤其是多孔混凝土,很容易钉入钉子和进行锯切。

　　轻混凝土按其表观密度减小的途径不同,可分为以下 3 种:

　　(1)轻骨料混凝土。采用表观密度较天然密实骨料小的轻质多孔骨料配制而成。

　　(2)大孔混凝土。不含细骨料,水泥浆只包裹粗骨料的表面,将其黏结成整体。

　　(3)多孔混凝土。混凝土中不含粗、细骨料,其内部充满大量细小的封闭气孔。

一、轻骨料混凝土

(一)轻骨料的种类及技术性质

1.轻骨料的种类

　　(1)按轻骨料的粒径大小可分为轻粗骨料和轻细骨料。粒径大于 5 mm,堆积密度不大于 1 100 kg/m³ 者,称为轻粗骨料;粒径不大于 5 mm,堆积密度不大于 1 200 kg/m³ 者,称为轻细骨料,又称轻砂。

　　(2)按轻骨料的性能可分为:超轻骨料,堆积密度不大于 500 kg/m³;普通轻骨料,堆积密度大于 510 kg/m³;高强轻骨料,强度标号不小于 25 MPa 的结构用轻粗骨料。

　　(3)按轻骨料的产源可分为:工业废渣轻骨料,如粉煤灰陶粒、自燃煤矸石、膨胀矿渣珠、煤渣及其轻砂;天然轻骨料,如浮石、沸石、火山渣及其轻砂;人造轻骨料,如页岩陶粒、黏土陶粒、膨胀珍珠岩及其轻砂。

2.轻骨料的技术性质及要求

　　对轻骨料的技术性质,除了要求其有害物质含量和耐久性符合规定外,主要要求其堆积密度和颗粒级配应符合要求。轻粗骨料还应符合规定的强度和吸水率要求。轻骨料按其堆积密度划分密度等级,其指标要求列于表 4-46。

表 4-46　　　　　　　　　　　　　　　　轻骨料的密度等级

密度等级		堆积密度范围/(kg·m⁻³)
轻粗骨料	轻细骨料	
200	—	110~200
300	—	210~300
400	—	310~400
500	500	410~500

密度等级		堆积密度范围/(kg·m⁻³)
轻粗骨料	轻细骨料	堆积密度范围/(kg · m⁻³)
600	600	510～600
700	700	610～700
800	800	710～800
900	900	810～900
1 000	1 000	910～1 000
1 100	1 100	1 010～1 100
—	1 200	1 110～1 200

轻粗骨料和轻细骨料的颗粒级配应符合表 4-47 的要求。

表 4-47　　　　　　　　　轻骨料的颗粒级配

编号	轻骨料种类	级配类别	公称粒级/mm	各号筛的累计筛余(按质量计)/%										
				筛孔尺寸/mm										
				40.0	31.5	20.0	16.0	10.0	5.0	2.50	1.25	0.630	0.315	0.160
1	细骨料		0～5					0	0～10	0～35	20～60	30～80	65～90	75～100
2	粗骨料	连续粒级	5～40	0～10	—	40～60	—	50～85	90～100	95～100	—	—	—	—
3			5～31.5	0～5	0～10	—	40～75	—	90～100	95～100	—	—	—	—
4			5～20	—	0～5	0～10	—	40～80	90～100	95～100	—	—	—	—
5			5～16	—	—	0～5	0～10	20～60	85～100	95～100	—	—	—	—
6			5～10	—	—	—	0	0～15	80～100	95～100	—	—	—	—
7		单粒级	10～16	—	—	0	0～15	85～100	90～100	—	—	—	—	—

注:公称粒级的上限为该粒级的最大粒径。

　　轻粗骨料的强度对其混凝土的强度有很大影响。按标准规定,对于超轻骨料和普通轻骨料,采用筒压法测定轻粗骨料的筒压强度。将轻粗骨料装入带底的圆筒内,上面加冲压模,取冲压模压入深度为 20 mm 时的压力值,除以承压面积(10 000 mm²),即该轻粗骨料的筒压强度值。

　　普通轻粗骨料的筒压强度应不低于表 4-48 的规定。

表 4-48　　　　　　　　　普通轻粗骨料的筒压强度

轻骨料品种	密度等级	筒压强度/MPa		
		优等品	一等品	合格品
黏土陶粒、页岩陶粒、粉煤灰陶粒	600	3.0	2.0	
	700	4.0	3.0	
	800	5.0	4.0	
	900	6.0	5.0	
浮石、火山渣、煤渣	600	—	1.0	0.8
	700	—	1.2	1.0
	800	—	1.5	1.2
	900	—	1.8	1.5
自然煤矸石、膨胀矿渣珠	900	—	3.5	3.0
	1 000	—	4.0	3.5
	1 100	—	4.5	4.0

轻粗骨料的强度标号是采用混凝土试验方法测定轻粗骨料的强度。它是将轻粗骨料配制成混凝土,通过混凝土强度的测定,间接求出该轻粗骨料在混凝土中的实际强度值。它表示该轻骨料用于配制混凝土时,所得混凝土合理强度的范围。例如,强度标号为 25 MPa 的轻骨料适宜用于配制 LC25 的轻骨料混凝土。

轻骨料的吸水率一般都比普通砂石大,采用干燥的轻粗骨料时,会导致施工中混凝土拌和物的坍落度损失较大,并将影响混凝土中水灰比。对轻砂和天然轻粗骨料的吸水率不做规定,其他轻粗骨料的 1 h 吸水率都有一定的要求,具体指标见表 4-49。

表 4-49   **高强轻粗骨料的筒压强度和强度标号**

密度等级	高压强度/MPa	强度标号
600	4.0	25
700	5.0	30
800	6.0	35
900	6.5	40

(二)轻骨料混凝土的种类及等级

轻骨料混凝土可分为全轻混凝土、砂轻混凝土、大孔轻骨料混凝土和次轻混凝土。全轻混凝土的粗、细骨料均为轻骨料;砂轻混凝土是以普通砂作为细骨料;大孔轻骨料混凝土是由轻粗骨料与水泥、水配制的无砂或少砂混凝土;次轻混凝土是在轻骨料中掺入部分普通粗骨料的混凝土,其表观密度大于 1 950 kg/m³,小于 2 300 kg/m³。

由于轻骨料品种繁多,故轻骨料混凝土常以其所用轻骨料命名,如粉煤灰陶粒混凝土、黏土陶粒混凝土、页岩陶粒混凝土、浮石混凝土等。

轻骨料混凝土的强度等级,按其立方体抗压强度标准值划分为 LC5.0、LC7.5、LC10、LC15、LC20、LC25、LC30、LC35、LC40、LC45、LC50、LC55 和 LC60 十三个等级。轻骨料混凝土又按其表观密度划分为十四个密度等级,见表 4-50。

表 4-50   **轻骨料混凝土的密度等级**

密度等级	表观密度的变化范围/(kg·m⁻³)	密度等级	表观密度的变化范围/(kg·m⁻³)
600	560~650	1 300	1 260~1 350
700	660~750	1 400	1 360~1 450
800	760~850	1 500	1 460~1 550
900	860~950	1 600	1 560~1 650
1 000	960~1 050	1 700	1 660~1 750
1 100	1 060~1 150	1 800	1 760~1 850
1 200	1 160~1 250	1 900	1 860~1 950

(三)轻骨料混凝土的特性

1.轻骨料混凝土的表观密度较小而强度较高。轻骨料混凝土的表观密度主要取决于其所用轻骨料的表观密度和用量。而轻骨料混凝土的强度影响因素很多,除了与普通混凝土相同的以外,轻骨料的性质(强度、堆积密度、颗粒形状、吸水性等)和用量也是重要的影响因素。尤其当轻骨料混凝土的强度较高时,混凝土的破坏是由轻骨料本身先遭到破坏开始,然后导致混凝土呈脆性破坏。这时,即使混凝土中水泥用量再增加,混凝土的强度也提高较少,甚至不会再提高。当用轻砂取代普通砂配制全轻混凝土时,虽然可以降低混凝土的表观密度,但强度也将随之下降。低、中强度等级的轻骨料混凝土抗拉强度与相同强度等级的普通混凝土很接近。当强度等级高时,其抗拉强度要比后者小。

2. 轻骨料混凝土的变形比普通混凝土大,因此其弹性模量较小,一般为同强度等级普通混凝土的30%～70%。这有利于控制建筑构件温度裂缝的发展,也有利于改善建筑物的抗震性能和抵抗动荷载的作用。增大轻骨料混凝土的砂率可使弹性模量提高。

3. 轻骨料混凝土的收缩和徐变变形分别比普通混凝土大20%～50%和30%～60%,热膨胀系数比普通混凝土小20%左右。

4. 轻骨料混凝土具有优良的保温性能。当其表观密度为 1 000 g/m³,导热系数为 0.28 W/(m·K),表观密度分别为 1 400 g/m³ 和 1 800 kg/m³ 时,相应的导热系数为 0.49 W/(m·K)和0.87 W/(m·K)。当含水率增加时,导热系数将随之增大。

5. 轻骨料混凝土具有良好的抗渗性、抗冻性和耐火性等耐久性能。

(四)轻骨料混凝土的应用

轻骨料混凝土适用于高层和多层建筑、软土地基、大跨度结构、耐火等级要求高的建筑、有节能要求的建筑、抗震结构、漂浮式结构、旧建筑的加层等。各种用途的轻骨料混凝土强度等级和密度等级的要求见表4-51。

表 4-51   轻骨料混凝土用途及其对强度等级和密度等级的要求

混凝土名称	用　　途	强度等级合理范围	密度等级合理范围
保温轻骨料混凝土	主要用于保温的围护结构成熟工构筑物	LC5.0	800
结构保温轻骨料混凝土	主要用于既承重又保温的围护结构	LC5.0～LC15	800～1 400
结构轻骨料混凝土	主要用作承重构件或构筑物	LC15～LC60	1 400～1 900

必须指出,采用轻骨料混凝土不一定都有经济效益,只有在使用中充分发挥轻骨料混凝土技术性能的特点、扬长避短和因地制宜,才能在技术上和经济上获得显著效益。

(五)轻骨料混凝土配合比设计

由于轻骨料种类繁多,性质差异很大,加之轻骨料本身的强度对混凝土强度又有较大影响,故至今尚无像普通混凝土那样的强度计算公式。为此,对轻骨料混凝土配合比的设计,大多是参考普通混凝土配合比的设计方法,并结合轻骨料混凝土的特点,更多的是依靠经验和通过试验、试配来确定。

1. 配合比设计的基本要求

轻骨料混凝土配合比设计的基本要求,除了考虑和易性、强度、耐久性和经济性这四方面以外,还应满足表观密度的要求。在满足强度和耐久性的前提下,应尽量少用水泥,水泥用量增加不但使成本提高,而且使混凝土的表观密度显著增大。

2. 轻骨料的选用

轻骨料应根据混凝土要求的强度等级和表观密度,选用相应的密度等级和强度标号(或相应筒压强度)的轻骨料。保温和结构保温轻骨料混凝土用的轻骨料最大粒径不宜大于40 mm;结构轻骨料混凝土用的轻骨料最大粒径不宜大于 20 mm。

3. 水泥用量的确定

水泥用量与所用的水泥强度等级和轻骨料密度等级有关,一般可参考表4-52确定。因轻骨料强度较低,故水泥用量比普通混凝土相对要多一些。

表 4-52　　　　　　　　　　　　　　轻骨料混凝土的水泥用量　　　　　　　　　　　　　　kg·m³

混凝土试配强度/MPa	轻骨料密度等级						
	400	500	600	700	800	900	1 000
<5.0	260～320	250～300	230～280				
5.0～7.5	280～360	260～340	240～320	220～300			
7.5～10		280～370	260～350	240～320			
10～15			280～380	260～340	240～330		
15～20			300～400	280～380	270～370	260～360	250～350
20～25				330～400	320～390	310～380	300～370
25～30				380～450	370～440	360～430	350～420
30～40				420～500	390～490	380～480	370～470
40～50					430～530	420～520	410～510
50～60					450～550	440～540	430～530

注:1.横线以上为采用强度等级为 32.5 水泥时的用量,横线以下为采用强度等级为 42.5 水泥时的用量;

　　2.下限值适用于回球型和普通型轻粗骨料,上限值适用于碎石型轻粗骨料及全轻混凝土;

　　3.最高水泥用量不宜超过 550 kg·m³。

4. 用水量确定

由于轻骨料具有吸水特性,因此加在混凝土中的一部分水被轻骨料吸收,余下部分才供水泥水化和起润滑作用。混凝土的总用水量中被轻骨料吸收的那部分水称为"附加水量",其余部分则称为"净用水量"。净用水量应根据混凝土和易性要求来确定,由于不同品种的轻骨料颗粒形状和表面特征不同,所以满足和易性要求的净用水量波动幅度较大,设计配合比时,可参考表 4-53 取用。附加水量应根据轻骨料用量乘以轻骨料 1 h 吸水率求得。当采用预湿饱和轻骨料时,则可不考虑附加水量。

表 4-53　　　　　　　　　　　　　　轻骨料混凝土的净用水量

轻骨料混凝土用途	稠　度		净用水量/(kg·m⁻³)
	维勃稠度/s	坍落度/mm	
预制构件及制品:			
(1)振动加压成型	10～20	—	45～140
(2)振动合成型	5～10	0～10	140～180
(3)振捣棒或平板振动器振实	—	30～80	165～215
现浇混凝土:			
(1)机械振捣	—	50～100	180～225
(2)人工捣实或配筋密集	—	≥80	200～230

注:1.表中值适用于回球型和普通型轻粗骨料,碎石型轻粗骨料宜增加 10 kg 左右的用水量;

　　2.掺加外加剂时,宜按其藏水率适当减少用水量,并按施工稠度要求进行调整;

　　3.表中值适用于轻砂混凝土;若采用轻砂时,宜取轻砂 1 h 吸水率为附加水量;若无轻砂吸水率数据时,可适当增加用水量,并按施工稠度要求进行调整。

5. 最大水灰比和最小水泥用量限值

为保证轻骨料混凝土的耐久性,其最大水灰比和最小水泥用量应符合表 4-54 的规定。

表 4-54　　　　　　　　　　　轻骨料混凝土的最大水灰比和最小水泥用量

混凝土所处的环境条件	最大水灰比	最小水泥用量/(kg·m⁻³)	
		配筋混凝土	素混凝土
不受风雪影响的混凝土	不做规定	270	250
受风雪影响的露天混凝土,位于水中及水位升降范围和潮湿环境中的混凝土	0.50	325	300
寒冷地区位于水位升降范围内和受水压或除水盐作用的混凝土	0.45	375	350
寒冷地区位于水位升降范围内和受硫酸盐、除冰盐等腐蚀的混凝	0.40	400	375

注:1.寒冷地区指最寒冷月份的月平均温度低于-15 ℃者;

　　2.水泥用量不包括掺合料;

　　3.寒冷地区用的轻骨料混凝土应掺入引气剂,其含气量宜为 5%～8%。

6.粗、细骨料用量的确定

轻骨料混凝土粗、细骨料用量的计算有绝对体积法和松散体积法两种。具体方法如下：绝对体积法是将每立方米混凝土的体积减去水泥和水的绝对体积，求得每立方米混凝土中粗、细骨料所占的绝对体积。然后根据砂率（按体积计）分别求得粗、细骨料的绝对体积，再乘以各自的表观密度则可求得粗、细骨料的用量。

松散体积法是先确定每立方米混凝土的粗、细骨料总体积（自然状态下轻粗骨料和细骨料的松散体积之和）。采用普通砂时，每立方米混凝土中粗、细骨料的总体积可取 1.10～1.60 m³；采用轻砂时，可取 1.25～1.65 m³。然后再按体积砂率求得粗、细骨料的松散体积，再根据各自的堆积密度求得其用量。轻骨料混凝土的体积砂率可按表 4-55 选用。

表 4-55 轻骨料混凝土的砂率

轻骨料混凝土的用途	细骨料种类	体积砂率/%
预制构件	轻砂	35～50
	普通砂	30～40
现浇混凝土	普通砂	35～45

（六）轻骨料混凝土施工注意事项

由于轻骨料的密度小，吸水性大，故在施工中应注意以下几方面的问题：

1.施工时，可以采用干燥轻骨料，也可以将轻粗骨料预湿至饱和。采用预湿骨料拌制而成的拌和物，其和易性和水灰比均较稳定，采用干燥骨料则可省去预湿处理的工序。当轻骨料露天堆放时，受气候影响而使其含水率变化较大，施工中必须及时测定骨料含水率和调整加水量。如拌和物自搅拌后到浇灌成型的时间间隔过长，则其和易性将显著降低。

2.混凝土拌和物中的轻骨料容易上浮，不易拌匀。所以应选用强制式搅拌机，搅拌时间宜比普通混凝土略长。

3.由于轻骨料混凝土的表观密度较普通混凝土小，故对于和易性相同的这两种混凝土拌和物，前者的坍落度要小于后者。因此施工中应防止外观判断的错觉而随意增加用水量。

4.浇灌成型时，振捣时间应适宜，以防止轻骨料上浮，造成分层现象，最好采用加压振动成型工艺。

5.轻骨料混凝土易产生干缩裂缝，所以早期必须很好地进行保潮养护，当采用蒸汽养护时，静停时间不宜少于 2 h。

二、大孔混凝土

（一）大孔混凝土的种类及骨料

大孔混凝土中无细骨料，按其所用粗骨料的品种可分为普通大孔混凝土和轻骨料大孔混凝土两类。普通大孔混凝土是用碎石、卵石、重矿渣等配制而成。轻骨料大孔混凝土则是用陶粒、浮石、碎砖、煤渣等配制而成。有时为了提高大孔混凝土的强度，也可掺入少量细骨料，这种混凝土称为少砂混凝土。

（二）大孔混凝土的特性和应用

普通大孔混凝土的表观密度在 1 500～1 900 kg/m³，抗压强度为 3.5～10 MPa。轻骨料大孔混凝土的表观密度在 500～1 500 kg/m³，抗压强度为 1.5～7.5 MPa。

大孔混凝土的导热系数小，保温性能好，吸湿性小。收缩一般较普通混凝土小 30％～

50%,抗冻性可达 15～20 次冻融循环。

大孔混凝土宜采用单一粒级的粗骨料,如粒径为 10～20 mm 或 10～30 mm。不允许采用小于 5 mm 和大于 40 mm 的骨料。水泥宜采用强度等级为 32.5 或 42.5 级的水泥。水灰比(对轻骨料大孔混凝土为净用水量的水灰比)可在 0.30～0.42 取用,应以水泥浆能均匀包裹在骨料表面而不流淌为准。

大孔混凝土适用于制作墙体用小型空心砌块和各种板材,也可用于现浇墙体。普通大孔混凝土还可制成滤水管、滤水板等,广泛用于市政工程。

三、多孔混凝土

(一)多孔混凝土的种类及主要特性

根据制造原理,多孔混凝土可分为加气混凝土和泡沫混凝土两种。近年来,也有用压缩空气经过充气介质弥散成大量微小气泡,均匀地分散在料浆中而形成多孔结构,这种多孔混凝土称为充气混凝土。

根据养护方法不同,多孔混凝土可分为蒸压多孔混凝土和非蒸压(蒸养或自然养护)多孔混凝土两种。由于蒸压加气混凝土在生产上有较多优越性,以及可以更多地利用工业废渣,故近年来发展应用较为迅速。

多孔混凝土质轻,其表观密度不超过 1 000 kg/m³,通常在 300～800 kg/m³,保温性能优良,其导热系数随其表观密度降低而减小,一般为 0.09～0.17 W/(m·K),可加工性好,它可锯、可刨、可钉、可钻,并可用胶黏剂黏结。因此其外形尺寸可以灵活掌握,受模型的限制较少。

(二)蒸压加气混凝土

蒸压加气混凝土是以钙质材料(水泥、石灰)、硅质材料(石英砂、尾矿粉、粉煤灰、粒状高炉矿渣、页岩等)和适量加气剂为原料,经过磨细、配料、搅拌、浇筑、切割和蒸压养护(在压力为 0.8 MPa 或 1.5 MPa 下养护 6～8 h)等工序生产而成的。

加气剂一般采用铝粉,它在加气混凝土料浆中,与钙质材料中的氢氧化钙发生化学反应而放出氢气,形成气泡,使料浆形成多孔结构。其化学反应方程为

$$2Al+3Ca(OH)_2+6H_2O=3CaO \cdot Al_2O_3 \cdot 6H_2O+3H_2 \uparrow$$

除铝粉外,也可采用过氧化氢、碳化钙、漂白粉等作为加气剂。

蒸压加气混凝土通常是在工厂预制成砌块或条板等制品。蒸压加气混凝土砌块按其强度和体积密度划分为七个强度等级和六个密度等级。蒸压加气混凝土砌块适用于承重和非承重的内墙和外墙。加气混凝土条板可用于工业和民用建筑中,作为承重和保温合一的屋面板和墙板。条板均配有钢筋,钢筋必须预先经防锈处理。另外,可用加气混凝土和普通混凝土预制成复合墙板,用作外墙板。蒸压加气混凝土还可做成各种保温制品(如管道保温壳等)。

蒸压加气混凝土的吸水率高,且强度较低,所以其所用砌筑砂浆及抹面砂浆与砌筑砖墙时不同,需专门配制。墙体外表面必须做饰面处理,门窗的固定方法也与砖墙不同。

(三)泡沫混凝土

泡沫混凝土是将由水泥等拌制的料浆与由泡沫剂搅拌而成的泡沫混合搅拌,再经浇筑、养护硬化而成的多孔混凝土。

泡沫剂是泡沫混凝土的重要组分,通常采用松香胶和水解牲血做泡沫剂。松香胶泡沫剂是用烧碱加水溶入松香粉,再与溶化的胶液(皮胶或骨胶)搅拌制成浓松香胶液。使用时用温水稀释,经强力搅拌即形成稳定的泡沫。水解牲血是用动物血加苛性钠、盐酸、硫酸亚铁、水等

配成,使用时经稀释形成稳定的泡沫。

配制自然养护的泡沫混凝土时,水泥强度等级不宜低于32.5,否则强度太低。当生产中采用蒸气养护或蒸压养护时,不仅可缩短养护时间,且能提高强度,还能掺用粉煤灰、煤渣或矿渣等工业废渣,以节省水泥,甚至可以全部利用工业废渣代替水泥。如以粉煤灰、石灰、石膏等为胶凝材料,再经蒸压养护,制成蒸压泡沫混凝土。

泡沫混凝土的技术性质和应用与相同体积密度的加气混凝土大体相同。其生产工艺,除发泡和搅拌与加气混凝土不同外,其余基本相似。泡沫混凝土还可在现场直接浇筑,用作屋面保温层。

4.6.4 橡胶集料混凝土

一、橡胶集料混凝土简介

橡胶集料混凝土(Crumb Rubber Concrete 或称作 Rubberized Concrete)是一种把橡胶颗粒作为水泥混凝土的组成材料配制而成的特种混凝土,橡胶集料混凝土又称为橡胶混凝土或弹性混凝土。橡胶集料是由废旧汽车轮胎和卡车轮胎经破碎而制成的。

近几十年,随着对建筑高度和跨度需求的不断增加,混凝土的强度等级已被提高至100 MPa以上。然而,混凝土强度的提高是以牺牲混凝土的延性为代价的。将橡胶颗粒掺入混凝土,可以改善混凝土的脆性,提高混凝土的抗开裂性能。除此之外,橡胶集料混凝土还具有质量轻、韧性高、抗冲击性强、吸声性好等优点。进入20世纪后随着汽车工业的迅速发展,尤其是我国近年汽车工业发展迅猛,使得废旧轮胎问题所带来的压力越来越大。废旧轮胎被称为"黑色污染",是固体废弃物中的一种,在固体废弃物排行榜上高居第二位,其回收和处理技术一直是世界性难题,也是环境保护的难题。废旧轮胎大量堆积,不易降解,其固体形态难以破坏,随着时间延长,填埋和堆放地成为蚊蝇的滋生场所,污染环境,传染疾病,并极易引起火灾,造成第二次公害。橡胶集料混凝土所采用的原材料主要来自废旧轮胎,以每条废旧轮胎可产生5 kg橡胶颗粒计算,每立方米橡胶集料混凝土可以消耗10~25条废旧轮胎。理论上,只要在10%的混凝土中每立方米混凝土里可掺入100 kg橡胶颗粒,所有的废旧轮胎问题就能得到解决,这对治理废旧轮胎、保护日益紧张的土地是非常行之有效的方法。

二、橡胶集料混凝土的原材料和配合比设计方法

橡胶集料混凝土的原材料包括普通硅酸盐水泥或掺混合材的硅酸盐水泥、砂、粗集料、橡胶颗粒、高效减水剂和其他外加剂等。

橡胶集料一般仅从尺寸上加以区分,就目前的研究及应用情况,橡胶集料根据其粒径大小可大致分为三类,见表4-56。相应的橡胶颗粒和橡胶混凝土如图4-18所示。

表4-56 三类橡胶集料和相应的橡胶集料混凝土

橡胶形状	粒径/mm	表观密度/(g·cm⁻³)	混凝土
橡胶块	4.75~40.00		橡胶粗集料混凝土
橡胶颗粒	0.85~4.75	0.65~1.20	橡胶细集料混凝土
橡胶粉	0.43~0.13		橡胶微集料混凝土

(a)橡胶粗集料

(b)橡胶粗集料混凝土

(c)橡胶细集料

(d)橡胶细集料混凝土

(e)橡胶微集料

(f)橡胶微集料混凝土

图 4-18 橡胶颗粒和橡胶混凝土

橡胶集料混凝土配合比的设计方法有如下几种：橡胶颗粒等体积替代细骨料；橡胶颗粒等体积替代粗骨料；橡胶颗粒等体积替代粗、细骨料；橡胶颗粒等体积外掺。目前工程上常用的橡胶混凝土配合比一般是使用粒径为 $1\sim2\ \text{mm}$ 的橡胶颗粒，采用橡胶等体积替代细骨料的方法进行橡胶集料混凝土配合比设计。橡胶细集料混凝土可以用细骨料体积率替代砂率来衡量细、粗骨料的关系。具体计算方法如下：

砂率是指拌和物中砂的质量占砂和石总质量的百分率，即

$$S_\text{p}=\frac{m_\text{s}}{m_\text{s}+m_\text{g}}\times100\%\tag{4-40}$$

式 4-40 可以表示为体积百分比，即

$$S_\text{p}=\frac{m_\text{s}/\rho_\text{s}}{\dfrac{m_\text{s}}{\rho_\text{s}}+\dfrac{m_\text{g}}{\rho_\text{g}}}\times100\%=\frac{V_\text{s}}{V_\text{s}+V_\text{g}}\times100\%\tag{4-41}$$

混凝土中掺加橡胶颗粒后，可以把橡胶看作细骨料，在衡量细、粗骨料的关系时用细骨料体积率表示，即

$$S_\text{p}'=\frac{\dfrac{m_\text{s}}{\rho_\text{s}}+\dfrac{m_\text{r}}{\rho_\text{r}}}{\dfrac{m_\text{s}}{\rho_\text{s}}+\dfrac{m_\text{r}}{\rho_\text{r}}+\dfrac{m_\text{g}}{\rho_\text{g}}}\times100\%\tag{4-42}$$

式中　m_s、ρ_s——砂的质量(kg)、密度(g/cm³)；

　　　m_g、ρ_g——石的质量(kg)、密度(g/cm³)；

　　　m_r、ρ_r——橡胶微粒的质量(kg)、密度(g/cm³)。

例如：当掺加橡胶微粒 $50\ \text{kg/m}^3$，$m_\text{s}=503\ \text{kg/m}^3$，$m_\text{g}=1\ 174\ \text{kg/m}^3$，$m_\text{r}=50\ \text{kg/m}^3$，$\rho_\text{s}=2.61\ \text{g/cm}^3$，$\rho_\text{g}=2.65\ \text{g/cm}^3$，$\rho_\text{r}=1.02\ \text{g/cm}^3$，则细骨料体积率为

$$S_\text{p}'=\frac{\dfrac{503}{2.61}+\dfrac{50}{1.02}}{\dfrac{503}{2.61}+\dfrac{50}{1.02}+\dfrac{1\ 174}{2.65}}\times100\%=35\%$$

三、橡胶集料混凝土基本性能

1. 拌和物基本性能

新拌水泥基材料的流动性能是衡量其工作性能的重要指标,大量学者对其进行了细致的研究。国外学者 Tayfun Uyguno. lu、Andressa F. Angelin 和 D. RAGHAVAN 等研究了橡胶对水泥砂浆流动性的影响,马来西亚学者 Farah Nora Aznieta Abd. Aziz 研究了橡胶对轻骨料水泥砂浆的流动性的影响,Moncef Nehdi、M. A. Aiello 研究了橡胶对混凝土流动性的影响。但是这些研究结果不具有一致性,有些研究认为橡胶的掺入可以改善橡胶水泥基材料拌和物的流动性,但是另一部分研究认为橡胶的掺入会降低水泥基材料的流动性。分析这一现象产生的原因在于,各项研究中使用的橡胶在形状、粒径和制作方法上各不相同,配合比和搅拌方法也不一致,因此试验结果有较大的差异。一般来讲橡胶颗粒的粒径和掺量都会对拌和物的流动性产生影响。相同橡胶掺量下,由于橡胶粒径的降低,橡胶表面积增大,因此包裹橡胶所需要的水泥浆数量增大,这将导致用于润滑的水泥浆量减少,致使橡胶混凝土的流动性降低。

2. 基本力学性能

对于橡胶水泥基材料的基本力学性能,国内外学者已经进行了一系列的细致研究。这些研究都得出了一致的结论:橡胶的掺入虽然降低了混凝土材料的力学强度,但是改善了水泥基材料的脆性。橡胶混凝土受压和弯拉破坏时具有较大的变形,即提高了弹性,因此橡胶混凝土也被称作弹性混凝土。如图 4-19 所示为普通混凝土和橡胶集料混凝土受压破坏试验,从图 4-19 中可以看出,橡胶集料混凝土具有"裂而不散"的特点,这也是橡胶集料混凝土最主要的优点。图 4-20 所示为普通混凝土和橡胶集料混凝土弯拉试验结果,从图 4-20 中可以看出,橡胶的掺入会降低混凝土材料的强度,但是可以提高材料的变形性能。

(a)素混凝土   (b)橡胶掺量 25%   (c)橡胶掺量 50%

图 4-19　普通混凝土和橡胶集料混凝土受压破坏试验

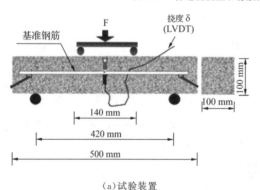
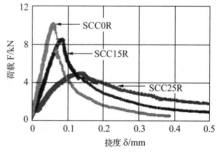

(a)试验装置   (b)荷载-挠度曲线

图 4-20　普通混凝土和橡胶集料混凝土弯拉试验结果

3. 长期工作性能

对于橡胶水泥基材料的耐久性,学者们从材料的收缩、开裂、吸水性、抗渗性、抗冻性、耐磨性和抗冲击性能等方面进行了大量的研究。研究表明橡胶的掺入会增加水泥基材料的自由收缩量,如图 4-21 所示,但是可以改善混凝土的抗开裂性能。

马来西亚学者 Mustafa Maher Al-Tayeb 使用 5.15 kg 的落锤从 900 mm 高处冲击橡胶混凝土小梁并记录小梁从初裂到最终破坏的受冲击次数,以此研究了橡胶对水泥混凝土抗冲击性能的影响。研究结果表明,橡胶的掺入改善了混凝土的抗冲击性能。

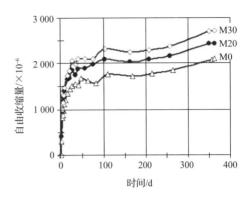

图 4-21 橡胶、水泥、砂浆自由收缩试验结果

印度学者 Sarbjeet Singh 研究了橡胶对混凝土抗水渗透性的影响。试验结果表明,橡胶的掺入提高了混凝土的耐水渗透性能。国内学者许金余研究了橡胶粉对混凝土抗渗性和抗冻性的影响。研究结果表明,橡胶粉粒径为 20 目、40 目,掺量在 $50\sim100$ L/m^3 的橡胶粉对混凝土的抗渗性提高最多;胶粉的粒径越小,对橡胶混凝土抗冻性的改善效果越明显;当橡胶粉掺量小于 100 L/m^3 时,混凝土的抗冻性可以得到改善。马昆林研究了橡胶颗粒对自密实混凝土抗氯离子渗透性、抗冻性和抗硫酸盐干湿循环性能的影响。研究结果表明,当橡胶取代量小于 10% 时,可以提高混凝土在冻融循环中的动弹模,且抗硫酸盐干湿循环性能不显著降低,橡胶的掺入降低了自密实混凝土 28 d 的电通量,提高了其抗氯离子渗透性能。

国内有学者对橡胶混凝土进行了三点弯拉疲劳性能的研究。研究结果表明,橡胶的掺入虽然降低了混凝土的抗压强度,但改善了混凝土的疲劳性能,提高了使用寿命。还有学者研究了橡胶混凝土的疲劳损伤。研究结果表明,橡胶混凝土中声发射信号的强度和活度均低于同应力水平的普通混凝土,说明橡胶混凝土具有优异的疲劳性能。

对于橡胶混凝土的耐久性国内外学者已经做了大量的研究。这些研究结果存在一定的差异,但是总体结论基本一致,即橡胶的掺入可以改善水泥基材料的耐久性,且一般建议橡胶掺量不超过 20%。

四、橡胶集料混凝土的工程应用

1999 年 2 月,美国亚利桑那州立大学校园内建造了一段橡胶集料混凝土人行道,是世界上第一个可以应用的橡胶集料混凝土人行道。这段人行道,引起了工程界的广泛兴趣。2003 年 10 月,亚利桑那州交通部及其他单位在美国亚利桑那州建筑了多个橡胶混凝土试验项目,包括停车泊位、网球场和房基,其中网球场施工现场如图 4-22 所示。2000 年在西班牙 Gudino,采用橡胶集料混凝土建造了一条重载路面。这是橡胶集料混凝土最早的工程应用。

图 4-22 网球场施工现场

国内最早的橡胶水泥基材料工程应用是朱涵教授于 2005 年修建的青-银河北栾城段高速

公路收费站的路面铺装工程。施工过程和修建完成的路面如图4-23所示。2006年,朱涵教授在天津武清区200户东口桥上使用橡胶集料混凝土作为桥面的铺装混凝土。桥为东西向三跨混凝土梁桥,全长为24 m,每跨为8 m,桥面宽为8 m,其中铺装层净宽为7 m,桥面净面积为168 m²。橡胶集料混凝土铺装层的设计铺设厚度为12 cm。这是国内第一次将橡胶集料混凝土用在桥面铺装层上。经过十多年的使用和监测,发现橡胶混凝土路面几乎没有发生开裂,仅有数条极小的微裂纹,其使用状况远好于临近的普通混凝土路面。

(a)施工过程   (b)修建完成的路面

图4-23 青-银河北栾城段高速公路收费站的路面铺装工程

五、橡胶混凝土的应用前景和发展趋势

实践表明,较高的强度和高耐久性以及低容重等特性是橡胶集料混凝土在道路工程应用上的最大优势。随着现代高等级公路的发展,橡胶集料混凝土与沥青混凝土一样,将成为高等级路面的主要建筑材料。比起普通水泥混凝土,橡胶集料混凝土具有质量轻,韧性高,能量吸收强,抗裂性优,隔音、隔热、抗震能力强的工程性能。这些性能决定了橡胶细集料混凝土在多层建筑的墙板和楼板上的应用也很有前途。在中国,多层、高层建筑室内隔音不好的问题已成为市场关注的重点。随着生活水平的提高,业主对隔音问题会越来越重视。橡胶细集料混凝土楼板显然代表了解决或减轻隔音问题的一个新的方向。21世纪将是高性能混凝土和绿色高性能混凝土兴起和发展的时期。发展绿色高性能混凝土可充分利用各种工业废料,大力发展复合胶凝材料,使混凝土工程走向可持续发展的道路。

4.6.5 3D打印混凝土

一、3D打印技术

3D打印技术即快速成型技术的一种,是一种以数字模型文件为基础,运用粉末状金属或塑料等可黏合材料,通过逐层打印的方式来构造物体的技术。

当前世界上最大的标准发展机构之一——美国材料与试验协会(American Society for Testing and Materials,ASTM)于2009年成立了3D打印技术委员会,也被称为"F42委员会"。这个委员会曾经给出过3D打印的定义:3D打印(3D printing)是指基于计算机三维CAD(Computer Assisted Design)模型数据,通过增加材料逐层来制造实体的制造加工方式。

3D打印技术所使用的打印机与传统意义上所了解的打印机有所区别。日常生活中使用的普通打印机可以打印电脑设计的平面物品,而3D打印机与普通打印机工作原理基本相同,只是打印材料有些不同,普通打印机的打印材料是墨水和纸张,而3D打印机内装有金属、陶瓷、塑料、砂等不同的"打印材料",是实实在在的原材料,打印机与电脑连接后,通过电脑控制可以把"打印材料"一层层叠加起来,最终把计算机上的蓝图变成实物。通俗地说,3D打印机是可以"打印"出真实的3D物体的一种设备,比如打印一个机器人、玩具车、模型,甚至是食物等。通俗地称其为"打印机",是参照了普通打印机的技术原理,其分层加工的过程与喷墨打印十分相似。

图 4-24　3D 打印机

3D打印技术是一类具有学科基础、技术应用的综合性、复杂性特征的国际前沿重大集成新兴技术体系,它已在机械制造、汽车制造、工业设计、建筑工程、航空航天、医疗、教育、服装、食品等众多领域得到初步应用,展现出了巨大的产业发展潜力和广阔的市场前景,其技术研发及应用拓展受到了专家学者、企业界、政府和社会的广泛重视。利用3D打印技术,成功实现了各类材料、制品的打印(图 4-25 和图 4-26)。

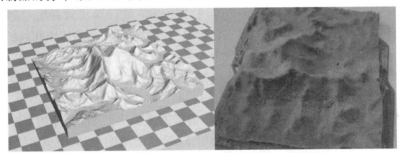

图 4-25　采用新型竹塑复合材料打印的地理数据模型

图 4-26　3D 打印碳纤维聚乳酸复合材料

二、3D 打印示例

2014年8月,10幢3D打印建筑在上海张江高新青浦园区交付使用,作为当地动迁工程的办公用房。这些"打印"的建筑墙体是用建筑垃圾制成的特殊"油墨",按照电脑设计的图纸和方案,经一台大型3D打印机层层叠加喷绘而成的,10幢小屋的建筑过程仅花费24小时。2014年1月,数幢使用3D打印技术建造的建筑亮相苏州工业园区。这批建筑包括一栋面积为1 100平方米的别墅和一栋6层居民楼。2015年7月17日上午,由3D打印的模块新材料别墅现身西安,建造方在 3 小时内完成了别墅的搭建(图 4-27)。据建造方介绍,这座 3 小时建成的精装别墅,只要摆上家具就能拎包入住。

图 4-27　3D 打印的别墅

3D 打印房屋建筑已有应用实例,3D 打印混凝土也有了较快较好的发展(图 4-28)。3D 打印混凝土技术是在 3D 打印技术的基础上发展起来的应用于混凝土施工的新技术,其主要工作原理是将配置好的混凝土浆体通过挤出装置,在三维软件的控制下,按照预先设置好的打印程序,由喷嘴挤出进行打印,最终得到设计的混凝土构件。3D 打印混凝土技术在打印过程中,无须传统混凝土成型过程中的支模过程,是一种新型的混凝土无模成型技术。2012 年,英国拉夫堡大学的研究者研发出新型的混凝土 3D 打印技术。在计算机软件的控制下,使用具有高度可控制挤压性的水泥基浆体材料,完成精确定位混凝土面板和墙体中孔洞的打印,实现了超复杂的大尺寸建筑构件的设计制作,为外形独特的混凝土建筑打开了一扇大门。

为满足 3D 打印建筑的需求,混凝土拌和物必须达到特定的要求。以下从混凝土的组成进行分析。

(1)普通硅酸盐水泥在强度、凝结时间等方面可能无法达到 3D 打印的要求,需在此基础上做进一步的研究。例如:改变水泥中的矿物组成、熟料的细度等;采用硫铝酸盐水泥或者铝酸盐改性硅酸盐水泥等获得更快的凝结时间和更佳的早期强度等。

(2)3D 打印是通过喷嘴来实现的。喷嘴的大小决定了混凝土拌和物配制中的颗粒大小,并且必须找到最合适的骨料粒径大小。骨料粒径过大,堵塞喷嘴;粒径过小,包裹骨料所需浆体的表面积大,浆体多,水化速率快,单位时间水化热高,将会导致混凝土各项性能的恶化。

(3)配制的混凝土拌和物要有合适的配合比,由于作为满足 3D 打印的原料——新型混凝土已经不同于传统的混凝土,其各项性能发生了很大的变化,不能由传统的水胶比、砂率等所能决定,其基本性能发生巨大改变。目前与混凝土相关的理论,如强度、耐久性、水化作用等,均不能很好地满足 3D 打印混凝土的要求。为使打印混凝土获得理想的状态,如高强度,高耐久性,良好的拌和性能,合适的凝固时间,良好的工作性、可泵性和可建筑性,需要从新的角度去完善理论。

(4)外加剂是现代混凝土必不可少的组分之一,是混凝土改性的一种重要方法和技术。3D 打印混凝土必须具备更好的流变性以便于挤出且能在空气中迅速凝结,防止由于自身重力破坏打印混凝土的结构,并且骨料的最大粒径会变得更小,其形貌更接近球状,从而导致级配也将变的更加复杂,最终还需要解决各层之间凝结问题,这就需要新型外加剂来解决。从材料流变学的角度考虑,3D 打印混凝土应该具有较高的塑性黏度、较低的极限剪切应力,它不具有流淌性却具有较强的可塑性,同时应有较快的凝结时间和较高的早期强度。

图 4-28　3D 打印混凝土

三、展望

目前,3D 打印混凝土技术处于发展起步阶段,为实现 3D 打印混凝土技术应用的普遍化,需要针对其存在的问题进行关键技术的解决;需要不断地对原材料的选择、配合比设计和配制理论、外加剂的使用等方面进行深入的研究,以此完善其性能的要求;需要不断地对配套软件进行研究,以使 3D 打印更加自动化,达到最佳效果;也需要不断发展对 3D 打印机的研究,以实现高层打印,使打印建筑在高层建筑方向得到更好的发展;更需要不断地对轮廓工艺进行完善,以实现精细施工和表面细致化的要求,使打印向精细化产品发展。

习题及案例分析

一、习题

1.说明骨料级配的含义,怎样评价级配是否合格,级配良好的骨料有哪些经济技术意义。

2.比较碎石和卵石配制混凝土拌和物的优缺点。

3.简述不同实验条件对测得的混凝土强度有何影响,并说明原因。

4.何为减水剂,其作用原理如何?

5.某干砂 500 g 的筛分结果如下表所列,计算该砂细度模数并评定其级配。

筛孔尺寸/mm	4.75	2.36	1.18	0.6	0.3	0.15
筛余量/g	5	95	137	158	80	20

6.混凝土初步配合比为水泥∶砂∶石为 1∶2.3∶3.6,水胶比为 0.54,试拌调整时增加 5% 的水泥浆,测得和易性满足要求。若已知调整后的用水量为 210 kg,试求调整后 1 m³ 混凝土中其他材料的用量。

7.某工程现浇筑钢筋混凝土梁,混凝土设计强度等级为 C30,施工要求坍落度为 50～70 mm。施工单位的混凝土强度标准差为 4.0 MPa。所用材料:42.5 级普通硅酸盐水泥,实测其 28 d 抗压强度为 47 MPa,密度为 3 150 kg/m³;中砂,符合 Ⅱ 区级配,表观密度为 2 600 kg/m³;碎石,粒级为 5～40 mm,表观密度为 2 680 kg/m³;混凝土拌和水为自来水。请进行混凝土配合比计算。

二、案例分析

案例 1:京沪高铁

京沪高铁北起北京南站,南至上海虹桥站,全线为新建双线,正线全长 1 318 千米,设计时速 350 千米,最高时速可达 370 千米,桥梁混凝土设计服役寿命为 100 年以上。2008 年 4 月全线开工,2011 年 7 月正式开通运营。是我国第一条不仅具有世界先进水平,而且具有完全自主知识产权的高速铁路。中国工程技术人员勇于探索和创新,敢于拼搏,攻克了一系列复杂工程技术难关,打造了技术先进、安全可靠、性价比高的超级工程和亮丽的中国高铁名片。

京沪高速铁路轨道板是具有完全自主知识产权的一种无砟轨道形式,按照相关规范要求,轨道板设计为 C55 混凝土,弹性模量≥36 GPa,模拟生产工艺条件下,16 h 混凝土强度须＞48 MPa,满足早期脱模强度的要求,和易性满足施工的要求,设计坍落度为 100～160 mm;抗冻性≥F300,电通量≤1 000 C,确保混凝土的耐久性,满足结构使用年限要求。采用硅酸盐水泥 P·Ⅱ 42.5,掺加部分矿粉和粉煤灰,聚羧酸系外加剂。设计的初步配合比如下:

水泥	掺和料		砂	石子	水	外加剂	坍落度	强度	电通量
P·Ⅱ42.5,kg	粉煤灰,kg	矿粉,kg	kg	kg	kg	kg	mm	18 h,MPa	28 d,C
407	48	24	684	1 216	129	6.71	150	49.9	782

原因分析

通过掺加部分矿粉和粉煤灰,降低混凝土水化温升,减少收缩,提高浆体硬化后的密实度和强度,有效改善混凝土和易性及耐久性指标。聚羧酸系外加剂具有掺量低、早强、减水率高的特点。水胶比确定在 0.27,可同时保障强度、耐久性指标等技术性质符合要求。经多次试拌验证,坍落度为 150 左右较为合适。当坍落度过小时,因混凝土较黏,坍损较快,混凝土布料机不易布料,布料不均匀及布料口堵塞现象时有发生;坍落度过大,振捣后表面浮浆过多。上述初步配合比,需经试验进一步验证强度和耐久性后,方可在工程现场使用。

上述轨道板混凝土具有稳定性好、维修工作量少、使用寿命长等优点,既有足够的强度和空间线型,又有良好的耐久性,保障了京沪高铁使用寿命和安全性。

案例 2:胶州湾大桥

胶州湾大桥地处山东省青岛市,是我国北方盐冻海域首座特大海上桥梁集群工程,总投资为 147.92 亿元,全长为 41.58 km,是目前世界上第二大跨海大桥。桥面为双向六车道高速公路,设计速度为 80 km/h;设计耐久寿命为 100 年,采用高性能混凝土(High Performance Concrete 简称 HPC)。于 2006 年 12 月动工兴建,2011 年 6 月 30 日通车运营。

胶州湾大桥地处海洋重腐蚀环境恶劣,受到荷载、海水、盐雾、冻融、台风等多重腐蚀因素的影响,面临的耐久性问题十分严峻,主要存在以下问题:

a. 大桥位于黄海,每年有 50～80 d 冰冻期,混凝土的冻融破坏情况非常严重,冻融破坏加速海水腐蚀离子的传输,引起钢筋锈蚀,危及大桥的安全运行。

b. 大桥受到桥梁荷载和车辆机械动荷载的作用,且位于浪溅区,应力腐蚀作用突出。

c. 大桥受到潮汐作用导致海水倒灌,加上台风、暴雨、海洋生物腐蚀和工业排放物等多重作用,腐蚀介质十分复杂。

　　d.工程现场施工难度极大,防护涂层受到荷载和紫外线照射的共同作用,对耐老化性能要求高,现有材料难以满足。

　　工程设计、施工和维护保养的难度大。大桥工程技术人员勇于探索和创新,精心设计、选材和施工,攻克了北方地区严酷海洋环境工程的众多技术难题,建造了技术先进、安全可靠的超级海上工程。

　　该工程混凝土采用高效减水剂,大掺量矿物掺合料,当矿物掺合料总掺量为 40% 时,粉煤灰与矿渣微粉的比例不低于 3∶1 时,HPC 抗渗性能显著提高,抗渗等级可达到 P30;具有优良的抗氯离子渗透性能、耐腐蚀性能,氯离子扩散系数 $Da < 2 \times 10^{-12}$ m²/s,6 h 的电通量均在 100~1 000 C、耐腐蚀系数能达到 0.9 以上;可以满足 100 年设计寿命的要求。

　　原因分析:

　　海洋重腐蚀环境对青岛胶州湾大桥的性能,尤其是耐久性有极高的要求,耐久性成为保障该工程长期安全性和适用性的重要前提。为此,该大桥主体结构采用 HPC,精心选材并配制,以满足百年工程的技术要求。为了最大限度地提高混凝土耐久性及相关性能,采用高效减水剂,高效减水剂须具有水泥及矿物掺合料的良好适应性,同时避免坍落度经时损失的影响;采用大掺量矿物掺合料并优化掺合料比例,利用"超叠加效应"和"复合作用效应",从而使大掺量矿物掺合料 HPC 在满足力学性能要求的同时,具有良好的物理性能和耐久性,如低渗透性、高耐腐蚀系数及良好的抗氯离子渗透性能等。

　　案例 3:

　　2011 年 7 月 15 日凌晨 2 点左右,杭州钱塘江三桥发生塌陷事故,大桥车道部分桥面突然脱落,5 分钟之后,一辆重型半挂车坠落后将下闸道砸塌,桥梁护栏被撞毁。钱塘江三桥于 1993 年开始建设,历时 4 年,于 1996 年底建成通车。然而,这座耗资巨大、连接杭州市区和萧山的要道,通车不到 10 年,便开始出现问题 2005 年 9 月开始的大修,耗时竟然长达一年。这在市民心中留下长长的阴影,人们把它称为"危桥"。

　　原因分析:

　　(1)大桥验收报告有桥梁裂缝的记录,裂缝最宽已达 0.58 mm,裂缝最长为 4.3 m,宽度超了出规范的要求,主桥预应力结构中箱梁腹板有较多斜向和竖向裂缝,裂缝渗水导致钢筋生锈,严重影响了结构的使用寿命。混凝土构件裂缝的原因是混凝土骨料中的含泥量和砂率偏高。(2)主桥箱梁在施工过程中就存在质量通病,如预应力张拉、压浆工艺不规范、砼蜂窝麻面较多、多处漏水、混凝土内外表面错台等。

第5章 砂 浆

学习目标

1.知识目标：熟悉砌筑砂浆组成、技术性能，熟悉砂浆的选择设计、和易性和强度等影响因素分析并提供相应的解决方案等。

2.能力目标：具备分析和解决砂浆材料问题能力。提供解决复杂工程的砂浆材料技术评价和解决方案。

3.素质目标：立德树人，培养学生严谨勤奋的工作态度，精益求精的工作作风，求真务实的社会责任。

发展趋势

在 20 世纪 50 年代，世界各地使用的全部是现场混合砂浆，即将无机黏结剂和骨料分别运输到工地，然后按照适当的比例加水拌和使用。但是现场搅拌砂浆存在劳动强度大、生产效率低、生产条件恶劣、建筑扬尘和噪声污染严重等问题。预拌砂浆作为新型绿色建筑材料，由于其具有保护环境、节约资源、提高工程质量和实现资源再利用等方面的优良性能，已经逐步被人们认知和重视。随着社会对节能和环保越来越重视，保温绝热砂浆、吸声砂浆等功能性砂浆应运而生，发展迅速。

由无机胶凝材料、细集料、掺和料、水以及根据性能确定的各种组分按适当比例配合、拌制并经硬化而成的工程材料，习惯上称为砂浆。砂浆在建筑工程中不直接承受荷载，主要用于：将砖、砌块等块体材料胶结成砌体；建筑物室内外的墙面、地面、梁、柱、顶棚等构件的表面抹灰；装配式结构中墙板、混凝土楼板等构件的接缝。

5.1 砂浆的分类及组成材料

5.1.1 砂浆的分类

砂浆的种类很多，具体分类如下：

(1)按所用胶凝材料分：水泥砂浆、水泥石灰混合砂浆、石灰砂浆、石膏砂浆、沥青砂浆、聚合物砂浆等。

（2）按用途分：砌筑砂浆、抹面砂浆。

（3）按功能分：保温砂浆、吸声砂浆、防水砂浆、耐酸砂浆、装饰砂浆等。

（4）按表观密度分：小于 1 500 kg/m³ 为轻砂浆，大于 1 500 kg/m³ 为重砂浆。

（5）按拌制地点分：现场配制砂浆和预拌砂浆。预拌砂浆是国家推广、优先选用的砂浆品种。

5.1.2　砂浆的组成材料

1.胶凝材料

建筑砂浆常用的胶凝材料有水泥、石灰、石膏。在配制特殊用途的砂浆时，可采用有机胶结剂作为胶凝材料。

（1）水泥。砂浆强度相对较低，在配制砂浆时，要尽量选用低强度等级水泥或砌筑水泥，其强度等级一般不宜大于 32.5 级，强度过高将使砂浆中水泥用量不足而导致保水性不良。选择水泥时应根据使用环境及用途合理选用，且强度不宜过高。

（2）石灰。为改善砂浆的和易性，减少水泥用量，通常掺入一些其他的胶凝材料（如石灰膏、黏土膏等）制成混合砂浆，所用石灰膏必须陈伏，且时间不少于 2 d。严禁使用已经脱水干燥的石灰膏。磨细生石灰的细度用 0.08 mm 筛的筛余量不应大于 15%。消石灰粉不得直接用于砌筑砂浆。

2.细骨料

砂浆常用的细骨料是普通砂，对特种砂浆也可选用白色砂、彩色砂和轻砂等。

细骨料在砂浆中起着骨架作用，对砂浆的流动性、黏聚性和强度等技术性能影响较大。性能良好的细骨料可提高砂浆的和易性和强度，对砂浆的收缩开裂有较好的抑制作用。

砂浆中使用的细骨料，应符合混凝土用砂的技术要求。由于砂浆较薄，对砂的最大粒径有所限制。用于毛石砌体的砂浆，砂的最大粒径应小于砂浆层厚度的 1/5～1/4；用于砖砌体的砂浆，砂的最大粒径不宜大于 2.5 mm；用于光滑的抹面和勾缝的砂浆，采用细砂较为适宜。

砂中的含泥量对砂浆的和易性、强度、变形性和耐久性都有影响。砂中含有少量泥，可改善砂浆的黏聚性和保水性，因此砂浆用砂的含泥量可比混凝土略高。但是，砂中含泥量过大，不但会增加砂浆的水泥用量，还可能使砂浆的收缩值增大、耐水性降低，影响砌筑质量。因此，砂浆强度等级大于 5.0 MPa 时，砂含泥量不应超过 5%；砂浆强度等级低于 5.0 MPa 时，砂含泥量不应超过 10%。

当细骨料采用人工砂、山砂、特细砂和炉渣砂时，应通过试验确定其技术指标要求。

3.掺和料

掺和料是为改善砂浆的和易性，提高砌筑质量而加入的无机或有机材料，如石灰膏、粉煤灰、黏土膏、纤维等。

在砂浆中掺入粉煤灰、沸石粉等矿物掺和料可改善砂浆的和易性，调节砂浆强度等级，降低砂浆成本。

为了改善砂浆韧性，提高抗裂性，还常在砂浆中加入纤维，比如纸筋、麻刀、木纤维、合成纤维等。

4.水

砂浆拌和用水的技术要求与混凝土拌和用水相同。《混凝土用水标准》(JGJ 63—2006)

5. 外加剂

为改善砂浆的和易性和其他性能,在砂浆中可掺入增塑剂、减水剂、早强剂、防冻剂等。砂浆中掺入外加剂时,不但要考虑外加剂对砂浆本身性能的影响,还要考虑对砂浆的使用功能的影响。

5.2 砌筑砂浆

5.2.1 砌筑砂浆的技术性质和标准

砌筑砂浆是用来砌筑砖、石等材料的砂浆,起着传递荷载的作用。其技术性质应满足如下要求:

1. 砌筑砂浆的表观密度

新拌砂浆的表观密度应符合表 5-1 的要求。

表 5-1　　　　　　　　　新拌砂浆的表观密度　　　　　　　　kg/m³

砂浆种类	表观密度
水泥砂浆	≥1 900
水泥混合砂浆	≥1 800
预拌砂浆	≥1 800

2. 砌筑砂浆的和易性

砌筑砂浆的和易性是指新拌砂浆是否便于施工操作并保证硬化后砂浆的质量及砂浆与基体材料间的黏结质量满足要求的性能,主要包括砂浆流动性与砂浆保水性。

(1)砂浆流动性

砂浆流动性又称稠度,是指新拌砂浆在自重或外力作用下产生流动并能均匀摊铺到基层表面的性能。砂浆稠度用砂浆稠度仪测定[《建筑砂浆基本性能试验方法标准》(JGJ/T 70—2009)],并以试锥下沉深度作为砂浆的稠度值(亦称沉入量,以 mm 计)。沉入量越大,砂浆流动性越大。

砌筑砂浆的稠度选择要考虑砌体材料的种类、施工时的气候条件和施工方法等情况。对于吸水性强的砌体材料和高温干燥的天气,要求流动性要大些;对于密实不吸水的砌体材料和湿冷天气,流动性要小些。砂浆流动性的选择可按表 5-2 规定选用。

表 5-2　　　　　　　　　　砌筑砂浆的施工稠度　　　　　　　　　　mm

砌体种类	施工稠度
烧结普通砖砌体、粉煤灰砖砌体	70～90
混凝土砖砌体、普通混凝土小型空心砌块砌体、灰砂砖砌体	50～70
烧结多孔砖砌体、烧结空心砖砌体、轻集料混凝土小型空心砌块砌体、蒸压加气混凝土砌块砌体	60～80
石砌体	30～50

(2)砂浆保水性

砂浆保水性是指砂浆保持水分及整体均匀一致的能力。砌筑砂浆的保水性可用分层度和保水率来表示。但有些新品种砂浆用分层度试验来衡量砂浆各组分的稳定性或保持水分的能力不太适宜,需要用保水率来表示。保水率应符合表 5-3 的要求[《砌筑砂浆配合比设计规程》(JGJ/T 98—2010)]。

表 5-3 砌筑砂浆的保水率 %

砂浆种类	保水率
水泥砂浆	≥80
水泥混合砂浆	≥84
预拌砌筑砂浆	≥88

新拌砂浆在存放、运输和使用过程中,都应具有良好的保水性,这样才能保证在砌体中形成均匀致密的砂浆缝,保证砌体的质量。保水性不良的砂浆容易出现泌水和分层离析现象,使流动性变差,降低砌体的砂浆饱满度。同时,保水性不良的砂浆在砌筑时,水分容易被砖、石等砌体材料吸收,影响胶凝材料的正常硬化。不但降低砂浆本身的强度,而且使砂浆与砌体材料的黏结不牢。

3. 砌筑砂浆的强度与强度等级

砂浆的强度等级是以棱长为 70.7 mm 的立方体试件,在标准养护条件下,用标准试验方法测得 28d 龄期的抗压强度来确定。按照《砌筑砂浆配合比设计规程》(JGJ/T 98—2010),水泥砂浆及砌筑砂浆按抗压强度划分为 M5、M7.5、M10、M15、M20、M25、M30 七个强度等级。水泥混合砂浆分为 M5、M7.5、M10、M15 四个强度等级。

实际工程中砌筑砂浆的强度等级应根据工程类别及砌体部位的设计要求来选择。对于一般的砖混多层住宅,常采用 M5～M10 砂浆;对于特别重要的砌体,可采用 M15 或 M20 砂浆;对于高层混凝土空心砌块建筑,应采用 M20 及以上强度等级的砂浆。

4. 砌筑砂浆的耐久性

当受冻融作用影响时,对砌筑砂浆还有抗冻性要求。砂浆的抗冻性是采用标准试件在负温环境中冻结,正温水中溶解的方法进行抗冻性能检验。其抗冻性应符合表 5-4 的要求。

表 5-4 砌筑砂浆的抗冻性

使用条件	抗冻指标	质量损失率/%	强度损失率/%
夏热冬暖地区	F15		
夏热冬冷地区	F25	≤5	≤25
寒冷地区	F35		
严寒地区	F50		

5.2.2 砌筑砂浆的配合比设计

确定砂浆配合比时,一般可查阅有关手册或资料来选择相应的配合比,再经试配、调整后确定出施工配合比。水泥混合砂浆也可按下面介绍的方法进行计算,再经试配、调整后确定其配合比。

1. 水泥混合砂浆配合比计算

(1)计算砂浆试配强度

根据《砌筑砂浆配合比设计规程》(JGJ/T 98—2010),砂浆的试配强度应按式(5-1)计算,即

$$f_{m,0} = kf_2 \tag{5-1}$$

式中 $f_{m,0}$——砂浆的试配强度,MPa,应精确至 0.1 MPa;

f_2——砂浆强度等级值，MPa，应精确至 0.1 MPa；

k——系数，按表 5-5 取值。

表 5-5   砂浆强度标准差 σ 及 k 值

施工水平	砂浆强度等级							k
	强度标准差 σ/MPa							
	M5	M7.5	M10	M15	M20	M25	M30	
优良	1.00	1.50	2.00	3.00	4.00	5.00	6.00	1.15
一般	1.25	1.88	2.50	3.75	5.00	6.25	7.50	1.20
较差	1.50	2.25	3.00	4.50	6.00	7.25	9.00	1.25

砌筑砂浆现场强度标准差 σ 可按式(5-2)计算，即

$$\sigma = \sqrt{\frac{\sum_{i=1}^{n} f_{\mathrm{m},i}^2 - n\mu_{\mathrm{fm}}^2}{n-1}} \tag{5-2}$$

式中 $f_{\mathrm{m},i}$——统计周期内同一品种砂浆组试件的强度，MPa；

μ_{fm}——统计周期内同一品种砂浆组试件强度的平均值，MPa；

n——统计周期内同一品种砂浆试件的总组数，$n \geqslant 25$。

当不具有近期统计资料时，其砂浆现场强度标准差 σ 可按表 5-5 取用。

(2)计算每立方米砂浆中水泥的用量 Q_{C}。

每立方米砂浆中的水泥用量应按式(5-3)计算，即

$$Q_{\mathrm{C}} = \frac{(f_{\mathrm{m},0} - \beta)}{\alpha \cdot f_{\mathrm{ce}}} \times 1\,000 \tag{5-3}$$

式中 Q_{C}——单方水泥用量，kg，应精确至 1 kg；

f_{ce}——水泥 28 天实测强度，MPa，应精确至 0.1 MPa；

α, β——系数，α 取 3.03，β 取 -15.09。

注：各地区也可用本地区试验资料确定 α、β 值，统计用的试验组数不得少于 30 组。

在无法取得水泥的实测强度值时，可按式(5-4)计算，即

$$f_{\mathrm{ce}} = \gamma_{\mathrm{c}} \cdot f_{\mathrm{ce,k}} \tag{5-4}$$

式中 $f_{\mathrm{ce,k}}$——水泥强度等级值，MPa；

γ_{c}——水泥强度等级值的富余系数，宜按实际统计资料确定，无统计资料时可取 1.0。

(3)计算每立方米砂浆掺和料用量 Q_{D}。

掺和料用量的确定可按式(5-5)计算，即

$$Q_{\mathrm{D}} = Q_{\mathrm{A}} - Q_{\mathrm{C}} \tag{5-5}$$

式中 Q_{D}——每立方米掺和料的用量，kg，应精确至 1 kg；

Q_{C}——每立方米砂浆的水泥用量，kg，应精确至 1 kg；

Q_{A}——每立方米砂浆的水泥和掺和料总量(kg)，应精确至 1 kg，一般应为 300 ~ 350 kg/m³。

(4)确定每立方米砂浆中砂用量 Q_{S}。

砂浆中的水、胶凝材料和掺和料是用来填充砂的空隙的，1 m³ 砂就构成 1 m³ 砂浆。因此，每立方米砂浆中砂的用量，以砂在干燥状态(含水率小于 0.5%)的堆积密度值作为计算值。

(5)确定每立方米砂浆用水量 Q_w。

每立方米砂浆中的用水量,可根据砂浆稠度等要求选用 210~310 kg。混合砂浆用水量选取时应注意:混合砂浆中的用水量不包括石灰膏或黏土膏中的水;当采用细砂或粗砂时,用水量分别取上限和下限;稠度小于 70 mm 时,用水量可小于下限;施工现场气候炎热或干燥季节,可酌量增加用水量。

2. 水泥砂浆配合比选用

水泥砂浆如按混合砂浆同样计算,则水泥用量普遍偏少,计算结构不太合理。因此,水泥砂浆的材料用量可按表 5-6 选用。

表 5-6 每立方米水泥砂浆材料用量 kg/m³

强度等级	水泥	砂	用水量
M5	200~230		
M7.5	230~260		
M10	260~290		
M15	290~330	砂的堆积密度值	270~330
M20	340~400		
M25	360~410		
M30	430~480		

注:①M15 及 M15 以下强度等级水泥砂浆,水泥强度等级为 32.5 级;M15 以上强度等级水泥砂浆,水泥强度等级为 42.5 级;

②当采用细砂或粗砂时,用水量分别取上限或下限;

③稠度小于 70 mm 时,用水量可小于下限;

④施工现场气候炎热或干燥季节,可酌量增加用水量;

⑤试配强度的确定与混合砂浆相同。

3. 配合比试配、调整与确定

按计算或查表 5-6 所得配合比进行试拌时,应按现行行业标准《建筑砂浆基本性能试验方法标准》(JGJ/T 70—2009)测定其拌和物的稠度和保水率。当稠度和保水率不能满足要求时,应调整材料用量,直到符合要求为止,然后将其确定为试配时的砂浆基准配合比。

试配时至少应采用三个不同的配合比,其中一个配合比为基准配合比,其余两个配合比的水泥用量应按基准配合比分别增加及减少 10%。在保证稠度、分层度合格的条件下,可将用水量或掺和料做相应调整。砌筑砂浆试配时稠度应满足施工要求,并应按现行行业标准《建筑砂浆基本性能试验方法标准》(JGJ/T 70—2009)分别测定不同配合比砂浆的表观密度及强度,并选定符合试配强度及和易性要求,水泥用量最低的配合比作为砂浆的试配配合比。

根据实测的砂浆表观密度对配合比做必要的校正。根据确定的试配配合比按式(5-6)计算砂浆的理论表观密度值,即

$$\rho_c = Q_C + Q_D + Q_S + Q_w \tag{5-6}$$

式中 ρ_c——砂浆的理论表观密度值,kg/m³,应精确至 10 kg/m³。

按式(5-7)计算砂浆配合比校正系数 δ,即

$$\delta = \frac{\rho_t}{\rho_c} \tag{5-7}$$

式中 ρ_t——砂浆的实测表观密度值,kg/m³,应精确至 10 kg/m³。

当砂浆的实测表观密度值与理论表观密度值之差的绝对值不超过理论值的 2%时,可将得到的试配配合比确定为砂浆设计配合比;当超过 2%时,应将试配配合比中每项材料用量均乘以校正系数 δ 后,确定为砂浆设计配合比。

5.3 抹面砂浆

凡粉刷在土木工程的建(构)筑物或构件表面,兼有保护基层和增加美观作用的砂浆,统称为抹面砂浆。根据抹面砂浆功能的不同,抹面砂浆分为普通抹面砂浆、装饰砂浆、防水砂浆和具有某些特殊功能的抹面砂浆(如绝热砂浆、耐酸砂浆、防射线砂浆、吸声砂浆等)。

抹面砂浆不要求高的强度,而是要求具有良好的和易性,容易抹成均匀平整的薄层,便于施工;还要有较强的黏结力,砂浆层应能与底面黏结牢固,长期使用不至开裂或脱落等。

5.3.1 普通抹面砂浆

普通抹面砂浆是建筑工程中用量最大的抹面砂浆,对建筑物和墙体起保护作用,它直接抵抗风、霜、雨、雪等自然环境对建筑物的侵蚀,提高了建筑物的耐久性,同时可使建筑物达到表面平整、光洁和美观的效果。

抹面砂浆一般分为两层或三层施工。由于各层的功能不同,每层所选的砂浆性质也应不同。底层抹灰的作用是使砂浆与底面能牢固的黏结,要求砂浆具有良好的和易性及较强的黏结力,其保水性要好,否则水分就容易被底面材料吸收掉而影响砂浆的黏结力,底层砂浆的沉入度应控制在 100～120 mm。中层抹灰主要是为了找平,沉入度应控制在 70～90 mm,有时可省去不做。面层抹灰主要为了平整美观,其沉入度值应控制在 70～80 mm。底层、中层砂浆所用骨料最大粒径不宜超过 2.6 mm,面层不宜超过 1.2 mm。

用于砖墙的底层抹灰,多为石灰砂浆;有防水、防潮要求时,应采用水泥砂浆;用于混凝土基层的底层抹灰,多为水泥混合砂浆。中层抹灰多用水泥混合砂浆或石灰砂浆。面层抹灰多用水泥混合砂浆、麻刀石灰砂浆、纸筋石灰砂浆。水泥砂浆不得涂抹在石灰砂浆层上。

普通抹面砂浆的组成材料及配合比,可根据使用部位及基底材料的特性确定,一般情况下参考有关资料和手册选用。普通抹面砂浆的配合比,可照表 5-7 选用。

表 5-7　　　　　　　　　　　　　　普通抹面砂浆参考配合比

材料	体积配合比	材料	体积配合比
水泥:砂	1:2～1:3	水泥:石灰:砂	1:1:6～1:2:9
石灰:砂	1:2～1:3	石灰:黏土:砂	1:1:4～1:1:8

5.3.2 装饰砂浆

装饰砂浆即直接用于建筑物内外表面,以提高建筑物装饰艺术性为主要目的的抹面砂浆。它是常用的装饰手段之一。装饰砂浆的底层和中层抹灰与普通抹面砂浆基本相同,主要是装饰砂浆的面层,要选用具有一定颜色的胶凝材料和骨料以及采用某种特殊的操作工艺,使表面呈现出各种不同的色彩、线条与花纹等装饰效果。

获得装饰效果的主要方法是从砂浆组成材料和施工方法入手。材料方面主要是,采用白水泥、彩色水泥或浅色的其他硅酸盐水泥,用于室内时可采用石膏、石灰等;采用彩色砂、石为细骨料。施工方面主要是通过喷涂、滚涂、水磨、斧剁等方法使抹面砂浆表面层获得设计的线条、图案和花纹等不同的质感。

装饰抹面砂浆采用的是底层和中层与普通抹面砂浆相同,而只改变面层的处理方法,装饰效果好,施工方便,得到广泛使用。

5.3.3 其他抹面砂浆

1. 防水砂浆

用于防水层的砂浆称为防水砂浆。砂浆防水层又称刚性防水层,适用于不受振动和具有一定刚度的混凝土和砖石砌体。

防水砂浆主要有普通水泥防水砂浆、膨胀水泥和无收缩水泥防水砂浆、掺防水剂的防水砂浆和掺聚合物的防水砂浆四类。常用的防水剂有金属盐类防水剂、水玻璃和金属皂类防水剂。

防水砂浆的配合比为水泥与砂的质量比不宜大于 1:2.5,水灰比应为 0.5~0.6,稠度不宜大于 80 mm,水泥强度等级宜采用 32.5 级以上。

防水砂浆的防水效果,在很大程度上取决于施工质量,防水砂浆层一般分为 4 层到 5 层施工,每层约 5 mm 厚,每层在初凝前应压实,最后一层要进行压光。抹完后要加强养护,防止脱水过快造成干裂。

2. 绝热砂浆

采用水泥、石灰、石膏等胶凝材料与膨胀珍珠岩、膨胀蛭石、陶粒或聚苯乙烯泡沫颗粒等轻质多孔材料,按一定比例配制的砂浆称为绝热砂浆。绝热砂浆质轻,具有良好的绝热保温性能,其导热系数为 0.07~0.10 W/(m·K),可用于屋面保温层、保温墙壁以及供热管道保温层等处。

3. 吸声砂浆

吸声砂浆是指具有吸声功能的砂浆。一般绝热砂浆都具有多孔结构,因而也都具有吸声功能。工程中常以水泥、石膏、砂、锯末(体积比为 1:1:3:5)等配成吸声砂浆,或在石灰、石膏砂浆中加入玻璃棉、矿棉或有机纤维或棉类物质。吸声砂浆用于室内墙壁和平顶的吸声。

4. 预拌砂浆

预拌砂浆是指由专业生产厂生产的湿拌砂浆或干混砂浆。预拌砂浆具有品种丰富、质量稳定、性能优良、易存宜用、文明施工、省工省料、节能环保等优点,是我国推广使用的砂浆。

(1)湿拌砂浆

湿拌砂浆是由搅拌站经计量、拌制后,运到工地并在规定时间内使用的砂浆。与现场拌砂浆相比,湿拌砂浆质量高档,使用湿拌砂浆可提高工效,有利于文明施工。根据《预拌砂浆》(GB/T 25181—2019),湿拌砂浆按用途可分为湿拌砌筑砂浆、湿拌抹灰砂浆、湿拌地面砂浆和湿拌防水砂浆。湿拌砂浆还可以按强度等级、抗渗等级、稠度和凝结时间分类。

(2)干混砂浆

干混砂浆由专业生产厂将砂浆原材料的固体组分计量混合后,在使用地点按规定比例加水或配套组分拌和使用。干混砂浆按用途分为干混砌筑砂浆、干混抹灰砂浆、干混地面砂浆、干混普通防水砂浆、干混陶瓷砖黏结砂浆、干混界面砂浆、干混保温板黏结砂浆、干混保温板抹面砂浆、干混聚合物水泥防水砂浆、干混自流平砂浆、干混耐磨地坪砂浆和干混饰面砂浆等。干混砌筑砂浆、干混抹灰砂浆、干混地面砂浆和干混普通防水砂浆还可按强度等级和抗渗等级分类。

干混砂浆的粉状产品应均匀、无结块。双组分产品中的液料组分经搅拌后应呈均匀状态、无沉淀;粉料组分应均匀、无结块。

5.4 砂浆的性能检测与评价

砂浆的技术性能主要包括拌和物和易性和力学性能。

1.和易性

砂浆拌和物和易性的检测包括稠度、分层度及保水率。试验用料应从同一盘砂浆或同一车砂浆中取样且取样量不应少于试验所用量的四倍;当施工过程中进行试验时,应按照相应的施工验收规范执行,并宜在现场搅拌点或预拌砂浆卸料点的至少三个不同部位及时取样;从取样完毕到开始进行各项性能试验不宜超过 15 min。

砂浆稠度用砂浆稠度仪测定沉入度值,沉入度值大,则砂浆流动性大,但流动性过大,硬化强度将会降低,若流动性过小,则不便于施工操作,所以新拌砂浆应具有适宜的流动性。通过稠度检测,可以测定达到设计稠度时的加水量或在施工过程中控制砂浆用水量以保证施工质量。

砂浆保水性可用分层度和保水率来衡量。分层度用分层度筒测定,可采用标准法和快速法。当发生争议时以标准法测定结果为准。砂浆的分层度越大,保水性越差,可操作性变差。分层度过小,会导致胶凝材料用量过多,硬化过程中容易开裂。通过分层度的检测,可以确定砂浆拌和物在运输及停放时砂浆拌和物的稳定性。

保水率大部分用来测定预拌砂浆拌和物在运输及停放时砂浆拌和物的稳定性。砂浆保水率越大,保水性和可操作性越好。

2.力学性能

硬化砂浆的力学性能主要包括抗压强度。砌筑砂浆抗压强度抽检数量规定每一检验批且不超过 250 m³ 砌体的各类、各强度等级的普通砌筑砂浆,每台搅拌机应至少抽检一次。验收批的预拌砂浆、蒸压加气混凝土砌块专用砂浆,抽检可为三组。检验方法是在砂浆搅拌机出料口或在湿拌砂浆的储存容器出料口随机取样制作砂浆试块(现场拌制的砂浆,同盘砂浆只应制作一组试块),试块标养 28 d 后做强度试验。砌筑砂浆的抗压强度验收时其强度合格标准应符合下列规定:

(1)同一验收批砂浆试块抗压强度平均值应大于或等于设计强度等级值得 1.10 倍;

(2)同一验收批砂浆试块抗压强度的最小一组平均值应大于或等于设计强度等级值得 85%。

注:①砌筑砂浆的验收批,同一类型、强度等级的砂浆试块应不少于三组;同一验收批砂浆只有一组或二组试块时,每组试块抗压强度的平均值应大于或等于设计强度等级值的1.1 倍;对于建筑结构的安全等级为一级或设计使用年限为 50 年及以上的房屋,同一验收批砂浆试块的数量不得少于三组。

②砂浆强度应以标准养护、28 d 龄期的试块抗压强度为准。

③制作砂浆试块的砂浆稠度应与配合比设计一致。

合格砂浆的判定要求是稠度、保水率、抗压强度应同时满足要求。对有抗冻性要求的砌体工程,砌筑砂浆应进行冻融试验。

习题及案例分析

一、习题

1.砂浆的和易性包括哪几方面含义？各用什么表示？

2.影响砌筑砂浆强度的因素有哪些？

3.抹面砂浆有哪些要求？

4.某工地夏秋季需要配制 M5.0 的水泥石灰混合砂浆。采用 32.5 级复合硅酸盐水泥,砂为中砂,堆积密度为 1 480 kg/m³,施工水平为中等。试计算砂浆的配合比。

5.某混合结构基础和首层用 M15 砂浆,共六组强度试块,各组代表值分别为 17.1 MPa、15.8 MPa、13.9 MPa、15.5 MPa、14.5 MPa、16.2 MPa,判断此砂浆试块强度是否符合标准规定。

二、案例分析

案例 1：

某工地现配制 M10 砂浆砌筑砖墙,把水泥直接倒在砂堆上,再人工搅拌。该砌体灰缝饱满度及黏结性均差。

原因分析：

1.砂浆的均匀性可能有问题。把水泥直接倒入砂堆上,采用人工搅拌的方式往往导致混合不够均匀,使强度波动大,宜加入搅拌机中搅拌。

2.仅用水泥与砂配制砂浆,往往出现使用少量水泥即可满足强度要求,但流动性及保水性较差,而使砌体饱满度及黏结性较差,影响砌体强度,可掺入少量石灰膏、石灰粉或微沫剂等以改善砂浆和易性。

案例 2：

某工程中地面的抹面砂浆硬化后出现众多裂纹,其所使用的水泥砂浆配合比为:水泥：砂：水＝1：1：0.65,请讨论砂浆配合比的影响。

原因分析：

不同用途的砂浆其配合比有所不同,用于地面基层的砂浆水泥量宜较低,水泥:砂的比例可以用 1：2.5～1：3。水泥用量高不仅是多耗水泥,且其干缩较大。此外,该砂浆水灰比较大亦是产生裂缝的原因之一。

第6章　建筑钢材

建筑钢材

1. 知识目标：了解建筑钢材的冶炼方法、加工技术及主要分类特点；掌握建筑钢材主要技术性质；掌握钢材主要化学组成及基本晶体组织与钢材性质间的关系；掌握建筑钢材的标准与选用原则；了解建筑钢材常见防锈和防火技术措施。

2. 能力目标：具备通过建筑钢材冶炼加工方法、化学组成及晶体组织等内容，分析其对建筑钢材主要技术性质的影响规律，实现寻求合理评价、选用建筑钢材的思路与方法的能力。

3. 素质目标：明确建筑钢材在土木工程中对土木工程的重要支撑作用，建立工程技术人员正确评价、分析、选用建筑钢材以保证土木工程功能性、安全性等的责任感与使命感。

发展趋势

钢铁工业是国民经济的重要基础产业，是国之基石。1949年，我国钢产量只有15.8万吨，只占当年全球钢产量的0.1%左右；1978年，我国钢产量为3 178万吨，30年时间增长约200倍，占全球钢产量的4.44%；到1996年，我国钢产量突破1亿吨，相当于1978年钢产量的3倍，全球占比达13.5%；到2020年，我国钢产量更是高达10.65亿吨，占到全球钢产量的57%；印度排第二位，但产量仅有我国的1/10左右，日本、美国和俄罗斯分别位列第三到第五位。新中国成立70多年来，我国钢铁工业实现了从小到大、从弱到强的历史性跨越式发展，为推动我国工业化和现代化进程做出了重大贡献，目前已经能够全方位满足土木工程、机械制造、汽车家电、造船等各行各业的需求，支撑着我国强大的工业体系。

在经历30多年的高速增长后，我国经济进入换挡升级的新阶段，党中央、国务院适时决策部署增速换挡、经济转型发展战略。2016年2月印发的《关于钢铁行业化解产能 实现脱困发展的意见》拉开钢铁行业供给侧结构性改革的序幕，要求钢铁行业牢固树立和贯彻落实创新、协调、绿色、开放、共享的发展理念，严格执行环保、能耗、质量、安全、技术等法律法规和产业政策，促进钢铁行业结构优化、脱困升级、提质增效和信息化、智能化、绿色化，加快实现产业调整升级，目前已取得阶段性成果。我国钢铁行业还契合"一带一路"建设，积极推进国际产能合作，加快国际化进程，不断提高国际合作竞争力，逐步在更高层次上嵌入全球产业发展链条，实现优势互补和合作共赢。此外，我国钢铁行业是仅次于火电的碳排放第二大户，年均碳排放量高达18亿吨（约占总量的15%），每生产1吨钢材约排放1.8吨二氧化碳。随着我国郑重承诺 2030 年前碳达峰和 2060 年前碳中和,钢铁行业将面临低碳经济的严峻挑战,节能降碳技术创新与低碳转型势在必行,这将重塑钢铁行业格局。

土木工程基础设施建设是我国钢铁需求量最大的行业。对钢筋混凝土结构及钢结构工程应用来说,随着钢铁行业节能、降耗、减排等时代需求和钢材冶炼加工技术的发展,为节约钢材并更好地满足高层、大跨结构及腐蚀环境条件下的使用要求,建筑结构用钢正向着高强度、高延性(高强屈比和高伸长率)和耐火、耐候等方向发展。在满足构件承载能力和刚度要求的前提下,使用高强钢材能显著降低用钢量。若使用高强度且高强屈比的钢材,则能提高建筑结构的延性,从而提高其抗震安全性。此外,发展具有良好焊接性能、强度稳定性及 Z 向(厚度方向)性能的中厚板材,可更好地满足大跨、高层、重载等复杂结构的使用需求,拓展建筑结构用钢的应用场合和使用效益。同时,开发具有良好耐火、耐候性能的建筑钢材,能明显提高建筑结构的耐火与耐环境腐蚀的能力,从而提高建筑结构的耐火安全性及使用寿命,经济效益显著。

随着预应力混凝土工程设计和施工技术的不断提高与完善,预应力混凝土结构工程对预应力钢材的性能及其适用性要求也越来越高,低松弛、高强度、耐腐蚀钢丝已成为预应力钢材的发展方向。在工程应用中,与普通松弛预应力钢材相比,使用低松弛预应力钢材要节材 12% 左右,同时还能提高混凝土构件的安全性和使用寿命。若进一步提高预应力钢丝的强度,还能节省更多钢材。此外,受应力腐蚀影响,预应力钢筋的防腐蚀问题特别突出,表面镀锌或使用环氧涂层能显著改善与提高预应力钢丝的防腐蚀性能,进而提高预应力钢筋混凝土结构的安全性和耐久性。

建筑工程所用的各种钢材统称建筑钢材,包括钢结构用的各种热轧型钢、冷弯薄壁型钢、钢板等和钢筋混凝土结构用的各种钢筋、钢丝和钢绞线等。型钢也可与混凝土组合使用,如钢管混凝土、钢骨混凝土、型钢-混凝土组合梁、压型钢板混凝土组合楼盖等。

建筑钢材的主要优点是强度高、材质均匀、性能可靠,具有较好的弹性变形和塑性变形能力,能抵抗较大的冲击荷载和振动荷载作用。另外,建筑钢材还具有良好的加工性能,可以采用焊接、铆接及螺栓连接等多种连接方式,便于快速施工装配,因而广泛用于大跨结构、多高层结构和重载工业厂房结构等。

建筑钢材的主要缺点是容易锈蚀、耐火性差,维护费用较高。建筑钢材与混凝土复合而成的钢筋混凝土结构在一定程度上能够发挥钢材、混凝土的优点并克服各自的主要缺点,是最重要、应用最为广泛的土木工程结构材料之一。

6.1　钢材的冶炼与分类

6.1.1　钢材的冶炼及加工

(一)钢材的冶炼

钢材是以铁元素为主要成分、含碳量(质量分数)控制在 2.11% 以下并含有少量其他元素的金属材料,由生铁经冶炼、铸锭、轧制和热处理等工序生产而成。含碳量(质量分数)在 2.11%~6.69% 并含有较多杂质的铁碳合金俗称生铁或铸铁,因熔点较低、适宜铸造而得名。

生铁是由铁矿石、石灰石溶剂、焦炭等燃料在高炉中经过还原、造渣反应而得到的一种铁碳合金，一般硫、磷等有害杂质的含量较高，可细分为白口铸铁、灰口铸铁和球墨铸铁等。生铁硬、脆，无塑性和韧性且不能焊接，一般不用作土木工程的结构材料。

炼铁是将铁矿石、燃料（焦炭、煤粉）及其他辅助原材料（石灰石、锰矿等）按一定比例混合，在高温下焦炭及其燃烧生成的一氧化碳还原铁矿石得到生铁的过程。炼钢是将生铁在高炉中进行氧化，将含碳量降低到一定范围，同时将硫、磷等有害杂质降低至允许范围内并添加部分有益合金元素的精炼过程。现代炼钢主要有氧气转炉法和电炉法。平炉法使用重油作为燃料，具有成本高、冶炼周期长且热效率低等致命缺陷，目前已基本淘汰。氧气转炉法冶炼周期短、生产效率高且质量较好，主要用于生产普通质量碳素钢和低合金钢。电炉法对钢材的化学成分控制更严格、质量好，但耗电大、产量低、成本高，主要用于生产优质碳素钢和合金钢。

（二）钢材的脱氧

高温熔炼过程中，部分铁不可避免地被氧化成氧化铁，在后期精炼时需要加入脱氧剂（如锰铁、硅铁等）进行脱氧，使氧化铁还原成金属铁。脱氧后，钢水浇入锭模形成柱状钢锭的工艺过程称为铸锭，之后再对铸锭进行各种压力加工及热处理等以生产各类成品钢材。在铸锭过程中温度逐渐降低，且外部温度降低更快而内部较慢。由于钢内某些元素在液相铁中的溶解度高于固相，冷却过程中它们将向凝固较晚的钢锭中心集中，使得化学成分在钢锭界面上分布不均匀，产生偏析现象，尤其以硫、磷元素偏析最为严重。偏析现象对钢材的质量影响很大。

依据脱氧程度的不同，可将钢材分为沸腾钢（F）、镇静钢（Z）和特殊镇静钢（TZ），脱氧程度依次从低到高。沸腾钢是脱氧不完全的钢，铸锭时不加脱氧剂，相当数量的 FeO 与碳反应生成大量 CO 气体并溢出，看似钢水沸腾，故而称为沸腾钢。镇静钢为基本完全脱氧的钢，铸锭时钢液镇静，不产生类似沸腾现象。特殊镇静钢比镇静钢的脱氧程度更充分、彻底。

沸腾钢的成本较低且塑性好，有利于冲压，但是微晶组织不够致密、气泡较多且化学偏析较大，强度和耐腐蚀性较差，低温冷脆性较大，常用于一般建筑结构中。镇静钢的成本较高，组织细密、偏析小、质量均匀，具有较好的可焊性和耐腐蚀性，常用于承受冲压荷载的重要结构或构件。优质钢和合金钢一般都是镇静钢。特殊镇静钢的质量最好，适用于特别重要的工程结构。

（三）压力加工

为减小铸锭过程常出现的偏析、晶粒粗大、组织不致密等缺陷的不利影响，铸锭后大多要经过压力加工和热处理，以生产各类型钢、钢筋和钢丝等成品钢材。压力加工分为热加工和冷加工两种。热加工是将钢锭加热至呈塑性状态，在再结晶温度以上完成的压力加工。冷加工是指在再结晶温度以下完成的压力加工，主要有冷拉、冷拔、冷轧等方式。

钢材经过压力加工后，可使钢锭内部气泡弥合、组织密实、晶粒细化并消除铸锭时存在的显微缺陷。钢锭在经压力加工成各类钢材成品后，再辅以适当的热处理，可显著提高其强度和质量均匀性，并恢复其良好的塑性和韧性。

6.1.2 钢材的分类

（一）按化学组成分类

按化学成分可将钢材分为碳素钢和合金钢。碳素钢是除含有一定量为了脱氧而加入的硅（一般质量分数不超过 0.35%）、锰（一般质量分数不超过 1.5%）等合金元素以外，不含其他合金元素的钢材。合金钢中除含有硅、锰元素外,还含有其他如铬、镍、钒、钛、铜、钨、铝、钼、铌、镐等合金元素,有的还含如硼、氮等非金属元素。与碳素钢相比,微量合金元素的加入使得合金钢的性能有显著的提高,应用也日益广泛。

按含碳量的不同,碳素钢可进一步细分为低碳钢(碳质量分数在 0.25% 以下)、中碳钢(碳质量分数为 0.25%~0.60%)和高碳钢(碳质量分数在 0.60% 以上)。按合金元素含量的高低,合金钢可进一步细分为低合金钢(合金质量分数在 5% 以下)、中合金钢(合金质量分数为 5%~10%)和高合金钢(合金质量分数在 10% 以上);依合金元素的主要种类,合金钢可分为锰钢、铬钢、铬镍钢和铬锰钛钢等。

(二)按用途分类

依据用途的不同,可将钢材分为结构钢、工具钢和特殊性能钢三大类。结构钢用于各种机器零件和工程结构,前者如渗碳钢、调质钢、弹簧钢和滚动轴承钢等,后者包括普通碳素结构钢、优质碳素结构钢和低合金结构钢等。工具钢用来制造各种工具,依据工具的用途和性能要求的不同可分为刃具钢、模具钢和量具钢等。特殊性能钢是指具有特殊物理、化学性能的钢,主要有不锈钢、耐热钢、耐磨钢和磁钢等。

(三)按质量等级分类

依硫、磷等有害杂质含量的不同,可将钢材分为普通钢、优质钢和高性能钢。

按冶炼炉的种类,可将钢材分为转炉钢和电炉钢,后者的质量较好。

按脱氧程度不同,可将钢材分为沸腾钢(F)、镇静钢(Z)和特殊镇静钢(TZ)。

钢厂在给钢材产品命名时,往往将用途、化学成分和质量等级三种分类标准结合起来,如普通碳素结构钢、优质碳素结构钢、碳素工具钢、高性能碳素工具钢、合金结构钢、合金工具钢等称谓。

建筑工程主要应用碳素结构钢和低合金结构钢。随着钢材冶炼加工工艺的进步和成本的降低,各种优质和高性能合金钢已大范围推广应用,如细晶粒热轧抗震钢筋等。

6.2 建筑钢材的主要技术性能

建筑钢材在结构中主要用于承受荷载作用,同时施工过程中还需要具有较好的加工性能,因而力学性能和工艺性能是建筑钢材性能的主要方面。力学性能指标主要包括强度、刚度、冲击韧性和硬度;工艺性能主要指冷弯性能和可焊性等。此外,建筑结构都是在一定的温度、湿度及其他腐蚀环境条件下服役,此时钢材抵抗环境作用的物理、化学性能对工程结构的正常使用也非常重要。

6.2.1 力学性能

建筑荷载包括静荷载和动荷载两种类型,静荷载作用下不但要求钢材具有一定的强度而不至于破坏,同时还要求具有一定的刚度而不至于影响结构的正常使用。承受动荷载作用时,还要求钢材具有较高的冲击韧性和疲劳强度等。

（一）抗拉性能

建筑钢材在结构中主要承受拉压作用。抗拉性能是衡量建筑钢材力学性能最重要的方面。《金属材料 拉伸试验 第1部分:室温试验方法》(GB/T 228.1—2021)规定了标准的拉伸试验方法,以检验建筑钢材在拉伸时的力学性能和变形性能。以延伸率 $\Delta L/L$ 为横坐标,名义应力 F/S_0 为纵坐标,典型低碳钢的单轴受拉应力-应变关系如图 6-1(a)所示,受拉破坏过程可以分为以下四个阶段:

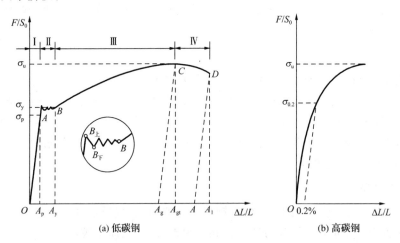

(a) 低碳钢　　　　　　　　　　　(b) 高碳钢

图 6-1　建筑钢材单轴拉伸应力-应变曲线

1. 线弹性阶段

在 OA 范围内,试件的应力与应变之间呈线性关系,此阶段的变形为弹性变形。在该范围内任意一点完全卸载,试件将恢复原状。A 点对应于弹性阶段应力、应变最大值的位置,相应应力称为弹性极限。OA 段直线的斜率(应力与应变之比)为弹性模量 E,它表征的是材料抵抗变形的能力,即钢材的材料刚度。

2. 屈服阶段

在 AB 范围内,随应力的进一步增大,钢材的应变与应力不再呈线性关系,试件开始产生不可恢复的塑性变形。当应力达到 B 点的应力水平时,即使应力不再增大,塑性变形仍将显著增长,也会发生屈服现象,相应的应力值称为屈服强度(一般采用下屈服点)。屈服强度是建筑钢材最重要的性能指标,是钢结构设计的取值依据。

3. 强化阶段

在 BC 范围内,应力需要进一步增大才能使试件产生进一步的变形,此时材料恢复了一定的抵抗变形的能力(刚度),故称为强化阶段。对应于峰值强度 C 点的应力称为抗拉强度,它是评价钢材抵抗破坏能力的重要指标。抗拉强度与屈服强度的比值(强屈比)是建筑钢材安全裕度和材料利用率的直接反映。强屈比越小,则材料在达到屈服之后的安全裕度也越小,相应的可靠度越低。强屈比越大,表明材料的安全裕度越大,结构的可靠度越高。但是,强屈比过大时,钢材的有效利用率太低,钢材的强度未能充分利用,造成一定的浪费。

4. 颈缩阶段

在抗拉强度 C 点过后,材料塑性变形迅速增大但应力反而下降,刚度为负值,材料处于不稳定状态。试件薄弱处的横断面显著减小,呈现"颈缩"现象,直至断裂。设标准试件的原始标距为 L_0,拉断后拼合断口,测量得到试件标距内的长度为断后标距 L_u,将试件拉断后标距范围内残余伸长量 L_u-L_0 与原始标距 L_0 的比值,称为断后伸长率,用符号 A 表示,即

$$A = \frac{L_u - L_0}{L_0} \times 100\% \qquad (6\text{-}1)$$

对于比例试样,若原始标距 L_0 不为 $5.65\sqrt{S_0}$(S_0 为平行长度的原始截面面积,对于圆形试件来说,此时原始标距 $L_0 = 5d_0$),符号 A 应附以下脚注说明所使用的比例系数,如 $A_{11.3}$ 表示原始标距 L_0 为 $11.3\sqrt{S_0}$ 的断裂伸长率(对于圆形试件,此时原始标距 $L_0 = 10d_0$)。除断后伸长率 A 以外,还常用断裂总伸长率 A_t、最大力总伸长率 A_{gt} 和最大力非比例伸长率 A_g 来表征钢材的变形能力,如图 6-1(a)所示。对于非比例试样,符号 A 应加脚注说明所使用的原始标距,如 $A80$ mm 表示原始标距 $L_0 = 80$ mm 时的断后伸长率。

试件拉伸破坏时,塑性应变在标距范围内的分布是不均匀的,颈缩处的伸长较大,呈现出"应变集中"现象。原始标距与直径的比值越大,则颈缩处的局部变形在整体变形中的密度越小,相应断后伸长率要小一些。对于同一种钢材,$A_{5.65}$ 大于 $A_{11.3}$。

试件拉伸破坏后,若断后最小横截面面积为 α_u,将截面面积改变量 $\alpha_0 - \alpha_u$ 与原始截面积 α_0 之比称为断面收缩率,用符号 Z 来表示,即

$$Z = \frac{\alpha_0 - \alpha_u}{\alpha_0} \times 100\% \qquad (6\text{-}2)$$

断后伸长率和断面收缩率是表示钢材塑性变形能力的重要指标。常用低碳钢的断后伸长率一般为 $20\% \sim 30\%$,断面收缩率一般为 $60\% \sim 70\%$。断后伸长率数值太大,钢材质地较软,超载作用下结构易产生较大的塑性变形;断后伸长率数值过小,钢材质地硬脆,荷载超载时容易断裂。塑性良好的钢材,在承受偶然超载作用时,可以通过产生塑性变形来使内部应力重新分布,尽量避免出现"应变集中"现象而破坏。(图 6-2)

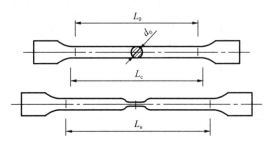

图 6-2　建筑钢材的断后伸长率测试

与低碳钢不同的是,中碳钢和高碳钢没有明显的屈服点,抗拉强度高且断后伸长率小,拉伸破坏时呈脆性破坏。对无明显屈服点的钢材,《金属材料 拉伸试验 第 1 部分:室温试验方法》(GB/T 228.1—2021)规定以塑性残余伸长率为 0.2% 时的应力值作为名义屈服点,相应的屈服强度以 $\sigma_{0.2}$ 表示,如图 6-1(b)所示。

(二)冲击韧性

冲击韧性表征冲击荷载作用下钢材抵抗破坏的能力,一般用单位面积冲击断裂所消耗的功来表示,常采用摆锤式冲击试验机来测量,如图 6-3 所示。将重力为 $P(N)$ 的摆锤提升到高度 $H(m)$,在重力作用下自由旋转下落并冲击带 V 形或 U 形刻槽的标准试件。试件从缺口处断裂后,摆锤继续上升到高度 $h(m)$,H 与 h 的值可在刻盘上读出。依据能量守恒,冲击韧性 $K(J/cm^2)$ 近似为

$$K = \frac{P(H - h)}{\alpha} \qquad (6\text{-}3)$$

式中　α——标准试件缺口处的截面积,cm^2。

冲击韧性 K 的数值越大,说明试件冲击断裂所消耗的能量越大,钢材抵抗冲击荷载作用的能力也越强。

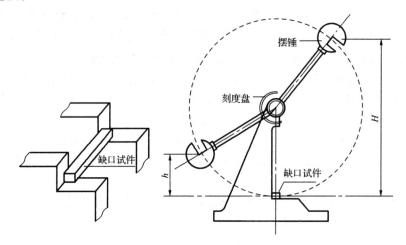

图 6-3 冲击韧性试验方法

钢材的冲击韧性受钢材自身的化学成分和组织状态、环境温度以及时效等方面的影响。

(1)当钢材内部硫和磷含量较高、脱氧不充分时,由于成分偏析、非金属夹杂及焊接微裂纹等因素影响将使冲击韧性显著降低。

(2)冲击韧性随温度的降低而降低。温度较高时冲击韧性较大,随温度降低,冲击韧性相应减小;起初下降较缓慢,当达到一定低温范围时,冲击韧性将快速下降进而呈脆性(图 6-4),这种性质称为钢材的低温冷脆性。冲击韧性开始快速下降时的温度 T_2 称为脆性临界温度。对于在低温条件下服役的钢结构,必须对钢材的低温冷脆性进行评定,并选用脆性临界温度低于使用温度的钢材。依据具体的使用环境温度条件,可要求材料满足 0 ℃、−20 ℃甚至−40 ℃ 条件下对冲击韧性指标的要求。

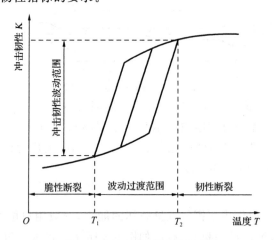

图 6-4 钢材冲击韧性的低温转变

(3)在长期荷载作用下,随时间的延长钢材呈现出机械强度提高而塑性、韧性降低的现象称为时效。通常完成时效的过程可达数十年,起初发展较快而后较慢,经冷加工或者受振动、反复荷载作用时时效可快速发展。因时效导致钢材冲击韧性降低的程度称为时效敏感性。钢材的时效敏感性与材料组成尤其是氮氧化合物杂质的含量密切相关。对于承受动荷载的重要结构,应当选用时效敏感性小的钢材。

（三）硬度

材料局部抵抗硬物压入其表面的能力称为硬度。固体对外界物体侵入的局部抵抗能力，是比较各种材料相对软硬的指标。硬度的测试方法主要有刻划硬度、压入硬度和回弹硬度等。

（1）将欲检测的材料与一个或多个已知硬度的材料相互刻划，留有划痕的材料的硬度较低。刻划硬度法如莫氏硬度能比较粗略地估计硬度，但不够准确。

（2）将特制的压头用一定负荷压在材料上一段时间，通过测量形成的压痕来确定硬度的方法叫作压入硬度。硬度高的材料产生的压痕小。常用的压入硬度主要有布氏硬度和洛氏硬度。

（3）将物理性质已知的物体以一定速度撞击待测物体，利用回弹速度的高低来评价硬度的方法叫作回弹硬度。回弹速度越高，则材料的硬度越大。

建筑钢材的硬度常用布氏硬度来评价。将直径为 D（一般取 10 mm）的淬火硬钢球在一定荷载（一般取 29.4 kN）作用下压入被测钢件的光滑表面，持续一定时间后卸去荷载，测量被压物件表面上的压痕直径 d，所加荷载 P 与压痕表面积 S 的比值即布氏硬度（HB），如图 6-5 所示。布氏硬度试验简便、操作方便、测量迅速，数据稳定准确且属无损检验。当压痕直径 d 在 $(0.25\sim0.60)D$ 范围内

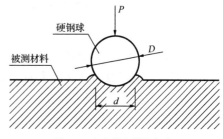

图 6-5　布氏硬度测试方法

时，测得的硬度值比较准确，测量时需要提前选择好钢球直径、荷载大小及持续时间。受淬火钢球硬度的限制，布氏硬度法只适用于测定布氏硬度小于 450HB 的钢材。

（四）疲劳强度

在交变荷载反复作用下，钢材往往在应力远低于抗拉强度时就发生断裂，这种现象称为钢材的疲劳破坏。周期荷载的大小不同，使材料疲劳破坏需要的循环周期数也随之不同。钢材抵抗疲劳破坏的性能常用应力范围 S 与恒负荷载循环作用直至疲劳破坏的次数 N 之间的关系（$S\text{-}N$ 曲线）来描述。典型建筑钢材的 $S\text{-}N$ 曲线如图 6-6 所示。交变荷载对应的应力范围 S 越小，材料的疲劳寿命也就越高。当应力范围 S 小于某极限值（疲劳极限）时，疲劳寿命趋于无穷大。对于建筑钢材，一般近似认为疲劳寿命大于 10^7 次即无穷大。

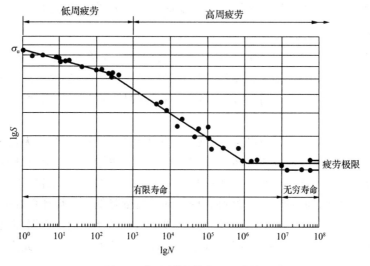

图 6-6　典型建筑钢材的 $S\text{-}N$ 曲线

钢材的疲劳破坏是由拉应力引起的,一般是先在材料内部薄弱区域的局部形成微裂纹,之后裂纹尖端应力集中使得裂纹逐渐扩展直至突然断裂。钢材内部如成分偏析、夹杂等初始缺陷、热应力微裂纹及局部损伤等的存在,是影响钢材疲劳强度的重要因素。疲劳破坏属于脆性破坏,发生很突然、无预兆并造成事故,具有很大的危险性。在设计承受反复荷载作用的结构如桥梁结构时,需进行疲劳验算,并采用满足相应疲劳强度要求的钢材。

6.2.2 工艺性能

钢材一般要经过各种加工才能付诸使用。良好的工艺性能,能够保证钢材的质量不受各种加工措施的影响。一般来说,钢材的加工方式主要有弯曲、拉拔及焊接等,钢材的冷弯、冷拉、冷拔及可焊性等均是建筑钢材工艺性能的重要方面。

(一)冷弯性

冷弯性是指常温下钢材承受弯曲变形的能力,可用试件所能承受的弯曲程度来表示。冷弯试验是模拟钢材弯曲加工来进行的,试验时按弯心直径 d 与试件厚度或直径 a 的比值来准备试件,将它弯曲到规定的角度后,通过检查弯头表面局部是否出现裂纹、起层及断裂等现象来判定是否合格,如图 6-7 所示。

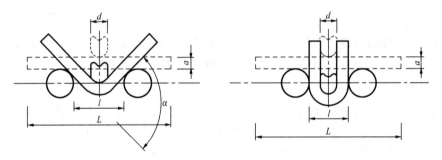

图 6-7 钢材冷弯试验

在冷弯过程中,钢材在弯头部位将发生显著的塑性变形,要求表面不得产生裂级。冷弯试验能很好地反映钢材内部组织的均匀程度、内应力和夹杂等缺陷程度。与单轴拉伸试验中的伸长率指标相比,冷弯性能合格是对钢材塑性变形能力更为严格的检验。

(二)可焊性

焊接连接方法较多、成本低且质量可靠,是钢材的主要连接方式。无论是钢结构,还是钢筋混凝土结构中的钢筋骨架、接头、预埋件等,大多都采用焊接连接,这要求钢材具有良好的可焊性。如果采用较为简单的工艺就能获得良好的焊接效果,并对母体钢材的性质没有副作用,则该钢材的可焊性良好。

实际工程中,钢结构主要采用电弧焊,钢筋连接主要采用接触对焊。无论采用何种焊接方法,焊接过程中钢材一般在很短的时间、小范围内达到很高的温度,由于钢材导热率大,材料局部存在剧烈的受热膨胀与冷却收缩。受此影响,焊件内常产生较大的局部变形与内应力,使焊缝周围的钢材缺陷较严重,同时产生硬脆倾向,局部钢材质量降低。可焊性良好的钢材,焊接后焊缝处局部钢材的性质应尽量与母材一致,进而避免焊接位置成为钢材的薄弱部位而优先破坏。

钢材的可焊性主要受化学成分及其含量的影响,尤其是碳及硫、磷等元素。碳质量分数大于 0.3% 时,钢材的可焊性显著下降。

6.3　钢材的化学成分及晶体组织

材料的微结构决定其性能,而化学组成是决定材料微结构的重要因素。从钢材的化学成分与组织结构出发,可以深刻理解不同钢材力学性能之间的差异及导致差异的原因。

6.3.1　钢材的化学成分

钢材的化学成分除基本元素铁和碳以外,常有硅、锰、硫、磷、氢、氧、氮及合金元素存在。部分元素以杂质形式存在,部分是炼钢过程中为改善钢材性能而特意添加的。为了保证钢材的质量,国家标准对各类钢材的化学成分都有严格的规定。

1. 碳(C)

碳是决定钢材性质的重要元素,它对钢材的力学性能有着重要的影响。常温下,碳素钢的抗拉强度、断面收缩率、极限拉应变、冲击韧性和布氏硬度等主要力学性能指标随含碳量的变化而变化的趋势如图 6-8 所示。当碳质量分数低于 0.8% 时,随着碳质量分数的增加,钢材的强度和硬度提高,塑性和韧性降低;同时,钢材的冷弯、焊接及抗腐蚀性能降低,钢材的冷脆性及时效敏感性增大。当碳质量分数高于 1% 时,钢材变脆且强度反而下降。当碳质量分数高于 0.3% 时,焊接性能下降显著。在建筑钢材碳质量分数范围内,随碳质量分数的增加,钢材的强度和硬度提高但塑性和韧性降低,钢材的冷弯、焊接及抗腐蚀等性能降低,且钢材的冷脆性和时效敏感性增加。建筑结构用碳素结构钢的碳质量分数一般控制在 0.10%～0.25%。

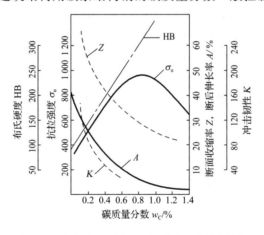

图 6-8　含碳量对碳素钢主要力学性能的影响规律

2. 磷(P)

磷元素对建筑钢材性能的不利影响非常显著,是区分钢材品质的重要指标,其含量(质量分数)一般不得超过 0.045%。磷元素一般是由铁矿石原生带入的,它的存在会显著降低钢材的塑性和韧性,特别是低温下的冲击韧性显著降低,呈低温冷脆性;同时降低冷弯性能和可焊性。

3. 硫(S)

硫是建筑钢材常见的有害元素之一,是区分钢材品质的重要指标,其含量(质量分数)一般不得超过 0.05%。硫在钢中以 FeS 形式存在,它是一种低熔点(1 190 ℃)的化合物。钢材在焊接时,低熔点硫化物的存在使得钢材易形成热裂纹,呈热脆性,进而严重降低建筑钢材的可焊性和热加工性能,同时还会降低建筑钢材的冲击韧性、耐疲劳性能和耐腐蚀性能。硫元素即使微量存在也对钢材的性能非常有害,应严格控制其含量。对抗层状撕裂的钢材,硫质量分数应控制在0.01%以下。

4. 氧(O)和氮(N)

氧和氮都是钢材的有害元素,炼钢过程中需要专门脱除。未除尽的氧和氮主要以 FeO、Fe_4N 等化合物形式存在,将降低钢材的强度、冷弯性能和可焊性。氧元素还会增大钢材的热脆性和时效敏感性。建筑钢材一般控制氧和氮的质量分数分别不超过 0.05% 和 0.03%。

5. 硅(Si)

在冶炼的过程中硅一般是作为脱氧剂加入的,它可使有害的 FeO 形成 SiO_2 并融入钢渣排出。作为主要的合金元素之一,其质量分数通常控制在 1% 以内,在此范围内可提高强度,同时对塑性和韧性没有明显的影响。硅质量分数超过 1% 后,钢材的冷脆性增大,同时可焊性也变差。

6. 锰(Mn)

在冶炼时锰一般作脱氧除硫用,它可使有害的 FeO、FeS 形成 MnO 和 MnS 并融入钢渣排出,消减硫、氧元素引起的热脆性,同时改善钢材的热加工性能,通常含量(质量分数)控制在 2% 以下。当含量(质量分数)在 0.8%~1.0% 时,可显著提高钢材的强度和硬度,同时对塑性和韧性没有不利影响。当锰含量(质量分数)超过 1% 时,虽能提高强度,但塑性和韧性均有所下降,可焊性变差。

7. 钒(V)

钒与氮、氧和碳等非金属元素的亲和力很强,它们能以稳定的化合物形式存在,使得晶粒细化,进而提高钢材的强度和韧性。但是钒的含量不能过高,否则将使钢材的塑性和韧性降低,通常仅作为微量合金元素添加,其含量(质量分数)一般在 0.12% 以内。

8. 钛(Ti)

钛与氧、碳的亲和力较强,微量钛可使钢材的组织致密,从而提高强度并改善韧性和可焊性,一般掺量(质量分数)为 0.06%~0.12%。

9. 铬(Cr)

铬的加入能使钢材表面产生防锈蚀的保护膜,显著提高合金钢的抗氧化性、耐腐蚀性和耐热性。含铬(质量分数)10.5% 以上的合金钢俗称不锈钢,由于成本较高,仅在某些特殊环境条件下使用,以提高结构的耐久性并延长使用寿命。

6.3.2 钢材的晶体组织

1. 常温下的基本晶体组织

铁和碳是建筑钢材的主要化学成分,钢材中铁原子和碳原子之间有三种基本的结合方式,分别是固溶体、化合物和机械混合物。

(1)固溶体是以铁为溶剂、碳原子为溶质形成的固态"溶液"。纯铁在不同温度下有不同的稳定晶体结构。固溶体中的铁保持纯铁的晶格不变,碳原子溶解其中。由于碳在铁中的"溶解度"非常有限,固溶体形态的钢材含碳量很低。

(2)化合物是铁与碳之间以化学键结合而成 Fe_3C 的微结构形态,其晶格与纯铁的晶格不同。化合物组织形态钢的含碳量(质量分数)为 6.69%。

(3)机械混合物由固溶体与化合物两种形态混合而成。

所谓钢的组织,就是由上述一种或多种结合方式所构成的、具有一定组织形态的聚合体。依据化学组成(主要是含碳量及合金含量)及加工工艺的不同,钢材的基本组织主要有铁素体、奥氏体、渗碳体和珠光体四种。

①铁素体:碳原子与铁原子结合成的 α-Fe 固溶体。铁原子晶格空隙较小,碳的溶解度很小,常温下溶解度只有 0.006%;温度为 723 ℃时的溶解度最大,但也仅有 0.02%。铁素体的强度、硬度很低,而塑性、韧性很大。

②奥氏体:碳原子与铁原子结合成的 α-Fe 固溶体,常温下不能稳定存在。α-Fe 固溶体为面心立方结构,碳的溶解度相对较大,在 1 130 ℃时最大可达 2.06%;当温度降低在 723 ℃时含碳量(质量分数)降至 0.8%。奥氏体的强度低、塑性高。

③渗碳体:铁和碳以化学键结合成的化合物 Fe_3C,塑性小、硬度高,抗拉强度很低。

④珠光体:铁素体与渗碳体的机械混合物,含碳量(质量分数)为 0.8%。温度降低在 723 ℃ 以下时,奥氏体不能稳定存在而分解成珠光体。珠光体强度较高,塑性和韧性位于铁素体与渗碳体之间。珠光体的晶粒粗细对钢材性能有很大影响。晶粒越细,钢材的强度也就越高,同时塑性降低很少。

钢材在 910 ℃以上高温快速冷却时,奥氏体来不及正常分解成珠光体而形成碳在 α-Fe 铁素体呈过饱和状态的一种组织,称作马氏体。它是四种基本组织以外的一种组织形态,由于晶格畸变,其硬度和强度极高,韧性和塑性很差。

2.晶体组织对钢材性能的影响

常温下,钢材中各种基本组织的含量随含碳量、生产加工工艺的变化而变化,进而在宏观上呈现出不同的力学性能。

(1)含碳量(质量分数)为 0.77%的碳素钢称为共析钢,其组织为珠光体。

(2)含碳量(质量分数)在 0.02%~0.77%的碳素钢称为亚共析钢,它由珠光体与含碳量更低的铁素体组成,后者所占比例与含碳量密切相关。随着含碳量的增大,铁素体所占比例逐渐降低而珠光体比例逐渐增加,相应地,钢材的强度、硬度逐渐增大,而塑性、韧性逐渐降低。

(3)含碳量(质量分数)在 0.77%~2.11%的碳素钢称作过共析钢,它由珠光体与含碳量更高的渗碳体组成。随着含碳量的增加,珠光体所占比例减小而渗碳体所占比例逐渐增大,因而钢材的硬度、强度逐渐增大而塑性、韧性逐渐降低。但是,当含碳量(质量分数)超过 1%以后,钢材的抗拉强度开始下降。

钢材的各种组织形态在不同温度下的稳定性不同,高温条件下钢材的不同组织形态会发生相互转变,这使高温下钢材的力学性能发生较大变化。此外,采用不同工艺加工的钢材,其组织形态也有所不同,相应的力学性能也不同。如快速冷却产生的马氏体,会使钢材的强度提高但塑性和韧性下降等。

此外,掺入合金元素也会使得钢材的组织形态发生改变。如某些合金元素可与常温下稳定的 α-Fe 形成固溶体并使晶格产生畸变、晶粒细化、强度提高。细晶粒的晶界比表面积相对于粗晶粒的较大,从而抵抗变形的能力较强,且塑性变形均匀、韧性好。掺入合金元素可使建筑钢材的综合性能得到显著改善,称为固溶强化。

6.4 钢材的冷加工与热处理

6.4.1 冷加工

(一)冷加工强化

将钢材在常温下进行冷拉、冷拔或冷轧加工,使之产生塑性变形,从而提高屈服强度,称为冷加工强化。钢材经冷加工强化后,塑性、韧性、弹性模量和强屈比都有所降低,钢材的利用率提高。

冷拉是在常温下利用冷拉设备对钢材进行张拉,使之伸长并超过屈服应变。经冷拉后钢材的屈服阶段缩短、断裂伸长率降低、材质变硬。钢材的冷拉工艺分为单控法和双控法,前者仅控制断裂伸长率,工艺简单;后者还同时控制冷拉应力,安全性较高。

冷拔是在常温下将光圆钢筋通过硬质合金拔丝模强行拉拔的加工工艺,每次拉拔截面缩小,但通常应控制单次拉拔的截面缩小率在10%以内。冷拔过程中,钢筋在受拉的同时还受到模孔的挤压,内应力更大。经拉拔的钢筋屈服强度能提高40%~60%,但同时塑性也大大降低,具有硬钢的性质。

(二)时效处理

将经过冷加工的钢材于常温下存放15~20 d,或者在100~200 ℃高温环境下保温一段时间(2 h)后,其屈服强度、抗拉强度将进一步提高,同时塑性和韧性也进一步降低,这种现象称为时效,如图6-9所示。前者称自然时效,后者称人工时效。钢材的时效是一个普遍现象,部分未经冷加工的钢材在长期存放时也会出现时效现象,冷加工则加速了时效的发展。钢材一般同时采用冷加工与时效处理。

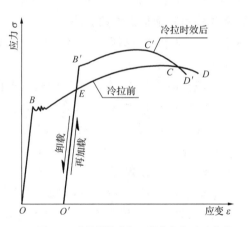

图6-9 建筑钢材冷加工强化应力-应变曲线

对钢材进行冷加工强化和时效处理的目的是提高钢材的屈服强度以节约钢材,但同时钢材的塑性和韧性也将降低。图6-9给出了经冷加工及时效处理后钢材的性能变化规律。$OBCD$为冷拉时效处理前典型低碳钢的应力-应变关系曲线。当试件冷拉至超过屈服强度的任意一点E时,由于塑性应变的产生,卸载时将沿EO'下降且不能回到O点,EO'大致与BO平行。将冷拉后试件立即重新拉伸,则其应力-应变关系将沿$O'ECD$发展,屈服点由B点提升到E点,抗拉强度基本不变,塑性和韧性降低。若卸载后对钢材进行时效处理,则试件的应力-应变曲线将为$O'EB'C'D'$,钢材的屈服强度和抗拉强度均进一步提高,但塑性和韧性同时降低,屈强比大幅降低。冷加工及时效处理主要在生产厂商及加工厂进行,经冷加工强化及时效处理的钢材质量仍应满足相应国家标准对钢材产品性能指标的要求。

钢材的性能因时效而发生改变的程度称为时效敏感性。钢材在受到振动、冲击或产生其他变形形式时也可加速时效的进程。对于承受动载的重要结构,应选用时效敏感性低的钢材。

6.4.2　热处理

钢材的热处理是指在钢材的熔点范围内对钢材进行加热、保温或冷却处理,从而改变其金相组织和显微结构,或消除由于冷加工、焊接等处理方式产生的内应力而获得所需要综合性能的一种工艺。热处理一般在生产厂或加工厂进行,少数焊接件的热处理在工地现场进行。常用热处理工艺有退火、正火、淬火和回火等。

1. 退火

将钢材加热到一定温度、保温一段时间后缓慢随炉冷却的一种热处理工艺,依据加热温度的高低可分为重结晶退火和低结晶退火。退火的目的是细化晶粒、改善显微组织、消除显微缺陷和内应力并提高塑性。对建筑工程常用的低碳钢,通常在 650～700 ℃下进行退火,以提高其塑性和韧性。

2. 正火

退火的一种特例,它是在空气中冷却,冷却速度比退火要快。与退火相比,正火后钢材的硬度、强度较高而塑性较低。

3. 淬火

将钢材加热到基本显微组织发生改变的温度以上(一般高于 900 ℃)、保温一段时间后放入水或矿物油等介质中快速冷却的一种热处理工艺。淬火使得钢材的强度、硬度提高,且塑性、韧性显著降低,一般在淬火后同时进行回火处理以得到具有较高综合力学性能的钢材。

4. 回火

将钢材加热到比相变温度稍低、保温后在空气中冷却的热处理方法,其目的是消除淬火快速冷却时产生的很大的内应力,降低脆性并改善力学性能。依据回火温度的不同可分为高温回火(500～650 ℃)、中温回火(300～500 ℃)和低温回火(150～300 ℃)。回火温度越高,塑性和韧性恢复效果越好,同时硬度也降低越多。高温回火俗称调质处理。

6.5　建筑钢材的标准及选用

建筑钢材包括用于钢结构的各类型材(型钢、钢管和钢棒)、板材和用于混凝土结构的各类线材(钢筋、钢丝和钢绞线)等。依结构用途对钢材力学性能进行具体要求,建筑钢材主要使用碳素结构钢和低合金结构钢,合金钢也有少量应用。

6.5.1　碳素结构钢(非合金结构钢)

(一)碳素结构钢的技术标准

《碳素结构钢》(GB/T 700—2006)规定,碳素结构钢的牌号由代表屈服强度的符号 Q、屈服强度值、质量等级符号和脱氧程度符号四个部分按顺序组成。质量等级符号为 A、B、C 和 D 四种,A 和 B 为普通质量钢,C 和 D 为严格控制硫、磷杂质含量的优质钢。脱氧程度以 F 代表沸腾钢,Z 代表镇静钢,TZ 代表特殊镇静钢。C 级钢均为镇静钢,D 级钢均为特殊镇静钢,Z 和 TZ 符号可省略。如 Q235AF 表示屈服强度为 235 MPa 的 A 级沸腾钢。

碳素结构钢的单轴拉伸及冲击试验结果应符合表 6-1 的要求;弯曲性能试验测试应符合表 6-2 的要求。

表 6-1　　　　　　　　　　　　　碳素结构钢力学性能指标要求

牌号	质量等级	屈服强度/MPa				断后伸长率/%			抗拉强度/MPa	冲击试验	
		厚度或直径/mm								温度 /℃	冲击功/J
		≤16	>16～40	>40～60	>60～100	≤40	>40～60	>60～100			
Q195	—	195	185	—	—	33	—	—	315～430	—	—
Q215	A	215	205	195	185	31	30	29	335～450	—	—
	B									+20	≥27
Q235	A	235	225	215	215	26	25	24	370～500	—	—
	B									+20	≥27
	C									0	
	D									−20	
Q275	A	275	265	255	245	22	21	20	410～540	—	—
	B									+20	27
	C									0	
	D									−20	

表 6-2　　　　　　　　　　　　　碳素结构钢冷弯试验性能要求

牌号	试样方向	180 ℃冷弯试验	
		钢材厚度或直径/mm	
		≤60	>60～100
		弯心直径 d	
Q195	纵向	0	—
	横向	0.5a	
Q215	纵向	0.5a	1.5a
	横向	a	2a
Q235	纵向	a	2a
	横向	1.5a	2.5a
Q275	纵向	1.5a	2.5a
	横向	2a	3a

(二)碳素结构钢的选用

结构钢主要用于承受荷载作用,工程应用时需要结合工程结构的承载力要求、加工工艺和使用环境条件等,全面考虑力学性能、工艺性能进行选择,以满足对工程结构安全可靠、经济合理的要求。工程结构的荷载大小、荷载类型(动荷载、静荷载)、连接方式(焊接与非焊接)、使用环境温度等条件对结构钢材的选用往往起决定作用。在满足承载能力要求的前提条件下,可以优先选用强度较高的钢材以节约用钢量。由于较高强度的钢材成本一般也较高,选用时可以适当兼顾成本控制的要求。

一般情况下,对于直接承受动荷载的构件和结构(如吊车梁、吊车吊钩、直接承受车辆荷载的栈桥结构等)、焊接连接结构、低温条件下工作及特别重要的构件或结构应该选用质量较好的钢材。沸腾钢的质量相对较差、时效敏感性较大且性能不够稳定,往往用于除以下三种情况以外的一般结构：

(1)直接承受动荷载的焊接结构。

(2)设计温度小于或等于－20 ℃的直接承受动荷载的非焊接结构。

(3)设计温度小于或等于－30 ℃的承受静荷载、间接承受动荷载的焊接结构。质量等级为 A 级的钢材，一般仅适用于承受静荷载作用的结构。

6.5.2　低合金高强度结构钢

(一)低合金高强度结构钢的技术标准

低合金高强度结构钢的牌号由代表屈服强度的字母 Q、屈服强度值、交货状态代号(无、N 和 M)和质量等级符号(B～F)四部分组成，如 Q355ND。当要求钢板具有厚度方向性能时，可在上述规定牌号后加上代表厚度方向(Z 向)性能级别的符号，如 Q355NDZ25。由于低合金高强度结构钢均为镇静钢或特殊镇静钢，牌号不需要明确标明脱氧程度。与碳素结构钢类似，质量等级主要按硫和磷含量控制要求进行划分，E 和 F 级控制尤为严格。

依据《低合金高强度结构钢》(GB/T 1591—2018)，低合金高强度结构钢的交货状态包括热轧、正火或正火轧制(N)、热机械轧制或热机械轧制加回火(M)三大类。交货状态主要考虑控制轧制和热处理工艺进行区分，其中热机械轧制工艺使钢材获得了仅通过热处理无法获得的优异性能。热轧和正火(或正火轧制)钢材包含 Q355(N)～Q460(N)各 4 个钢级。热机械轧制钢材包含 Q355M～Q690M 共 8 个钢级，其拉伸性能应满足表 6-3 的要求，其他钢级钢材的拉伸性能部分指标与表 6-3 有细微差异。不同牌号低合金高强度结构钢的冲击性能和冷弯性能应分别满足表 6-4 和表 6-5 的要求。

表 6-3　　　　　　　　　热机械轧制(TMCP)钢材的力学性能指标

牌号		上屈服强度/MPa,不小于					抗拉强度/MPa				断后伸长率/%
钢级	质量等级	公称厚度(直径或边长)/mm									
		≤16	>40 ~40	>40 ~63	>63 ~80	>80 ~100	≤40	>40 ~63	>63 ~80	>80 ~100	
Q355M	B～F	355	345	335	325	325	470~630	450~610	440~600	440~600	≥22
Q390M	B～E	390	380	360	340	340	490~650	480~640	470~630	460~620	≥20
Q420M	B～E	420	400	390	480	370	520~680	500~660	480~640	470~630	≥19
Q460M	C～E	460	440	430	410	400	540~720	530~710	510~690	500~680	≥17
Q500M	C～E	500	490	480	460	450	610~770	600~760	590~750	540~730	≥71
Q550M	C～E	550	540	530	510	500	670~830	620~810	600~790	590~780	≥16
Q620M	C～E	620	610	600	580	—	710~880	690~880	670~860	—	≥15
Q690M	C～E	690	680	670	650	—	770~940	750~920	730~900	—	≥14

低合金高强度结构钢的含碳量(质量分数)严格控制在 0.20% 以内(只有 Q355 钢级放宽到 0.24%),具有良好的韧性、可焊性和冷弯性能。低合金高强度结构钢所用合金元素主要有锰、硅、铝、镍、铜、铌、钒、钛及稀土元素等。掺入锰元素能够使珠光体晶粒细化,并提高钢材强度和韧性;掺入钒、铌等元素可显著细化晶粒,从而提高强度;掺入铜和稀土元素等可以改善钢材的加工性能及耐腐蚀性能等。

(二)低合金高强度结构钢的性能与选用

对比低合金高强度结构钢与碳素结构钢的主要性能指标可知,低合金高强度结构钢具有高强度、高韧性和高塑性的特点,同时抗冲击、耐低温、耐腐蚀性能强且质量稳定。对比常用的 Q355MC 与 Q235C 钢材可知,前者的屈服强度比后者高 40% 以上且综合性能显著提升,承载能力相同条件下能节约钢材 50% 以上。在满足建筑结构使用条件对钢材力学性能、工艺性能要求条件下,可尽量选择高强度牌号钢材以节约材料,并满足安全可靠、经济合理的综合性能要求。

表 6-4　　低合金高强度结构钢 V 形缺口夏比冲击试验的温度和冲击吸收能量

牌号		以下试验温度的冲击吸收能量最小值/J									
钢级	质量等级	20 ℃		0 ℃		−20 ℃		−40 ℃		−60 ℃	
		纵向	横向	纵向	横向	纵向	横向	纵向	横向	纵向	横向
Q355、Q390、Q420	B	34	27	—	—	—	—	—	—	—	—
Q355、Q390、Q420、Q460	C	—	—	34	27	—	—	—	—	—	—
Q355、Q390	D	—	—	—	—	34	27	—	—	—	—
Q355N、Q390N Q420N	B	34	27	—	—	—	—	—	—	—	—
Q355N、Q390N、Q420N、Q460N	C	—	—	34	27	—	—	—	—	—	—
	D	55	31	47	27	40 b	20	—	—	—	—
	E	63	40	55	34	47	27	31	20	—	—
Q355N	F	63	40	55	34	47	27	31	20	27	16
Q355M、Q390M、Q420M	B	34	27	—	—	—	—	—	—	—	—
Q355M、Q390M、Q420M、Q460M	C	—	—	34	27	—	—	—	—	—	—
	D	55	31	47	27	40 b	20	—	—	—	—
	E	63	40	55	34	47	27	31	20	—	—
Q355M	F	63	40	55	34	47	27	31	20	27	16
Q500M、Q550M、Q620M、Q690M	C	—	—	55	34	—	—	—	—	—	—
	D	—	—	—	—	47	27	—	—	—	—
	E	—	—	—	—	—	—	31	20	—	—

表 6-5　　　　　　　　低合金高强度结构钢弯曲试验

试样方向	180°弯曲试验 D——弯曲压头直径，a——试样厚度或直径	
	公称厚度或直径/mm	
	≤16	>16～100
对公称宽度不小于 600 mm 的钢板及钢带，拉伸试验取横向试样；其他钢材的拉伸试验取纵向试样	D=2a	D=3a

6.5.3　混凝土结构用钢筋与钢丝

混凝土材料抗压但不抗拉，建筑钢材抗拉强度高但是抗压时存在稳定性问题使得强度不能充分发挥，同时还存在易锈蚀及耐火性能不足等缺点。将钢材与混凝土材料组合起来使用能够扬长避短，因而广泛应用。尽管型材、板材在混凝土结构中也有部分应用，如型钢混凝土、钢管混凝土等，但混凝土材料主要还是与钢筋和钢丝等线材搭配组成复合结构。

一般将直径为 6 mm 及以上的线材称钢筋，直径为 6 mm 以下称钢丝。钢筋主要用于普通钢筋混凝土结构；钢丝一般为高强钢材，主要用于预应力混凝土结构。成品线材主要有热轧钢筋、冷轧带肋钢筋、冷拔低碳钢丝、余热处理钢筋和预应力混凝土用钢丝和钢绞线等。

（一）热轧钢筋

依表面形貌的不同，热轧钢筋分热轧光圆钢筋和热轧带肋钢筋两种。热轧光圆钢筋是由碳素结构钢经热轧成型且横截面通常为圆形、表面光滑的成品钢筋，只有 HPB300 牌号，它由热轧光圆钢筋的英文（Hotrolled Plain Bars）缩写 HPB 加上屈服强度特征值构成，产品性能应符合《钢筋混凝土用钢　第 1 部分：热轧光圆钢筋》（GB/T 1499.1—2017）的相关技术要求。热轧带肋钢筋可再细分为普通热轧钢筋和细晶粒热轧钢筋两类，技术性能应满足《钢筋混凝土用钢　第 2 部分：热轧带肋钢筋》（GB/T 1499.2—2018）的要求。

热轧普通钢筋和细晶粒热轧钢筋均是由低合金高强度结构钢热轧成型且横截面通常为圆形、表面带肋的钢筋，不同之处在于细晶粒热轧钢筋在热轧过程中通过控轧和控冷工艺以形成细晶粒组织，晶粒度不粗于 9 级。热轧普通钢筋的牌号由 HRB（Hot-rolled Ribbed Bars）与屈服强度值构成，如 HRB335；细晶粒热轧钢筋由 HRBF 与屈服强度值构成，字母 F 是英文 Fine 的首字母。光圆钢筋与带肋钢筋的断面形状如图 6-10 所示。直径为 6.5～9.0 mm 的钢筋，大多卷成盘供应；直径在 10～40 mm 的钢筋一般是 6～12 m 长的直段供应。带肋钢筋的公称直径指的是轴拉时有效受力面积相当于光圆钢筋横截面积时的等效直径，如图 6-10 中阴影所示。

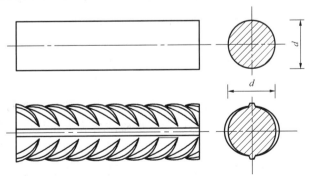

图 6-10　光面钢筋和月牙带肋纵肋钢筋

热轧钢筋的屈服强度、抗拉强度、断后伸长率和最大力总伸长率等力学性能指标应符合表 6-6 的规定。对于有较高抗震要求的结构,可选用表 6-6 所示的热轧钢筋牌号后附加 E 的钢筋,如 HRB400E。该类钢筋在满足已有牌号钢筋的力学性能要求外,还须满足:

(1)钢筋实测抗拉强度与实测屈服强度之比不小于 1.25。

(2)钢筋实测屈服强度与规定的屈服强度值比不大于 1.30。

(3)钢筋的最大力总伸长率不小于 9%。

(4)反向弯曲试验合格,综合保证钢筋具有较好的塑性耗能能力和变形能力,以满足较高抗震性能的要求。

热轧钢筋强度较高且延性、可焊性、机械连接性能较好,其中热轧光圆钢筋在钢筋混凝土板中用得较多,热轧带肋钢筋主要用作钢筋混凝土和预应力混凝土结构中的受力主筋,是土建结构中用量最大的主要钢种。

表 6-6   热轧钢筋的力学性能与工艺性能要求

牌号	屈服强度 /MPa	抗拉强度 /MPa	断裂伸长率 A/%	最大力总伸长率 A_{gt}/%	180°冷弯试验	
					公称直径 a/mm	弯心直径 d
	不小于					
HPB235	235	370	25.0	10.0	—	a
HPB300	300	420				
HRB335 HRBF335	335	455	17	7.5	6～25	$3d$
					28～40	$4d$
					＞40～50	$5d$
HRB400 HRBF400	400	540	16		6～25	$4d$
					28～40	$5d$
					＞40～50	$6d$
HRB500 HRBF500	500	630	15		6～25	$6d$
					28～40	$7d$
					＞40～50	$8d$

(二)冷轧带肋钢筋

冷轧带肋钢筋是用热轧盘条经多道冷轧减径后,在其表面带有沿长度方向均匀分布横肋的钢筋,经回火热处理后可提高延性,其直径一般在 4～12 mm。冷扎带肋钢筋按延性高低分为冷轧带肋钢筋和高延性热轧带肋钢筋两类,前者的牌号由 CRB(Cold-rolled Ribbed Bars)和抗拉强度最小值构成,后者再附加高延性(High elongation)的英文首字母 H。冷轧带肋钢筋分为 CRB550、CRB650、CRB800、CRB600H、CRB680H 和 CRB800H 共六个牌号。CRB550 和 CRB600H 用于普通钢筋混凝土结构,CRB650、CRB800 和 CRB800H 用于预应力钢筋混凝土结构,CRB680H 两者均可使用。

《冷轧带肋钢筋》(GB/T 13788—2017)规定,各牌号冷扎带肋钢筋的力学性能和工艺性能应满足表 6-7 的要求,其中同时给出了 180°弯曲试验的弯芯半径与反复弯曲次数的要求。当进行弯曲试验时,在弯芯直径 D 为公称直径 d 的若干倍条件下弯曲 180°,受弯部位钢筋表面不得产生裂纹。同时,在初始应力相当于公称抗拉强度的 70%水平时,1 000 小时的应力松弛率不能超过表 6-7 的规定。当 CRB680H 钢筋用于普通钢筋混凝土中时,对反复弯曲和应力松弛不做要求;当用在预应力钢筋混凝土中时,应以反复弯曲试验代替 180°弯曲试验,并要求松弛率检测合格。

表 6-7 　　　　　　　　　　　　　　冷轧带肋钢筋力学性能与工艺性能要求

分类	牌号	名义屈服强度/MPa	抗拉强度/MPa	断后伸长率/%		180°弯曲试验	反复弯曲次数	1 000 h应力松弛率/%
				A	$A_{100\ mm}$			
普通钢筋混凝土用	CRB550	500	550	11.0	—	$D=3\,d$	—	—
	CRB600H	540	600	14.0	—	$D=3\,d$	—	—
	CRB680H	600	680	14.0	—	$D=3\,d$	4	≤5
预应力钢筋混凝土用	CRB650	585	650	—	4.0	—	3	≤8
	CRB800	720	800	—	4.0	—	3	≤8
	CRB800H	720	800	—	7.0	—	3	≤5

冷轧带肋钢筋是采用冷加工时效强化的钢铁产品,经冷轧后强度提高非常显著,但塑性也随之降低,强屈比显著减小。为保证冷轧带肋钢筋具有一定的安全裕度及塑性耗能能力,规范要求强屈比不能小于1.05。冷加工时效强化的工艺特别,使得冷轧带肋钢筋一般用于没有振动、冲击荷载和往复荷载的结构。由于冷轧带肋钢筋的塑性耗能和变形能力较差,可用作楼板配筋、墙体分布钢筋、梁柱箍筋及圈梁、构造柱配筋,但不得用于有抗震设防要求的梁、柱纵向受力钢筋及板柱结构配筋。

(三)冷拔低碳钢丝

冷拔低碳钢丝是由低碳钢热轧盘条或热轧光圆钢筋经一次或多次冷拔制成的光圆钢丝,牌号由CDW(Cold Drawn Wire)与抗拉强度组成,如CDW550。实际上,尽管冶金行业有各种抗拉强度级别的冷拔低碳钢丝标准,但建筑工程中仅保留使用CDW550一个强度级别。不同直径冷拔低碳钢丝的力学性能与工艺性能应满足表6-8的要求。低碳钢热轧盘条冷拉时不但受到拉力的作用,同时还受到挤压作用,使得屈服强度大幅提高而失去低碳钢的性质,变得硬脆。因而,冷拔低碳钢丝宜作为箍筋等构造钢筋使用,作为结构构件中纵向受力钢筋使用时应采用钢丝焊接网。《冷拔低碳钢丝应用技术规程》(JGJ 19—2010)规定,冷拔低碳钢丝不得作预应力钢筋使用。

表 6-8 　　　　　　　　　　　　　　冷拔低碳钢丝力学性能与工艺性能要求

直径/mm	抗拉强度/MPa	断裂伸长率A/%	180°反复弯曲次数	弯曲半径/mm
		不小于		
3	550	2.0	4	7.5
4		2.5		10
5				15
6		3.0		15
7				20
8				20

(四)余热处理钢筋

余热处理钢筋是热轧后利用热处理原理进行表面控制冷却,并利用芯部余热自身完成回火处理所得成品钢筋,牌号由余热处理(Remained—heattreated Ribbed Bar)的英文缩写RRB

和屈服强度特征值构成,公称直径范围为 8~50 mm。余热处理钢筋按用途分为可焊和非可焊两种,前者在屈服强度特征值后附加焊接(Welding)英文首字母 W 表示可焊,如RRB400W。《钢筋混凝土用余热处理钢筋》(GB/T 13014—2013)规定,余热处理钢筋的力学性能应满足表 6-9 的规定,其中同时给出了 180°冷弯试验要求,钢筋受弯曲部位表面不得产生裂纹。余热处理后,钢筋的强度提高,但延性和可焊性明显下降,主要用在对变形性能和加工性能要求不高的构件中,不宜用作重要部位的受力钢筋,不应用于直接承受疲劳荷载的构件。

表 6-9 钢筋混凝土用余热处理钢筋的力学性能

牌号	屈服强度最小值/MPa	抗拉强度最小值/MPa	180°冷弯试验		断后伸长率 A/%	最大力总伸长率 A_{gt}/%
			公称直径 d/mm	弯芯直径		
RRB400	400	540	8~25	4d	≥14	≥5.0
			28~40	5d	≥13	
RRB400W	430	570	8~25	4d	≥16	≥7.5
			28~40	5d	≥15	
RRB500	500	630	8~25	6d	≥13	≥5.0

(五)预应力混凝土用钢丝和钢绞线

预应力混凝土用钢丝是由优质碳素结构钢盘条筋经拔丝模、轧辊冷加工及热处理制成的产品,抗拉强度为 1 470~1 770 MPa,一般以盘卷供货,松卷后可自动弹直,方便按要求长度进行切割加工。钢丝按外形分为光圆、螺旋肋和刻痕三种。钢丝按加工状态可分为冷拉钢丝和消除预应力钢丝两类,前者仅用于压力管道。消除预应力钢丝按松弛性能又分为低松弛钢丝和普通松弛钢丝。对钢丝在轴向塑性变形状态下进行短时热处理以消除内应力,可得到低松弛钢丝;对钢丝通过矫直工序后在适当温度下进行短时热处理,可得到普通松弛钢丝。《预应力混凝土用钢丝》(GB/T 5223—2014)对预应力混凝土用钢丝的尺寸、外形及力学性能等技术指标提出了明确要求,并已取消普通松弛品种预应力钢丝。

预应力混凝土用钢绞线由数根冷拉光圆钢丝及刻痕钢丝绞捻后经短时稳定化热处理以消除内应力、减小应力松弛而制成,在捻制后如有必要还可再次冷拔。钢绞线的捻向一般为左捻,捻距为钢绞线公称直径的 12~18 倍。依据钢丝的股数结构可分为 1×2、1×3、1×7 和1×19 四种。预应力混凝土用钢绞线的尺寸、外形及力学性能等技术指标应符合国家标准《预应力混凝土用钢绞线》(GB/T 5224—2014)的要求。

预应力混凝土用钢丝和钢绞线均属于冷加工强化并经热处理而成的钢材,单轴拉伸时没有屈服点,强度远远超过热轧钢筋和冷轧钢筋,具有良好的柔韧性,应力松弛率低,主要用于重载、大跨及需要曲线配筋的大型屋架、桥梁等预应力混凝土结构。

此外,中等强度预应力钢丝(抗拉强度 800~1 270 MPa)和预应力混凝土用螺纹钢筋(抗拉强度 980~1 230 MPa)在实际工程中也有部分应用,后者在任意截面处可用带有匹配形状内螺纹的连接器或锚具进行连接或锚固。

6.6 建筑钢材的性能检测与评价

无论是用于混凝土结构还是钢结构,建筑钢材的实际性能如何对保障结构整体的安全性、耐久性与经济性等非常关键。为保证工程项目的质量,在钢材进场时需要对材料进行抽样并检测其化学组成及物理、化学、力学性能。特别地,在对建筑钢材的质量有怀疑或者争议时,往往需要委托独立第三方检测机构对钢材的某些单项或多项性能进行检测,特殊情况下还要对钢材各方面的综合性能进行全面检测与评价。

建筑钢材的各方面性能指标很多,一般主要关注化学组成、力学性能与工艺性能三个方面。由于化学成分尤其是碳、硫及磷等有害元素的含量对建筑钢材的力学性能与工艺性能影响非常显著,不同种类及不同牌号钢材对化学组成有严格的限制要求,检测钢材各化学成分的含量可以直接判断钢材的质量是否合格。此外,钢材的力学性能和工艺性能还受晶体结构、冷热处理加工等其他众多因素的影响,往往还需要直接检测钢材的力学性能和工艺性能以评价钢材是否满足质量限制要求。

建筑钢材的抽样与性能检测方法应严格按照有关国家产品标准和检测标准进行。钢材性能测试用试样的取样和制样方法是准确、客观、全面地反映钢铁产品质量的重要环节。钢材的抽样不但要满足对取样时机、取样部位、样品数量及大小的要求,同时还要满足对取样仪器、操作程序和操作条件等方面的要求,以保证所取试样具有良好的代表性。此外,性能检测应严格按照不同指标测试的国家标准进行,并以相应的产品标准为依据进行质量评定。

(一)化学成分检测

钢材化学成分分析可根据需要进行全成分分析或主要成分分析,一般情况下,主要检验碳、氮、硫、磷、硅、锰、铜及其他合金元素。

测定钢材化学成分时,应按《钢和铁 化学成分测定用试样的取样和制样方法》(GB/T 20066—2006)的要求进行取样,每批钢材可取 1 个试样。采用的抽样方法应保证分析试样的测试结果能有效代表抽样产品的化学成分。在化学成分方面,分析试样应具有良好的均匀性,其均匀性应不对分析结果产生显著偏差。取样时,应尽可能避开孔隙、裂纹、疏松、毛刺或其他表面缺陷,同时应去除表面涂层、灰尘、油污、水分及其他形式的污染。块状原始样品的尺寸应足够大,以便有必要时能进行复检或采用其他分析方法进行检测。分析试样可以采用锯切、砂轮切、剪切或冲切方法从抽样产品或原始样品中进行切割制取,其尺寸及形状要能适应分析方法的需要。在可能的情况下,原始样品或分析样品可以从产品标准规定的取样位置取样,也可以从抽样产品中制取的用作力学性能试验的材料上取样。

建筑钢材的化学成分检测方法主要有化学分析方法、物理分析方法和热分析方法三类。化学分析方法通过对所取试样进行化学处理来测定其化学成分,其他不是利用化学处理来测定的分析方法统称物理分析方法,如光电发射光谱法、X 荧光光谱法等。热分析方法是通过对试样进行加热、燃烧或熔融处理来测定化学成分的分析方法。建筑钢材的碳质量分数常在管式炉内燃烧后通过质量法进行测定,氮质量分数一般采用蒸馏分离—靛酚蓝光度法测定,硫质量分数一般采用氧化铝色层分析—硫酸钡质量法或管式炉内燃烧后碘酸钾滴定法测定,磷质量分数一般采用锑磷钼蓝光度法测定。

(二)力学性能

建筑钢材力学性能检验主要包括屈服点、抗拉强度、断裂伸长率和冲击韧性等项目。力学性能检测用试件应在外观及尺寸合格的钢材上取样,产品应具有足够大的尺寸。取样时应防止出现过热、加工硬化而影响其力学性能,取样的位置和方向应符合《钢及钢产品 力学性能试验取样位置及试样制备》(GB/T 2975—2018)的规定。当工程尚有与结构同批的钢材时,可以将其加工成试件以进行力学性能检验。当工程没有与结构同批的钢材时,可在构件上截取试样,但应确保结构构件的安全。

钢材力学性能检验试件的取样数量、取样方法、试验方法和评定标准见表 6-10 的规定。以热轧钢筋为例,同一牌号、同一炉罐号、同一规格、同一交货状态下以不超过 60 吨为一批。按每批钢材,拉伸试验取一个试样,冲击试验取三个试样。当被检钢材的屈服点或者抗拉强度不满足要求时,应补充取样进行拉伸试验。

表 6-10　　　　　　　　　　　结构钢材力学性能检验项目和方法

检验项目	取样数量/个	取样方法	试验方法	评定标准
屈服点,抗拉强度,断后伸长率	1	《钢及钢产品 力学性能试验取样位置及试样制备》(GB/T 2975—2018)	《金属材料 拉伸试验 第 1 部分:室温试验方法》(GB/T 228.1—2021)	《碳素结构钢》(GB/T 700—2006)、《低合金高强度结构钢》(GB/T 1591—2018)及其他钢材产品标准
冲击韧性	3		《金属材料 夏比摆锤冲击试验方法》(GB/T 229—2020)	

(三)工艺性能

钢材的工艺性能主要包括冷弯性能和焊接性能,它们对钢材顺利通过各种加工并制作成构件、结构的性能影响显著。无论是钢筋混凝土结构中的钢筋搭接,还是钢结构构件的连接,焊接连接方法的应用非常广泛。接头焊接质量除受焊接施工质量的影响之外,钢材本身的焊接性能影响非常显著。必要时需对建筑钢材的冷弯性能和焊接性能进行检验评定。

1. 冷弯性能检测评定

建筑钢材冷弯性能试验每批取样一个,取样方法与力学性能检验评定类似,应符合《钢及钢产品 力学性能试验取样位置及试样制备》(GB/T 2975－2018)的规定。试样的宽度、厚度或直径应按照相应产品标准的要求。产品标准未具体规定时,若产品宽度不大于 20 mm,试样宽度取原产品宽度;若产品宽度大于 20 mm,对厚度小于 3 mm 的试样其宽度应取为 20±5 mm,对产品厚度不小于 3 mm 的试样其宽度应取为 20～50 mm。对于板材、带材和型材,试样厚度应为原产品厚度。如果产品厚度大于 25 mm,试样厚度可以机械加工减薄至 25 mm 并保留一侧原表面,弯曲时试样保留的原表面应位于受拉变形一侧。

钢结构用钢材的冷弯性能试验方法应按照《金属材料 弯曲试验方法》(GB/T 232－2010)进行。相关产品标准规定的弯曲角度应为测试的最小值,规定的弯曲压头直径应为最大值。对于钢结构用的型材和钢筋混凝土结构用的线材,按标准测试方法将试件以规定的弯曲直径压弯至规定角度后,按照具体产品标准的要求来评定弯曲试验结果。以热轧光圆钢筋为例,以钢筋的公称直径为弯芯直径弯曲 180°后,不使用放大仪器观察,弯曲试样外表面无可见裂纹应评定为合格。热轧带肋钢筋的弯芯直径取值与具体的牌号及公称直径有关,一般以公称直径的 3～8 倍弯曲 180°不出现可见裂纹为合格,必要时还可以进行反向弯曲性能试验来全面检验弯曲性能。

2. 焊接性能检测评定

钢材的焊接工艺多种多样,焊接部位及接口形式也各不相同,母材与焊条品种繁多。钢材焊接性能需结合具体焊接工艺和接头形式,通过检验焊缝连接及焊缝影响区范围内母材的外观质量、力学性能及内部缺陷来进行评定。除外观检查合格外,焊接质量检验主要通过力学性能测试和原位非破损监测来进行评价。力学性能测试是在结构焊接部位截取试样,再在试验室进行各种力学性能试验以检验、评定焊接质量。原位非破损检测无须截取试样,而是在不损及钢材结构物的前提下,利用超声、射线、磁力及荧光等物理方法,对焊缝附近钢材进行探伤以间接推定力学性能的变化。

钢筋焊接接头外观质量检查要求焊缝表面平整,不得有凹陷或焊瘤,焊接接头区域不得有气孔、夹渣和肉眼可见的裂纹,与电极接触位置的钢筋表面不得有明显烧伤缺陷。钢筋接头的力学性能检验方法主要包括拉伸试验和弯曲试验,必要时还可以进行剪切试验、冲击试验、疲劳试验及硬度试验等,以全面检验评价焊接接头的性能,具体试验方法近似于检验母材力学性能的测试方法。

钢结构所用钢材的焊接性能应结合设计要求的焊接材料、焊接方法、接头形式、焊接位置、预热及焊后热处理制度及其他焊接工艺参数进行评定。试件制备时,所选择试件厚度应在工程构件厚度的有效范围内,焊接材料、坡口形式和尺寸应与设计要求保持一致,各种接头形式的试件尺寸、取样位置以及数量应符合《钢结构焊接规范》(GB 50661—2011)的要求。除外观检查要求焊接接头表面不得有裂纹、焊瘤、气孔和夹渣等缺陷外,一般还应进行各项力学性能的检测评定。焊接接头的力学性能一般应符合母材的检验标准,少数情况下允许稍微放松要求。例如,焊缝中心及热影响区各 3 个试样的冲击功平均值应分别达到母材标准规定或设计要求的最低值,并允许 1 个试样低于以上规定值,但不得低于规定值的 70%。

习题及案例分析

一、习题

1. 建筑钢材的力学性能和工艺性能各自主要包括哪几个方面?

2. 低碳钢拉伸过程中应力-应变关系如何变化?

3. 为什么以建筑钢材的屈服强度作为钢结构设计的取值依据?

4. 钢材冲击韧性是什么概念? 其影响因素主要有哪些?

5. 建筑钢材的低温冷脆性、时效敏感性是什么概念? 选用钢材时如何考虑?

6. 建筑钢材的冷弯性能如何评定?

7. 建筑钢材的基本组织有哪几种? 不同组织的基本性能如何?

8. 硫、磷、氧、硅、锰等元素对钢材的性能有何影响?

9. 脱氧方法与脱氧程度如何影响钢材的质量?

10. 建筑钢材按化学组成、用途和质量等级各分为哪几类?

11. 碳素结构钢的牌号如何表示? 选用建筑钢材时主要考虑哪些方面的要求?

12. 什么是钢材的冷加工强化与时效处理? 冷加工后钢材的性质发生什么变化? 再经时效处理呢?

13. 相比碳素结构钢来说,低合金高强度结构钢有什么优点?

14. 钢筋混凝土结构用钢筋与钢丝主要有哪些品种? 不同钢种在材料组成、加工工艺及力学性能方面有何差异?

二、案例分析

案例 1:国家体育场(鸟巢)

作为北京奥运会的开闭幕场馆和主赛场,国家体育场(鸟巢)的建筑和结构设计特点非常突出,空间结构科学简洁,建筑和结构完整统一,设计新颖。鸟巢建筑面积达 25.8 万 m^2,顶面呈双曲面马鞍形,长轴为 332.3 m,短轴为 296.4 m,最高点高度为 68.5 m,最低点高度为 40.1 m,外形结构主要由巨大的门式钢桁架组成,共有 24 根桁架柱,柱距为 37.96 m。如此大跨高烈度设防(8°)的体育场馆结构对建筑钢材的综合性能提出了近乎苛刻的要求。

鸟巢使用的钢材材质绝大部分为 Q345D 钢材,局部受力大的部位使用了一种新型的 100～110 mm 厚 Q460E-Z35 钢材。该型特厚板钢材的技术要求达到了目前低合金高强度钢之最,以往主要用于工程机械方面,用在建筑结构上尚没有先例。Q460E 钢材的屈服强度460 MPa,抗拉强度为 550～720 MPa,断裂伸长率大于 17%(实际大于 20%),−40 ℃冲击韧性大于34J。鸟巢专用的 Q460E 钢材强度远超普通钢结构用的钢板,用以保证结构的承载力;较低的屈强比(实际小于 0.83)也使材料具有良好的变形能力和较高的塑性耗能能力,提高建筑的抗震性能。同时,鸟巢用 Q460E 钢板厚度规格达 110 mm,超过国家标准中 Q460 钢板的厚度上限,应用于建筑结构中应对钢材的厚度方向抗层状撕裂性能提出严格的要求,Z35 级别为规范中对厚度方向性能要求的最高级别。此外,整个鸟巢钢结构工程为 100%的全焊接钢结构,所有构件作用力全部由焊缝承担,部分焊接施工需要在冬季进行,现场低温仰焊施工难度大。为保证焊接质量,要求 Q460E 钢材具有良好的焊接性能,生产时应严格控制钢材的碳含量低于0.50%。鸟巢所用 Q460E 钢材由河北舞阳钢铁厂专门研制并首次成功应用于国家体育场的建设。

案例 2:南京大胜关长江大桥

南京大胜关长江大桥是世界首座六线铁路大桥,为世界上设计荷载最大的高速铁路大桥,是京沪高铁全线重点控制性工程,代表了当前中国桥梁建设的最高水平。大桥主体结构为六跨连续钢桁梁拱桥,主跨 2×336 m 的长度名列世界同类高速铁路桥之首。桥上按六线布置,分别为京沪高速铁路双线、沪汉蓉铁路双线和南京地铁宁和城际双线,设计时速分别为300 km/h、200 km/h 和 80 km/h。

南京大胜关长江大桥具有大跨、重载、高速的特点,要求主体结构材料具有较高的强度、低温韧性和抗疲劳性能以承受机车车辆的荷载和冲击,同时要求具有良好的耐大气腐蚀性能。大胜关长江大桥主体结构使用了武钢和中铁大桥局联合研发的 Q420q(WNQ570)钢材。该型钢材以超低碳为设计思路,辅以适应的铜、铬、铌等耐候性元素配比,经高纯净化处理并采用适宜的浇筑、轧制热处理工艺,基本消除了板厚效应,厚度在 12～68 mm 时屈服强度可达 420MPa,抗拉强度大于或等于 570 MPa,−40 ℃时断裂韧性最低为 120J(实际达 267J 左右),同时具有优异的焊接性能、疲劳性能和耐候性能。采用专用匹配焊条,焊接接头具有优良的强韧匹配及低温冲击性能(−40 ℃冲击韧性达到 48J 以上),对各种焊接工艺均具有较好的适应性,能很好地满足大跨度桥梁用钢的焊接技术要求。Q420q 高强钢的应用能使构件减薄并降低结构自重,较低的屈强比也有利于保证结构的安全性。此外,Q420q 钢板所具有的良好耐大气腐蚀性能使得桥梁的腐蚀防护及日常维护成本较低,经济意义重大。

第7章 | 高分子材料

学习目标

1.知识目标:掌握高分子材料性能,熟悉影响高分子材料性能的因素,掌握建筑塑料和建筑涂料的组成与性能。
2.能力目标:提供解决工程中建筑高分子材料技术评价和解决方案。
3.素质目标:立德树人,培养学生严谨勤奋的工作态度,精益求精的工作作风,求真务实的社会责任。

发展趋势

进入 21 世纪,高分子材料向功能化、智能化、精细化方向发展,使其由结构材料向具有光、电、声、磁、生物医学、仿生、催化、物质分离及能量转换等效应的功能材料方向发展,分离材料、智能材料、贮能材料、光导材料、纳米材料、电子信息材料等的发展表明了这种发展趋势,与此同时,在高分子材料的生产加工中也引进了许多先进技术,如等离子体技术、激光技术、辐射技术等。而且结构与性能研究也由宏观进入微观,从定性进入定量,从静态进入动态,正逐步实现在分子设计水平上合成并制备达到所期望功能的新型材料。同时,随着各项科学技术的发展和进步,高分子材料学科、高分子与环境科学等理论实践相得益彰,材料科学和新型材料技术是当今优先发展的重要技术,高分子材料已成为现代工程材料的主要支柱,与信息技术、生物技术一起,推动着社会的进步。

7.1 概 述

高分子材料是以高分子化合物为基材,配以其他添加剂(助剂)的一大类材料的总称。其中,高分子化合物是指分子量在 $10^4 \sim 10^6$ 并以共价键连接起来的化合物,简称为高分子或大分子,又称聚合物或高聚物。为了使高分子材料形成满足适用要求的材料,通常加入各种添加剂,如增塑剂、稳定剂、增强剂、偶联剂、阻燃剂、着色剂、润滑剂、防霉剂等,添加剂的种类和用量根据其所应用的不同领域而有所不同。

本章将对土木工程中常用的普通高分子材料(建筑塑料、密封材料、防水卷材)和功能高分子材料(防水涂料、防火材料)进行具体介绍。此外,将介绍北京奥运会场馆工程等国家重大工程中采用的新型高分子材料,开阔视野,激励同学们勤奋工作、勇于创新、求真务实、无私奉献。

高分子材料的种类繁多,以下从不同的角度对高分子材料进行分类:

1. 按分子链的形状分类

根据分子链的形状不同,可将高分子材料分成线型、支链型和体型三种。

(1)线型高分子材料的主链原子排列成长链状,如聚乙烯、聚氯乙烯等属于这种结构。

(2)支链型高分子材料的主链也是长链状,但带有大量的支链,如 ABS 树脂、高抗冲的聚苯乙烯树脂等属于这种结构。

(3)体型高分子材料的长链被许多横跨链交联成网状,或在单体聚合过程中在二维空间或三维空间交联形成空间网络,分子彼此固定,如环氧、聚酯等树脂的最终产物属于体型结构。

2. 按受热时状态分类

按受热时状态不同,可将高分子材料分为热塑性树脂和热固性树脂两类。

(1)热塑性树脂在加热时呈现出可塑性,甚至熔化,冷却后又凝固硬化。这种变化是可逆的,可以重复多次。这类高分子材料的分子间作用力较弱,为线型及带支链的树脂。

(2)热固性树脂是一些支链型高分子材料,加热时转变成黏稠状态,发生化学变化,相邻的分子相互连接,转变成体型结构而逐渐固化,其分子量也随之增大,最终成为不能熔化、不能溶解的物质。这种变化是不可逆的,大部分缩合树脂属于此类。

3. 按结晶性能分类

高分子材料按它们的结晶性能,分为晶态高分子材料和非晶态高分子材料。由于线型高分子难免有弯曲,故高分子材料的结晶为部分结晶。结晶所占的百分比称为结晶度。一般来说结晶度越高,高分子材料的密度、弹性模量、强度、硬度、耐热性、折光系数等越大,而冲击韧性、黏附力、断裂伸长率、溶解度等越小。晶态高分子材料一般为不透明或半透明的,非晶态高分子材料则一般为透明的。

非晶态高分子材料的形变与温度的关系如图 7-1 所示。非晶态线型高分子材料在低于某一温度时,由于所有的分子链和大分子链均不能自由转动而成为硬脆的玻璃体,即处于玻璃态,高分子材料转变为玻璃态的温度称为玻璃化温度 T_R。当温度超过玻璃化温度 T_R 时,由于分子链可以发生运动(大分子不运动),因此高分子材料产生大的变形,具有高弹性,即进入高弹态。温度继续升高至某一数值时,由于分子链和大分子链均可发生运动,使高分子材料产生塑性变形,即进入黏流态,将此温度称为高分子材料的黏流态温度 T_f。

玻璃化温度 T_R 低于室温的称为橡胶,高于室温的称为塑料。玻璃化温度是塑料的最高使用温度,是橡胶的最低使用温度。

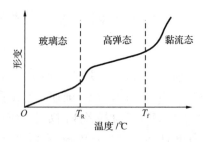

图 7-1 非晶态线型高分子材料的形变与温度的关系

7.2 高分子材料的主要性能

7.2.1 力学性能

高分子材料具有与金属、无机非金属材料相同的力学状态,如结晶的高分子材料可能呈现结晶态、黏流态,非结晶的高分子材料可能呈现玻璃态、黏流态,但高分子材料也可能呈现金属、无机非金属材料不可能呈现的一种特殊的力学状态——高弹态。高分子材料的转变比较复杂,除了有与金属、无机非金属材料基本相同的一些转变外,还有玻璃态到高弹态、结晶态到高弹态、结晶态到黏流态的转变。

呈现结晶态、玻璃态的高分子材料,在一定温度下受到拉伸力作用时,在比例极限点之前产生的普弹形变,与金属、无机非金属材料一样属于弹性形变。超过比例极限点后,分子运动机理就会发生变化,形变性质也会发生变化。继续拉伸,则会产生屈服等较大的塑性形变,但高分子的塑性形变是表观的,当加热到接近玻璃化转变温度或熔点温度时,大变形会逐渐消失,所以,这种表观的塑性形变称为强迫高弹形变。能够发生强迫高弹形变的性能称为强迫高弹性。从结构上看,由非取向的聚集态结构转变为取向的聚集态结构,结晶的高分子材料还会发生结晶的熔融再结晶。高分子的构象发生了很大的变化,体系的熵减小,回弹力主要是熵变贡献的,所以,强迫高弹性的实质是熵弹性。

室温下呈现高弹态的高分子材料,就是通常使用的橡胶以及热塑性弹性体,其特征的力学性能就是高分子材料独具的高弹性,实质是熵弹性。与能弹性相比最明显的特点:一是弹性模量随温度的升高不是减小而是增大,二是拉伸时放热。

呈现结晶态或玻璃态或高弹态的高分子材料的屈服,有的有明显的屈服点,即在应力-应变曲线上出现应变增大而应力稍有降低或基本不变的现象;有的无明显的屈服点,即应力-应变曲线出现拐折,拐折前应力增大得快,应变增大得慢,拐折后应力增大得慢,应变增大得快。

呈现黏流态的高分子材料,在一般的流动条件下不服从牛顿流动定律,而是假塑性流体的流变行为,随着剪切速率的增大,表面黏度减小,在总的流动形变中往往伴随一定量的高弹形变。

高分子材料的力学性能也具有时-温等效性,即高分子材料的一种力学松弛行为(力学性能随时间的变化),可以在高温短时内观察到,也可以在低温长时内观察到,温度的升降与观测时间的长短是等效的。

7.2.2 化学性能

高分子材料的化学性能,即高分子材料在化学因素和物理因素作用下所发生的化学反应。

1. 高分子材料的化学反应

(1)官能团的反应活性并不受所在分子链长短的影响。

(2)利用大分子官能团的化学反应,可进行聚合物改性,制备新的聚合物,进行聚合物的接枝、交联等。

(3)高分子的化学反应特征:

①在化学反应中,扩散因素常常对反应速度起决定作用,官能团的反应能力受聚合物相态(晶相或非晶相)、大分子的形态等因素影响很大。

②分子链上相邻官能团对化学反应有很大影响。分子链上相邻的官能团,由于静电作用、空间位阻等因素,可改变官能团反应能力,有时使反应不能完全进行。

(4)物理因素:在热、应力、光、辐射线等作用下会使聚合物发生相应的降解、交联等反应。

2.高分子材料的老化

高分子材料及其制品在使用或贮存过程中由于环境(光、氧、热、潮湿、应力、化学侵蚀等)的影响,性能(强度、弹性、硬度、颜色等)逐渐变坏的现象称为老化。高分子材料的老化分为光氧化、热氧化、化学侵蚀和生物侵蚀。

3.高分子材料的燃烧特性

《建筑材料及制品燃烧性能分级》(GB 8624－2012)按照建筑材料的燃烧性能分为 A 级(不燃材料)、B_1 级(难燃材料)、B_2 级(可燃材料)、B_3 级(易燃材料)。大多数高分子材料都是可以燃烧的,目前大量生产和使用的高分子材料一般属于 B_2 级或 B_3 级。聚乙烯、聚苯乙烯、聚丙烯、有机玻璃、环氧树脂、丁苯橡胶、丁腈橡胶、乙丙橡胶等都是很容易燃烧的材料。

【工程案例与分析7-1】

2010 年 11 月 15 日,上海市静安区胶州路 728 号胶州教师公寓在进行外墙整体节能保温改造时突发火灾,该事故是由于工作人员焊接熔化物引燃不合格聚氨酯材料导致的。外墙火灾外部通过引燃楼梯表面的尼龙防护网和脚手架上的毛竹片,内部火灾在烟囱效应的作用下迅速蔓延,最终包围并烧毁了整栋大厦。火灾持续了 4 小时 15 分钟,导致 58 人死亡,71 人受伤,是一起重大火灾事故。

原因分析:有机高分子保温材料燃点低,在氧气充分、通风条件良好的情况下,燃烧速度极快,如设有这类保温层的建筑物发生火灾,若不及时发现并扑救,在外界条件的影响下,建筑物内部很快会形成"烟囱效应",火势将无法控制,受灾面积将迅速扩大。因此,凡使用外保温材料的民用建筑工程,建筑外保温材料应采用燃烧性能为 A 级的材料。

当材料着火后其自身的燃烧热不足以使未燃烧部分继续燃烧,该性质称为高分子材料的阻燃性质。氧指数、比热容、热导率、分解温度以及燃烧热等是影响高分子材料阻燃性能的重要因素。含有卤素、磷原子等的高分子材料一般具有较好的阻燃性。

4.高分子材料的力化学性能

高分子材料的力化学性能,即在机械力作用下高分子材料所产生的化学变化。高分子材料在塑炼、挤出、破碎、粉碎、摩擦、磨损、拉伸等过程中在机械力的作用下均会发生一系列的力化学过程,甚至在测试、溶胀过程中也会产生力化学过程。力化学过程按转化方向和结果分为力降解、力结构化、力化学合成和力化学流动等类型。

(1)力降解

高分子材料在塑炼、破碎、挤出、磨碎、抛光、一次或多次变形以及在高分子材料溶液中强力搅拌,由于受到机械力的作用,大分子链断裂、分子量下降的力化学现象称为力降解。在此过程中,聚合物的性能发生显著变化:聚合物分子量下降,分子量分布变窄;产生新的端基及极性基团;溶解度、可塑性、大分子构型、力学强度、物理化学性质等发生改变;产生某些新的物质。

(2)力结构化

某些带有双键、α-次甲基等的线型聚合物在机械力作用下会形成交联网络,称为力结构化作用。根据条件的不同,可能发生交联或者力降解和力交联同时进行。例如,聚氯乙烯在180 ℃ 塑炼时,同时发生力化学降解和力结构化。

(3)力化学合成

力化学合成是指聚合物-聚合物、聚合物-单体、聚合物-填料等体系在机械力作用下生成均聚物以及共聚物的化学合成过程。

（4）力化学流动

由于力降解，不溶的交联聚合物可变成可溶状态并能发生流动，生成分散体，分散粒子为交联网络的片段，这些片段可在新状态下重新结合成交联网络，在宏观上产生不可逆流动，此种现象称为力化学流动。马来酸聚酯、酚醛树脂、硫化橡胶等都能出现这种现象。

7.2.3 影响高分子材料性能的因素

1.化学组成

高分子化合物都是通过单体聚合而成的，单体化学组成不同，生成的聚合物性质就有差别。如聚乙烯是由乙烯单体聚合而成的，聚苯乙烯是由苯乙烯单体聚合而成的，因化学组成不同，聚乙烯、聚苯乙烯就表现出不同的性能。

2.结构

同种单体，若存在异构体，则生成聚合物的结构也不同；相同的单体，因形成单链时结构单元的排列顺序不同也会造成聚合物的异构体；这些异构体会表现出不同的性质。同种单体因聚合工艺不同，生成的聚合物结构（链结构）或取代基空间取向不同，性能也不同。如聚乙烯中的 HDPE、LDPE 和 LLDPE，它们的化学组成完全一样，由于分子链结构不同（直链与支链，支链长短不同），其性能也不同。

3.聚集态

高分子材料是由许多相同或不同的高分子以不同的方式排列堆砌而成的聚集体，这种物理状态我们称之为聚集态，包括晶态、非晶态、取向态、液晶态及织态。其中，结晶态和非结晶态是最常见的聚集态。同一组成和相同链结构的聚合物的成型加工条件不同，导致其聚集态不同，其性能也不相同。如聚丙烯（PP）是典型的结晶态聚合物，加工工艺不同，结晶度会发生变化，结晶度越高，硬度和强度越大，但透明度降低。而 PP 双向拉伸膜之所以透明性好，主要原因是双向拉伸后降低了结晶度，使聚集态发生了变化。

4.分子量及分子量分布

高分子化合物的分子量巨大，且其分子量具有多分散性。分子量大小直接影响力学性能，如聚乙烯（PE）是由乙烯单体聚合而成的，通过控制反应条件，可以生成不同分子量的聚乙烯，分子量越大其硬度和强度就越好。例如，PE 蜡的分子量一般为 $500 \sim 5\,000$，几乎无任何力学性能，只能用作分散剂或润滑剂；而超高分子量聚乙烯，其分子量为 70 万～120 万，其强度超过普通的工程材料。除分子量外，分子量分布也影响聚合物性能。低分子量部分将使聚合物强度降低，分子量过高使塑化成型困难，因此分子量分布要适当。

7.3 建筑塑料

7.3.1 组成与主要特点

1.组成

塑料的组成成分相当复杂，几乎所有的塑料都是以各种各样的树脂为基础，再加入用来改善性能的各种添加剂（塑料助剂），如填充剂、增塑剂、稳定剂、润滑剂、固化剂等而制成的。

（1）树脂

树脂是分子量不固定，在常温下呈固态、半固态或黏流态的有机物质。由于它在塑料中起黏结作用,所以也称为黏料。它是塑料的主要成分,占塑料质量的40%～100%,决定塑料的类型(热塑性或热固性)和基本性能。因此,塑料的名称常用其原料树脂的名称来命名,如聚氯乙烯塑料、酚醛塑料等。

(2)填充剂

填充剂又称填料,是塑料的另一重要组分,占塑料质量的20%～50%。加入填料不仅可以降低塑料的成本(填料比树脂价廉),还可以改善塑料的性能。例如玻璃纤维可以提高塑料的机械强度;石棉可增加塑料的耐热性等。

(3)增塑剂

增塑剂是能够增加树脂的塑性、改善加工性、赋予制品柔韧性的一种添加剂。增塑剂的作用是削弱聚合物分子间的作用力,从而降低软化温度和熔融温度,减小熔体黏度,增加其流动性,从而改善聚合物的加工性和制品的柔韧性。

(4)稳定剂

稳定剂包括热稳定剂和光稳定剂两类。热稳定剂是指以改善聚合物热稳定性为目的的助剂。聚氯乙烯的热稳定性问题最为突出,因为聚氯乙烯在160～200 ℃的温度下加工时,会发生剧烈分解,使制品变色,物理力学性能恶化。常用的热稳定剂有硬脂酸盐、铅的化合物以及环氧化合物等。

光稳定剂是指能够抑制或削弱光的降解作用、提高材料的耐光照性能的物质。常用的有炭黑、二氧化钛、氧化锌、水杨酸脂类等。

(5)润滑剂

为防止塑料在成型过程中黏附在模具或其他设备上,所加入的少量物质称为润滑剂。常用的有硬脂酸及其盐类、有机硅等。

(6)固化剂

固化剂又称硬化剂或交联剂,是一类受热能释放游离基来活化高分子链,使它们发生化学反应,由线型结构变为体型结构的一种添加剂。其主要作用是在聚合物分子链之间产生横跨链,使大分子交联。

塑料添加剂除上述几种外,还有发泡剂、抗静电剂、阻燃剂、着色剂等。并非每一种塑料都要加入全部添加剂,而应根据塑料的品种和使用要求加入某些添加剂。

2. 主要特点

塑料与金属和水泥混凝土材料相比,其性能差别很大,主要具有以下几个方面的特点:

(1)表观密度小,比强度高。塑料的表观密度一般为0.8～2.2 g/cm³,与木材的表观密度相近,为钢的1/8～1/4,铝的1/2,混凝土的1/3～2/3。塑料的比强度(强度和表观密度之比)接近甚至超过钢材,是普通混凝土的5～15倍,因此塑料是一种很好的轻质高强材料。例如,玻璃纤维和碳纤维增强塑料就是很好的结构材料,并在结构加固中得到广泛应用。

(2)可加工性好,装饰性强。塑料可以采用多种方法加工成型,制成薄膜、薄板、管材、异型材等各种产品;并且便于切割、黏结和焊接加工。塑料易于着色,可制成各种鲜艳的颜色;也可以进行印刷、电镀、印花和压花等加工,使得塑料具有丰富的装饰效果。

(3)耐化学腐蚀性好,耐水性强。大多数塑料对酸、碱、盐等的耐腐蚀性比金属材料和部分无机材料强,特别适合做化工厂的门窗、地面、墙壁等。热塑性塑料可被某些有机溶剂溶解,热固性塑料则不能被溶解,仅可能出现一定的溶胀。塑料对环境水也有很好的抵抗腐蚀能力,吸水率较低,可广泛用于防水和防潮工程。

(4)隔热性能好,电绝缘性能优良。塑料的导热性很小,导热系数一般只有0.024～0.690 W/(m·K),只有金属的1/100。特别是泡沫塑料的导热性最小,与空气相当,常用于隔热保温工程。塑料具有良好的电绝缘性能,是良好的绝缘材料。

(5)弹性模量小,受力变形大。塑料的弹性模量小,是钢材的 1/20～1/10,并且在室温下,塑料受荷载后有明显的蠕变现象。因此,塑料在受力时的变形较大。

(6)耐热性、耐火性差,受热变形大。塑料的耐热性一般不高,在高温下承受荷载时往往软化变形,甚至分解、变质。普通的热塑性塑料的热变形温度为 60～120 ℃,只有少量品种能在 200 ℃左右长期使用。部分塑料易着火或缓慢燃烧,燃烧时还会产生大量有毒烟雾,造成建筑物失火时人员伤亡。塑料的线膨胀系数较大,是金属的 3～10 倍,因而温度变形大,容易因为热应力的累积而导致材料破坏。

7.3.2　常用品种

建筑塑料在土木工程的各个领域均有广泛的应用。它既可用作防水、隔热保温、隔声和装饰材料等功能材料,也可制成玻璃纤维或碳纤维增强塑料,用作结构材料。塑料可以加工成塑料壁纸、塑料地板、塑料地毯、塑料门窗和塑料管道等在建筑中应用。本节主要介绍塑料门窗和塑料管。

1.塑料门窗

塑料门窗是由硬质聚氯乙烯型材经切割、焊接、拼装、修整而制成的门窗制品,现有推拉门窗和平开门窗等几大类系列产品。与传统的钢、木门相比,塑料门窗具有美观耐用、安全、节能等一系列优点。由于塑料容易加工成型和拼装,塑料门窗的结构形式灵活多样。在塑料门窗中,为了增加聚氯乙烯材料的刚性,常在门窗框、窗扇的异型材空腹内,插入金属增强材料,故又称塑钢门窗。塑料门窗的应用始于 20 世纪 50 年代,至今已有 50 多年的应用历史,应用技术十分成熟。

(1)塑料门窗用型材

塑料门窗用型材是由聚氯乙烯(PVC)树脂,添加增塑剂、稳定剂、润滑剂、改性剂、着色剂、填充剂、阻燃剂和防霉剂,经挤出成型制成。为了提高塑料门窗的结构强度、减轻质量、增强保温隔热性能,塑料门窗用型材大多采用中空型材。

塑料门窗用型材的性能除了对外观质量、外形及尺寸公差有一定要求之外,为了保证塑料门窗的使用性能,塑料门窗用型材的力学性能、耐热性能、耐火性能、耐老化性能及低温性能均必须满足一定的要求。

《门、窗用未增塑聚氯乙烯(PVC-U)型材》(GB/T 8814—2017)中对聚氯乙烯的材料性能做了详细规定,见表 7-1。

表 7-1　　　　　　　　　　门、窗用未增塑聚氯乙烯型材材料性能

项　目		指标
弯曲弹性模量	不小于/MPa	2 200
落锤冲击	不大于破裂个数	1
维卡软化温度	不小于/℃	78
加热后状态		无气泡、裂痕、麻点
加热后尺寸变化率	不大于/%	2.0
老化后冲击强度保留率	不小于/%	70
简支梁冲击强度	不小于/(kJ/m²)	20
拉伸屈服应力	不小于/MPa	37
拉伸断裂应变	不小于/%	100

（2）塑料门窗的性能指标

塑料门窗的规格尺寸除可按国家标准系列化、标准化的生产外，由于其加工方便，还可按要求生产特殊规格的门窗。根据建工行业标准《塑料门窗工程技术规程》（JGJ 103—2008），塑料门窗除外观、规格尺寸和公差要满足有关要求外，塑料窗还要满足一定的力学性能、耐候性能、空气渗漏、雨水渗漏、抗风压性能和保温隔声的要求，塑料门也应符合相应的物理力学性能要求。

2. 塑料管

塑料管是指采用塑料为原料，经挤出、注塑、焊接等工艺成型的管材和管件。与传统的镀锌钢管和铸铁管相比，塑料管具有耐腐蚀、不生锈、不结垢、质量轻、施工方便和供水效率高等优点，因而在土木工程中得到了广泛应用。

按所使用的聚合物划分，常用的塑料管包括硬质聚氯乙烯（UPVC 或 RPVC）管、聚乙烯（PE）管、ABS（丙烯腈-丁二烯-苯乙烯共聚物）管、聚丁烯（PB）管、玻璃钢（ERP）管以及铝塑等复合塑料管。

UPVC 管以聚氯乙烯树脂为原料，加入助剂，用双螺杆挤出机挤出成型，管件采用注射工艺成型，具有质量轻、能耗低、耐腐蚀性好、电绝缘性好、导热性低、使用应力可达 10MPa 以上、安装维修方便等特点。但它也有一定的缺点：机械强度只有钢管的 1/8；使用温度一般在 $-15\sim65\ ℃$；刚性较差，只有碳钢的 1/62；热膨胀系数较大，达到 $59\times10^{-6}/℃$，安装过程中必须考虑温度补偿装置。该管适于给水、排水、灌溉、供气、排气、工矿业工艺管道、电线、电缆套管等。当用作输送食品及饮用水时，塑料管必须达到相应的卫生要求。

PE 管是以聚乙烯为主要原料，加入抗氧化剂、炭黑及着色剂等制造而成的，其特点是密度小、比强度高、耐低温性能和韧性好，脆化温度可达 $-80\ ℃$。由于其具有优良的低温性能和韧性，能抵抗车辆和机械振动、冻融作用及操作压力突然变化的破坏，因而可采用插入或犁埋施工，工程费用低，而且由于管壁光滑，介质流动阻力小，输送介质的能耗低，并不受输送介质中液态烃的化学腐蚀。中、高密度 PE 管适用于城市燃气和天然气管道。低密度 PE 管适宜用作饮用水管、电缆导管、农业喷洒管道、泵站管道等。PE 管还可用于采矿业的供水、排水管和风管等，其用于输送液体、气体、食用介质及其他物品时，常温下使用压力为：低密度 PE 管为 0.4 MPa；高密度管为 0.8 MPa。

无规共聚聚丙烯（PP-R，又称三型聚丙烯）的主链上无规则地分布着丙烯及其他共聚单体链段的共聚物，其韧性和冲击强度高，脆化温度低。PP-R 管长期使用温度为 95 ℃，短期使用温度可达 120 ℃，在温度为 60 ℃ 及工作应力为 1.2 MPa 的长期连续使用状态下，寿命可达 50 年以上。聚丙烯管分为 β 晶型 PP-H、PP-B、PP-R、β 晶型 PP-RCT 四种。PP-H、PP-B、PP-R 管的刚度依次递减，而冲击强度则依次增加。

PP 管的物理力学和化学性能应符合《冷热水用聚丙烯管道系统 第 2 部分：管材》（GB/T 18742.2—2017）的规定，见表 7-2。

表 7-2   **PP 管的物理力学和化学性能**

项目		要求	试验参数		试样数量	试验方法
			参数	数值		
灰分		≤1.5%	试验温度	600 ℃	3	GB/T 9345.1—2008 方法 A
熔融温度 T_{rm}	β 晶型 PP-H	T_{ra1}≥145 ℃ T_{ra2}≥160 ℃	蒸气流量 50 mL/min，升降温速率 10 ℃/min，2 次升温			GB/T 19466.3—2004
	PP-B	≥160 ℃				
	PP-R	≤148 ℃				
	β 晶型 PP-RCT	T_{ra1}≤143 ℃ T_{ra2}≤157 ℃				
氧化诱导时间		≥20 min	试验温度	210 ℃		GB/T 19466.5—2009
95 ℃/1 000 h 静液压试验后的氧化诱导时间		≥16 min				
颜料分数		≤3 级 外观级别：A1、A2、A3 或 B	—			GB/T 18251—2019
纵向回缩率	β 晶型 PP-H	≤2%	e_s≤8 mm，1 h 8 mm＜e_s≤16 mm，2 h e_s＞16 mm，4 h	(150±2)℃ (135±2)℃		GB/T 6671—2001
	PP-B					
	PP-R					
	β 晶型 PP-RCT					
简支梁冲击	β 晶型 PP-H	破损率不大于试样数量的 10%	试验温度	(23±2)℃ (0±2)℃	10	GB/T 18743—2002
	PP-B					
	PP-R					
	β 晶型 PP-RCT					
熔体质量流动速率		≤0.5 g/10 min 且与对应聚丙烯混配料的变化率不超过 20%	试验温度 砝码质量	230 ℃ 2.16 kg	3	GB/T 3682.1—2018
静液压状态下热稳定性		无破裂无渗漏	静液压应力： β 晶型 PP-H PP-B PP-R β 晶型 PP-RCT 试验温度 试验时间	1.9 MPa 1.4 MPa 1.9 MPa 2.6 MPa 110 ℃ 8 760 h	1	GB/T 6111—2018
透光率[a]		≤0.2%	—		3	GB/T 21300—2007
透氧率[b]		≤0.1 g/(m³·d)				ISO 17455:2005

注：[a]仅适用于明装管材；[b]仅适用于带阻氧层的管材。

ABS(丙烯腈-丁二烯-苯乙烯共聚物)综合了丙烯腈、丁二烯、苯乙烯三者的特点,通过不同的配方,可以满足制品性能的多种要求。用于管材和管件的 ABS 中,丁二烯含量为 6%,丙烯腈为 15%,苯乙烯为 25%,其质量轻;有较高的耐冲击强度和表面硬度,在 $-40\sim100\ ℃$ 范围内能保持韧性、坚固性和刚度;在受到高的屈服应变时,能恢复到原尺寸而不损坏;有极高的韧性,能避免严寒天气条件下装卸运输的损坏。因此,ABS 管适用于工作温度较高的管道,可用于使用温度在 90 ℃ 以下的管道;并常用于卫生洁具的下水管、输气管、排污管、地下电气导管、高腐蚀工业管道;用于地埋管线,可取代不锈钢管和钢管等管材。ABS 管可采用胶黏连接,在与其他管道连接时,可用螺纹、法兰等接口。但由于 ABS 管不能进行螺纹切割,因而螺纹连接时应采用注塑螺纹管件。ABS 管传热性差,当受阳光照射时会使管道向上弯曲,热源消失后又复原,所以在 ABS 管中配料时应添加炭黑,并避免阳光长期照射,此外架设管路时,应注意管道支撑,并增加固定支撑点。

PB(聚丁烯)塑料管具有独特的抗蠕变(冷变形)性能,其耐磨和耐高温性强,能抗细菌、霉菌和藻类,主要用于供水管、冷水或热水管等,其许用应力为 8 MPa,弹性模量为 50 MPa,使用温度在 90 ℃ 以下,正常使用寿命为 50 年。

7.4 建筑涂料

7.4.1 概　述

涂料是指涂敷在物体表面,与基体材料黏结较好并形成完整而坚韧保护膜的物质。涂料在物体表面结成干膜,故又称涂膜或涂层。其中用于建筑物的装饰和保护的涂料称为建筑涂料。

建筑涂料与其他饰面材料相比,具有质量轻、色彩鲜明、附着力强、施工简便、省工省料、维修方便、质感丰富、价廉质好、耐水、耐污染、耐老化等特点。例如,建筑物的外墙采用彩色涂料装饰,比传统的装饰工程更能给人以清新、典雅、明快、富丽的感觉,并能获得较好的艺术效果;常见的浮雕类涂料能产生强烈的立体感;用染色石英砂、瓷粒、云母粉等做成的彩砂涂料具有色泽新颖而且晶莹绚丽的良好效果;使用厚质涂料经喷涂、滚花、拉毛等工序可获得不同质感的花纹;而薄质涂料的质感更细腻,更省料。

建筑涂料是当今产量最大、应用最广的建筑材料之一。建筑涂料品种繁多,据统计,我国的涂料已有 100 余种。一般按使用部位分为外墙涂料、内墙涂料和地面涂料等;按主要成膜物质中所包含的树脂可分为油漆类、天然树脂类、醇酸树脂类、丙烯酸树脂类、聚酯树脂类和辅助材料类等共十八类;根据主要成膜物质的化学成分分为有机涂料、无机涂料和复合涂料,其中有机涂料又分为溶剂型、无溶剂型和水溶型或水乳胶型,水溶型和水乳胶型统称为水性涂料;根据漆膜光泽的强弱又把涂料分为无光、半光(或称平光)和有光等品种;按形成涂膜的质感可分为薄质涂料、厚质涂料和粒状涂料三种。

7.4.2 组成与性能

1.组成

涂料主要由主要成膜物质、次要成膜物质、辅助成膜物质组成。

成膜物质是涂料的基料,具有黏结涂料中其他组分从而形成涂膜的功能。涂料所用的主要成膜物质有树脂和油脂两类。次要成膜物质主要是各种颜料,包括着色颜料、体质颜料和防锈颜料三类,其主要作用是使涂膜着色并赋予涂膜遮盖力,增加涂膜质感,改善涂膜性能,增加涂料品种,降低涂料成本等。辅助成膜物质主要指各种溶剂和各种助剂。涂料所用溶剂有两大类:一类是有机溶剂,如松香水、酒精、汽油、苯、二甲苯、丙酮等;另一类是水。助剂是为了改善涂料性能,提高涂膜的质量而加入的辅助材料,如催干剂、增塑剂、固化剂、流变剂、分散剂、增稠剂、消泡剂、防冻剂、紫外线吸收剂、抗氧化剂、防老化剂、防霉剂、阻燃剂等。建筑涂料组成如图 7-2 所示。

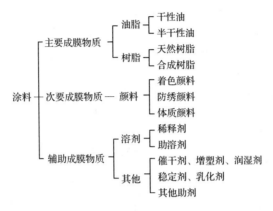

图 7-2　建筑涂料组成

2. 性能

(1)一般性能

涂料产品的性能一般由三个方面构成:一是涂料在用作涂饰材料以前,即呈液态时的性能,如透明度、颜色、密度、不挥发性、细度、黏度、流变性、结皮性、贮存稳定性等;二是涂料在涂到物体表面上时的施工性能,如流平性、打磨性、遮盖力、使用量、干燥时间等;三是涂料在成膜后漆膜的性能,如漆膜厚度、光泽、颜色、硬度、冲击强度、柔韧性、附着力、耐磨性、耐洗刷性、耐变黄性等。下面介绍建筑涂料的一些主要性能。

①细度

细度是检查色漆或漆浆内颜料、体质颜料等颗粒的大小或分散的均匀程度的指标,以微米(μm)来表示。涂料细度将影响漆膜的光泽、透水性及贮存稳定性。由于品种不同,底漆和面漆所要求的细度是不一样的。

目前测定细度最常用的是刮板细度计。使用时,将试样滴入细度计沟槽的最深部位,用两手将刮刀垂直于平板,以适宜的速度向身前拉过来,立即用 30°对光观察沟槽中颗粒均匀显露的位置,记下刻度线的读数,即该试样的细度。此法操作简便,清洗容易,测试速度较快,适于生产控制使用,但需要注意试样的稠稀度应符合产品标准的规定,以免测试时产生误差。另外也可用测微计(杠杆千分尺)来测定细度,主要用于厚漆。

②黏度

黏度是液体分子间相互作用而产生阻碍其分子间相互运动的能力,即液体流动的阻力,这种阻力通常以单位面积所受的剪切应力来计算。生产控制时,一般都用相对黏度和条件黏度表示涂料的黏度。

相对黏度是液体的绝对黏度与同条件下标准液体的绝对黏度之比。条件黏度是一定量的漆在一定的温度下从规定直径的孔流出所需的时间,以秒(s)表示。

涂料所用的黏度计按其测量原理可分为以下几类:

A.流出型黏度计:包括毛细管黏度计、涂-1 杯、涂-4 杯等。

B. 落球式黏度计:包括落球黏度计、赫伯勒黏度计等。

C. 旋转黏度计:有旋转浆式黏度计、同轴圆筒旋转黏度计、锥形平板黏度计等。

其中,毛细管黏度计可以测定绝对黏度,在科研中经常使用;涂-4 杯黏度计适用于测定黏度在 150 s 以下的涂料产品的黏度;透明液体一般使用落球黏度计或在其基础上改进而成的赫伯勒黏度计。

③贮存稳定性

贮存稳定性是指涂料在密闭桶内贮存过程中质量保持稳定的性质。涂料在生产后往往可能贮存几个月甚至几年后才使用,因此不可避免地会有增稠、变粗、沉淀、结块等弊病产生,若这些变化超过容许限度,就会影响到成膜性能,甚至无法使用。目前,贮存稳定性的测定一般是在不同的阶段测定其黏度或流动性、干燥时间和光泽等,以保证产品在贮存期间性能没有下降;如果发现已有变化,则对应用性能也应进行核对,这样就能对产品在一定时间后的使用性能做出评价。另外,还需重点进行产品的沉降试验,这涉及产品在贮存一定时间后是否能使用的问题。一般是采用 1/3 L 小罐,将产品装入后正常贮存 6 个月,然后开罐,用一把规定的铲刀按表 7-3 来评定沉降的性质和级别。

表 7-3   测定沉降试验的级别

级别	产品情况
10	与初始状态相同,没有变化
8	调刀刀面推移没有明显阻力,调刀上出现少量的沉积颜料
6	调刀能以自重通过沉淀物下降到底部,调刀刀面推移有一定的阻力,部分结块黏住调刀
4	调刀自重不能通过结块下降到底部,调刀刀面推移困难,调刀刀刃移动有轻微阻力,用调刀能够容易地恢复均匀的悬浮液
2	调刀刀面推移有很大的阻力,调刀刀刃移动有一定的阻力,仍然能恢复成均匀的悬浮液
0	结块很硬,用调刀搅动不能恢复成均匀的悬浮液

检查时,也可用仪器来进行测定,即压入球状物,测定沉降物所受的力。另外,为了加速得出贮存结果,也可进行加速沉降试验,一般是采用升温贮存,冷热交变和离心分离法等。《涂料贮存稳定性试验方法》(GB/T 6753.3—1986)对沉降试验的测定方法做了详细规定,测定沉降试验的级别见表 7-3。

④流平性

流平性是将涂料刷涂或喷涂在物体表面上,经一定的时间后观察涂膜是否能自动流展成平滑表面的性能。

一般是将试样调至施工黏度,刷涂在已有底漆的样板上,使之平滑均匀,然后在涂膜中部用刷子纵向抹一刷痕,观察多少时间刷痕消失,涂膜重新恢复成平滑表面。一般按涂膜达到均匀平滑表面所需的时间来评级:不超过 10 min 者为良好,10～15 min 者为合格,经 15 min 后试样表面尚未均匀者为不合格。也可在较大面积的样板上进行,先将试样涂刷样板面积的一半,经 10 min 后再涂刷样板的另一半,以观察两部分湿膜连接处的流平性。

流平性还可用仪器来进行测定,其基本原理是把样板固定在可移动的箱体上,测量涂料在试验过程中对涂刷的阻力,通过箱体的位移,用笔自动地在图表上记录下来。试验时,最好有已知涂刷性能的标准样品做比较,并依次分为很好、好、尚可、差等四个级别。

⑤打磨性

用浮石或砂纸打磨干燥后的漆膜,使其产生平滑表面,进行这种施工时的难易程度称为打磨性。

测定时将试样均匀地涂在已有底漆的样板上,按规定时间干燥后,用细的浮石或水磨砂纸均匀地摩擦。在打磨过程中,漆膜不应有过硬或过软的现象,也不应有发热、黏砂纸或引起漆膜局部破坏的现象。

打磨在样板制备或涂装施工中经常遇到。漆膜表面的颗粒、碎屑等被打磨掉,形成平滑无光的表面,这样就可以提高上层漆膜表面的平整度,达到较满意的施工质量;同时,打磨使两层漆膜之间的结合更为紧密,可以有效地阻止水汽及其他腐蚀介质的渗透,这样也就大大提高了漆膜的保护性。

⑥干燥时间

涂料由流体变成固体漆膜的物理化学过程称为干燥。干燥过程又可分为表面干燥、实际干燥和完全干燥几个阶段。对于施工来说,漆膜的干燥时间越短越好,以免沾上雨露尘土,并可大大缩短施工周期;而对涂料制造来说,由于受使用材料的限制,往往需要一定的干燥时间,才能保证成膜后的质量。由于涂料的完全干燥需时较长,故一般只测定表面干燥和实际干燥两项。表面干燥时间和实际干燥时间的测定方法详见《漆膜、泥子膜干燥时间测定法》(GB/T 1728—2020)。

测定干燥时间的方法有棉球法、滤纸法和仪器测定法三种。棉球法是在漆膜上轻轻放上一个脱脂棉球,把样板置于离嘴 $10\sim15$ cm 处,顺漆膜方向轻吹棉球,如能吹走,膜面不留有棉丝,即认为已达到表面干燥。若漆膜上放上棉球后,再将干燥试验器压在棉球上,经 30 s 后将干燥试验器和棉球拿走,漆膜上不留有棉球的痕迹及失光现象,即认为已达到实际干燥。干燥器实质上是一个干燥砝码,质量为 200 g,底面积为 1 cm² ,一般只用来测定实际干燥时间。滤纸法即用滤纸替代棉球进行实际干燥时间的测定。常用测定干燥时间的仪器有齿轮型干燥测定仪、落砂型干燥测定仪和画圈干燥测定仪。

⑦附着力

附着力指漆膜与被涂漆物件表面通过物理与化学的作用结合在一起的牢固程度。根据附着理论,这种附着强度的产生是由于涂膜中聚合物的极性基团与被涂物表面的极性基团相互结合所致,因此,凡是减少这种极性结合的各种因素均将导致漆膜附着力的降低。如被涂物表面有污染、有水分,涂膜本身有较大的收缩应力,聚合物在固化过程中相互交联而消耗了极性基团的数量等。

要真正测得漆膜与被涂漆物件的附着力是比较困难的,目前只能以间接的手段来测定,往往测得的附着力数值还包括了一些其他的综合性能。前面提到的克利曼硬度、冲击强度、柔韧性等试验方法也可以间接地表现出漆膜的附着力。目前专门测定漆膜附着力一般采用以下两种方法:

A.综合测定法

a.划格法:用保险刀片在漆膜上切六道平行的切痕(长 $10\sim20$ mm,切痕间的距离为 1 mm),应该切穿漆膜的整个深度;然后再切同样的六道切痕,与前者垂直,形成许多小方格,过后用手指轻轻触摸,漆膜不应从方格中脱落,而仍与底板牢固结合者为合格。此法比较简单,不需特殊的仪器设备,适合在施工现场应用。

b.交叉切痕法:其原理与划格法基本相同,用多样交叉的切痕以形成各种大小不同的面积来观察附着力。某些国家已把此法列入了标准。

c.画圈法:采用附着力测定仪,利用耐磨针头做针头,将样板漆膜朝上固定于仪器的试验平台上,将摇柄顺时针匀速转动,通过传动机构,针尖就在漆膜上匀速地画圈,所画出的圈依次重叠,得出类似圆滚线的图形,然后用手轻轻触摸,观察漆膜脱落的情况。

B. 剥落试验法

剥落试验法比综合测定法前进了一步,它主要是测定漆膜从底板上脱落所需的功,或在垂直方向把漆膜从底板上拉开一定的面积所需的功。目前应用较多的有以下两种:

a. 扭开法:采用扭断附着力测定仪,用适当的黏结剂将一个不锈钢的圆柱测头与待测样板的漆面结合,再把仪器本体套在测头上,缓慢用力将仪器扭转 90°,测定漆膜被扭开时所需的扭转,可直接从表盘上得出读数,这样就可计算出不锈钢测头底面的扭断应力,该数值即相当于被测漆膜的扭断附着力。使用此法测定扭断附着力,在平面、垂直面或倾斜面上均能进行,且可以不受实验室或施工现场的限制,但由于其测试过程较繁杂,为了使黏结剂固化完全,一般需要等 6 h 后才能测定,故不如划格法或画圈法等快速简便。

b. 拉开法:其原理与扭开法相近。在直径 10 mm 的铝制的端面上用合适的黏结剂黏合漆面,然后用拉力机在垂直方向上拉开,得到拉开时所需的力,然后再求得附着力。

⑧耐水性

耐水性是指涂料长期在水中浸泡后性能不发生明显变化的过程。试验时,按规定方法制备样板,用质量比为 1∶1 的石蜡和松香熔融物封闭其四边和背面,然后将样板的 2/3 面积侵入温度为 (23 ± 2) ℃的蒸馏水中,浸泡 24 h 后取出,用滤纸吸去样板表面的水,目测样板表面有无脱落、起泡和皱皮现象。

⑨耐洗刷性

对于户内用漆,特别是墙壁漆、地板漆或乳胶漆等,耐洗刷性是一项很重要的指标。这些漆经常需要进行试验以保证所设计的配方具有足够的耐洗刷性。《建筑涂料 涂层耐洗刷性的测定》(GB/T 9266—2009)规定了涂层耐洗刷性的测定方法。

具体试验方法:将涂刷或喷涂涂料的 150 mm×100 mm 的马口铁板(或水泥板、玻璃板)浸在温度为 15～20 ℃的水中 5 min 后取出,用刷子使劲地摩擦漆膜 1 min,重复循环操作,使漆膜上的总摩擦时间为 12 min,每次摩擦均需要重新湿润刷子,试验后检查漆膜的光泽和颜色是否有变化,以及漆膜是否有移动的迹象等。也可采用耐洗刷试验器,试板用夹子固定后,用一鬃刷或皮面的滑块以一定速度在漆膜表面上摩擦。仪器可采用一个试验头的,也可采用两个以上试验头的,以便同时对两种试板进行耐洗刷性能的比较。

⑩耐沾污性

用于外墙的建筑涂料很容易受到空气中的灰尘等物质的污染而影响其装饰效果,因此用作外墙装饰的涂料必须具有一定的耐沾污性要求。

耐沾污性的试验方法是:以粉煤灰做污染源,将其涂刷在涂层样板上,再使一箱水(容积为 15 L,高度为 2 m)在 1 min 内流完,冲洗涂层样板。具体试验步骤详见《建筑涂料涂层耐沾污性试验方法》(GB/T 9780—2013)。外墙涂料涂层耐沾污性的计算方式为

$$X=\frac{|A-B|}{A}\times100\%$$

式中　X——外墙涂料涂层的反射系数下降率;

　　　A——涂层初始平均反射系数;

　　　B——涂层经沾污试验后的平均反射系数。

结果取三块试板的算术平均值,保留两位有效数值,三块试板的平行测定相对误差应不大于 15%。

⑪耐冻融循环性

外墙涂料的耐冻融循环性的试验方法是将制好的涂料样板置于水温为 (23 ± 2) ℃的恒温水槽中,浸泡 18 h 后取样,立即放入 (-20 ± 2) ℃的低温箱中冷冻 3 h,然后放入 (50 ± 2) ℃的

烘箱中恒温 3 h,再放入上述温水中浸泡相同的时间。以上操作为一个循环。循环次数按照产品标准的规定进行。之后检查试板涂层有无粉化、开裂、剥落、起泡等现象,并与留样试板比较颜色变化及光泽下降的程度。

(2)耐久性

涂料的质量除了取决于各项物理指标外,最重要的是其使用寿命,即涂料本身的耐久性。耐久性代表了涂料的真正使用价值,也是涂料各种技术性能指标的综合表现。因此,进行涂料的耐久性研究是很有必要的。提高涂料的耐久性是改进涂料质量的关键。

①涂料的老化及其影响因素

涂料在使用过程中受到各种因素的作用,使涂层的物理化学和机械性能引起不可逆的变化,并最终导致涂层的破坏,这种现象称为涂料的老化。

涂料的老化大体上可分为两类:一类是涂层由于本身的原因而老化;另一类是涂层受基层的影响而加速本身的老化。老化可分为三个阶段:第一阶段是涂膜表面老化,它属于涂层老化的初期进程;第二阶段是涂膜内部开始老化,它属于涂层老化的中期进程;第三阶段是涂膜内部严重老化,或涂膜与基层之间产生剥离,它属于涂层老化的后期进程。涂层老化第一阶段的老化现象主要有涂膜表面受到污染、光泽度降低、粉化析白及变色等情况,这些现象虽然在一定程度上影响涂饰工程的外观,但由于仅仅是涂膜表面产生的老化现象,涂膜内部及涂料性能均没有发生太大的变化,因而并不影响涂饰工程的使用性和耐久性;涂层老化第二阶段的老化现象主要是涂层产生龟裂、起粉或表面磨损等情况,它在一定程度上影响涂饰工程的耐久性和使用性能;涂层第三阶段的老化现象则发展为涂膜产生发黏变质、磨损露底及开裂脱落等严重情况,从根本上降低了涂饰工程的耐久性,甚至导致其无法继续使用。

产生老化的因素主要有涂料本身的质量方面的因素、应用方面的因素和大气等外界因素。

一方面,涂料及其配套材料本身的质量必须符合其使用条件的要求,与涂料耐久性关系较为密切的性能有附着力、耐介质腐蚀性、耐水(干湿循环)性、耐冻融循环性、耐磨损性、耐龟裂性、耐候(人工加速老化)性、耐玷污性、耐洗刷性、耐冲击性。其中,前八项主要是针对外墙涂料的要求,后两项则与室内墙壁及地面用涂料有关。而且,对于基层处理材料及泥子,主要要求耐水、耐腐蚀及附着力等性能;对于罩面材料主要要求耐玷污、耐磨损、耐候、耐洗刷、耐冲击等性能。

另一方面,应用过程中的老化因素包括基层状况、设计要求、施工及使用维护等。基层如果含水量或含碱量过高,产生粉化析盐以及本身产生变形等,将直接加速涂层的老化。工程设计是否合理对涂层耐久性的影响很大。进行涂饰工程设计时,应按照该项工程的基层状况、使用目的、使用年限等条件进行合理设计,并提出具体的涂饰工程要求。

②老化试验

A.大气老化试验

涂料的大气老化试验是指在各种气候类型区域里,研究大气各种因素,如日光、风、雪、雨、露、氧气及其他气体等对涂层所引起的老化破坏作用,通过样板的外观检查以鉴定其耐久性。也有在曝晒过程中进行漆膜的物理机械性能及游离漆膜的性能测试。

气候和季节等因素对涂料的耐候性有很大的影响。同品种涂料,用相同的施工工艺制成样板,同时在天津、武汉、上海、重庆、广州、海南岛等地进行曝晒,样板破坏最为严重的是海南岛(属湿热带气候),以下依次为广州、武汉、上海、天津。曝晒季节的影响顺序为:春→夏→冬→秋,即曝晒试样春季破坏最快,秋季破坏最慢。因此,从涂料的角度来看,试验在春季,施工在秋季是有一定道理的。另外,曝晒角度对涂料的耐久性也有一定的影响。

大气老化试验的方法是:按规定将标准试样放在曝晒架上,一般曝晒的第一至第三个月内,每隔 15 天检查一次;从第四个月起,每月检查一次;一年以后,每三个月检查一次。检查项目包括失光、变色、粉化、裂纹、气泡、锈点、泛金、玷污、长霉和脱落等。

B. 人工加速老化试验

人工加速老化试验是基于大量的天然曝晒试验结果,从中找出规律,找出气候因素与漆膜破坏之间的关系,一边在实验室内人为地创造出模拟这些气候因素的条件并给予一定的加速性,以克服天然曝晒试验需时过长的不足。常用的人工老化机有紫外线碳弧灯、高压水银灯、阳光碳弧灯和氙灯。试验时,将涂膜试件根据有关规定放入上述老化仪中,通过光、水、热、风等加速老化试验方式,到一定时间检查涂膜外观质量(包括有无变色、褪色、粉化、裂纹、气泡等异常现象)。

③漆膜耐久性评价指标

漆膜耐久性评价指标按照《色漆和清漆 涂层老化的评级方法》(GB/T 1766—2008)的规定评定,包括失光、变色、粉化、开裂、起泡、锈蚀等方面。

A. 失光

在大气老化试验过程中,随着时间的推移,涂膜的光泽就会逐渐降低,这一现象称为失光。此项目可用电光泽计来测定,以失光百分率(与漆膜的原始光泽比较)来表示,其等级划分见表7-4。

表 7-4 　　　　　　　　　　　　　　漆膜失光检查标准

等级	失光程度	失光百分率/%
0	无失光	≤3
1	很轻微失光	4～15
2	轻微失光	16～30
3	明显失光	31～50
4	严重失光	51～80
5	完全失光	>80

B. 变色

变色是指漆膜在使用过程中产生颜色减退或变深、变浅等现象。当漆膜污染及粉化析白等老化现象造成变色时,涂膜材料本身没有发生根本变化,所以,只要将污痕或粉化析白部分擦去就可以恢复原来的颜色。可是当基层含水率过高、碱性过大或者基层受到化学侵蚀以及存在油迹锈斑等污痕时,涂膜常常发生局部变色。同时,阳光照射、干湿交替和冷热循环等自然因素也可导致变色现象。当涂料中的着色颜料或体质颜料质量较差或选用不当时,上述现象更为严重。

变色程度一般可使用光电色差仪来进行定量测定。另外,为了快速判定漆膜颜色的变化,也可采用国际标准化组织机构研究并推荐的灰色标准样卡进行评级,具体评定见表 7-5。

表 7-5 　　　　　　　　　　　　用五级灰色标准样卡评定变色

等级	变色程度	变色状况(试板与标准板的颜色比较)
0	无变色	相同
1	很轻微变色	轻微差异
2	轻微变色	稍有差异
3	明显变色	较大差异
4	较大变色	很大差异
5	严重变色	完全不同

C. 粉化

漆膜表面经长时间的天然曝晒后,受大气因素的作用开始破坏,表面颜料不能牢固地继续留于漆膜内而从漆膜表面脱落形成粉末层,这种现象叫作粉化。粉化不仅使涂饰工程的美观和装饰效果受到影响,还是涂膜老化初期进程的标志。目前,测定粉化的方法见表7-6。

表 7-6 漆膜粉化的测定方法

试验方法	试验内容
粉化试验器法	把仪器垂直样板表面,施加一定压力,将印相纸上黏附的粉末量与标准照片对照。标准照片以显著粉化的作为 No.0 点,以下依次为 No.2、No.4、No.6、No.8,没有粉化的作为 No.10
质量法	把绸布放在样板上,加一定的质量,准确称取在绸布上黏着的粉的质量,精确到 0.1 mg
光泽法	以 60°的电光泽计测试,当样板表面光泽下降 50% 时,即开始出现粉化
手指法	以右手的食指或中指用适当的力量在样板表面上擦拭几下(擦痕长 5～7 cm),然后与标准照片做比较,无粉化的为 0 级,轻微粉化的为 1 级,显著粉化的为 2 级,较强粉化的为 3 级,严重粉化的为 4 级

D. 开裂

裂纹是漆膜在大气老化试验中一种有代表性的破坏现象,其生成原因有:外界大气破坏作用所产生的变形力超过了漆膜本身的强度极限;在大气老化过程中由于化学变化,各种反应物从漆膜中散发出去,使漆膜丧失机械强度而开裂。

开裂表明涂膜的各种性能已不能维持在一定的水平上,说明涂层的老化已进入最后阶段。由于裂纹的形状、深浅不同,稠密及分布面积不同,因此,较难以规定的标准来确切反映其变化的全貌,目前也没有适当的仪器能解决这个问题。综观国内外的检查方法,大多以裂纹形状、裂纹深浅、裂纹面积以及裂纹密度来进行描述。

E. 起泡

起泡是漆膜中由于含有气体或液体而有泡状物产生的现象。起泡表示涂层老化进入后期,起泡后涂饰工程开始失去装饰和保护等功能。起泡现象的评定目前也没有较好的办法,一般都是根据泡的大小、稠密和分布面积来评定等级。

F. 锈蚀

锈蚀是涂装的钢铁表面生成了以铁的氢氧化物和氧化物为主的化合物的现象。锈蚀的评定主要是以样板的锈蚀面积的百分比来表示。

7.4.3 常用品种

1. 防水涂料

防水涂料大多是以液态高分子材料为主体的防水材料,有溶剂型和水乳型两种。通常是将防水涂料涂刮在防水基层上,在常温下固化,形成具有一定弹性的涂膜防水层。

防水层可以由几层防水涂层的涂膜组成,也可以在几层防水涂层之间放置玻璃纤维网格布或聚酯纤维无纺布,形成增强的涂膜防水层。

涂膜防水层的特点是施工操作简便、冷操作、无接缝,能适应复杂基层,防水性能好,因而发展较快。这种防水涂料一般具有以下特点:

(1)防水性能好。防水涂料在施工固化前多为无定型黏稠状液态物质,适合任何形状复杂的基层施工,尤其在管根、阴阳角处更便于封闭严密,能保证工程的防水防渗质量。

(2)温度适应性强。防水涂料在 −30 ℃ 低温下无裂缝,在 30 ℃ 高温下不流淌。水溶性涂料在 0 ℃ 以上、溶剂型涂料在 −10 ℃ 以上均可进行施工。

(3)操作简单,施工速度快。防水涂料既可刷涂,又可喷涂,基层不必十分干燥。节点做法简单,易于掌握。

（4）安全性好。防水涂料均采用冷施工方法，不必加热熬制，不会发生火灾、烫伤等事故，并能减少对环境的污染。

目前，常用的防水涂料有以下几种：

①聚氨酯防水涂料

聚氨酯防水涂料属于双组分反应型涂料。甲组分是含有异氰酸基的预聚体，乙组分含有多羟基的固化剂与增塑剂、稀释剂等，甲、乙两组分混合后，经固化反应，形成均匀富有弹性的防水涂膜。

聚氨酯防水涂料是反应型防水涂料，固化的体积收缩很小，可形成较厚的防水涂膜，并具有弹性高、延伸率大、耐高低温性好、耐油、耐化学药品腐蚀等优异性能。按《聚氨酯防水涂料》（GB/T 19250—2013）的规定，其主要技术性能应满足表 7-7 的要求。

表 7-7　　聚氨酯防水涂料的主要技术性能

序号	项目		技术指标		
			I	II	III
1	固体含量/% ≥	单组分	85.0		
		多组分	92.0		
2	表干时间/h ≤		12		
3	实干时间/h ≤		24		
4	流平性[a]		20 min 时，无明显齿痕		
5	拉伸强度/MPa ≥		2.00	6.00	12.0
6	断裂伸长率/% ≥		500	450	250
7	撕裂强度/(N/mm) ≥		15	30	20
8	低温弯折性		−35 ℃，无裂纹		
9	不透水性		0.3 MPa，120 min，不透水		
10	加热伸缩率/%		−4.0～+1.0		
11	黏结强度/MPa ≥		1.0		
12	吸水率/% ≤		5.0		
13	定伸时老化	加热老化	无裂纹及变形		
		人工气候变化[b]	无裂纹及变形		
14	热处理（80 ℃，168 h）	拉伸强度保持率/%	80～150		
		断裂伸长率/% ≥	450	400	200
		低温弯折性	−30 ℃，无裂纹		
15	碱处理［0.1% NaOH＋饱和 Ca(OH)₂ 溶液，168 h］	拉伸强度保持率/%	80～150		
		断裂伸长率/% ≥	450	400	200
		低温弯折性	−30 ℃，无裂纹		
16	酸处理（2% H₂SO₄ 溶液，168 h）	拉伸强度保持率/%	80～150		
		断裂伸长率/% ≥	450	400	200
		低温弯折性	−30 ℃，无裂纹		

a：该项性能不适用于单组分和喷涂施工的产品。流平性时间也可根据工程要求和施工环境由供需双方商定，并在订货合同与产品包装上明示。

b：仅外露产品要求测定。

聚氨酯涂料具有较大的弹性和延伸能力,对在一定范围内的基层裂缝有较强的适应性。它用于一般工业与民用建筑中的屋面、地下室、浴室、卫生间地面等防水工程,也可用于水池的防水等。

②氯丁胶乳沥青防水涂料

氯丁胶乳沥青防水涂料是以氯丁橡胶和沥青为主要成膜物质,经加工合成的一种水乳型防水涂料。它兼有橡胶的高弹性、耐温性和沥青的黏结性、憎水性的双重优点,克服了热淌冷脆的缺陷;具有防水、抗渗、不延燃、无毒、抗基层变形能力强、耐老化等特点,而且可以冷作业施工,操作方便,防水寿命可达 10 年以上。

这种涂料可代替二毡三油的屋面防水、地下室墙面和地面防水,可作厕所、厨房及室内地面防水;对于复杂的屋面、天沟及有振动的屋面尤为适宜;还适于对伸缩缝、天沟等处的修补;还可用作防腐地坪的防水隔离层。氯丁胶乳沥青防水涂料在雨天、刮风天、冰冻期不能施工,施工温度以 5~35 ℃为宜。

2. 乳胶漆

乳胶漆是目前在有机水性涂料中备受青睐的品种。在建筑涂料中,乳胶漆产量最大、用途最广,形成了系列化产品。乳胶漆又称合成树脂乳液涂料,是以合成树脂乳液为基料,加入颜料、填料及各种助剂配制而成的一类水性涂料。根据成膜物质的不同,乳胶漆主要有聚醋酸乙烯类、纯丙类、苯丙类、叔丙类、醋丙类、硅丙类及氟碳乳胶漆等;根据产品使用环境不同,乳胶漆分内墙、外墙、木器、金属及其他专用乳胶漆等;根据涂膜的光泽高低及装饰效果又可分为无光、哑光、半光、丝光和有光等类型。

(1)特点

乳胶漆涂膜干燥快,室温下 30 min 内即可表干,一天可施工 2~3 道,工期短;漆膜坚硬平整,保光、保色性好;可在干湿墙面进行刷涂、辊涂、喷涂,施工方便;乳胶漆以水为介质,安全无毒,绿色环保。因乳胶漆的流平性不如溶剂型涂料,故涂膜中存在微孔,易吸尘,难于清洗。

(2)生产工艺

乳胶漆是以合成树脂为基料,加入颜料、填料及各种助剂配制而成。配制时先将去离子水、防冻剂(如乙二醇)及增稠剂(如羟乙基纤维素)高速分散,溶解后加入分散剂、湿润剂、部分消泡剂、防腐剂等,搅拌分散均匀;加入颜填料(如钛白粉、沉淀硫酸钡、碳酸钙、硅石灰、高岭土、滑石粉、超细硅酸铝等)进行高速分散,低速搅拌下缓慢加入乳液、成膜助剂,搅拌均匀即得初品;用增稠剂稀释液调整初品的黏度,再加消泡剂等助剂,过滤后即乳胶漆成品。

(3)技术性能

《合成树脂乳液内墙涂料》(GB/T 9756—2018)和《合成树脂乳液外墙涂料》(GB/T 9755—2014)对乳胶漆的技术性能做了严格规定,见表 7-8。

表 7-8 乳胶漆的技术性能

国家标准	《合成树脂乳液内墙涂料》(GB/T 9756—2018)		《合成树脂乳液外墙涂料》(GB/T 9755—2014)	
产品标准名称	一等品	合格品	一等品	合格品
在容器中状态	搅拌混合后无硬块,呈均匀分布状态		搅拌混合后无硬块,呈均匀分布状态	
涂装性	涂刷二道无障碍		涂刷二道无障碍	
涂膜外观	正常		正常	
干燥时间/h(≤)	2		2	
对比率(白色小浅色)	0.93	0.90	0.90	0.87

国家标准	《合成树脂乳液内墙涂料》 (GB/T 9756—2009)		《合成树脂乳液外墙涂料》 (GB/T 9755—2014)	
产品标准名称	一等品	合格品	一等品	合格品
耐碱性	无异常	无异常	无异常	无异常
耐洗刷性/次(≥)	1 500	350	1 000	500
耐冻融性	不变质	不变质	不变质	不变质
耐水性(96 h)	—	—	无异常	无异常
耐人工老化性/h	—	—	250	250
粉化/级	—	—	1	1
变色/级	—	—	2	2
涂层耐温性(5 次循环)	—	—	无异常	无异常

注:内墙乳胶漆的耐碱性时间为 24 h,外墙乳胶漆的耐碱性时间为 48 h。

(4)常用乳胶漆

①聚醋酸乙烯乳液涂料(白乳胶)

白乳胶是醋酸乙烯单体在水介质中均聚得到的乳液涂料,其价格低廉,一般用于内墙涂料和低档外墙涂料。将它刷涂在碱性灰泥墙上时,由于聚醋酸乙烯在含 CaO 量多的墙面上被皂化生成醋酸钙并从聚合物中渗出,在涂层表面易形成结晶而出现"白花现象"。

②醋酸乙烯-丙烯酸酯共聚物乳液(乙丙乳液、醋丙乳液)涂料

共聚乳液涂料均有较好的光稳定性和耐候性,是建筑涂料内墙有光乳胶漆或外用乳胶漆的主要基料之一,价格较低,性能有所改善,但并不理想。

③丙烯酸酯涂料

丙烯酸酯涂料由丙烯酸以及其同系物酯类聚合而成。丙烯酸酯类有丙烯酸甲酯、丙烯酸乙酯、丙烯酸丁酯以及甲基丙烯酸甲酯、甲基丙烯酸乙酯和甲基丙烯酸丁酯等,常通过共聚合方式制成纯丙乳液、苯丙乳液和醋丙乳液等。丙烯酸酯涂膜光亮、柔韧,黏结性、耐水性、耐碱性和耐候性优异,主要用于外墙涂料和内墙高档装饰涂料。

④氟碳涂料

以氟烯烃聚合物或氟烯烃和其他单体共聚物为成膜物质的涂料即氟碳涂料。氟碳涂料分高温固化和常温固化两种。氟碳涂料具有超耐候性及很好的耐腐蚀性、耐化学品性和耐污染性,施工方便、耐温性好,常温固化氟碳涂料的涂层能在 −40～140 ℃下使用。氟碳涂料能应用于几乎所有的材料表面,但其价格较高,主要应用于高档外墙装饰。

3.聚脲技术

聚脲技术是最近 30 年发展起来的一门高新材料技术。该技术以无溶剂环保型液体为原料,采用专用设备在物体表面快速成型,形成绿色环保(零 VOC)的多功能高性能涂层材料,堪称目前国际上最先进的环保型新材料技术之一。

聚脲是由异氰酸酯 A 组分与混合树脂 B 组分反应生成的物质。A 组分可以是芳香族异氰酸酯,也可以是脂肪族异氰酸酯;可以是异氰酸酯单体、多聚体、改性衍生物、半预聚物或预聚物。异氰酸酯预聚物或半预聚物是由端氨基(或者端羟基)聚醚与异氰酸酯反应而得。B 组分必须是由端氨基聚醚、端氨基扩链剂组成,端氨基聚醚中不得人为引入羟基化合物,但允许

氨化过程中非完全氨化的微量羟基物质存在。B 组分可以含有涂料助剂(或者称之为非主要成分),这些助剂允许含有羟基,例如颜料分散剂。通常,B 组分不得含有催化剂。根据上述定义制备的聚脲产品又称为纯聚脲。

聚脲具备防水、防腐、耐磨、抗冲击、防滑和阻尼减振降噪等众多功能,被称为"万能涂料"。具有无毒性、环保性能好、力学性能高、耐磨、耐高温、耐腐蚀、耐油、耐水、耐老化、耐交变温度(压力)、耐核辐射以及使用寿命长(100 年以上)等优异性能,并且具有施工速度快(凝胶时间几秒钟)等特点,黏弹体系还具有阻尼减振降噪的特点。

聚脲技术广泛应用于建筑、市政道桥、公路铁路防水防腐,工业防腐,轨道交通减振降噪、影视业及主题公园道具装饰防护,以及航空航天、核废料处理、军事等众多领域。京沪高铁、2008 年北京奥运工程、港珠澳跨海大桥、青岛胶州湾跨海大桥、美国波士顿地铁、美国 San Mateo 大桥、美国北卡罗来纳州的高速公路隧道、中国台湾 Formosa 码头、中国台湾高铁、香港地铁隧道等国内外重点工程都毫无例外地采用了这种高新材料技术,它已发展成为 21 世纪最具前途的高新技术之一。

习题及案例分析

一、习题

1. 什么是高分子材料的力化学性能?

2. 金属材料、无机非金属材料、高分子材料各自的优缺点是什么? 你认为今后材料发展的趋势是什么?

3. 分别阐述聚合物在高弹态和黏流态时的黏弹性变形特点。

4. 简述建筑塑料的组成与性能。

5. 测量涂料附着力的方法有哪些? 请分类叙述。

6. 防水涂料具有哪些特点?

7. 什么是聚脲技术? 请谈一谈你对聚脲技术的认识。

二、案例分析

案例 1

2008 年北京奥运会工程"鸟巢"防护工程、"水立方"防护工程,以及北京国家大剧院工程都是绿色工程项目,均采用了新型高分子材料。以中国国家大剧院为例,该工程位于首都北京长安街南侧、人民大会堂西侧。其地下设计最深为 −43.00 米,承压水位为 −8.75 米,潜水位为 −7.10 米,设计水位为 −7.00 米,其地下结构一半以上在水下,防水难度高,且要求材料绿色环保,无污染。该项目采用了具有自主知识产权的聚脲材料,喷涂施工,从而满足了工程要求。

原因分析

喷涂聚脲弹性体技术是近五十年来,为适应环保需求而研制、开发的一种新型无溶剂、无污染的绿色材料技术。被广泛应用于 2008 年北京奥运工程等国家重点工程中,并在防水、防护、海洋防腐抗冲耐磨等众多领域发挥着其技术优势。该技术应用于奥运工程的优势主要在于:

(1)100% 固含量,零 VOC,无毒无污染,符合奥运工程绿色材料要求。

（2）优异的力学性能,拉伸强度在 20 MPa 以上、断裂伸长率在 500% 以上,硬度可以根据需要从 A30～D65 可调。完全能够抵御昼夜、四季环境温差造成的热胀冷缩,不会产生开裂和脱落现象。

（3）快速固化、一次施工即可达到厚度要求,快速投入使用、立面顶面施工不流挂。

（4）对环境温度湿度不敏感,具有良好的热稳定性。

（5）具有良好的耐磨性、耐腐蚀、抗冻融、抗冲击、抗疲劳破坏、耐冲刷性以及优异的耐老化性能等性能,经久耐用。

案例 2

高分子阻尼材料以其优异的减振降噪性能在城市轨道交通、汽车、船舶、航空航天等诸多领域得到了越来越多的应用。青岛地铁实验段采用了新型的高分子粘弹阻尼材料,固含量高达 94.06%,密度为 0.965 2,凝胶时间为 170.7 s,表干时间为 13.3 min,实干时间为 32 min,30 d 拉伸强度为 7.91 MPa,断裂伸长率为 388%,储能模量和损耗因子分别为 1 100 MPa 和 0.97,达到了设计要求的减振降噪目标。

原因分析

阻尼减振就是将振动能转变成热能耗散出去,从而达到减振降噪的目的。该工程采用的新型的高分子黏弹阻尼材料属于高固含量涂料,对环境的影响很小,是一种绿色环保无污染的减振降噪材料;其密度较小,完全能够满足工程需要,对原结构系统影响较小;干燥时间能够满足工程需要,且不会产生流挂现象;具有良好的阻尼性能,在振动表面贴敷的这种粘弹阻尼材料,在交变应力作用下因结构传递来的振动,引起大分子链接的运动,产生伸缩变形或剪切变形,使振动能转化为热能而耗散掉,从而达到减振降噪的目的。

第8章　沥青及沥青混合料

沥青混合料

学习目标

　　1.知识目标：了解沥青的概念、常用类型，熟悉其主要技术性质及应用；熟悉沥青混合料的类型、组成结构与特性、强度理论、标准、实验方法及其应用，掌握沥青混合料的主要技术性质、影响因素及改善措施，掌握复杂结构和严酷环境下的选择设计、失效的原因分析并提供相应的解决方案等。

　　2.能力目标：提供解决工程中沥青混合料相关技术评价和解决方案。

　　3.素质目标：立德树人，培养学生严谨勤奋的工作态度，精益求精的工作作风，求真务实的社会责任。

8.1　沥青材料

8.1.1　石油沥青

　　沥青按产源不同分为地沥青与焦油沥青两大类。地沥青有天然沥青和石油沥青；焦油沥青主要有煤沥青与页岩沥青，此外还有木沥青、泥炭沥青等。土木工程中主要使用石油沥青和煤沥青以及以沥青为原料，通过加入表面活性物质而得到的乳化沥青。

　　天然沥青是指存在于自然界中的沥青矿（如沥青湖或含有沥青的砂岩等），经提炼加工后得到的沥青产品。其性质与石油沥青相同。

　　石油沥青是指石油原油经分馏提炼出各种石油产品后的残留物，再经加工制得的产品。

　　煤沥青是指煤焦油经分馏提炼出油品后的残留物，再经加工制得的产品。

　　页岩沥青是油页岩炼油工业的副产品。页岩沥青的性质介于石油沥青和煤沥青之间。

1.石油沥青的分类

石油沥青可根据不同的情况进行分类，各种分类方法都有各自的特点和使用价值。

（1）按原油成分分类

①石蜡基沥青。也称为多蜡沥青。它是由含大量烷烃成分的石蜡基原油提炼而得的。这种沥青中含蜡量一般大于5％，有的在10％以上。蜡在常温下往往以结晶体存在，降低了沥青

的黏结性,使石油沥青表现出软化点高、针入度小、延度低的特点,但抗老化性能较好,如果用丙烷脱蜡,仍然可得到延度较好的沥青。

②环烷基沥青。也称为沥青基沥青。它是由沥青基石油提炼而得的沥青。它含有较多的环烷烃和芳香烃,所以此种沥青的芳香性高,含蜡量一般小于2%,黏结性和塑性均较高。

③中间基沥青。也称为混合基沥青。它是由蜡质介于石蜡基原油和环烷基原油之间的原油提炼而得的沥青。所含烃类成分和沥青的性质一般介于石蜡基沥青和环烷基沥青之间。

我国石油油田分布广,但国产石油多属于石蜡基原油和中间基原油。

(2)按加工方法分类

①直馏沥青。也称为残留沥青。用直馏的方法将石油在不同的沸点馏分(汽油、煤油、柴油),取出之后,最后残留的黑色液态产品,符合沥青标准的,称为直馏沥青;不符合沥青标准的,针入度大于300的,含蜡量高的称为渣油。在一般情况下,低稠度原油生产的直馏沥青,其温度稳定性不足,还需要进行氧化处理才能达到黏稠石油沥青的性质指标。

②氧化沥青。将常压或减压重油,或低稠直馏沥青在250～300 ℃高温下吹入空气,经过数小时氧化可获得常温下为半固态或固态的沥青。氧化沥青具有良好的温度稳定性。在道路工程中使用的沥青,氧化程度不能太深,有时也称为半氧化沥青。

③溶剂沥青。这种沥青是对含蜡量较高的重油采用溶剂萃取工艺,提炼出润滑油原料后所余的残渣。在溶剂萃取过程中,一些石蜡成分溶解在萃取溶剂中随之被拔出,因此,溶剂沥青中石蜡成分相对减少,其性质较石蜡基原油生产的渣油或氧化沥青有很大的改善。

④裂化沥青。在炼油过程中,为增大出油率,对蒸馏后的重油在隔绝空气和高温下进行热裂化,使碳链较长的烃分子转化为碳链较短的汽油、煤油等。裂化后所得到的裂化残渣,称为裂化沥青。裂化沥青具有硬度大、软化点高、延度小、黏度低和温度稳定性强等特点,不能直接用于道路上。

(3)按沥青在常温下的稠度分类

根据用途的不同,要求石油沥青具有不同的稠度,一般可以分为黏稠沥青和液体沥青两大类。黏稠沥青在常温下为半固态或固态。如按针入度分级时,针入度小于40的为固体沥青,针入度在40～300的为半固体沥青,而针入度大于300的为黏性液体状态沥青(针入度的单位为0.1 mm)。

液体沥青在常温下多呈黏性液体或液体状态,根据凝结速度的不同,可按标准黏度分级划分为慢凝液体沥青、中凝液体沥青和快凝液体沥青三种类型。在生产应用中,常在黏稠沥青中掺入一定比例的溶剂,配制稠度很低的液体沥青,称为稀释沥青。

(4)按用途分类

①道路石油沥青。主要含有直馏沥青,是石油蒸馏后的残留物或残留物氧化而得的产品。

②建筑石油沥青。主要含氧化沥青,是原油蒸馏后的重油经氧化而得的产品。

③普通石油沥青。主要含石蜡基沥青,它一般不能直接使用,要掺配或调和后才能使用。

2. 石油沥青的化学组成和结构

(1)石油沥青的化学组成

石油沥青是由多种碳氢化合物及其非金属(氧、硫、氮)衍生物组成的混合物,主要成分为碳(占80%～87%)、氢(占10%～15%),其余为氧、硫、氮(占3%以下)等非金属元素,此外还含有微量金属元素。

石油沥青的化学组成非常复杂,通常难以直接确定化学成分及含量与石油沥青工程性能之间的相互关系。为反映石油沥青组成与其性能之间的关系,通常是将其化学成分和物理性质相近且具有某些共同特征的部分,划分为一个化学成分组,并对其进行组分分析,以研究这些组分与工程性质之间的关系。

我国现行的《公路工程沥青及沥青混合料试验规程》(JTG E20－2011)中规定采用三组分分析法或四组分分析法。

①三组分分析法。石油沥青的三组分分析法中将石油沥青分为油分、树脂和沥青质三个组分。我国富产石蜡基中间基沥青,在油分中往往含有蜡,因此在分析时还应将油蜡分离。这种方法又称为溶解-吸附法。该方法分析流程是用正庚烷沉淀沥青质,继而将溶于正庚烷中的可溶性成分用硅胶吸附,装于抽提仪中抽提油蜡,再用苯与乙醇的混合液抽提胶质,最后将抽出的油蜡用甲乙酮(丁酮)-苯混合液为脱蜡溶剂,在－20 ℃的条件下,冷冻过滤分离油分、蜡。三组分分析法对各组分进行区别的性状见表8-1。

表 8-1　　　　　　　　　　　石油沥青三组分分析法的各组分性状

组分	外观特征	平均分子量	含量/%	碳氢比 (原子比)	物理化学特性
油分	淡黄色透明液体	200～700	45～60	0.5～0.7	溶于大部分有机溶剂,具有光学活性,常发现有荧光
树脂	红褐色黏稠半固体	800～3 000	15～30	0.7～0.8	温度敏感性强,熔点低于100 ℃
沥青质	深褐色固体微粒	1 000～5 000	5～30	0.8～1.0	加热不熔化而碳化

不同组分对石油沥青性能的影响不同。油分赋予沥青流动性,其含量直接影响沥青的柔软性、抗裂性及施工难度,在一定条件下油分可以转化为树脂甚至沥青质。

树脂使沥青具有良好的塑性和黏结性,树脂又分为中性树脂和酸性树脂。中性树脂使沥青具有一定的塑性、可流动性和黏结性,其含量增加,使沥青的黏聚性和延伸性增加。酸性树脂是沥青中活性最强的组分,能改善沥青对矿质材料的浸润性,特别是提高了与碳酸盐岩石的黏附性,提高了沥青的可乳化性。

沥青质则决定沥青的黏结力、黏度和温度稳定性,以及沥青的硬度和软化点等。沥青质含量增加时,沥青的黏度和黏结力增大,硬度和温度稳定性提高。

石油沥青三组分分析法的组分界限明确,不同组分间的相对含量可在一定程度上反映沥青的工程性能;但采用该方法分析石油沥青时分析流程复杂,所需时间长。

②四组分分析法。四组分分析法是指将石油沥青分离为沥青质、饱和分、芳香分和胶质四种组分,并分别研究不同组分的特性及其对沥青工程性质的影响。

四组分分析法是将沥青试样先用正庚烷沉淀沥青质,再将可溶分(软沥青质)吸附于氧化铝谱柱上,继而用正庚烷冲洗,所得的组分称为饱和分;继而用甲苯冲洗,所得的组分称为芳香分;最后用甲苯-乙醇、甲苯、乙醇冲洗,所得的组分称为胶质。各组分性状见表8-2。

表 8-2 石油沥青四组分分析法的各组分性状

组分	外观特征	平均密度/(g·cm⁻³)	平均分子量	主要化学结构
沥青质	深褐色至黑色固体	1.15	3 400	缩合环结构,含 S,O,N 衍生物
饱和分	无色液体	0.89	625	烷烃、环烷烃
芳香分	黄色至红色液体	0.99	730	芳香烃,含 S 衍生物
胶 质	棕色黏稠液体	1.09	970	多环结构,含 S,O,N 衍生物

沥青质除含有碳和氢外还有一些氮、硫、氧。沥青质含量对沥青的流变特性有很大影响。增加沥青质含量,便生产出硬度较大、针入度较小、软化点较高、黏度较大的沥青。沥青质的存在,对沥青的黏度、黏结力、温度稳定性都有很大的影响。

胶质是沥青质的扩散剂或胶溶剂。它主要由碳和氢组成,并含有少量的氧、硫和氮。胶质赋予沥青可塑性、流动性和黏结性,并能改善沥青的脆裂性和提高延度。其化学性质不稳定,易于氧化转变为沥青质。胶质与沥青质的比例在一定程度上决定了沥青的胶体结构类型。

芳香分是由沥青中最低分子量的环烷芳香化合物组成的,它是胶溶沥青质的分散介质。

饱和分由直链烃和支链烃所组成,其成分包括蜡质及非蜡质的饱和物,对温度较为敏感。

芳香分和饱和分都作为油分,在沥青中起着润滑和柔软作用,使胶质-沥青质软化(塑化),使沥青胶体体系保持稳定。油分含量越高,沥青软化点越低,针入度越大,稠度越小。

在沥青四组分中,各组分相对含量决定了沥青的性能。当饱和分适量,且芳香分含量较高时,沥青通常表现出较强的可塑性与稳定性;当饱和分含量较高时,沥青抵抗变形的能力就较差,虽然具有较高的可塑性,但在某些环境条件下稳定性较差;随着沥青中胶质和沥青质的增加,沥青的稳定性越来越好,但其施工时的可塑性却越来越差。

(2)石油沥青的胶体结构

沥青的工程性质不仅取决于它的化学组分,而且与其胶体结构的类型有着密切联系。石油沥青的胶体结构是影响其性能的另一重要因素。

①溶胶型结构。石油沥青的性质随各组分的数量比例的不同而变化。当油分和树脂较多时,胶团外膜较厚,胶团之间相对运动较自由,这种胶体结构的石油沥青称为溶胶型石油沥青。其特点是流动性和塑性较好,开裂后自行愈合能力较强,但对温度的稳定性较差,温度过高会流淌。

②凝胶型结构。当油分和树脂含量较少时,胶团外膜较薄,胶团相互靠近聚集,吸引力增大,胶团间相互移动比较困难。这种胶体结构的石油沥青称为凝胶型石油沥青。其特点是弹性和黏性较高,温度敏感性较小,开裂后自行愈合能力较差,流动性和塑性较低。在工程性能上,其高温稳定性较好,但低温变形能力较差。通常,深度氧化的沥青多属于凝胶型沥青。

③溶-凝胶型结构。当沥青质不如凝胶型石油沥青中的多,而胶团间靠得又较近,相互间有一定的吸引力时,形成一种介于溶胶型和凝胶型二者之间的结构,称为溶-凝胶型结构。溶-凝胶型石油沥青的性质也介于溶胶型和凝胶型二者之间。其特点是高温时具有较低的感温性,低温时又具有较强的变形能力。修筑现代高等级沥青路面使用的沥青,都属于这一类胶体结构的沥青。

溶胶型、凝胶型及溶-凝胶型石油沥青胶体结构如图 8-1 所示。

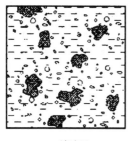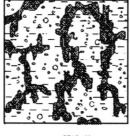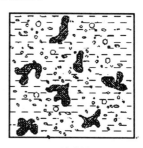

(a)溶胶型　　　　　　　(b)凝胶型　　　　　　　(c)溶-凝胶型

图 8-1　石油沥青胶体结构类型

值得一提的是蜡对沥青胶体结构的影响。蜡在沥青胶体结构中,可溶于分散介质芳香分和饱和分中,在高温时,它的黏度很低,会降低分散介质的黏度,使沥青胶体结构向溶胶方向发展;在低温时,它能结晶析出,形成网络结构,使沥青胶体结构向凝胶方向发展。

沥青的胶体结构与其路用性能有着密切的关系。为工程使用方便,通常采用针入度指数法划分其胶体结构类型,见表 8-3。

表 8-3　　　　　　　　　　　　　**沥青针入度指数和胶体结构类型**

沥青针入度指数 PI	沥青胶体结构类型
<−2	溶胶型
−2~+2	溶-凝胶型
>+2	凝胶型

3. 石油沥青的技术性质及测试方法

(1)防水性

石油沥青是憎水性材料,其构造致密,与矿物材料表面有很好的黏结力,能紧密黏附于矿物材料表面;同时它还具有一定的塑性,能适应材料或构件的变形。所以石油沥青具有良好的防水性,广泛用作土木工程的防潮、防水材料。

(2)密度及相对密度

密度指在规定温度条件下,单位体积沥青的质量,单位是 kg/m³ 或 g/cm³。我国现行《公路工程沥青及沥青混合料试验规程》(JTG E20−2011)中规定温度为 25 ℃ 或 15 ℃,也可以用相对密度来表示。相对密度是指在规定温度下,沥青质量与同体积水的质量之比。通常黏稠沥青的相对密度在 0.96~1.04 波动。沥青的密度在一定程度上可反映沥青各组分的比例及其排列的紧密程度。沥青中含蜡量较高,则相对密度较小;含硫量大、沥青质含量高,则相对密度较大。沥青密度是在沥青质量与体积之间相互换算以及沥青混合料配合比设计中必不可少的重要参数,也是沥青使用、储存、运输、销售过程中不可或缺的参数。我国富产石蜡基沥青,其特征为含硫量低、含蜡量高、沥青质含量少,所以密度常在 1.00 g/cm³ 以下。

(3)黏滞性

沥青的黏滞性是反映沥青材料内部阻碍其相对流动的一种特性,是技术性质中与沥青路面力学行为联系最密切的一种性质。在现代交通条件下,为防止路面出现车辙,沥青黏度是首要考虑的参数。沥青的黏滞性通常用黏度表示,黏度是现代沥青等级(牌号)划分的主要依据。

①沥青的绝对黏度。我国现行《公路工程沥青及沥青混合料试验规程》(JTG E20－2011)规定,沥青运动黏度采用毛细管法,沥青动力黏度采用真空减压毛细管法。

A.毛细管法。它是测定黏稠石油沥青、液体石油沥青及其蒸馏后残留物运动黏度的一种方法。该法是测定沥青试样在严格控温条件下,于规定温度(黏稠石油沥青为135 ℃,液体石油沥青为60 ℃),通过坎-芬式逆流毛细管黏度计(图8-2)(亦可采用其他符合规程要求的黏度计),流经规定体积所需要的时间,按式(8-1)计算运动黏度,即

$$V_T = ct \tag{8-1}$$

式中　V_T——在温度 T 时测定的运动黏度,mm^2/s;

　　　c——黏度计标定常数,mm^2/s^2;

　　　t——流经时间,s。

B.真空减压毛细管法。它是测定黏稠石油沥青动力黏度的一种方法。该法是沥青试样在严密控制的真空装置内,保持一定的温度(通常为60 ℃),通过规定型号的毛细管黏度计,如图8-3所示,流经规定的体积,所需要的时间。按式(8-2)计算动力黏度,即

$$\eta_T = kt \tag{8-2}$$

式中　η_T——在温度 $T(℃)$时测定的动力黏度,$Pa \cdot s$;

　　　k——黏度计常数,$Pa \cdot s/s$;

　　　t——流经规定体积的时间,s。

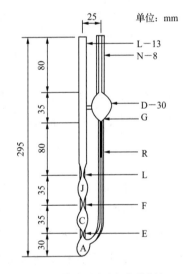

图8-2　坎-芬式逆流毛细管黏度计
A、C、D、J—球;E、F、G、L、N、R—管

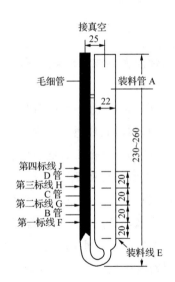

图8-3　真空毛细管黏度计

②相对黏度(条件黏度)。在工程中,为了方便,常用相对黏度表征沥青的黏滞性。测定相对黏度通常采用标准黏度计试验和针入度试验。标准黏度计试验是测定液体沥青、煤沥青和乳化沥青等材料相对黏度。该试验方法是将液态的沥青材料在标准黏度计(图8-4)中,于规定的温度条件下,通过规定孔径的流出孔,测定流出50 mL沥青所需要的时间(以 s 计),常用符号 $C_{T,d}$ 表示。T 为测试温度,d 为流孔直径。在相同温度和流孔直径的条件下,流出的时间越长,表示沥青黏度越大。

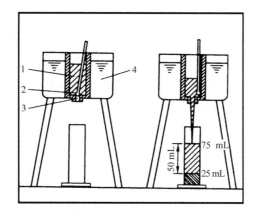

图 8-4　标准黏度计测定液体沥青
1—沥青试样；2—活动球塞；3—流孔；4—水

③针入度。用于表示黏稠石油沥青的相对黏度。它是划分石油沥青牌号的主要技术指标。它适用于测定道路石油沥青、聚合物改性沥青针入度以及液体石油沥青蒸馏或乳化沥青蒸发后残留物的针入度。针入度反映石油沥青抵抗剪切变形的能力，针入度越小，表明黏度越大。针入度是在规定温度条件下，以规定质量的标准针，经历规定时间贯入试样中的深度，以 1/10 mm 为单位，记作 $P_{T,m,t}$，其中 P 表示针入度，T 为试验温度（℃），m 为试针质量（g），t 为贯入时间（s）。标准试验条件为温度 25 ℃，试针质量 100 g，贯入时间 5 s。

实质上，针入度是测定沥青稠度的一种指标。针入度越大，表示沥青越软，稠度越小；反之，表示沥青稠度越大。一般说来，稠度越大，沥青的黏度越大。

（4）温度敏感性

温度敏感性（简称感温性）是指石油沥青的黏滞性和塑性随温度升降而变化的性能。

石油沥青中含有大量高分子非晶态热塑性物质，当温度升高时，这些非晶态热塑性物质之间就会逐渐发生相对滑动，使沥青由固态或半固态逐渐软化，乃至像液体一样发生黏性流动，从而呈现所谓的"黏流态"。当温度降低，沥青又逐渐由黏流态凝固为半固态或固态（又称为"高弹态"）。随着温度的进一步降低，低温下的沥青会变得像玻璃一样又硬又脆（亦称为"玻璃态"）。当温度发生变化时，沥青黏滞性和塑性变化程度小，则沥青温度敏感性小，反之则温度敏感性大。沥青的感温性采用"黏度"随"温度"而变化的行为（黏-温关系）表达。常用的评价指标是软化点和针入度指数。

①软化点。软化点是反映沥青达到某种物理状态时的条件温度。我国现行试验法是采用环球法测定软化点。该法是将沥青试样注于内径为 $\phi18.9$ mm 的铜环中，环上置一直径为 $\phi9.53$ mm，质量为 3.5 g 的钢球，在规定的加热速度（5 ℃/min）下进行加热，沥青试样逐渐软化，直至在钢球荷重作用下，使沥青产生 25.4 mm 垂度时的温度，称为软化点，以 $T_{R\&B}$ 表示。

②针入度指数。软化点是沥青性能随着温度变化过程中重要的标志点。但它是人为确定的温度标志点，单凭软化点这一性质，来反映沥青性能随温度变化的规律并不全面。目前用来反映沥青温度敏感性的常用指标还有针入度指数 PI。

针入度指数（PI）是基于以下基本事实的：根据大量试验结果，沥青针入度值的对数（lg P）与温度（T）具有线性关系，即

$$\lg P = AT + K \tag{8-3}$$

式中　A——针入度-温度感应性系数,可由针入度和软化点确定,即直线的斜率;

　　　K——回归系数,即直线的截距(常数)。

A 表征沥青针入度($\lg P$)随温度(T)的变化率,其数值越大,表明温度变化时,沥青的针入度变化得越大,沥青的温度敏感性越大。沥青的针入度指数 PI 的计算公式为

$$PI = \frac{30}{1 + 50A} - 10 \tag{8-4}$$

针入度指数 PI 也可以采用诺模图法获得,如图 8-5 所示。

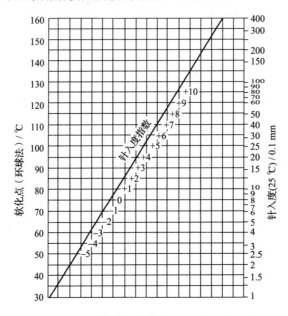

图 8-5　由针入度和软化点求取针入度指数 PI 的诺模图

石油沥青温度敏感性与沥青质含量和蜡含量密切相关。沥青质增多,温度敏感性降低。沥青含蜡量多时,其温度敏感性大。工程上往往用加入滑石粉、石灰石粉或其他矿物填料的方法来减小沥青的温度敏感性。

(5)延展性

延展性也常称为石油沥青的塑性,是指石油沥青在外力作用时产生变形而不破坏(裂缝或断开),除去外力后仍保持变形后形状的性质。它反映的是沥青受力时所能承受的塑性变形的能力,通常用延度表示。沥青延度采用延度仪测试,是把沥青试样制成"∞"字形标准试件(中间最小截面积为 1 cm²)在规定速度和规定温度下拉断时延伸的长度(cm)。延度值越大,塑性越好,沥青的柔韧性越好,沥青的抗裂性也越好。

石油沥青的延度与其组分有关。石油沥青中树脂含量较多,而其他组分含量又适当时,则沥青延展性较大。当沥青化学组分不协调,胶体结构不均匀,含蜡量增加时,都会使沥青的延度相对降低。

(6)脆性

沥青材料在低温下,受到瞬时荷载的作用时,常表现为脆性破坏。沥青脆性的测定极其复杂,我国采用弗拉斯脆点作为反映沥青低温脆性的指标。弗拉斯脆点的试验方法是将 0.4 g

沥青试样在一个标准的金属片上摊涂成薄层,将此金属片置于有冷却设备的脆点仪内,摇动脆点仪曲柄,能使涂有沥青薄层的金属片产生弯曲。随着制冷设备中制冷剂温度以 1 ℃/min 的速度降低,沥青薄层的温度亦随之降低,当降低至某一温度时,沥青薄层在规定弯曲条件下产生脆断时的温度即沥青的弗拉斯脆点。一般认为,沥青弗拉斯脆点越低,低温抗裂性越好。研究表明,许多含蜡量较高的沥青弗拉斯脆点虽低,但冬季开裂情况严重,因此实测的弗拉斯脆点不能表征含蜡量较高的沥青的低温性能。

在工程实际应用中,要求沥青具有较高的软化点和较低的弗拉斯脆点,否则容易发生沥青材料夏季流淌或冬季变脆甚至开裂等现象。

(7)黏附性

黏附性是沥青材料的主要性能之一,沥青在沥青混合料中以薄膜的形式裹覆在集料颗粒表面,并将松散的矿质集料黏结为一个整体。沥青与集料的黏附性直接影响沥青路面的使用质量和耐久性,所以黏附性是评价沥青技术性能的一个重要指标。沥青裹覆集料后的抗水性(抗剥性)不仅与沥青的性质有密切关系,亦与集料性质有关。

①黏附机理。沥青与集料的黏附作用是一个复杂的物理-化学过程。目前,对黏附机理有多种解释。润湿理论认为:在有水的条件下,沥青对石料的黏附性,可用沥青-水-石料三相体系来讨论。沥青-水-石体系达到平衡时,沥青欲置换水而黏附于石料的表面,主要取决于沥青与水的界面能 m_c 和沥青与水的接触角 P。在确定的石料条件下,上数参数均取决于沥青的性质。沥青的性质中主要为沥青的稠度和沥青中极性物质的含量(如沥青酸及其酸酐等)。随着沥青稠度和沥青酸含量的增加,沥青与碱性集料接触时会产生很强的化学吸附作用,使黏附力增大。而当沥青与酸性集料接触时则较难产生化学吸附,分子间的作用力仅表现为范德华力,这比化学吸附力要小得多。

②评价方法。现行标准《公路工程沥青及沥青混合料试验规程》(JTG E20－2011)规定,沥青与集料的黏附性试验,根据沥青混合料中集料的最大粒径决定,大于 13.2 mm 者采用水煮法;小于(或等于)13.2 mm 者采用水浸法。水煮法是选取粒径为 13.2～19.0 mm、形状接近正方体的规则集料 5 个,经沥青裹覆后,在蒸馏水中沸煮 3 min,按沥青膜剥落面积百分率分为 5 个等级来评价沥青与集料的黏附性。水浸法是选取 100 g 粒径为 9.5～13.2 mm 的集料与 5.5 g 的沥青在规定温度条件下拌和,配制成沥青-集料混合料,冷却后浸入 80 ℃的蒸馏水中保持 30 min,然后按剥落面积百分率分为 5 个等级来评定沥青与集料的黏附性,见表 8-4。

表 8-4　　　　　　　　　　　　　　　沥青与集料的黏附性等级

试验后石料表面上沥青膜剥落情况	黏附性等级
沥青膜完全保存,剥落面积百分率接近于 0	5
沥青膜少部分为水所移动,厚度不均匀,剥落面积百分率小于10%	4
沥青膜局部明显为水所移动,但还基本留在石料表面上,剥落面积百分率小于30%	3
沥青膜大部分为水所移动,局部保留在石料表面上,剥落面积百分率大于30%	2
沥青膜完全为水所移动,石料基本裸露,沥青完全浮于水面上	1

4.石油沥青的技术要求与选用

石油沥青按用途分为建筑石油沥青、道路石油沥青和普通石油沥青。土木工程中使用的主要是建筑石油沥青和道路石油沥青。目前我国对建筑石油沥青执行《建筑石油沥青》(GB/T 494-2010)的规定,而道路石油沥青则按其性能及应用道路的等级执行《公路沥青路面施工技术规范》(JTG F40-2004)。

(1)建筑石油沥青的技术要求与选用

建筑石油沥青按针入度指标划分为 10 号、30 号和 40 号三个牌号,见表 8-5。

表 8-5 建筑石油沥青技术标准

项目	单位	质量指标		
		10 号	30 号	40 号
针入度(25 ℃,100 g,5 s)	0.1 mm	10~25	26~35	36~50
针入度(46 ℃,100 g,5 s)	0.1 mm	报告[a]	报告[a]	报告[a]
针入度(0 ℃,200 g,5 s),不小于	0.1 mm	3	6	6
延度(25 ℃,5 cm/min),不小于	cm	1.5	2.5	3.5
软化点(环球法),不低于	℃	95	75	60
溶解度(三氯乙烯),不小于	%	99.0		
蒸发后质量变化(163 ℃,5 h),不大于	%	1		
蒸发后针入度比[b],不小于	%	65		
闪点(开口杯法),不低于	℃	260		
脆点	℃	报告		

注:a.报告应为实测值。

b.测定蒸发损失后样品的 25 ℃针入度与原 25 ℃针入度之比乘以 100 后,所得的百分比,称为蒸发后针入度比。

建筑石油沥青针入度较小(黏性较大),软化点较高(耐热性较好),但延伸度较小(塑性较差),主要用于屋面及地下防水、沟槽防水与防腐、管道防腐蚀等工程,还可用于制作油纸、油毡、防水涂料和沥青嵌缝油膏。在屋面防水工程中,一般同一地区的沥青屋面的表面温度比当地最高气温高 25~30 ℃。为避免夏季流淌,用于屋面沥青材料的软化点应当高于本地区屋面最高温度的 20 ℃以上。软化点偏低时,沥青在夏季高温易流淌;软化点过高时,沥青在冬季低温易开裂。因此,沥青牌号应根据气候条件、工程环境及技术要求选用。在地下防水工程中,沥青所经历的温度变化不大,主要应考虑沥青的耐老化性,宜选用软化点较低的沥青材料,如40 号、60 号、100 号沥青。

(2)道路石油沥青的技术要求与选用

我国交通行业标准《公路沥青路面施工技术规范》(JTG F40-2004)将黏稠沥青分为160 号、130 号、110 号、90 号、70 号、50 号、30 号共七个牌号。

道路石油沥青的技术要求应符合表 8-6 规定的技术规范。

表 8-6

公路沥青路面施工技术规范（JTG F40—2004）

指标	单位	等级	160号[④]	130号[④]	110号	110号	110号	90号	90号	90号	90号	90号	90号	90号	70号[③]	70号[③]	70号[③]	70号[③]	70号[③]	50号[③]	30号[④]
针入度（25℃，100 g，5 s）	0.1 mm		140~200	120~140	100~120	100~120	100~120	80~100	80~100	80~100	80~100	80~100	80~100	80~100	60~80	60~80	60~80	60~80	60~80	40~60	20~40
适用的气候分区	—		注④	注④	2-1	2-2	3-2	1-1	1-2	1-3	1-4	2-2	2-3	2-4	1-3	1-4	2-2	2-3	2-4	1-4	注④
针入度指数 PI[①②]	—	A	-1.5~+1.0	-1.5~+1.0	-1.5~+1.0	-1.5~+1.0	-1.5~+1.0	-1.5~+1.0	-1.5~+1.0	-1.5~+1.0	-1.5~+1.0	-1.5~+1.0	-1.5~+1.0	-1.5~+1.0	-1.5~+1.0	-1.5~+1.0	-1.5~+1.0	-1.5~+1.0	-1.5~+1.0	-1.5~+1.0	-1.5~+1.0
		B	-1.8~+1.0	-1.8~+1.0	-1.8~+1.0	-1.8~+1.0	-1.8~+1.0	-1.8~+1.0	-1.8~+1.0	-1.8~+1.0	-1.8~+1.0	-1.8~+1.0	-1.8~+1.0	-1.8~+1.0	-1.8~+1.0	-1.8~+1.0	-1.8~+1.0	-1.8~+1.0	-1.8~+1.0	-1.8~+1.0	-1.8~+1.0
软化点（不小于），℃	℃	A	38	40	43	43	43	45	45	45	45	44	44	44	46	46	45	45	45	49	55
		B	36	39	42	42	42	43	43	43	43	43	43	43	44	44	43	43	43	46	53
		C	35	37	41	41	41	42	42	42	42	42	42	42	43	43	43	43	43	45	50
60℃动力黏度[②]，不小于	Pa·s	A	—	60	120	120	120	160	160	160	160	140	140	140	180	180	160	160	160	200	260
10℃延度[②]，不小于	cm	A	50	50	40	40	40	45	45	30	30	30	20	20	25	25	20	20	15	15	10
		B	30	30	30	30	30	30	30	20	20	20	15	15	20	20	15	15	10	10	8
15℃延度，不小于	cm	A	100	100	100	100	100	100	100	100	100	100	100	100	100	100	100	100	100	100	100
		C	80	80	60	60	60	50	50	50	50	50	50	50	40	40	40	40	40	30	20
蜡含量（蒸馏法），不大于	%	A	2.2	2.2	2.2	2.2	2.2	2.2	2.2	2.2	2.2	2.2	2.2	2.2	2.2	2.2	2.2	2.2	2.2	2.2	2.2
		B	3.0	3.0	3.0	3.0	3.0	3.0	3.0	3.0	3.0	3.0	3.0	3.0	3.0	3.0	3.0	3.0	3.0	3.0	3.0
		C	4.5	4.5	4.5	4.5	4.5	4.5	4.5	4.5	4.5	4.5	4.5	4.5	4.5	4.5	4.5	4.5	4.5	4.5	4.5
闪点，不小于	℃	—	230	230	245	245	245	245	245	245	245	245	245	245	260	260	260	260	260	260	260
溶解度，不小于	%	—	99.5	99.5	99.5	99.5	99.5	99.5	99.5	99.5	99.5	99.5	99.5	99.5	99.5	99.5	99.5	99.5	99.5	99.5	99.5
密度（15℃）	g/cm³	—	实测记录	实测记录	实测记录	实测记录	实测记录	实测记录	实测记录	实测记录	实测记录	实测记录	实测记录	实测记录	实测记录	实测记录	实测记录	实测记录	实测记录	实测记录	实测记录
TFOT 或 RTFOT 后[⑤]																					
质量变化，不大于	%		±0.8	±0.8	±0.8	±0.8	±0.8	±0.8	±0.8	±0.8	±0.8	±0.8	±0.8	±0.8	±0.8	±0.8	±0.8	±0.8	±0.8	±0.8	±0.8
残留针入度比，不小于	%	A	48	54	55	55	55	57	57	57	57	57	57	57	61	61	61	61	61	63	65
		B	45	50	52	52	52	54	54	54	54	54	54	54	58	58	58	58	58	60	62
		C	40	45	48	48	48	50	50	50	50	50	50	50	54	54	54	54	54	58	60
残留延度 10℃，不小于	cm	A	12	12	10	10	10	8	8	8	8	8	8	8	6	6	6	6	6	4	—
		B	10	10	8	8	8	6	6	6	6	6	6	6	4	4	4	4	4	2	—
残留延度 15℃，不小于	cm	C	40	35	30	30	30	20	20	20	20	20	20	20	15	15	15	15	15	10	—

注：①用于仲裁试验求取 PI 时的 5 个温度关系的相关系数不得小于 0.997。
②经建设部门同意，表中 PI、60℃动力黏度、10℃延度可作为选择性指标，也可不作为施工质量检验标准。
③70号沥青可根据需要要求供应商提供针入度范围为 60~70 或 70~80 的沥青，50号沥青可根据需要要求供应商提供针入度范围为 40~50 或 50~60 的沥青。
④30号沥青仅适用于沥青稳定基层，130号与160号除寒冷地区可直接在中、低级公路上应用外，通常用作乳化沥青、稀释沥青、改性沥青的基质沥青。
⑤老化试验以 TFOT 为准，也可以用 RTFOT 代替。

道路石油沥青等级除了根据针入度的大小划分外,还要以沥青路面使用的气候条件为依据,在同一气候分区内根据道路等级和交通特点再将沥青划分为1～3个不同的针入度等级;同时,按照技术指标将沥青分为A、B、C三个等级,分别适用于不同范围工程,由A级至C级,质量级别逐渐降低。各个沥青等级的适用范围应符合《公路沥青路面施工技术规范》(JTG F40—2004)的规定,见表8-7。

表8-7 道路石油沥青的适用范围(JTG F40—2004)

沥青等级	适用范围
A级沥青	各个等级公路,适用于任何场合和层次
B级沥青	1. 高速公路、一级公路下面层及以下层次,二级及二级以下公路的各个层次。 2. 用作改性沥青、乳化沥青、改性乳化沥青、稀释沥青的基质沥青
C级沥青	三级及三级以下公路的各个层次

气候条件是决定沥青使用性能的最关键的因素。采用工程所在地最近30年内年最热月份平均最高气温的平均值,作为反映沥青路面在高温和重载条件下出现车辙等流动变形的气候因子,并作为气候分区的一级指标。按照设计高温指标,一级区划分为三个区。采用工程所在地最近30年内的极端最低气温,作为反映沥青路面由于温度收缩产生裂缝的气候因子,并作为气候分区的二级指标。按照设计低温指标,二级区划分为四个区,见表8-8。沥青路面温度分区由高温和低温组合而成,第一个数字代表高温分区,第二个数字代表低温分区,数字越小表示气候因素越严苛。如1-1表示夏炎热冬严寒、1-2表示夏炎热冬寒、1-3表示夏炎热冬冷、1-4表示夏炎热冬温、2-1表示夏热冬严寒等。分属不同气候分区的地域,对相同牌号与等级沥青的性能指标的要求不同。

表8-8 沥青路面使用性能气候分区

气候分区指标		气候分区			
按照 高温 指标	高温气候区	1	2	3	
	气候区名称	夏炎热区	夏热区	夏凉区	
	最热月平均最高气温/℃	>30	20～30	<20	
按照 低温 指标	低温气候区	1	2	3	4
	气候区名称	冬严寒区	冬寒区	冬冷区	冬温区
	极端最低气温/℃	<−37.0	−37.0～−21.5	−21.5～−9.0	>−9.0
按照设 计雨量 指标	雨量气候区	1	2	3	4
	气候区名称	潮湿区	湿润区	半干区	干旱区
	年降雨量/mm	>1 000	1 000～500	500～250	<250

沥青路面采用的沥青牌号宜按照公路等级、气候条件、交通条件、路面类型及在结构层中的层位及受力特点、施工方法等,结合当地的使用经验,经技术论证后确定。对高速公路、一级公路,夏季温度高、高温持续时间长、重载交通、山区及丘陵区上坡路段、服务区、停车场等行车速度慢的路段,尤其是汽车荷载剪应力大的层位,宜采用稠度大、60 ℃动力黏度大的沥青,也可提高高温气候分区的温度水平选用沥青等级;对冬季寒冷的地区或交通量小的公路、旅游公路宜选用稠度小、低温延度大的沥青;对温度日温差、年温差大的地区宜选用针入度指数较大的沥青。当高温要求与低温要求发生矛盾时应优先考虑满足高温性能的要求。

8.1.2　改性沥青

现代土木工程对石油沥青性能的要求越来越高。无论是作为防水材料,还是路面胶结材料,都要求石油沥青必须具有较好的使用性能与耐久性。屋面防水工程的沥青材料不仅要求有较好的耐高温性,还要求有较好的抗老化性能与抗低温脆断能力;用作路面胶结材料的沥青不仅要求有较好的抗高温能力,还应有较高的抗变形能力、抗低温开裂能力、抗老化能力和较强的黏附性。但仅靠石油沥青的性质已难以满足这些要求,因此要对现有沥青的性能进行改进,才能满足现代土木工程的技术要求,这些经过性能改进的沥青称为改性沥青。

改性沥青是指掺入橡胶、树脂等高分子聚合物,磨细的橡胶粉或其他填料等外加剂(改性剂),或采取对沥青轻度氧化加工等措施,使沥青或沥青混合料的性能得以改善而制成的沥青结合料。从广义上讲,凡是可以改善沥青路用性能的材料如聚合物、纤维、抗剥落剂、岩沥青、填料(如硫黄、炭黑等)都可以称为改性剂。

1. 改性沥青的分类及其特性

(1)氧化沥青

氧化改性是在 250～300 ℃的高温下,向残留沥青或渣油中吹入空气,通过氧化作用和聚合作用,使沥青分子变大,提高沥青的黏度和软化点,从而改善沥青的性能。工程中使用的道路石油沥青、建筑石油沥青均为氧化沥青。

(2)橡胶改性沥青

橡胶是沥青的重要改性材料,它和沥青有较好的混溶性,并能使沥青具有橡胶的很多优点,如高温变形性小,低温柔性好等。橡胶的品种不同,掺入的方法也有所不同,从而使得各种橡胶改性沥青的性能也有差异。

目前使用最普遍的是 SBS 橡胶,一种丁苯橡胶。SBS 能使沥青的性能大大改善,表现为低温柔性改善,冷脆点降至−40 ℃;热稳定性提高,耐热度达 90～100 ℃,弹性好、延伸率大,延度可达 2 000％;耐候性好。SBS 改性沥青是目前最成功和用量最大的一种改性沥青,在国内外已得到普遍使用,主要用途是 SBS 改性沥青防水卷材。

其他用于沥青改性的橡胶还有氯丁橡胶、丁基橡胶、再生橡胶等。氯丁橡胶改性沥青可使其气密性、低温柔性、耐化学腐蚀性、耐光性、耐臭氧性、耐候性和耐燃烧性得到大大改善。丁基橡胶改性沥青具有优异的耐分解性,并有较好的低温抗裂性和耐热性,多用于道路路面工程和制作密封材料、涂料等。

（3）树脂改性沥青

用树脂改性石油沥青可以改进沥青的耐寒性、耐热性、黏结性和不透气性。由于石油沥青中含芳香性化合物很少，故树脂和石油沥青的相容性较差，而且可用的树脂品种也较少，常用的树脂有古马隆树脂、聚乙烯、乙烯-醋酸乙烯共聚物（EVA）、无规聚丙烯 APP、环氧树脂（EP）、聚氨酯（PV）等。

（4）橡胶和树脂改性沥青

橡胶和树脂同时用于改善沥青的性质，使沥青同时具有橡胶和树脂的特性。树脂比橡胶便宜，橡胶和树脂又有较好的混溶性，因此改性效果较好。橡胶、树脂和沥青在加热熔融状态下，沥青与高分子聚合物之间发生相互浸入和扩散，沥青分子填充在聚合物大分子的间隙内，同时聚合物分子的某些链节扩散进入沥青分子中，形成凝聚的网状混合结构，可以得到较优良的性能。采用的原材料品种、配比、制作工艺不同，可以得到很多性能各异的产品，主要有卷材、片材、密封材料、防水涂料等。

（5）矿物填充料改性沥青

为了提高沥青的黏结能力和耐热性，降低沥青的温度敏感性，经常要加入一定数量的矿物填充料。常用的矿物填充料大多是粉状的和纤维状的，主要有滑石粉、石灰石粉、硅藻土和石棉等。矿物改性沥青的机理为沥青中掺入矿物填充料后，由于沥青对矿物填充料有良好的润湿和吸附作用，在矿物颗粒表面会形成一层稳定、牢固的沥青薄膜，带有沥青薄膜的矿物颗粒具有良好的黏性和耐热性。矿物填充料的掺入量要适当，以形成恰当的沥青薄膜层。

2. 改性沥青技术标准

我国聚合物改性沥青性能评价方法基本沿用了道路石油沥青标准体系，参考国外的有关标准，增加了一些评价聚合物性能的指标，如弹性恢复、黏韧性和离析（软化点差）等技术指标。首先根据聚合物的种类将改性沥青分为Ⅰ、Ⅱ、Ⅲ类，每一类又按针入度大小分为若干牌号。Ⅰ类、Ⅲ类分别分为 A、B、C、D 四个牌号，Ⅱ类分为 A、B、C 三个牌号，以适应不同的气候条件。同一类型中的 A、B、C、D 主要反映基质沥青牌号及改性剂含量的不同，由 A 到 D 表示改性沥青针入度减小，黏度增大，即高温性能提高，但低温性能降低。改性沥青的等级划分以改性沥青的针入度为主要依据，聚合物改性沥青的质量要求见表 8-9。

表8-9

聚合物改性沥青的质量要求

指标	单位	SBS（I类）				SBR（II类）			EVA、PE类（III类）			
		I-A	I-B	I-C	I-D	II-A	II-B	II-C	III-A	III-B	III-C	III-D
针入度（25 ℃,100 g,5 s）	0.1 mm	>100	80~100	60~80	30~60	>100	80~100	60~80	>80	60~80	40~60	30~40
针入度指数 PI,不小于	—	-1.2	-0.8	-0.4	0	-1.0	-0.8	-0.6	-1.0	-0.8	-0.6	-0.4
延度（5 ℃,5 cm/min）,不小于	cm	50	40	30	20	60	50	40				
软化点 $T_{R\&B}$,不小于	℃	45	50	55	60	45	48	50	48	52	56	60
运动黏度①（135 ℃）,不大于	Pa·s	3										
闪点,不小于	℃	230										
溶解度,不小于	%	99				99						
弹性恢复（25 ℃）,不小于	%	55	60	65	75	—			—			
黏韧性,不小于	N·m	—				5			—			
韧性,不小于	N·m	—				2.5			—			
储存稳定性② 离析,48 h 软化点差,不大于	℃	2.5				3			无改性剂明显析出、凝聚			
TFOT（或 RTFOT）后残留物												
质量变化,不大于	%	1.0										
针入度比（25 ℃）,不小于	%	50	55	60	65	50	55	60	50	55	58	60
延度（5 ℃）,不小于	cm	30	25	20	15	30	20	10				

注:①表中 135 ℃运动黏度可采用《公路工程沥青及沥青混合料试验规程》(JTG E20—2011)中的"沥青旋转黏度试验（布洛克菲尔德黏度计法）"进行测定。若在不改变改性沥青物理力学性质条件下采用下易于采送和拌和,或经证明适当提高采送和拌和温度能保证改变沥青的质量,容易施工,可不要求测定。现场制作的改性沥青对改性沥青稳定性指标可不做要求,但必须在制作后,保持不间断的搅拌或采送循环,保证使用前没有明显的离析。

②储存稳定性指标适用于工厂生产的成品改性沥青。

8.2 沥青混合料

8.2.1 沥青混合料的定义和分类

1.定义

按我国现行国家标准《公路沥青路面施工技术规范》(JTG F40－2004)有关定义和分类，沥青混合料是指由粗集料、细集料、矿粉与沥青，以及外加剂所组成的一种复合材料。

沥青混合料是一种黏-弹-塑性材料，具有一定的力学性能，铺筑路面平整无接缝，减震吸声；路面有一定的粗糙度，色黑不耀眼，行车舒适安全。此外，它还具有施工方便，能及时开放交通，便于分期修建和再生利用的优点，所以沥青混合料是现代高等级道路的主要路面材料。

2. 沥青混合料的分类

沥青混合料的分类方法取决于矿质混合料的级配、集料的最大粒径、压实空隙率和沥青品种等。

（1）按矿质混合料的级配类型分类

①连续级配沥青混合料。沥青混合料中的矿料是按连续级配原则设计的，即从大到小的各级粒径都有，且按比例相互搭配组成。

②间断级配沥青混合料。其是连续级配沥青混合料的矿料中缺少一个或几个档次粒径而形成的沥青混合料。

（2）按矿质混合料的级配组成及空隙率大小分类

①密级配沥青混合料。按连续密级配原理设计组成的各种粒径颗粒的矿料与沥青结合料拌和而成。如设计空隙率较小（对不同交通及气候情况、层位可做适当调整）的密实式沥青混凝土混合料（以 AC 表示）；设计空隙率为 3%～6% 的密级配沥青稳定碎石混合料（ATB）。按关键性筛孔通过率的不同又可分为细型、粗型密级配沥青混合料等。粗集料嵌挤作用较好的也称嵌挤密实型沥青混合料。

②半开级配沥青混合料。由适当比例的粗集料、细集料及少量填料（或不加填料）与沥青结合料拌和而成，经马歇尔标准击实成型试件的剩余空隙率在 6%～12% 的半开式沥青碎石混合料，也称沥青碎石混合料（以 AM 表示）。

③开级配沥青混合料。矿料级配主要由粗集料嵌挤而成，细集料及填料较少，经高黏度沥青结合料黏结而成的，设计孔隙率大于 18% 的混合料。典型的如排水式沥青磨耗层混合料（以 OGFC 表示）；排水式沥青稳定碎石基层混合料（以 ATPB 表示）。

（3）按照矿料的最大粒径分类

根据《公路工程集料试验规程》(JTG E42－2005)的定义，集料的最大粒径是指通过百分率为 100% 的最小标准筛筛孔尺寸；集料的公称最大粒径是指全部通过或允许少量不通过（一般容许筛余量不超过 10%）的最小标准筛筛孔尺寸，通常比最大粒径小一个粒级。例如，某种集料在 26.5 mm 筛孔的通过率为 100%，在 19 mm 筛孔上的筛余量小于 10%，则此集料的最大粒径为 26.5 mm，而公称最大粒径为 19 mm。

根据集料的公称最大粒径，沥青混合料分为砂粒式、细粒式、中粒式、粗粒式和特粗式，与之对应的集料粒径尺寸见表 8-10。

表 8-10　　　　　　　　　　　　　　　　热拌沥青混合料类型

| 混合料类型 | 密级配 | | | 开级配 | | 半开级配 | 公称最大粒径/mm | 最大粒径/mm |
| | 连续级配 | | 间断级配 | 间断级配 | | 沥青稳定碎石 | | |
	沥青混凝土	沥青稳定碎石	沥青玛蹄脂碎石	排水式沥青磨耗层	排水式沥青碎石基层			
特粗式	—	ATB-40	—	—	ATPB-40	—	37.5	53.0
粗粒式	—	ATB-30	—	0	ATPB-30	—	31.5	37.5
	AC-25	ATB-25	—	—	ATPB-25	—	26.5	31.5
中粒式	AC-20	—	SMA-20	—	—	AM-20	19.0	26.5
	AC-16	—	SMA-16	OGFC-16	—	AM-16	16.0	19.0
细粒式	AC-13	—	SMA-13	OGFC-13	—	AM-13	13.2	16.0
	AC-10	—	SMA-10	OGFC-10	—	AM-10	9.5	13.2
砂粒式	AC-5	—	—	—	—	AM-5	4.75	9.5
设计空隙率注/%	3~5	3~6	3~4	>18	>18	6~12		

注:空隙率可按配合比设计要求适当调整。

（4）按沥青混合料的拌和及铺筑温度分类

①热拌热铺沥青混合料。它是经人工组配的矿质混合料与黏稠沥青在专门设备中加热拌和而成，用保温运输工具运送至施工现场，并在热态下进行摊铺和压实的混合料，通称"热拌热铺沥青混合料"，简称"热拌沥青混合料"。

②常温沥青混合料。它是以乳化沥青或稀释沥青与矿料在常温状态下拌制、铺筑的混合料。

8.2.2　沥青混合料的组成材料

沥青混合料的组成材料包括沥青和矿料。矿料包括粗集料、细集料和矿粉。

1. 沥青

沥青是沥青混合料的主要组成材料之一。沥青在混合料压实过程中犹如润滑剂，将各种矿料组成的稳定骨架胶结在一起，经压实后形成的沥青混凝土具有一定的强度和所需的多种优良品质。沥青的质量对沥青混合料的品质有很大影响，沥青面层的低温裂缝和温度疲劳裂缝，以及在高温条件下的车辙深度、推挤、拥包等永久性变形都与沥青有很大的关系。沥青路面所用沥青等级应根据气候条件、沥青混合料类型、道路类型、交通性质、路面类型、施工方法，以及当地使用经验等，经技术论证后确定。所选用的沥青质量应符合现行规范对沥青质量要求的相关规定。

2. 粗集料

热拌沥青混合料选用的粗集料包括碎石、破碎砾石、钢渣、矿渣等。高速公路和一级公路不得使用筛选砾石和矿渣。粗集料应洁净、干燥，表面粗糙，质量应符合表 8-11 的规定。高速公路和一级公路对粗集料与沥青的黏附性和磨光值要符合表 8-12 的要求，以确保路面不出现磨光和剥落。若黏附性不符合要求，可对集料掺入消石灰、水泥或石灰水处理或掺加耐水、耐热和长期性能好的抗剥落剂。

表8-11 热拌沥青混合料选用粗集料的质量要求

指 标	单位	高速公路及一级公路		其他等级公路
		表面层	其他层次	
石料压碎值,不大于	%	26	28	30
洛杉矶磨耗损失,不大于	%	28	30	35
表观相对密度,不小于	—	2.60	2.5	2.45
吸水率,不大于	%	2.0	3.0	3.0
坚固性,不大于	%	12	12	—
针片状颗粒含量(混合料),不大于	%	15	18	20
其中粒径大于 9.5 mm,不大于	%	12	15	—
其中粒径小于 9.5 mm,不大于	%	18	20	—
水洗法<0.075 mm 颗粒含量,不大于	%	1	1	1
软石含量,不大于	%	3	5	5

表8-12 粗集料与沥青的黏附性、磨光值的质量要求

雨量气候区	1(潮湿区)	2(湿润区)	3(半干区)	4(干旱区)	试验方法
年降雨量/mm	>1 000	1 000~500	500~250	<250	附录A
粗集料的磨光值 PSV,不小于高速公路、一级公路表面层	42	40	38	36	T0321
粗集料与沥青的黏附性,不小于高速公路、一级公路表面层	5	4	4	3	T0616
高速公路、一级公路的其他层次及其他等级公路的各个层次	4	4	3	3	T0663

3. 细集料

沥青路面的细集料包括天然砂、机制砂和石屑。它应洁净干燥、无杂质并有适当颗粒级配,并且与沥青具有良好的黏结力。对于高等级公路的面层或抗滑表层,石屑的用量不宜超过砂的用量,采用花岗岩、石英岩等酸性石料轧制的砂或石屑,因与沥青的黏结性较差,不宜用于高等级公路。细集料的质量要求见表 8-13。天然砂、机制砂或石屑规格要求分别见表 8-14 和表 8-15。

表8-13 沥青混合料选用细集料的质量要求

指 标	高速公路、一级公路 城市快速路、主干路	其他公路与 城市道路
表观密度(t/m³),不小于	2.5	2.45
坚固性(>0.3 mm)(%),不小于	12	—
砂含量(%),不小于	60	50
含泥量(<0.075 mm)颗粒含量(%),不大于	3	5

表 8-14 沥青面层的天然砂规格

分类		粗砂	中砂	细砂
通过各筛孔的质量百分率/%	筛孔尺寸/mm			
	9.5	100	100	100
	4.75	90～100	90～100	90～100
	2.36	65～95	75～90	85～100
	1.18	35～65	50～90	75～100
	0.6	15～30	30～60	60～84
	0.3	5～20	8～30	15～45
	0.15	0～10	0～10	0～10
	0.075	0～5	0～5	0～5
细度模数(M_X)		3.7～3.1	3.0～2.3	2.2～1.6

表 8-15 沥青混合料选用的机制砂或石屑规格

规格	公称粒径/mm	通过百分率(方孔筛 mm)/%							
		9.5	4.75	2.36	1.18	0.6	0.3	0.15	0.075
S15	0～5	100	90～100	60～90	40～75	20～55	7～40	2～20	0～10
S16	0～3	—	100	80～100	50～80	25～60	8～45	0～25	0～15

4. 矿粉

沥青混合料的矿粉必须采用石灰岩或岩浆岩中强碱性岩石等憎水性石料经磨细得到的矿粉,原石料中的泥土杂质应除净。矿粉应干燥、洁净,质量符合表 8-16 要求。

表 8-16 沥青混合料用矿粉的质量要求(JTG F40—2004)

项　目	高速公路、一级公路	其他等级公路
表观密度/($t \cdot m^{-3}$),不小于	2.50	2.45
含水率/%,不大于	1	1
粒度范围/%		
<0.6 mm	100	100
<0.15 mm	90～100	90～100
<0.075 mm	75～100	70～100
外观	无团粒结块	—
亲水系数	<1	
塑性指数/%	<4	
加热安定性	实测记录	

8.2.3 沥青混合料的组成结构

1. 沥青混合料组成结构的特点

(1)沥青混合料的结构组成形式

沥青混合料根据其粗、细集料的比例不同,其结构组成有三种形式:悬浮密实结构、骨架空隙结构和骨架密实结构。

①悬浮密实结构[图 8-6(a)]。采用连续型密级配的沥青混合料(图 8-7 中曲线 a),由于细集料的数量较多,矿质材料由大到小形成连续型密实混合料,粗集料被细集料挤开。因此,粗集料以悬浮状态位于细集料之间。这种结构的沥青混合料的密实度较高,但各级集料均被次

级集料所隔开,不能直接接触形成嵌挤骨架结构,彼此分离悬浮于次级集料和沥青胶浆之间,而较小颗粒与沥青胶浆较为密实,形成了悬浮密实结构。我国常用的 AC 型沥青混合料就是按照连续密级配原理设计的、典型的悬浮密实结构。

悬浮密实结构的沥青混合料经压实后,密实度较大,水稳定性、低温抗裂性和耐久性较好,是使用较为广泛的沥青混合料。但这种沥青混合料的结构强度受沥青性质及其状态的影响较大,在高温条件下使用时,由于沥青黏度降低,可能会导致沥青混合料强度和稳定性的下降。

②骨架空隙结构[图 8-6(b)]。连续型开级配的沥青混合料(图 8-7 中曲线 b),较粗集料颗粒彼此接触,形成互相嵌挤的骨架,但较细集料含量较少,不能充分填充粗集料间的空隙,压实后混合料中的空隙较大,形成了骨架空隙结构。

在形成骨架空隙结构的沥青混合料中,粗集料之间的嵌挤力对沥青混合料的强度和稳定性起着重要作用,结构强度受沥青性质和物理状态的影响较小,因而高温稳定性好。但由于压实后的沥青混合料剩余空隙率较大,渗透性较大,在使用过程中,气体和水分易于进入沥青混合料内部,引发沥青老化或将沥青从集料表面剥落,因此这种结构沥青混合料的耐久性值得关注。沥青碎石混合料(AM)和开级配磨耗层沥青混合料(OGFC)是典型的骨架空隙结构。当沥青路面采用这种形式的沥青混合料时,沥青面层下必须做下封层。

③骨架密实结构[图 8-6(c)]。间断型密级配沥青混合料(图 8-7 中曲线 c),是上面两种结构形式的有机组合。在沥青混合料中既有足够数量的粗集料形成骨架,又根据粗集料骨架空隙的大小加入了足够的细集料和沥青胶浆,使之填满骨架空隙,形成较高密实度的骨架结构。

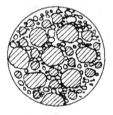 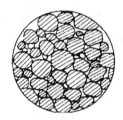 

(a) 悬浮密实结构   (b) 骨架空隙结构   (c) 骨架密实结构

图 8-6　沥青混合料的典型组成结构

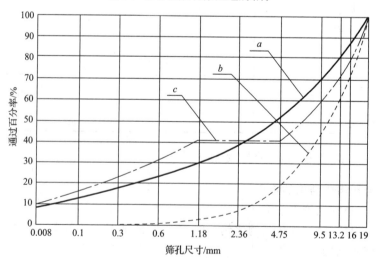

图 8-7　三种类型矿质混合料级配曲线

a—连续型密级配;b—连续型开级配;c—间断型密级配

由于粗集料的骨架作用,其内摩阻力较大;小颗粒与沥青胶浆含量充分,黏结力也较大,综合力学性能较优。该类混合料高低温性能均较好,具有较强的疲劳耐久特性;但间断级配在施工拌和过程中易产生离析现象,施工质量难以保证,使得混合料很难形成"骨架密实"结构。随着施工技术的发展,这类结构得以普遍使用,但需注意混合料在拌和、生产、运输和摊铺等施工过程中易产生离析。沥青玛蹄脂碎石混合料(SMA)是一种典型的骨架密实结构。

(2)沥青混合料的结构强度

沥青混合料在路面结构中产生破坏的情况,主要是在高温时由于抗剪强度不足或塑性变形过剩而产生推挤等现象,以及低温时抗拉强度不足或变形能力较差而产生裂缝现象。目前沥青混合料强度和稳定性理论,主要是要求沥青混合料在高温时必须具有一定的抗剪强度和抵抗变形的能力。

为了防止沥青路面产生高温剪切破坏,我国城市道路沥青路面设计方法中,对沥青路面抗剪强度验算,要求在沥青路面面层破裂面上可能产生的应力 τ_a 不大于沥青混合料的容许进行剪应力 τ_R,即 $\tau_a \leqslant \tau_R$。而沥青混合料的容许剪应力 τ_R 取决于沥青混合料的抗剪强度 τ,即

$$\tau_R = \frac{\tau}{k_2} \tag{8-5}$$

式中　k_2——系数(沥青混合料容许应力与实际强度的比值)。

沥青混合料的抗剪强度 τ,可通过三轴试验方法应用摩尔-库仑包络线方程(图 8-8)按式(8-6)求得,即

$$\tau = c + \sigma \tan \varphi \tag{8-6}$$

式中　τ——沥青混合料的抗剪强度,MPa;

　　　c——沥青混合料的黏结力,MPa;

　　　σ——试验时的正应力,MPa;

　　　φ——沥青混合料的内摩擦角,(°)。

由式(8-6)可知,沥青混合料的抗剪强度主要取决于黏结力 c 和内摩擦角 φ 两个参数即 $\tau = f(c, \varphi)$。

沥青混合料的黏结力 c 和内摩擦角 φ 可以通过三轴剪切试验确定。在规定条件下,对沥青混合料试件施加不同的侧向应力和法向应力。由试件的侧向应力和法向应力,可以得到一组摩尔应力圆,如图 8-8 所示。图中应力圆的公切线为摩尔-库仑应力包络线,即抗剪强度曲线,该包络线与纵轴的截距表示沥青混合料的黏结力 c,与横轴的交角为沥青混合料的内摩擦角 φ。

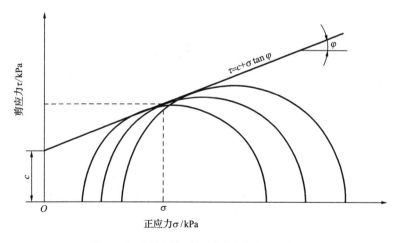

图 8-8　沥青混合料三轴试验确定值的摩尔-库仑

2.影响沥青混合料结构强度的因素

沥青混凝土路面的抗剪强度,是指其对于外荷载产生的剪应力的极限抵抗能力,主要取决于黏结力和内摩擦角两个参数。其值越大,抗剪强度越大,沥青混合料的性能越稳定。沥青混合料抗剪强度主要受以下几方面因素的影响。

(1)矿料性能的影响

矿料的岩石种类、级配组成、颗粒形状和表面粗糙度等特性对沥青混合料的嵌锁力或内摩阻角影响较大。

一般来说,连续密级配的沥青混合料是悬浮密实结构,其结构强度主要依赖于沥青与矿料黏结力和沥青的内聚力,而矿料颗粒间的内摩阻力相对较小。骨架空隙结构的沥青混合料以嵌锁力为主,沥青内聚力为辅形成结构强度。而在以嵌挤原则设计的骨架密实结构中,既有以粗集料为主的嵌锁骨架,又有细集料和沥青胶浆填充空隙形成很强的黏结力,故沥青混合料整体强度高,稳定性好。

与采用粒径较小且不均匀的矿质集料所组成的沥青混合料相比,粒径较大且均匀的矿质集料可以提高沥青混合料的嵌锁力和内摩擦角。通常砂粒式、细粒式、中粒式和粗粒式沥青混合料的内摩擦角依次递增。有棱角且表面粗糙的集料由于颗粒间相互嵌锁紧密,要比滚圆颗粒间的摩擦作用大得多,对沥青混合料内摩擦角构成有着较大的贡献。

(2)沥青的性质及用量

沥青混合料经受剪切作用时,既有矿料颗粒间相互位移和错位阻力,又有颗粒表面裹覆的沥青膜间的黏滞阻力。因而,沥青混合料的抗剪强度不仅和粒料的级配有关,而且和沥青的黏结力及用量有关。沥青的黏结力既把矿料胶结成为一个整体,又有利于发挥矿料的嵌挤作用,构成沥青混合料的抗剪强度。沥青的黏度是影响黏结力的重要因素。

在沥青用量很少时,沥青不足以形成结构沥青的薄膜来黏结矿料颗粒。随着沥青用量的增加,结构沥青逐渐形成,沥青更为完满地包裹在矿料表面,使沥青与矿料间的黏附力随着沥青的用量增加而增加。当沥青用量足以形成薄膜并充分黏附矿粉颗粒表面时,沥青胶浆具有最优的黏结力。随后,如沥青用量继续增加,由于沥青用量过多,逐渐将矿料颗粒推开,在颗粒间形成未与矿粉交互作用的"自由沥青",则沥青胶浆的黏结力随着自由沥青的增加而降低。当沥青用量增加至某一用量后,沥青混合料的黏结力主要取决于自由沥青,所以抗剪强度几乎不变。随着沥青用量的增加,沥青不仅起着黏结剂的作用,而且起着润滑剂的作用,降低了粗集料的相互密排作用,因而降低了沥青混合料的内摩擦角(图8-9)。

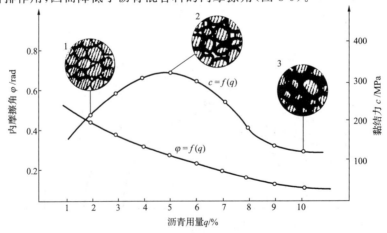

图8-9 不同沥青用量时的沥青混合料结构和值变化

1—沥青用量不足;2—沥青用量适中;3—沥青用量过多

改性沥青可以使矿料界面上的极性吸附和化学吸附的量增大。同时,改性剂微粒通过自身的界面层与沥青吸附膜的扩散层的交叠,增大了结构沥青的交叠面积,减少了自由沥青的比例,所以使用改性沥青可提高界面黏结力。

(3)矿料表面性质的影响

在沥青混合料中,对沥青与矿料交互作用的物理-化学过程,多年来许多研究者做了大量工作,但仍然还是一个有待深入研究的重要课题。JI. A. 列宾捷尔等研究者认为:沥青与矿粉交互作用后,沥青在矿粉表面产生化学组分的重新排列,形成一层厚度为 δ_0 的扩散溶剂化膜[图 8-10(a)],在此膜之内的沥青为"结构沥青",其黏度较高,具有较强的黏结力;在此膜厚度以外的沥青为"自由沥青",黏结力降低。如果矿粉颗粒之间接触处是由结构沥青膜所联结[图 8-10(b)],这样促成沥青具有更高的黏度和更大的扩散溶化膜的接触面积,因而可以获得更大的黏结力($\lg\eta_a$),反之,如颗粒之间接触处是自由沥青所联结[图 8-10(c)],则具有较小的黏结力($\lg\eta_b$),即 $\lg\eta_b < \lg\eta_a$。

沥青与矿料表面的相互作用对沥青混合料的黏结力和内摩擦角有重要的影响,矿料与沥青的成分不同会产生不同的效果,石油沥青与碱性石料(如石灰石)将产生较多的结构沥青,有较好的黏附性,而与酸性石料则产生较少的结构沥青,其黏附性较差。

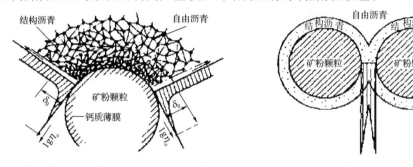

(a) 沥青与矿粉交互作用形成结构沥青   (b) 矿粉颗粒之间为结构沥青联结

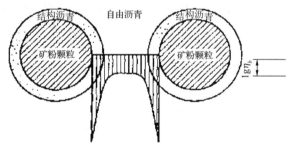

(c) 矿粉颗粒之间为自由沥青联结

图 8-10   沥青与矿粉交互作用的结构

(4)矿料比表面积的影响

结构沥青形成的主要原因是矿料与沥青的交互作用,引起沥青化学组分在矿料表面的重分布,所以在相同沥青用量的条件下,与沥青产生交互作用的矿料表面积越大,则形成的沥青膜越薄,结构沥青所占比例越大,沥青混合料的黏结力也越高。通常在工程应用上,以单位质量集料的总表面积来表示表面积的大小,称为"比表面积"。矿粉越细,比表面积越大,形成的沥青吸附膜越薄。在沥青混合料中矿粉用量虽只占 7% 左右,但其表面积却占矿质混合料的总表面积的 80% 以上,所以矿粉的性质和用量对沥青混合料的抗剪强度影响很大。为增加沥青与矿料物理-化学的表面作用,在沥青混合料配料时,必须含有适量的矿粉。提高矿粉细度可增加矿粉比表面积,所以对矿粉细度也有一定的要求:小于 0.075 mm 粒径的矿粉含量不宜过少,但是小于 0.005 mm 粒径的矿粉含量不宜过多,否则将使沥青混合料结成团块,不易施工。

(5)使用条件的影响

环境温度和荷载条件是影响沥青混合料强度的主要外界因素。随着温度的升高,沥青的黏度降低,沥青混合料的黏结力也随之降低;内摩擦角同时受温度变化的影响,但变化幅度小一些。

在其他条件相同的情况下,沥青混合料的黏结力与荷载作用时间或形变速率之间关系密切。由于沥青的黏度随着形变速率增加而增加,沥青混合料的黏结力也随形变速率的增加而显著提高,而内摩擦角随形变速率的变化影响相对较小。

8.2.4 沥青混合料的路用性能

沥青混合料作为沥青路面的面层材料,在使用过程中将承受车辆荷载反复作用及环境因素的长期影响,沥青混合料应具有足够的高温稳定性、低温抗裂性、水稳定性、抗老化性、抗滑性等技术性能,以保证沥青路面优良的服务性能,经久耐用。沥青混合料的主要技术指标见表8-17。

1. 高温稳定性

高温稳定性是指沥青混合料在高温条件下,能够抵抗车辆荷载的反复作用,不发生显著永久变形,保证路面平整度的性能。沥青混合料是典型的黏-弹-塑性材料,在高温条件下或长时间承受荷载作用时会产生显著的变形,其中不能恢复的部分称为永久变形,这种特性是导致沥青路面产生车辙、波浪及拥包等病害的主要原因。在交通量大,重车比例高和经常变速路段的沥青路面上,车辙是最严重、最有危害的破坏形式之一。

《公路沥青路面施工技术规范》(JTG F40-2004)规定,采用马歇尔稳定度试验(包括稳定度、流值、马歇尔模数)来评价沥青混合料高温稳定性;对高速公路、一级公路、城市快速路、主干路用沥青混合料,还应通过车辙试验检验其抗车辙能力。

(1)马歇尔稳定度试验。马歇尔试验的设备简单、操作方便,是目前我国评价沥青混合料高温性能的主要试验之一。马歇尔试验用于测定沥青混合料试件的破坏荷载和抗变形能力。其方法是将沥青混合料制成规定尺寸的圆柱体试件,试验时将试件横向置于两个半圆形压模中,使试件受到一定的侧限;在规定温度和加荷速度下,对试件施加压力,记录试件所受压力与变形的曲线。主要力学指标为稳定度(MS)、流值(FL)和马歇尔模数(T),稳定度是指试件在规定的加荷速率条件下破坏时所能承受的最大荷载,以 kN 计;流值是达到最大破坏荷载时试件的垂直变形,以 0.1 mm 计;马歇尔模数为稳定度除以流值的商,即

$$T = \frac{MS \times 10}{FL} \tag{8-7}$$

式中　T——马歇尔模数,kN/mm;

　　　MS——马歇尔稳定度,kN;

　　　FL——流值,0.1 mm。

表 8-17　　　　　　　　　密级配沥青混凝土混合料马歇尔试验技术标准

（适用于公称最大粒径≤26.5 mm 的密级配沥青混凝土混合料）

试验指标		单位	高速公路、一级公路				其他等级公路	行人道路
			夏炎热区 (1-1、1-2、1-3、1-4)		夏热区及夏凉区 (2-1、2-2、2-3、2-4、3-2)			
			中轻交通	重载交通	中轻交通	重载交通		
击实次数（双面）		次	75				50	50
试件尺寸		mm	ϕ101.6 mm×63.5 mm					
空隙率 VV	深在 90 mm 以内	％	3～5	4～6	2～4	3～5	3～6	2～4
	深在 90 mm 以下	％	3～6	2～4	3～6	3～6	—	—
稳定度 MS 不小于		kN	8				5	3
流值 FL		mm	2～4	1.5～4	2～4.5	2～4	2～4.5	2～5
矿料间隙率 VMA （％） 不小于	设计空隙率/ ％		相应于以下公称最大粒径/mm 的最小 VMA 及 VFA 技术要求/％					
			26.5	19	16	13.2	9.5	4.75
	2		10	11	11.5	12	13	15
	3		11	12	12.5	13	14	16
	4		12	13	13.5	14	15	17
	5		13	14	14.5	15	16	18
	6		14	15	15.5	16	17	19
沥青饱和度 VFA/％			55～70	65～75			70～85	

注：①对空隙率大于 5％的夏炎热区重载交通路段，施工时至少提高压实度 1 个百分点。

②当设计的空隙率不是整数时，由内插法确定要求的 VMA 最小值。

③对改性沥青混合料，马歇尔试验的流值可适当放宽。

（2）车辙试验。车辙试验是一种模拟车辆轮胎在路面上滚动形成车辙的工程试验方法，试验结果较为直观，与沥青路面车辙深度之间有着较好的相关性。我国现行《公路沥青路面施工技术规范》(JTG F40－2004)中规定，对于高速公路和一级公路的公称粒径等于或小于 19 mm 的密级配沥青混合料，及 SMA、OGFC 混合料，在用马歇尔试验进行配合比设计时必须采用车辙试验对混合料的抗车辙能力进行检验，不满足要求时，必须更换材料或重新进行配合比设计。

目前我国的车辙试验是采用标准方法成型沥青混合料板块状试件，在规定的温度条件下，试验轮以 42±1 次/min 的频率，沿着试件表面同一轨迹上反复行走，测定试件表面在试验轮反复作用下所形成车辙的深度。用产生 1 mm 车辙变形所需试验轮的行走次数，即动稳定度指标来评价沥青混合料的抗车辙能力，动稳定度计算公式为

$$DS=\frac{(t_2-t_1)\times 42}{d_2-d_1}c_1 c_2 \tag{8-8}$$

式中　DS——沥青混合料动稳定度，次/mm；

d_1、d_2——时间 t_1、t_2 时的变形量，mm；

42——每分钟行走次数，次/min；

c_1、c_2——试验机或试样修正系数。

沥青混合料的动稳定度应符合表 8-18 的要求。对于交通流量特别大，超载车辆特别多的

运煤专线、厂矿道路,可以通过提高气候分区等级来提高对动稳定度的要求。对于轻型交通为主的旅游区道路,可以根据情况适当降低要求。

表 8-18 沥青混合料车辙试验动稳定度技术要求

气候条件与技术指标	相应以下列气候分区所要求的动稳定度 DS/(次·mm^{-1})								
7月份平均最高温度/℃ 及气候分区	>30/夏炎热区				20~30/夏热区				<20/夏凉区
	1-1	1-2	1-3	1-4	2-1	2-2	2-3	2-4	3-2
普通沥青混合料,不小于	800		1 000		600		800		600
改性沥青混合料,不小于	2 400		2 800		2 000		2 400		1 800

注:①如果八月份平均最高气温高于七月份时,应使用八月份平均最高气温。

②在特殊情况下,如钢桥面铺装、重载车和超载车多或纵坡较大的长距离上坡路段,设计部门或工程建设单位可以提高动稳定度的要求。

③为满足炎热地区及重载车要求,确定的设计沥青用量小于试验的最佳沥青用量时,可适当增加碾压轮的线荷载进行试验,但必须保证施工时加强碾压以达到提高的压实度要求。

(3)影响高温稳定性的主要因素分析。沥青混合料高温稳定性的形成主要来源于矿质集料颗粒间的嵌锁作用及沥青的高温黏度。沥青的高温黏度越大,与集料的黏附性越好,沥青混合料的抗高温变形能力就越强。可以使用合适的改性剂来提高沥青的高温黏度,降低温度敏感性,提高沥青混合料的黏结力,从而改善沥青混合料的高温稳定性。

但是,在高温条件下,即使采用了高黏度的改性沥青,仅仅依靠沥青还是无法承受车辆荷载对路面强大的水平剪切力作用,有关研究认为,沥青混合料的高温抗车辙能力 60% 依赖于矿质集料颗粒的嵌锁作用,40% 取决于沥青结合料的黏结作用。通常形成粗集料嵌锁骨架结构的 SMA 混合料和 OGFC 混合料的抗车辙能力较强,合理的密级配混合料也有较高的高温稳定性。

就沥青混合料高温稳定性而言,沥青用量的影响可能超过沥青本身特性的影响。随着沥青用量的增加,矿料表面的沥青膜增厚,自由沥青比例增加,高温条件下,这部分沥青在荷载作用下易发生明显的流动变形,导致沥青混合料抗高温变形能力降低。

对于细粒式和中粒式密级配沥青混合料,适当减少沥青用量有利于提高抗车辙能力,当采用马歇尔试验进行沥青混合料配合比设计时,沥青用量应选择最佳沥青用量范围的下限。但对于粗粒式或开级配沥青混合料,不能简单地靠采用减少沥青用量来提高抗车辙能力。

2. 低温抗裂性

低温抗裂性是指在冬季环境较低温度下,沥青混合料抵抗低温收缩,防止开裂的能力。当冬季气温降低时,沥青面层将产生体积收缩,而在基层结构与周围材料的约束作用下,沥青混合料不能自由收缩,将在路面结构层中产生温度应力。由于沥青混合料具有一定的应力松弛能力,当降温速率较慢时,所产生的温度应力会随着时间逐渐松弛减小,不会对沥青路面产生较大的危害。但当气温骤降时,所产生的温度应力来不及松弛,当温度应力超过沥青混合料的容许应力值时,沥青混合料被拉裂,导致沥青路面出现裂缝造成路面的破坏。因此沥青混合料应具备一定的低温抗裂性能,即要求沥青混合料具有较高的低温强度或较大的低温变形能力。影响沥青路面抗开裂能力的因素主要是沥青的性质,可以采用稠度较低、劲度较低的沥青,或选择松弛性能较好的橡胶类改性沥青来提高沥青混合料的低温抗裂性。

为了提高沥青路面低温抗裂性,应对沥青混合料进行低温弯曲试验,在试验温度为 −10 ℃,加荷速率 50 mm/min 的试验条件下,沥青混合料的破坏应变应满足表 8-19 的要求。

表 8-19　　　　　　　　　　沥青混合料低温弯曲试验破坏应变技术要求　　　　　　　　μm

气候条件与技术指标	相应于下列气候分区所要求的破坏应变								
年极端最低气温(℃) 及气候分区	<-37.0 (冬严寒区)		-37.0～-21.5 (冬寒区)			-21.5～-9.0 (冬冷区)		>-9.0 (冬温区)	
	1-1	2-1	1-2	2-2	3-2	1-3	2-3	1-4	2-4
普通沥青混合料,不小于	2 600		2 300			2 000			
改性沥青混合料,不小于	3 000		2 800			2 500			

3. 耐久性

沥青混合料的耐久性是指其在外界各种因素(如阳光、空气、水、车辆荷载等)的长期作用下保持原有的性质而不破坏的性能。主要包括抗老化性、水稳定性、抗疲劳性及抗滑性等。

(1)抗老化性。沥青混合料在使用过程中,受到空气中氧、水、紫外线等介质的作用,促使沥青发生诸多复杂的物理、化学变化,逐渐老化或硬化,致使沥青混合料变脆易裂,从而导致沥青路面出现各种裂纹或裂缝。

沥青混合料老化取决于沥青的老化程度,与外界环境因素和压实空隙率有关。在气候温暖、日照时间较长的地区,沥青的老化速率快,而在气温较低、日照时间较短的地区,沥青的老化速率相对较慢。沥青混合料的空隙率越大,环境介质对沥青的作用就越强烈,其老化程度也越高。因此从耐老化角度考虑,应增加沥青用量,降低沥青混合料的空隙率,以防止水分的渗入并减少阳光对沥青材料的老化作用。

(2)水稳定性。沥青混合料的水稳定性不足,表现为:由于水或水汽的作用,促使沥青从集料颗粒表面剥离,降低沥青混合料的黏结强度,松散的集料颗粒被滚动的车轮带走,在路表形成独立的大小不等的坑槽,即沥青路面的水损害,是沥青路面早期破坏的主要类型之一。其表现形式主要有网裂、唧浆、松散及坑槽。沥青混合料水稳定性差不仅导致路表功能降低,而且直接影响路面的耐久性和使用寿命。目前我国规范中评价沥青混合料水稳定性的方法主要有沥青与集料的黏附性试验、浸水试验和冻融劈裂试验。

(3)抗疲劳性。沥青混合料的抗疲劳性能与沥青混合料中的沥青含量、沥青体积百分率关系密切。空隙率小的沥青混合料,无论是抗疲劳性能、水稳定性、抗老化性能都比较好。沥青用量不足,沥青膜变薄,沥青混合料的延伸能力降低,脆性增加,且沥青混合料的空隙率增大,都容易使沥青混合料在反复荷载作用下造成破坏。

(4)抗滑性。随着现代高速公路的发展及车辆行驶速度的提高,对沥青路面的抗滑性提出了更高要求,而沥青路面的抗滑性能必须通过合理地选择沥青混合料组成材料、正确地设计与施工来保证。

沥青路面的抗滑性与所用矿料的表面构造深度、颗粒形状与尺寸、抗磨光性有着密切的关系。矿料的表面构造深度取决于矿料的矿物组成、化学成分及风化程度;颗粒形状与尺寸既受矿物组成的影响,也与矿料的加工方法有关;抗磨光性则受到上述所有因素加上矿物成分硬度的影响。因此用于沥青路面表层的粗集料应选用表面粗糙、坚硬、耐磨、抗冲击性好、磨光值大的碎石或破碎砾石集料。通常,表面粗糙、坚硬耐磨的集料多为酸性集料,与沥青黏附性不好,应掺加抗剥落剂或采用石灰水处理集料表面等抗剥落措施。

沥青用量偏多会明显降低路面的抗滑性。路面抗滑性可用路面构造深度、路面抗滑值和摩擦系数来评定,构造深度、路面抗滑值和摩擦系数越大,说明路面的抗滑性越好。

(5)施工和易性。沥青混合料应具备良好的施工和易性,能够在拌和、摊铺与碾压过程中,集料颗粒保持分布均匀,表面被沥青膜完整地裹覆,并能被压实到规定的密度,这是保证沥青使用质量的必要条件。影响沥青混合料施工和易性的因素很多,如沥青混合料组成材料的质量、用量比例及施工条件等。目前尚无直接评价沥青混合料施工和易性的方法和指标,一般通过合理选择组成材料、控制施工条件等措施来保证沥青混合料的质量。

8.2.5　沥青混合料配合比设计

沥青混合料的配合比设计就是确定混合料各组成部分的最佳比例,其主要内容是矿质混合料级配设计和最佳沥青用量确定。包括目标配合比(实验室配合比)设计、生产配合比设计和试拌试铺配合比调整三个阶段。

通常按照《沥青路面施工及验收规范》(GB 50092—1996)和《公路沥青路面施工技术规范》(JTG F40—2004)的规定进行热拌沥青混合料的配合比设计,以下简单介绍其配合比设计过程。

1. 实验室配合比(目标配合比)设计

(1)矿质混合料级配设计

矿质混合料级配设计的目的是选配一个具有足够密实度并且具有较大内摩擦力的矿质混合料。

①根据道路等级、路面类型和所处的结构层位确定沥青混合料类型,按表 8-20 选定。

表 8-20　　　　　　　　　　　　　沥青混合料类型

结构层次	高速公路、一级公路、城市快速路、主干路		其他等级公路		一般城市道路及其他道路工程	
	三层式沥青混凝土路面	两层式沥青混凝土路面	沥青混凝土路面	沥青碎石路面	沥青混凝土路面	沥青碎石路面
上面层	AC-13 AC-16	AC-13 AC-16	AC-13 AC-16	AC-13	AC-5 AC-10 AC-13	AM-5 AM-10
中面层	AC-20 AC-25	—	—	—	—	—
下面层	AC-25 AC-30	AC-20 AC-30	AC-20 AC-25 AC-35	AM-25 AM-30	AC-20 AC-25	AC-25 AM-30 AM-40

②确定矿料的最大粒径。

沥青混合料的公称最大粒径(D)与路面结构层最小厚度(h)间的比例将影响路面的使用性能,最大粒径可根据标准选定。研究表明:随 h/D 增大,路面耐疲劳性能提高,但车辙量增大;相反,h/D 减少,车辙量也减少,但路面耐疲劳性能降低,特别是 $h/D < 2$ 时,路面的疲劳耐久性急剧下降。对上面层 $h/D = 3$,中面层及下面层 $h/D = 2.5 \sim 3.0$ 时,路面具有较好的耐久性和可压实性。只有控制了路面结构层厚度与矿料公称最大粒径之比,混合料才能拌和均匀,压实时易于达到要求的密实度和平整度,保证施工质量。

③根据已确定的沥青混合料类型,按照推荐的矿质混合料级配范围表(表 8-21),确定矿质混合料的级配范围。

④矿质混合料配合比计算。

首先,根据现场取样,对粗集料、细集料和矿粉进行筛分试验。按筛分结果分别绘出各组成材料的筛分曲线,同时测出各组成材料的相对密度,供计算物理常数备用。

然后,根据各组成材料的筛分试验资料,采用试算法或图解法,计算符合要求级配范围时的各组成材料用量比例。

⑤调整配合比。

计算的合成级配应根据下列要求做必要的调整。

在通常情况下,合成级配曲线宜尽量接近推荐级配范围中限,尤其应使 0.075 mm、2.360 mm 及 4.750 mm 筛孔的通过量尽量接近级配范围中限。

根据公路等级和施工设备的控制水平、混合料类型确定设计级配范围上限和下限的差值,设计级配范围上下限差值必须小于规范级配范围的差值,在通常情况下对 4.75 mm 和 2.36 mm 通过率的范围差值宜小于 12%。

表8-21　沥青混合料矿料及沥青用量范围

级配类型			通过下列筛孔(方孔筛)/mm 的质量百分率/%													沥青用量/%
			31.5	26.5	19.0	16.0	13.2	9.5	4.75	2.36	1.18	0.6	0.3	0.15	0.075	
密级配沥青混凝土	粗粒	AC-25	100	90~100	75~90	65~83	57~76	45~65	24~52	16~42	12~33	8~24	5~17	4~13	3~7	3.0~5.0
	中粒	AC-20		100	90~100	78~92	62~80	50~72	26~56	16~44	12~33	8~24	5~17	4~13	3~7	3.5~5.5
		AC-16			100	90~100	76~92	60~80	34~62	20~48	13~36	9~26	7~18	5~14	4~8	3.5~5.5
	细粒	AC-13				100	90~100	68~85	38~68	24~50	15~38	10~28	7~20	5~15	4~8	4.5~6.5
		AC-10					100	90~100	45~75	30~58	20~44	13~32	9~23	6~16	4~8	5.0~7.0
	砂粒	AC-5						100	90~100	55~75	35~55	20~40	12~18	7~18	5~10	6.0~8.0
半开级配沥青碎石	中粒	AM-20		100	90~100	60~85	50~75	40~65	15~40	5~22	2~16	1~12	0~10	0~8	0~5	3.0~4.5
		AM-16			100	90~100	60~85	45~68	18~40	6~25	3~18	1~14	0~10	0~8	0~5	3.0~4.5
	细粒	AM-13				100	90~100	50~80	20~45	8~28	4~20	2~16	0~10	0~8	0~6	3.0~4.5
		AM-10					100	90~100	35~65	10~35	5~22	2~16	0~12	0~9	0~6	3.0~4.5
沥青玛蹄脂碎石混合料	中粒	SMA-20		100	90~100	72~92	62~82	40~55	18~30	13~22	12~20	10~16	9~14	8~13	8~12	
		SMA-16			100	90~100	65~85	45~65	20~32	15~24	14~22	12~18	10~15	9~14	8~12	
	细粒	SMA-13				100	90~100	50~75	20~34	15~26	14~24	12~20	10~16	9~15	8~12	
		SMA-10					100	90~100	28~60	20~32	14~26	12~22	10~18	9~16	8~13	

合成的级配曲线应接近连续或合理的间断级配,不得有过多的锯齿形交错。当经过再三调整,仍有两个以上的筛孔超过级配范围时,必须对原材料进行调整或更换原材料重新设计。

(2)确定混合料的最佳沥青用量

目前常用马歇尔法确定沥青用量。该法确定沥青最佳用量时按下列步骤进行:

①制备试样

按确定的矿质混合料配合比确定各矿料的用量。根据以往工程的实践经验,估计适宜的沥青用量(或油石比)。以估计沥青用量为中值,以 0.5%间隔上、下变化沥青用量制备马歇尔试件,试件数不少于 5 组。

②测定物理、力学指标

在规定试验温度和试验时间内用马歇尔仪测试试样的稳定度和流值,同时计算毛体积密度、理论密度、空隙率、饱和度和矿料间隙率。

③分析马歇尔试验结果

A. 以沥青用量(或油石比)为横坐标,毛体积密度、稳定度、空隙率、流值、矿料间隙率、沥青饱和度为纵坐标,将试验结果绘制成沥青用量(或油石比)与物理、力学指标关系图,如图 8-11 所示。

B. 从图 8-11 求取相应于密度最大值、稳定度最大值、目标空隙率(或中值)、沥青饱和度范围中值的沥青用量 a_1、a_2、a_3、a_4,由式(8-9)计算它们的平均值作为最佳沥青用量的初始值 OAC_1,可用下式表示为

$$OAC_1 = \frac{(a_1 + a_2 + a_3 + a_4)}{4} \tag{8-9}$$

如果选择试验的沥青用量范围未能涵盖沥青饱和度的要求范围,可按式表示为

$$OAC_1 = \frac{(a_1 + a_2 + a_3)}{3} \tag{8-10}$$

C. 如果在所选择的沥青用量范围内,密度或稳定度没有出现峰值,可直接以目标空隙率所对应的沥青用量 a_3 作为 OAC_1,但 OAC_1 必须在 $OAC_{min} \sim OAC_{max}$。

D. 求取各项指标均符合沥青混合料技术标准(不含 VMA)的沥青用量 $OAC_{min} \sim OAC_{max}$,其中值为

$$OAC_2 = \frac{(OAC_{min} + OAC_{max})}{2} \tag{8-11}$$

在通常情况下,取 OAC_1 和 OAC_2 的平均值作为最佳沥青用量 OAC。

按最佳沥青用量初始值在图 8-11 中求取相应的各项指标值,检查其是否符合规定的马歇尔设计配合比技术要求,同时检验 VMA 是否符合要求。如果符合要求,由 OAC_1 和 OAC_2 以及实践经验综合确定沥青最佳用量 OAC。如果不符合要求,应调整级配,重新进行配合比设计,直至各项指标均能符合要求为止。

E. 根据气候条件和交通特性调整最佳沥青用量。

对热区道路以及车辆渠化交通的高速公路、一级公路、山区公路的长大坡度路段,预计有可能造成较大车辙的情况时,可以在设计空隙率符合要求的范围内将 OAC 减小 0.1%~0.5%作为设计沥青用量,以适当提高设计空隙率。但施工时应加强碾压,提高压实度标准。

对寒区道路以及一般道路,最佳沥青用量可以在 OAC 基础上增加 0.1%~0.3%,但不宜大于 OAC_2 的 0.3%。以适当减小设计空隙率,但不得降低压实要求。

F. 检验最佳沥青用量时的粉胶比和有效沥青膜厚度。

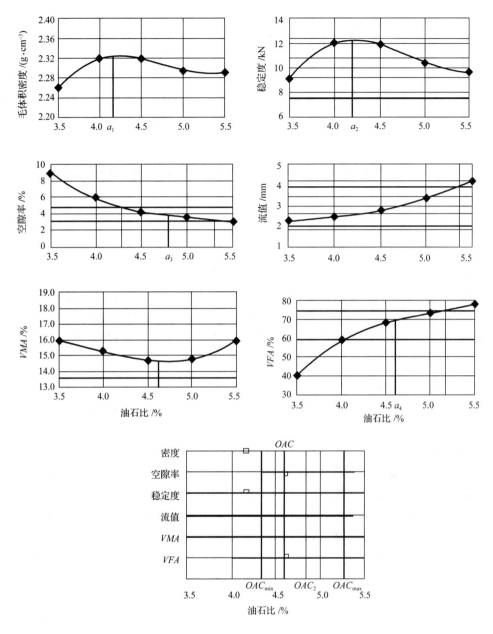

图 8-11　沥青用量与各项指标关系

（3）沥青混合料性能检验

按最佳沥青用量制作马歇尔试件和车辙试验试件,检验其水稳定性和动稳定度是否符合《公路沥青路面施工技术规范》(JTG F40—2004)的相关规定,如果不符合要求,则应重新调整配合比。

2. 生产配合比设计

目标配合比确定后,应利用实际施工的拌和机进行试拌以确定生产配合比。试验前,应确定各热料仓的材料比例,供拌和机控制室使用。同时反复调整冷仓料进料比例以达到供料均衡,油石比可取目标配合比得出的最佳油石比及其±0.3％三挡试验,通过试验得到生产配合比的最佳油石比,供试拌试铺用。

3. 试拌试铺配合比调整

此阶段即生产配合比验证阶段。拌和机按生产配合比结果进行试拌、试铺,并取样进行马歇尔试验,同时从路上钻心取样,若生产配合比符合要求,则可确定标准配合比,否则,还应进行调整。标准配合比的矿料合成级配中,至少应包括 0.075 mm、2.36 mm、4.75 mm 及公称最大粒径的通过率接近优选的公称设计级配范围的中值,并避免在 0.3~0.6 mm 处出现"驼峰"。对确定的标准配合比,宜再次进行车辙试验和水稳定性检验。

8.3 沥青及改性沥青(建筑)防水制品应用

8.3.1 防水卷材

防水卷材是一种可卷曲的片状防水材料,根据其主要防水组成材料,可分为沥青防水卷材、改性沥青防水卷材和合成高分子防水卷材三大类。沥青防水卷材是传统的防水材料(俗称油毡),但因其性能远不及改性沥青,因此将逐渐被改性沥青防水卷材所代替。

各类防水卷材均应具有良好的耐水性、温度稳定性和大气稳定性(抗老化性),并应具备必要的机械强度、延伸性、柔韧性和抗断裂的能力。

一、沥青防水卷材

沥青防水卷材是在基胎(如原纸、纤维织物等)上浸涂沥青后,再在表面撒粉状或片状的隔离材料而制成的可卷曲的片状防水材料,其品种较多,产量较大。

1. 石油沥青纸胎油毡

石油沥青纸胎油毡是用低软化点石油沥青浸渍原纸,然后用高软化点石油沥青涂喷油纸两面,再涂或撒隔离材料所制成的一种纸胎防水卷材。按《石油沥青纸胎油毡》(GB 326—2007)的规定,油毡按卷重和物理性能分为Ⅰ型、Ⅱ型和Ⅲ型。其中,Ⅰ、Ⅱ型油毡适用于辅助防水,保护隔离层、临时性建筑防水,防潮及包装等,Ⅲ型油毡适用于屋面工程的多层防水,油毡幅宽为 1 000 mm,其他规格可由供需双方商定。油毡的物理性能应符合表 8-22 的规定。

表 8-22   **油毡的物理性能**

项目		指标		
		Ⅰ型	Ⅱ型	Ⅲ型
单位面积浸涂材料总量,g/cm³,不小于		60	750	1 000
不透水性	压力,MPa,不小于	0.02	0.02	0.10
	保持时间,min,不小于	20	30	30
吸水率,%,不大于		3.0	2.0	1.0
耐热度		(85±2)℃,2 h 涂盖层无滑动、流淌和集中性气泡		
柔度		(18±2)℃,绕 ϕ20 mm 棒或弯板无裂纹		
拉力(纵向),N50 mm,不小于		240	270	340

注:本标准Ⅲ型产品物理性能要求为强制性的,其余为推荐性的。

2. 石油沥青玻璃布胎油毡

玻璃布胎油毡是采用玻璃布为胎基,浸涂石油沥青并在两面撒隔离材料所制成的一种防水卷材。油毡幅宽为 1 000 mm,每卷油毡面积为 200±0.3 m²。按物理性能分一等品(B)和合格品(C)。

玻璃布胎油毡的柔度大大优于纸胎油毡,且能耐霉菌腐蚀。适用于铺设地下防水层、防腐层,并用于屋面能做防水层及金属管道和热管道除外的防腐保护层。

3.石油沥青玻璃纤维胎油毡

石油沥青玻璃纤维胎油毡(简称玻纤胎油毡)是采用玻璃纤维薄毡为胎基,浸涂石油沥青,在其表面涂撒以矿物材料或覆盖聚乙烯膜等隔离材料所制成的一种防水卷材。油毡幅宽为 1 000 mm,玻纤胎油毡按上表面材料分为膜面、粉面和砂面三个品种;根据油毡每卷标称质量分为 15 号、25 号;按力学性能分为Ⅰ型、Ⅱ型,各等级的质量要求应符合《石油沥青玻璃纤维胎防水卷材》(GB/T 14686－2008)的规定。15 号玻纤胎油毡适用于一般工业与民用建筑的多层防水,并用于包扎管道(热管道除外)做防腐保护层。25 号玻纤胎油毡适用于屋面、地下、水利等工程多层防水。

4.铝箔面油毡

铝箔面油毡是采用玻纤胎油毡为胎基,浸涂氧化沥青,在其表面用压纹铝箔贴面,底面撒以细颗粒矿物材料或覆盖聚乙烯(PE)膜,所制成的一种具有热反射和装饰功能的防水卷材。油毡幅宽为 1 000 mm,按每卷标称质量分 30 号、40 号两种标号,30 号油毡厚度不小于 2.4 mm,40 号油毡厚度不小于 3.2 mm。按物理性能分为优等品(A)、一等品(B)和合格品(C)三个等级,各等级的质量要求应符合《铝箔面石油沥青防水卷材》(JC/T 504－2007)规定。30 号油毡适用于多层防水工程的面层,40 号油毡适用于单层或多层防水工程的面层。

二、改性沥青防水卷材

利用改性沥青做防水卷材已是全世界普遍的趋势,也是我国近期发展的主要防水卷材品种。改性沥青与传统的氧化沥青等相比,其使用温度区间大为扩展,做成的卷材光洁柔软,高温不流淌、低温不脆裂,且可做成 4～5 mm 的厚度,可以单层使用,具有 10～20 年可靠的防水效果,因此受到使用者欢迎。

1.弹性体改性沥青防水卷材(SBS 卷材)

弹性体改性沥青防水卷材是以聚酯毡、玻纤毡和玻纤增强毡为胎基,以苯乙烯-丁二烯-苯乙烯(SBS)热塑性弹性体做石油沥青改性剂,两面覆以隔离材料所制成的防水卷材,简称 SBS 防水卷材。

(1)SBS 防水卷材的类型

SBS 防水卷材按胎基分为聚酯毡(PY)、玻纤毡(G)和玻纤增强聚酯毡(PYG);按上表面隔离材料分为聚乙烯膜(PE)、细砂(S)和矿物粒料(M);按下表面隔离材料分为细砂(S)和聚乙烯膜(PE);按材料性能分为Ⅰ型和Ⅱ型。

(2)SBS 防水卷材的用途

①弹性体改性沥青防水卷材主要适用于工业与民用建筑的屋面和地下防水工程。

②玻纤增强聚酯毡卷材可用于机械固定单层防水,但需通过抗风荷载试验。

③玻纤毡卷材适用于多层防水中的底层防水。

④外露使用时采用上表面隔离材料为不透明的矿物粒料的防水卷材。

⑤地下工程防水采用表面隔离材料为细砂的防水卷材。

(3)SBS 防水卷材的材料性能

SBS 防水卷材材料性能应符合表 8-23 的规定。

表 8-23   **SBS 防水卷材材料性能（GB 18242—2008）**

序号	项目		指标				
			Ⅰ		Ⅱ		
			PY	G	PY	G	PYG
1	可溶物含量，g/m²，不小于	3 mm	2 100				—
		4 mm	2 900				—
		5 mm	3 500				
		试验现象	—	胎基不燃	—	胎基不燃	—
2	耐热性	℃	90		105		
		mm，不大于	2				
		试验现象	无流淌、滴落				
3	低温柔性，℃		−20		−25		
			无裂痕				
4	不透水性 30 min		0.3 MPa	0.2 MPa	0.3 MPa		
5	拉力	最大峰拉力，N/50 mm，不小于	500	350	800	500	900
		次高峰拉力，N/50 mm，不小于	—	—	—	—	—
		试验现象	拉伸过程中，试件中部无沥青涂盖层开裂或与胎基分离现象				
6	延伸率	最大峰时延伸率，%，不小于	30	—	40	—	—
		第二峰时延伸率，%，不小于	—		—		15
7	浸水后质量增加，%，不大于	PE、S	1.0				
		M	2.0				
8	热老化	拉力保持率，%	90				
		延伸率保持率，%	80				
		低温柔度，℃	−15		−20		
			无裂缝				
		尺寸变化率，%，不大于	0.7	—	0.7	—	0.3
		质量损失，%，不大于	1.0				
9	渗油性	张数，不大于	2				
10	接缝剥离强度，N/mm		1.5				

序号	项目		指标				
			I		II		
			PY	G	PY	G	PYG
11	钉杆撕裂强度①,N,不小于		—				300
12	矿物粒料黏附性②,g,不大于		2.0				
13	卷材下面沥青涂盖层厚度③,mm,不小于		1.0				
14	人工气候加速老化	外观	无滑动、流淌、滴落				
		拉力保持率,%,不小于	80				
		低温柔度,℃	−15		−20		
			无裂缝				

注:①仅适用于单层机械固定施工方式卷材。

　　②仅适用于矿物里料表面的卷材。

　　③仅适用于热熔施工的卷材。

2. 塑性体改性沥青防水卷材(APP 卷材)

塑性体改性沥青防水卷材是以聚酯毡、玻纤毡和玻纤增强聚酯毡为胎基,以无规聚丙烯(APP)或聚丙烯类聚合物(APAO、APO)做石油沥青改性剂,两面覆以隔离材料所制成的防水卷材,统称 APP 防水卷材。

APP 防水卷材的品种、规格、用途与 SBS 防水卷材相同,其物理性能应符合表 8-24 的规定。

APP 防水卷材还适用于道路、桥梁等建筑物的防水,尤其适用于较高气温环境的建筑防水。

表 8-24　　　　　　　APP 防水卷材物理力学性能(GB 18243−2008)

序号	胎基			PY		G	
	型号			I	II	I	II
1	可溶物含量,g/m²,不小于		2 mm	—		1 300	
			3 mm	2 100			
			4 mm	2 900			
2	不透水性	压力,MPa		0.3		0.2	0.3
		保持时间,min,不小于		30			
3	耐热度,℃			110	130	110	130
				无滑动、无流淌、无滴落			
4	拉力,N/50 mm,不小于		纵向	450	800	350	500
			横向			250	300
5	最大拉力时延伸率,%,不小于		纵向	25	40	—	
			横向				

序号	胎基		PY		G	
	型号		I	II	I	II
6	低温柔度,℃		−5	−15	−5	−15
7	撕裂强度,N,不小于	纵向	250	350	250	350
		横向			170	200
8	人工气候加速老化	外观	1级			
			无滑动、无流淌、无滴落			
		拉力保持率,% 纵向	80			
		低温柔度,℃	3	−10	3	−10
			无裂纹			

3.改性沥青聚乙烯胎防水卷材

改性沥青聚乙烯胎防水卷材是以改性沥青为基料,以高密度聚乙烯膜为胎体,以聚乙烯膜或铝箔为上表面覆盖材料,经滚压、水冷、成型制成的防水材料。目前按基料分类,主要有改性氧化沥青防水卷材、丁苯橡胶改性氧化沥青防水卷材、高聚物改性沥青防水卷材三类。按表面覆盖材料分为聚乙烯膜、铝箔两个品种。

改性沥青聚乙烯胎防水卷材适用于工业与民用建筑的防水工程。上表面覆盖聚乙烯膜的卷材适用于非外露防水工程;上表面覆盖铝箔的卷材适用于外露防水工程。

改性沥青聚乙烯胎防水卷材的物理力学性能应符合《改性沥青聚乙烯胎防水卷材》(GB 18967—2009)的规定。

三、合成高分子防水卷材

合成高分子防水卷材是以合成橡胶、合成树脂或两者的共混体为基料,加入适量的化学助剂和填充料等,经不同工序(混炼、压延或挤出等)加工而成的可卷曲的片状防水卷材。

目前品种有橡胶系列(聚氨酯、三元乙丙橡胶、丁基橡胶等)防水卷材、塑料系列(聚乙烯、聚氯乙烯等)防水卷材和橡胶-塑料共混系列防水卷材三大类,其中又可分为加筋增强型与非加筋增强型两种。

合成高分子防水卷材具有拉伸强度和抗撕裂强度高、断裂伸长率大、耐热性和低温柔性好、耐腐蚀、耐老化等一系列优异的性能,是新型高档防水卷材。常见的有三元乙丙橡胶防水卷材、聚氯乙烯防水卷材、氯化聚乙烯-橡胶共混防水卷材等。此类卷材按厚度可分为1 mm、1.2 mm、1.5 mm、2.0 mm等规格。

1.三元乙丙橡胶防水卷材

该卷材是以乙烯、丙烯和少量双环戊二烯三种单体共聚合成的三元乙丙橡胶为主要原料,掺入适量的丁基橡胶、硫化剂、促进剂、软化剂、补强剂和填充剂等,经密炼、拉片、过滤、挤出(或压延)成型、硫化等工序加工制成的,是一种高弹性的新型防水材料。

由于三元乙丙橡胶分子结构中的主链上没有双键,当它受到臭氧、光、湿和热等作用时,主键不易断裂,因此三元乙丙橡胶的耐老化性好、化学稳定性佳,耐臭氧性、耐热性和低温柔性甚至超过氯丁橡胶与丁基橡胶,具有质量轻(1.2~2.0 kg/m²)、抗拉强度高(>7.5 MPa)、延伸率大(在 450% 以上)、耐酸碱腐蚀等特点,对基层材料的伸缩或开裂变形适应性强,使用寿命在 20 年以上,可广泛用于防水要求高、耐用年限长的防水工程中。

2. 聚氯乙烯(PVC)防水卷材

该卷材是以聚氯乙烯树脂为主要原料,掺加填充料和适当的改性剂、增塑剂等,经混炼、压延(或挤出)成型、分卷包装而成的防水卷材。

PVC 防水卷材按产品的组成成分可分为均质卷材(代号 H)、带纤维背衬卷材(代号 L)、织物内增强卷材(代号 P)、玻璃纤维内增强卷材(代号 G)、玻璃纤维内增强带纤维背衬卷材(代号 GL)。长度规格为 15 m、20 m 和 25 m,宽度规格为 1.00 m 和 2.00 m;厚度规格为 1.20 mm、1.50 mm、1.80 mm 和 2.00 mm。

PVC 防水卷材的物理力学性能应符合《聚氯乙烯(PVC)防水卷材》(GB 12952－2011)的规定。

3. 氯化聚乙烯-橡胶共混防水卷材

该卷材是以氯化聚乙烯树脂和合成橡胶为主体,加入适量的硫化剂、促进剂、稳定剂、软化剂和填充剂等,经过密炼、混炼、过滤、压延(或挤出)成型、硫化等工序加工制成的高弹性防水卷材。它不仅具有氯化聚乙烯所特有的高强度和优异的耐臭氧、耐老化性能,而且还具有橡胶类材料所特有的高弹性、高延伸性和良好的低温柔性,拉伸强度在 7.5 MPa 以上,断裂伸长率在 450% 以上,脆性温度在 −40 ℃ 以下,热老化保持率在 80% 以上。因此,该类卷材特别适用于寒冷地区或变形较大的建筑防水工程。

合成高分子防水卷材除以上三种典型品种外,还有许多其他产品。根据国家标准《屋面工程质量验收规范》(GB 50207－2012)的规定,合成高分子防水卷材适用于防水等级为Ⅰ级、Ⅱ级、Ⅲ级的屋面防水工程。常见的合成高分子防水卷材的特点和适用范围见表 8-25,其物理性能见表 8-26。

表 8-25　　　　　　　　　　　**常见的合成高分子防水卷材的特点和适用范围**

卷材名称	特点	适用范围	施工工艺
三元乙丙橡胶防水卷材	防水性能优异、耐候性、耐臭氧性、耐化学腐蚀性好,弹性和抗拉强度大,对基层变形开裂的适应性强,质量轻、使用温度范围宽、使用寿命长,但价格高,黏结材料尚需配套完善	防水要求较高、防水层耐用年限要求长的工业与民用建筑,单层或复合使用	冷黏法或自黏法
丁基橡胶防水卷材	有较好的耐候性、耐油性、抗拉强度和延伸率,耐低温性能稍低于三元乙丙橡胶防水卷材	单层或复合使用,适用于要求较高的防水工程	冷黏法
氯化聚乙烯防水卷材	具有良好的耐候性、耐臭氧性、耐热老化性、耐化学腐蚀性及抗撕裂性	单层或复合使用,适用于紫外线强的炎热地区	冷黏法
氯磺化聚乙烯防水卷材	延伸较大、弹性较好,对基层变形开裂的适应性较强、耐高温,低温性能好、耐腐蚀性优良、难燃性好	适用于有腐蚀介质影响及在寒冷地区的防水工程	冷黏法
聚氯乙烯防水卷材	具有较高的拉伸性和抗撕裂强度、耐老化性能好、原材料丰富、价格便宜、容易黏结	单层或复合使用,适用于外露或有保护层的防水工程	冷黏法或热焊接法
氯化聚乙烯-橡胶共混防水卷材	不但具有氯化聚乙烯特有的高强度和优异的耐臭氧、耐老化性能,而且具有橡胶所特有的高弹性、高延伸性以及良好的低温柔性	单层或复合使用,尤适用于寒冷地区或变形较大的防水工程	冷黏法
三元乙丙橡胶-聚乙烯共混防水卷材	热塑性弹性材料,有良好的耐候和耐老化性能、使用寿命长、低温柔性好,可在负温度下施工	单层或复合使用,常用于外露防水层面,宜在寒冷地区使用	冷黏法

表 8-26 合成高分子防水卷材的物理性能

项目		性能要求		
		I	II	III
拉升强度,MPa,大于		7	8	9
断裂伸长率,%,大于		450	100	10
低温弯折性		−40 ℃	−20 ℃	−20 ℃
		无裂纹		
不透水性	压力,MPa,不小于	0.3	0.2	0.3
	保持时间,min,不小于	30		
热老化保持率 (80±2 ℃,168 h)	拉伸强度,%,不小于	80		
	断裂伸长率,%,不小于	70		

注:I 类指弹性体卷材;II 类指塑性体卷材;III 类指加合成纤维的卷材。

8.3.2 防水涂料

防水涂料(胶枯剂)是以高分子合成材料、沥青等为主体,在常温下呈无定型流态或半流态,经涂布能在结构物表面结成坚韧防水膜物料的总称。而且,涂布的防水涂料同时又起到黏结剂的作用。

防水涂料按液态类型可分为溶剂型、水乳型和反应型三种,按成膜物质的主要成分可分为沥青类、高聚物改性沥青和合成高分子类。

一、沥青类防水涂料

沥青类防水卷材使用时常用沥青胶粘剂,为了提高与基层的黏结力常在基层表面涂刷一层冷底子油。

1. 冷底子油

冷底子油是用建筑石油沥青加入汽油、煤油、轻柴油,或者用软化点为 50~70 ℃ 的煤沥青加入苯,配制成的沥青溶液。它的黏度小,能渗入混凝土、砂浆、木材等材料的毛细孔隙中,待溶剂挥发后,便于基面具有一定的憎水性,为黏结同类防水材料创造了有利条件。在这种冷底子油上铺热沥青胶粘贴卷材可使防水层与基层粘贴牢固。因它多在常温下用于防水工程的基层,故名冷底子油。该油应涂刷在干燥的基面上,通常要求水泥、砂浆找平层的含水率不大于10%。冷底子油常随配随用,通常使用 30%~40% 的石油沥青或 60%~70% 的溶剂(汽油或煤油)配制而成,首先将沥青加热至 108~200 ℃,并加 10% 的煤油作为溶剂,待温度降至约70 ℃ 时,再加入余下的溶剂搅拌均匀为止,储存时应使用密闭容器,以防溶剂挥发。

2. 沥青胶

沥青胶又称玛蹄脂,是用沥青材料加填料均匀混合而制成的。

填料有粉状的(如滑石粉、石灰石粉、白云石粉等)、纤维状的(如木纤维等),或者两者的混合物。填料的作用是提高沥青的耐热性,增加韧性,降低低温下的脆性,也减少沥青的消耗量,加入量通常为总质量的 10%~30%,由试验决定。

沥青胶标号用耐热度表示,分为 S−60、S−65、S−70、S−75、S−80、S−85 六个标号。对石油沥青胶的质量要求有耐热度、柔韧性、黏结力等,见表 8-27。

表 8-27　　　　　　　　　　　　　　　石油沥青胶的质量要求

标号	指标名称					
	S—60	S—65	S—70	S—75	S—80	S—85
耐热度	用 2 mm 厚的沥青玛蹄脂黏合两张沥青油纸,不低于下列温度(℃),1∶1 坡度上停放 5 h 的沥青玛蹄脂不应流淌,油纸不应滑动					
	60	65	70	75	80	85
柔韧性	涂在沥青油纸上的 2 mm 厚的沥青玛蹄脂层,在 18±2 ℃时,围绕下列直径(mm)的圆棒,用 2 s 的时间以均匀速度弯成半周,沥青玛蹄脂不应有裂痕					
	10	15	15	20	25	30
黏结力	用手将两张用沥青胶黏结在一起的油纸慢慢地撕开,油纸和沥青玛蹄脂黏结面任意一面的撕裂面积应不大于黏结面积的 1/2					

　　沥青胶的配制和使用方法分为热用和冷用两种。热用沥青胶即热沥青玛蹄脂,是将 70%～90% 的沥青加热至 180 ℃～200 ℃,使其脱水后,与 10%～30% 的干燥填料(纤维状填料不超过 5%)热拌混合均匀后,热用施工。冷沥青玛蹄脂是将 40%～50% 的沥青熔化脱水后,缓慢加入 25%～30% 的溶剂(如汽油、柴油、蒽油等),再掺入 10%～30% 的填料,混合拌匀而制成的,在常温下使用。冷用沥青胶比热用沥青胶施工方便,涂层薄,节省沥青,但耗费溶剂。

　　沥青胶的性质主要取决于沥青的性质,其耐热度与沥青的软化点、用量有关,还与填料种类、用量及催化剂有关。在屋面防水工程中,沥青胶标号的选择,应根据屋面的使用条件、屋面坡度及当地历年最高气温,按《屋面工程质量验收规范》(GB 50207—2012)有关规定选用。若采用一种沥青不能满足配制沥青所要求的软化点时,可采用两种或三种沥青进行掺配。

3. 水乳型沥青防水涂料

　　水乳型沥青防水涂料即水性沥青防水涂料,是以乳化沥青为基料的防水涂料。它借助于乳化剂作用,在机械强力搅拌下,将熔化的沥青微粒(<10 μm)均匀地分散于溶剂中,形成稳定的悬浮体。沥青基本未改性或改性作用不大。

　　制作乳化沥青的乳化剂是表面活性剂,种类很多,可分为离子型(阳离子型、阴离子型及两性离子型)和非离子型两类。目前使用较多的为阳离子型和非离子型,前者有肥皂、洗衣粉、松香皂、十二烷基硫酸钠等;后者有石灰乳、辛基酚聚氧乙烯醚、脂肪醇聚氧乙烯醚等。

　　水乳型沥青基料分两大类:厚质防水涂料和薄质防水涂料,两者可以统称为水性沥青基防水涂料。厚质防水涂料常温时为膏体或黏液体,不具有自流平性能,一次施工可以在 3 mm 以上。薄质防水涂料常温时为液体,具有自流平性能,一次施工不能达到很大厚度(其厚度在 1 mm 以下),需要施工多次才能满足涂膜防水的厚度要求。

　　建筑上使用的乳化沥青是一种棕黑色的水包油型乳状液体,主要为防水用,温度在 0 ℃ 以上可以流动。乳化沥青与其他类型的涂料相比,其主要特点是可以在潮湿的基层上使用,而且还有相当大的黏结力。乳化沥青的主要优点是可以冷施工,不需要加热,避免了采用沥青施工可能造成的烫伤、中毒事故等,有利于消防和安全,可以减轻施工人员的劳动强度,提高工作效率,加快施工进度。而且,这类材料价格便宜,施工机具容易清洗,因此在沥青涂料中占有 60% 以上的市场。乳化沥青的另一个优点是与一般的橡胶乳液、树脂乳液相比具有良好的相溶性,能显著改善乳化沥青的耐高温性能和低温柔性。乳化沥青材料的稳定性总是不如溶剂型涂料和热熔型涂料。乳化沥青的储存时间一般不超过半年,储存时间过长容易分层变质,变质以后的乳化沥青不能使用,一般不能在 0 ℃ 以下储存、运输以及施工和使用。乳化沥青中添加抗冻剂后虽然可以在低温下储存和运输,但这样会使乳化沥青成本提高。

二、高聚物改性沥青防水涂料

高聚物改性沥青防水涂料是指以沥青为基料,用合成高分子聚合物进行改性,制成的水乳型或溶剂型防水涂料。这类涂料在柔韧性、抗裂性、拉伸强度、耐高低温性能、使用寿命等方面比沥青基涂料有很大改善。其品种有氯丁橡胶沥青防水涂料、水乳型再生橡胶改性沥青防水涂料、聚氨酯防水涂料等,适用于Ⅱ、Ⅲ、Ⅳ级防水等级的屋面、地面、混凝土地下室和卫生间等。

1. 氯丁橡胶沥青防水涂料

氯丁橡胶沥青防水涂料可分为溶剂型和水乳型两种。溶剂型氯丁橡胶沥青防水涂料(又名氯丁橡胶-沥青防水涂料)是氯丁橡胶和石油沥青熔化于甲基苯(或二甲苯)而形成的一种混合胶体溶液,主要成膜物质是氯丁橡胶和石油沥青。其技术性能见表 8-28。

表 8-28　　　　　　溶剂型氯丁橡胶沥青防水涂料技术性能

项次	项目	性能指标
1	外观	黑色黏稠液体
2	耐热性(85 ℃,5 h)	无变化
3	黏结力,MPa	>0.25
4	低温柔韧性(−40 ℃,1 h,绕 ϕ5 mm 圆棒弯曲)	无裂纹
5	不透水性(动水压 0.2 MPa,3 h)	不透水
6	抗裂性(基层裂缝≤0.8 mm)	涂膜不裂

水乳型氯丁橡胶沥青防水涂料(又名氯丁乳胶沥青防水涂料)是阳离子型氯丁乳胶与阳离子型沥青乳液相混合而制成的,成膜物质也是氯丁橡胶和石油沥青,但与溶剂型涂料不同的是以水代替了甲苯等有机溶剂,使其成本降低并无毒。其技术性能见表 8-29。

表 8-29　　　　　　水乳型氯丁橡胶沥青防水涂料技术性能

项次	项目	性能指标
1	外观	深棕色乳状液
2	黏度,Pa·s	0.10~0.25
3	含固量,%	≥43
4	耐热性(80 ℃,5 h)	无变化
5	黏结力,MPa	≥0.2
6	低温柔韧性(−10 ℃,2 h)	ϕ2 mm,不断裂
7	不透水性(动水压 0.1~0.2 MPa,0.5 h)	不透水
8	耐碱性[在饱和 $Ca(OH)_2$ 溶液中浸 15 d]	表面无变化
9	抗裂性(基层裂缝宽度≤2 mm)	涂膜不裂
10	涂膜干燥时间,h	表干≤4,实干≤24

2. 水乳型再生橡胶防水涂料

该涂料(简称 JG-2 防水冷胶料)是水乳型双组分(A 液、B 液)防水冷胶结料。A 液为乳化橡胶,B 液为阴离子型乳化沥青,两液分别包装,现场配置使用。涂料呈黑色,为无光泽黏稠液体,略有橡胶味,无毒。经涂刷或喷涂后形成防水薄膜,涂膜具有橡胶弹性,温度稳定性好,耐老化性能及其他各项技术性能均比纯沥青和玛蹄脂佳。可以冷操作,加碱玻璃丝布或无纺布做防水层,抗裂性好。适用于屋面、墙体、地面、地下室、冷库的防水防潮,也可用于嵌缝及防腐工程等。

3. 聚氨酯防水涂料

聚氨酯防水涂料(又称聚氨酯涂膜防水材料)属双组分反应型涂料。甲组分是含有异氰酸氨的预聚体,乙组分是含有多羟基的固化剂与增塑剂、稀释剂等。甲、乙两组分混合后经过化学反应形成均匀而富有弹性的防水涂膜。

聚氨酯涂膜防水材料有透明、彩色、黑色的品种并兼有耐磨装饰及阻燃等性能。由于它的防水隐身及温度使用性能优异,施工简便,在古代中高级公用建筑、卫生间水池等防水工程,以及地下室和油保护层到屋面防水工程中得到广泛应用。

按《聚氨酯防水涂料》(GB/T 19250－2013)的规定,其主要技术性能应满足表 8-30 的要求。

表 8-30 聚氨酯防水涂料的主要技术性能

指标要求、等级		项目名称	
		一等品	合格品
拉伸强度,MPa		＞2.45	＞1.65
断裂伸长率,%		＞450	＞300
拉伸时的老化	加热老化	无裂缝及变形	
	紫外老化	无裂缝及变形	
低温柔性		−35 ℃无裂纹	−30 ℃无裂纹
不透水性		0.3 MPa,30 min 不渗漏	
固体含量,%		≥94	
适用时间,min		≥20	
干燥时间,h		表干≤4,实干≤12	

三、用于屋面防水工程的材料选择

根据建筑物的性质、重要程度、使用功能要求、建筑结构特点和防水耐用年限等,将屋面防水分为四个等级,并按《屋面工程质量验收规范》(GB 50207－2012)的规定选用防水材料,见表 8-31。

表 8-31 屋面防水等级和材料选择

项目	屋面防水等级			
	I	II	III	IV
建筑物类别	特别重要的民用建筑和对防水有特殊要求的工业建筑	重要的民用建筑,如博物馆、图书馆、医院、宾馆、影剧院;重要的工业建筑、仓库等	一般民用建筑,如住宅、学校、办公室、旅馆;一般工业建筑、仓库等	非永久性的建筑,如简易宿舍、简易车间等
防水耐用年限	20 年以上	15 年以上	10 年以上	5 年以上
选用材料	应选用合成高分子防水卷材、高聚物改性沥青防水卷材、合成高分子防水涂料、细石防水混凝土、金属板等材料	应选用高聚物改性沥青防水卷材、合成高分子防水卷材、合成高分子防水涂料、高聚物改性沥青防水涂料、细石防水混凝土、金属板等材料	应选用三毡四油沥青基防水卷材、高聚物改性沥青防水卷材、合成高分子防水卷材、高聚物改性沥青防水涂料、合成高分子防水涂料、刚性防水层、平瓦、油毡瓦等材料	可选用二毡三油沥青基防水卷材、高聚物改性沥青防水涂料、沥青基防水涂料、波形瓦等材料
设防要求	三道或三道以上防水设防,其中必须有一道合成高分子防水卷材,且只能有一道 2 mm 以上厚的合成高分子涂膜	两道防水设防,其中必须有一道卷材,也可采用压型钢板进行一道设防	一道防水设防或两种防水材料复合使用	一道防水设防

习题及案例分析

一、习题

1.简述沥青胶体结构的特点。

2.何谓石油沥青的老化？如何进行评价？

3.沥青混合料按组成结构可分为哪三类？各种类型的沥青混合料各有什么特点？

4.影响沥青混合料强度的因素有哪些？

5.沥青混合料应具备的主要技术性质是什么？如何评价？

6.简述沥青混合料的高温稳定性？我国常用的两种高温稳定性评价方法及其相应的指标分别是什么？

二、案例分析

案例1：

目前,沥青混凝土路面最常见的早期病害现象有裂缝、水破坏、松散、泛油、推移、坑槽等,这些病害基本上也是公路工程质量的通病,给新建公路的连续使用带来了极大的困难,对公路维护技术方法的更新提出了更严格的要求。

例如110国道昌平至延庆路段,已普遍出现了明显裂缝,麻面近全长的50%,坑槽最深已达15 cm,且基层外露,车辙深度达13 cm,严重破坏了道路的整体耐久性。

原因分析：

此路段的冬季气温低,引起收缩裂缝变形;路面老化;石灰土结构层质量不佳,半幅施工搭接不良;排水设施不够完善,导致路面渗水严重,影响沥青材料的防护及工程性能;随着经济的发展,道路运输压力越来越大,从而导致了道路所承受荷载的逐渐增大甚至超过设计值。

第9章 木 材

学习目标

1.知识目标：熟悉木材构造与主要性质，了解木材的干燥、防腐与防火方法及工程应用。熟悉木材的选择设计、木材的纤维饱和点、平衡含水率与其物理力学性能影响因素分析并提供相应的解决方案等。

2.能力目标：具备分析和解决木材问题能力。提供解决复杂工程的木材技术评价和解决方案。

3.素质目标：立德树人，培养学生严谨勤奋的工作态度，精益求精的工作作风，求真务实的社会责任。

发展趋势

作为一种天然材料，木材在自然界中蓄积量大、分布广、取材方便、性能优良，因而很早就被广泛用于建造各种土木工程结构，如房屋、桥梁、塔坛等。在我国木材同样具有悠远的使用传统，建造的各式木结构古建筑在木材营造技术与木材装饰艺术上都拥有很高的水平和独特的风格。如保存千年之久的山西应县木结构塔式建筑（图9-1）等都集中体现了我国古代木结构建筑的高超水平。事实上，木材所具有的自然、朴素的特性令人产生亲切感，被认为是最富于人性特征及造型优良的材料，在新材料层出不穷的今天，其在工程设计应用中仍拥有无可取代的地位。

图 9-1　高 67 余米的楼阁式木塔结构

9.1 木材的分类、构造与化学组成

9.1.1 木材的分类

1. 按树木种类分两大类：针叶木、阔叶木

常见的针叶木有杉木、松木等，其多为常绿树，树叶细长，呈针状。树干通直高大、纹理顺直，木质均匀且较软，表观密度和胀缩变形较小、易于加工且耐腐蚀性强。常见的阔叶木有榉木、水曲柳、橡木、樟木、桦木、椴木、杨木、榆木、柞木等，其多为落叶树、树叶宽大，树干通直部分较短、纹理自然美观，木质硬且重、胀缩变形较大，难加工。

2. 按加工程度和用途分三类：原条、原木、板方材

砍伐后未经任何加工的木材称为原条；经过修枝、剥皮、按一定尺寸截长的木材称为原木；由原木纵向锯成的板材和方材统称为板方材。其中，宽度为厚度三倍以上的矩形木材称为"板材"；宽度不足厚度三倍的矩形木材称为"方材"。

9.1.2 木材的构造

木材的构造决定木材的性质，由于生长的环境不同，针叶木和阔叶木具有不同的构造，相应性质也有一定差异。木材的构造一般从宏观与微观两个层面去认识。

1. 木材的宏观构造

木材的宏观构造是指能用肉眼或借助放大镜观察到的组织特征。由于木材呈各向异性，在不同方向上构造都不一致，因此常从树干的横切面（垂直于树轴的面）、径切面（通过树轴的面）和弦切面（平行于树轴的面）三个切面来综合剖析，具体如图 9-2 所示。

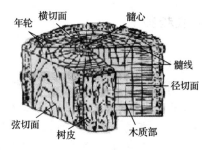

图 9-2 木材的宏观构造

从横切面不难看出：树木由树皮、木质部和髓心三部分组成，树皮覆盖在木质部的外表面，起保护树木的作用，一般无使用价值。髓心在树干中心，是木材最早生产的木质部分，质地松软，易磨蚀和虫害，对材质要求高的木材不得带有髓心。工程中使用的木材主要是树木的木质部。木质部中心颜色较深的部分称为心材，靠近树皮颜色较浅的部分叫边材；心材材质较硬、密度较大、渗透性较低、不翘曲变形，耐久性与抗腐蚀性较强。边材含水量大，容易翘曲变形，抗腐蚀性也不如心材，所以，一般而言，心材的利用价值比边材大一些。

从横切面上还可看到：木材的年轮是深浅相间的同心圆环。在同一年轮内，春天生长的木质颜色较浅、材质松软，称为春材（早材），而夏、秋两季生长的木质颜色较深，材质坚硬，称为夏材（晚材）。夏材部分越多，年轮越密且均匀，木材质量越好，强度越高。以髓心为中心，从髓心向外的射线称为髓线，它与周围联结差，干燥时易裂开。

从径切面看，木材中的木质纤维排列与纵轴方向基本是一致的，如出现不一致的倾斜纹理，则会大大降低木材的强度。

从弦切面看，包含在树干中，从树干旁边生长出的枝条部分称为节子。节子与周围木质部紧密连生,构造正常称为活节;由枯死枝条形成的节子称为死节。死节构造致密,色泽与主干差异较大,容易破坏木材构造的均匀性与完整性,对木材的性能影响较大。

2. 木材的微观构造

在显微镜下观察到的木材组织称为微观构造。针叶木与阔叶木在微观构造上既具有许多共同特征,又存在着很大差异。

两种木材的共同特征是:木材均是由无数管状细胞组成的,除少数细胞横向排列外(形成髓线),绝大部分细胞是纵向排列的;每个细胞都由细胞壁和细胞腔组成,细胞壁由纤维素、半纤维素、木质素等若干层细纤维组成;纤维之间纵向连接比横向连接牢固,所以木材呈各向异性;同时细胞中细胞腔和细胞间隙之间存在着大量的孔隙,决定了木材具有吸湿性较大的特点。

两种木材的差异表现在:木材细胞因功能不同分为管胞、导管、木纤维、髓线等多种,不同树木其细胞组成不同。其中针叶木组成简单而规则,主要由管胞和髓线组成,其髓线较细小;但阔叶木组成复杂,主要由导管、木纤维及髓线等组成,其导管是壁薄而腔大的细胞,其髓线也很发达,粗大且明显,所以造成了二者树木构造及性能上的差异。同时也表明:有无导管和髓线粗细是鉴别针叶木和阔叶木的重要特征。

9.1.3 木材的化学组成

虽然木材的性能因树种、产地、气候和树龄的不同而迥异,但木材的化学组成除了少量的油脂、树脂、蛋白质、无机物等,均是一些含有羟基(—OH 基)的天然高分子化合物,如纤维素、半纤维素、木质素等,其中纤维素占到近一半。

9.2 木材的主要技术性质

9.2.1 木材的密度

不同树种木材的密度相差不大,一般在 $1.48\sim1.56$ g/cm^3 范围内变动。木材的表观密度则随木材含水率、孔隙率以及其他因素的变化而不同。一般有气干表观密度、饱水表观密度及绝干表观密度三大类,分别是指一定的大气状态下木材达到平衡含水率时、细胞腔或细胞间隙中充满自由水时、人工干燥使其含水率为零时木材质量与相应体积之比。一般来说,木材的表观密度越大,其湿胀干缩率也越大,硬度越大,强度也越高。

9.2.2 木材的吸湿性与含水率

由于纤维素、半纤维素、木质素分子均含有大量羟基,因而木材很容易从周围环境中吸收水分,其含水率随所处环境的湿度变化而不同。木材中所含的水根据其存在形态主要分为三类:

(1)自由水——存在于细胞腔和细胞间隙中的水。木材干燥时,自由水最先蒸发,因而自由水的含量直接影响木材的表观密度、含水率、燃烧性与抗腐蚀性。

（2）吸附水——存在于细胞壁中，吸附在细胞壁内细纤维之间的水分。木材受潮时，细胞壁首先吸水，因而吸附水的变化将显著影响木材强度和胀缩变形。

（3）化合水——木材化学组成中的结合水。它在常温下不变化，因而对木材常温下的性能无影响。

水分进入木材后，首先吸附在细胞壁内的细纤维间，成为吸附水，吸附水饱和后，其余的水开始进入细胞腔或细胞间隙中，成为自由水。而木材干燥时，首先失去自由水，之后才开始失去吸附水。木材内部的含水量直接影响木材的表观密度、强度、耐久性、加工性、导热性、导电性等性能，尤其是纤维饱和点是木材物理力学性质发生变化的转折点。纤维饱和点是指当木材细胞腔和细胞间隙中无自由水，而细胞壁内吸附水达到饱和时的木材含水率。纤维饱和点随树种而异，一般在 $25\% \sim 35\%$。

木材的吸湿性是双向的，即干燥木材能从周围空气中吸收水分，潮湿的木材也能在较干燥的空气中失去水分，其含水率随环境的温度和湿度的变化而变化。当木材长时间处于一定温度和湿度的环境中时，木材中的含水率最终与周围环境湿度相平衡，此时的含水率称为木材的平衡含水率。平衡含水率一般随空气湿度的变大和温度的升高而增大，反之减小，是木材进行干燥的重要指标。如当周围空气的相对湿度为 100% 时，木材的平衡含水率就等于其纤维饱和点。

9.2.3 木材的湿胀干缩

材料的湿胀干缩是指在含水率增加时体积膨胀，含水率减小时体积收缩的现象。木材的湿胀干缩有一定的规律：当含水率在纤维饱和点以下变化时，随含水率增大，木材体积膨胀，随含水率减小，木材体积收缩；而当木材含水率在纤维饱和点以上变化时，由于只是自由水的增减，不影响木材的变形。图 9-3 显示出木材含水率与其胀缩变形的关系，从图中也不难看出，木材纤维饱和点是木材发生湿胀干缩变形的转折点。

需要指出的是，木材的湿胀干缩随树种不同而异，一般而言，表观密度大、夏材含量多的木材，其胀缩变形就较大。同时，由于构造不均匀，木材在各方向胀缩变形都不一样：弦向最大，径向次之，顺

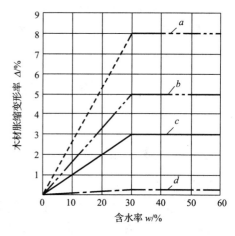

图 9-3 含水率对木材胀缩变形的影响规律
a—体积变形；b—弦向；c—径向；d—纵向

纹纤维方向最小。如木材干燥时，弦向干缩为 $5\% \sim 10\%$，径向干缩为 $3\% \sim 6\%$，而纵向干缩仅为 $0.10\% \sim 0.35\%$。木材弦向胀缩变形最大，是因受管胞横向排列的髓线与周围联结能力较差导致。

木材湿胀干缩变形会给木材的实际应用带来诸多不利影响。如干缩会造成木结构拼缝不严、接榫松弛、翘曲开裂；湿胀又会使木材产生凸起、鼓胀变形。在木材使用前对木材进行预干燥处理，使木材含水率达到使用环境湿度相适应的平衡含水率，进而有效地避免产生过大的湿胀干缩变形。

9.2.4　木材的力学性质

1. 木材的强度

木材的强度主要是指其抗压、抗拉、抗弯和抗剪强度。木材的构造各向不同,使木材的力学强度具有明显的方向性,分为顺纹方向(作用力与木材纵向纤维平行的方向)和横纹方向(作用力与木材纵向纤维垂直的方向)两种强度。一般而言,木材的顺纹强度比其横纹强度要高得多,所以土木工程中均充分利用它的顺纹抗拉、抗压和抗弯强度,而避免用其横纹承受拉力或压力。

(1)抗压强度

由于构造不均匀,木材抗压强度分为顺纹抗压和横纹抗压,其中横纹抗压强度比顺纹抗压强度低得多,通常只有顺纹抗压强度的10%～20%。木材的顺纹抗压强度较高,仅次于顺纹抗拉和抗弯强度,且木材的疵病(木节、斜纹、裂缝等)对其影响较小,因此木材在受压构件中应用非常广泛,如柱、桩等。

(2)抗拉强度

木材的顺纹抗拉强度是木材各种力学强度中最高的,一般是顺纹抗压强度的2～3倍。木材的疵病对顺纹抗拉强度影响较大,而含水率影响较小。横纹抗拉强度很小,仅为顺纹抗拉强度的1/10～1/40,这是因为木材纤维之间顺向连接强度高,而横向连接薄弱。

(3)抗弯强度

木材的抗弯强度很高,为顺纹抗压强度的1.5～2.0倍。因此,在土木工程中常用作受弯构件,多用于梁、板、屋架、桥梁等。但由于木材受弯时上部是顺纹受压,下部是顺纹受拉,在水平面还受剪,所以木材的疵病对其抗弯强度影响很大,特别是当它们分布在受拉区时尤为显著。

(4)抗剪强度

根据作用力与木材纤维方向的不同,木材的剪切有顺纹剪切、横纹剪切与横纹切断三种,如图9-4所示。

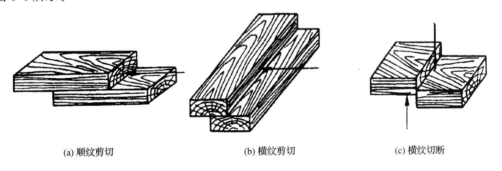

| (a) 顺纹剪切 | (b) 横纹剪切 | (c) 横纹切断 |

图 9-4　木材的受剪类型

木材顺纹受剪时,绝大部分纤维本身并不破坏,而只是剪切面中纤维间的连接发生破坏,所以木材的顺纹抗剪强度很小,只有同一方向抗压强度(顺纹抗压强度)的15%～30%。

木材横纹受剪时,发生破坏的仅是剪切面中纤维间的横向连接,因此木材的横纹剪切强度比顺纹剪切强度还要低。

木材横纹切断时,剪切破坏时需要将木材纤维切断,因而,木材的横纹切断强度较大,可高于顺纹剪切强度的3～4倍。

表 9-1 显示木材各种强度的数值大小关系,以便于实际取用时比较。

表 9-1   **木材各种强度的大小关系(以顺纹抗压强度为 1)**

抗压		抗拉		抗弯	抗剪	
顺纹	横纹	顺纹	横纹		顺纹	横纹切断
1	1/10~1/3	2~3	1/20~1/3	1.5~2	1/7~1/3	1/2~1

表 9-2 显示常用木材物理力学指标分级标准,以便于鉴定不同树种各个物理指标所属的级别。

表 9-2   **木材物理力学指标分级标准**

分级	基本密度/ (g·cm⁻³)	气干密度/ (g·cm⁻³)	干缩度/%(生材-气干)				顺纹抗压强度/MPa	抗弯强度/MPa	抗弯弹性模量/GPa	顺纹抗剪强度/MPa	端面硬度/N
			径向		弦向						
			生材~全干	生材~气干	生材~全干	生材~气干					
Ⅰ	≤0.3	≤0.35	<3.0	<2.0	<5.0	<3.0	≤2.9	≤54.0	≤7.4	≤6.5	≤2 500
Ⅱ	0.31~0.45	0.351~0.55	3.0~4.0	2.0~2.5	5.0~6.5	3.0~4.0	29.1~44.0	54.1~88.0	7.5~10.3	6.6~9.5	2 570~4 000
Ⅲ	0.46~0.60	0.551~0.75	4.0~5.0	2.5~3.0	6.5~8.0	4.0~5.0	44.1~59.0	88.1~118.0	10.4~13.2	9.6~12.0	4 010~6 500
Ⅳ	0.61~0.75	0.751~0.95	5.0~6.0	3.0~3.5	8.0~9.5	5.0~6.0	59.1~73.0	118.1~142.0	13.3~16.2	12.1~15.0	6 510~10 000
Ⅴ	≥0.75	≥0.95	>6.0	>3.5	>9.5	>6.0	>73.0	≥142.0	≥16.3	≥15.1	>10 000

2. 影响木材强度的主要因素

(1)含水率的影响

当木材的含水率低于纤维饱和点时,含水率降低、吸附水减少、细胞壁紧密、因此木材的强度增高;反之,吸附水增多、细胞壁膨胀、组织疏松、强度下降。

而当木材的含水率超过纤维饱和点时,含水率的变化只限于细胞腔和细胞间隙中的自由水发生变化,含水率的变化对强度几乎无影响。

同时,含水率在纤维饱和点以内变化时,对不同方向的不同强度影响也不同,对顺纹抗压强度和抗弯强度影响较大,对顺纹抗剪强度和顺纹抗拉强度影响较小,如图 9-5 所示。

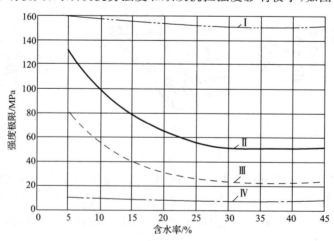

图 9-5 含水率对木材强度的影响

Ⅰ—顺纹抗拉;Ⅱ—弯曲;Ⅲ—顺纹抗压;Ⅳ—顺纹抗剪

按国家标准《木材含水率测定方法》(GB/T 1931 — 2009)规定,木材的标准含水率为12%,木材强度以标准含水率下的强度为标准值,其他含水率下的测值应按式(9-1)换算成标准含水率下的强度为

$$\sigma_{12} = \sigma_w[1 + \alpha(W - 12)] \tag{9-1}$$

式中 σ_{12}——含水率为 12% 时的木材强度,MPa;

σ_w——含水率为 W 时的木材强度(要求 W 在 9%~15%),MPa;

W——试验时木材含水率,%;

α——校正系数,随荷载种类和力的作用方式而异。顺纹抗压:$\alpha = 0.05$;径向或弦向横纹局部抗压:$\alpha = 0.045$;顺纹抗拉:阔叶木 $\alpha = 0.015$;针叶木 $\alpha = 0$,即 $\sigma_w = \sigma_{12}$;抗弯:$\alpha = 0.04$;弦面或径面顺纹抗剪:$\alpha = 0.03$。

(2)负荷时间的影响

由于木纤维在长期荷载下蠕动产生的徐变,木材对长期荷载的抵抗能力低于对短期荷载的抵抗能力。木材在长期荷载作用下不致引起破坏的最大强度,称为持久强度。一般情况下,木材的持久强度仅为短期荷载强度的 50%~60%。因此,用于长期荷载作用下的木材,应考虑负荷时间对木材强度的影响。

(3)温度的影响

环境温度升高,将使木纤维的胶凝物质处于软化状态,其强度和弹性均降低。以常温下含水率为零的木材强度为 100%,当温度升至 50 ℃时,木质部分开始分解,强度大为降低,当温度升至 150 ℃时,木质部分分解加速并且碳化,达到 275 ℃时开始燃烧。所以木结构不应用于长期受热、温度超过 50 ℃的环境中。当木材受冻时,水结冰使木材强度增大,但材质硬脆,且一旦解冻,其各项强度均降低。

(4)疵病的影响

木材疵病一般是指在生长、采伐及保存过程中,木材产生的各种内部和外部的缺陷。木材的疵病包含木节、斜纹、腐朽及虫害等缺陷,这些疵病将影响木材的物理力学性质,但同一疵病对木材不同类型强度的影响不尽相同。

木节分为活节、死节、松软节、腐朽节等几种,其中活节影响最小。木节使木材顺纹抗拉强度显著降低,对顺纹抗压影响最小;在木材受横纹抗压和剪切时,木节的存在反而会增大其强度。斜纹为木纤维与树轴成一定夹角。斜纹使木材极大降低其顺纹抗拉强度,抗弯次之,对顺纹抗压影响较小。

3. 木材的韧性

木材的韧性较好,因而木结构具有良好的抗震性。不过木材的韧性受很多因素的影响,如木材的密度越大,冲击韧性越好;高温与负温均会使木材变脆,韧性降低;木节等缺陷的存在也会显著降低木材的柔韧性。

4. 木材的硬度与耐磨性

木材的各向构造与细胞组织的紧密度决定木材的硬度与耐磨性高低。一般来说,木材横截面的硬度与耐磨性要高于径切面和弦切面的,髓线发达的木材弦切面的硬度与耐磨性均比径切面的要高些,阔叶材的耐磨性较针状材的耐磨性强。

9.3 木材的应用

以往土木工程中所用木材主要是由某些树木的树干部分加工而成的原木、板材与方材等。然而,这些树木成材周期长,且木材的组成和构造易受树木生长的自然属性影响。各种胶合木、刨花板等人造板材的出现既扩大了木材的应用范围,又提高了木材的使用率,还改善了天然木材的不足。因此,发展现代木材制品已成为对木材的节约合理使用与优化综合利用的一重要方向。

由于木材及其制品具有美丽的天然花纹,给人以淳朴、古雅、亲切的质感,各类人造板已成为现代室内装饰装修最主要的材料之一,主要包括以下几种:

9.3.1 实木地板

实木地板分为条木地板、拼花木地板,一般由地板、水平撑与龙骨三部分组成,分单层和双层两种。双层实木地板下层为毛板、钉在龙骨上,面层为条木或拼花板材,通过暗钉钉在毛板上固定,面层条板多选用柞木、柚木、榆木、水曲柳、槐木、核桃木等质地优良、不易腐朽开裂的硬木材。单层实木地板是将条木或拼花板材直接钉在龙骨上或采用适宜的黏结材料直接黏于混凝土基层上。板材常选用松、衫等软质木材。

实木地板具有自重轻、弹性好、脚感舒适、导热性小等特点,且冬暖夏凉、易于清洁,适用于卧室、旅店高级客房、会客室、会议室、疗养院、托儿所、体育馆、舞厅、酒吧等场所的地面装饰。

9.3.2 复合木地板

复合木地板是以中密度纤维板或木板条为基材,涂覆三氧化二铝等具有耐烫、耐污、耐磨涂层作为覆盖材料而制成的一种板材。复合木地板不仅具有表面耐烫、耐污、耐磨等优点,而且安装方便,板与板之间可通过槽榫进行连接。若地面很平整,它可直接浮铺在地面上,而不需额外用胶黏结。

复合木地板一般用于商场、展览厅、办公室、会议室、民用卧室等场所。

9.3.3 胶合板

胶合板又称层压板,是用蒸煮软化的原木旋切成大张薄片,再用胶黏剂按奇数层以各层纤维互相垂直的方向黏合热压而成的人造板材。根据木片层数的不同而分别有不同称谓,如三合板、五合板等,最高胶合层数可达15层之多。胶合板目前主要选用松木、椴木、桦木、马尾松木、水曲柳等软质木材。

由于小直径的原木就能制得宽幅的板材,大大提升了木材的利用率,同时胶合板各层薄板的纤维相互垂直,几乎没有木节和裂纹等缺陷,故能有效消除各向异性,能得到纵横相近的均匀强度与很低的干湿变形率。

目前,胶合板已广泛用作建筑室内隔墙板、天花板、门框、门面板以及各种家具等室内装修的场所。

9.3.4 纤维板

纤维板是将树皮、刨花、树枝等废料经破碎、浸泡、研磨成木浆,再经加压成型、干燥处理而成的人造板材。根据成型时温度和压力不同,纤维板可分为硬质、半硬质和软质三种。

纤维板构造均匀,且完全克服了木材的各种疵病,不易胀缩、翘曲和开裂,各个方向强度一致,并有一定的绝缘性。因此,硬质纤维板完全可代替木板,广泛用作室内墙面、天花板、地板、家具等;而软质纤维可用作保温、吸声材料。

9.3.5 刨花板、木丝板、木屑板

刨花板、木丝板、木屑板分别是以刨花碎片、短小废料炮制的木丝、木屑等为原料,干燥后拌入胶结料,然后经热压工艺而制成。所用胶结料可用合成树脂,也可用水泥、石灰等无机胶结料。这种人造板材表面还可粘贴塑料贴面或胶合板饰面,以增加板材的整体刚度、强度,改善表面装饰性。刨花板、木丝板、木屑板表观密度均较小、性质均匀、花纹多样,但容易吸湿,强度不高,一般用作保温、隔音或室内装饰材料。

9.3.6 木塑(塑木)板

虽然复合木地板、胶合板、刨花板、木丝板、木屑板具有诸多优点,并得到广泛应用,然而粘接这些刨花、木丝、木屑所用的胶结料中常存在游离甲醛、苯等对人体危害很大的污染致癌物。

木塑(塑木)是以木纤维等植物纤维和聚乙烯、聚丙烯等热塑性塑料等为原料,经挤出、注塑或模压等成型方法制备而成的一种可替代木材的绿色环保材料。相应板材制品既保持有天然木材的纹理结构,又具有强度高、尺寸稳定性好、耐水、耐腐、耐磨等许多优良性能;且由于木质植物纤维的可再生性及可被环境消纳性,同时热塑基木塑(塑木)制品本身可回收再加工成木塑(塑木)产品,对废物利用和替代木材、减少其焚烧带来的温室效应及环境污染具有双重的环保意义,如今已在运动器材、乐器用材、雕刻用材、军工用材或高档室内地板、隔墙板、门窗及园林装饰材料等工程领域表现出广阔的应用前景。

9.4 常用建筑木材的性能评价与检测

放大镜法观察木材宏观构造[包括木材三切面、心材和边材、生长轮(年轮)、早材和晚材、木射线、树脂道、管孔等]。

结合国家标准《木材含水率测定方法》(GB/T 1931—2009)、《木材干缩性测定方法》(GB/T 1932—2009)、《木材密度测定方法》(GB/T 1933—2009),用烘箱、游标卡尺、电子秤称重法分别测定木材的含水率、干缩性及气干密度、全干密度和基本密度。

结合国家标准《木材顺纹抗压强度试验方法》(GB/T 1935—2009)、《木材抗弯强度试验方法》(GB/T 1936.1—2009)、《木材抗弯弹性模量测定方法》(GB/T 1936.2—2009)、《木材顺纹抗剪强度试验方法》(GB/T 1937—2009),在万能材料试验机上分别采用轴心受压、三点弯曲、顺纹抗剪试验装置法测试一定含水率木材的顺纹抗压强度、抗弯强度、抗弯弹性模量及顺纹抗剪强度。

习题及案例分析

一、习题

1. 木材为什么是各向异性材料? 人造板为什么可有效消除木材的各向异性?

2. 为什么木结构常用软木,而不是强度更好的硬木?

3. 指出在纤维饱和点以下和以上,木材含水率如何影响木材的性质?

4. 影响木材强度的因素主要有哪几种?

5. 某一松木试件(纤维饱和点为 30%, $\alpha = 0.05$),其含水率为 11%,此时其顺纹抗压强度为 65 MPa,问:(1)在标准含水率状态下其抗压强度是多少? (2)含水率分别为 20%、30% 时的强度各为多少?

二、案例分析

案例 1:

20 世纪 90 年代中期年日本神户大地震中,10 余万幢房屋倒塌,8.9 万幢房屋受损。但神户市由 2 m×4 m 木质板材建造的木结构房屋,96.8% 只是轻微受损或安然无恙。此外,在阪神大地震和台北地震中,现代木结构房屋完好无损,而周围其他材料建造的楼房大多数倒塌。

原因分析:

木材是天然可再生资源,加工方便,可灵活建造各种形式舒适的家居;与此同时,木材类似软钢,同时具备良好的力学强度与韧性,进而使构建的木结构不仅力学韧性好、节能整洁,还抗震安全耐用。

案例 2:

某邮电调度楼设备用房于 7 楼现浇钢筋混凝土楼板上,铺炉渣混凝土 5 cm,再铺木地板。完工后设备未及时进场,门窗关闭了 1 年,当设备进场时,发现木板大部分腐蚀,人踩上去即断裂。

原因分析:

炉渣混凝土中的水分封闭于木地板内部,慢慢浸透到未做防腐、防潮处理的木格栅和木地板中,门窗关闭使木材含水率较高,此环境条件正好适合真菌的生长,导致木材腐蚀,所以在使用木材制品时要充分注意外围环境因素对木材腐蚀影响。

第10章 砌体材料

1. 知识目标：了解砌体材料的种类、特点及发展方向，熟悉多孔砖、空心砖、混凝土小型空心砌块的种类、性质及应用，了解砌筑石材的性能及应用，提供相应的解决方案等。

2. 能力目标：具备分析和解决砌体材料问题能力，提供解决复杂工程的砌体材料技术评价和解决方案。

3. 素质目标：立德树人，培养学生严谨勤奋的工作态度、精益求精的工作作风、求真务实的社会责任。

发展趋势

用于砌体结构的各种砖砌体、石砌体或砌块砌体统称为砌体材料。砌块中以混凝土砌块的应用最早，但也是在 1882 年才问世。近年来，采用混凝土、轻骨料混凝土和加气混凝土，以及利用各种工业废渣、粉煤灰、煤矸石等制成的无熟料水泥煤渣混凝土砌块和粉煤灰硅酸盐砌块等在我国有了较大发展。目前，砌体材料正向着轻质高强、节能环保的新型砌体材料方向发展。

10.1 砌墙砖

砌墙砖是指以黏土、工业废料及其他地方资源为主要原料，按不同工艺制成的，在建筑上用来砌筑墙体的块状材料。砌墙砖一般指长度不超过 365 mm、宽度不超过 240 mm、高度不超过 115 mm 的砌筑用小型块材。外形多为直角六面体，也有各种不规则的异型砖。砌墙砖按制作工艺分为烧结砖和非烧结砖（也称免烧砖）；按外观和孔洞率的大小分为实心砖和空心砖；按所用原料不同可分为黏土砖、煤矸石砖、页岩砖、粉煤灰砖和炉渣砖等。

10.1.1 烧结砖

烧结砖是以砂质黏土、页岩、煤矸石、粉煤灰等为主要原料，经焙烧等工艺制成的矩形直角六面体块材。它可分为普通砖（实心砖）、多孔砖和空心砖三种。

1. 烧结砖的生产工艺

烧结砖的生产工艺流程为原料开采和处理→成型→干燥→焙烧→成品。

黏土砖的主要原料为粉质或砂质黏土,其主要化学成分为 SiO_2、Al_2O_3、Fe_2O_3 和结晶水。由于地质生成条件的不同,可能还含有少量的碱金属和碱土金属氧化物等。除黏土外,还可利用页岩、煤矸石、粉煤灰等为原料来制造烧结砖,这是因为它们的化学成分与黏土相似。但由于它们的可塑性不及黏土,所以制砖时常常需要加入一定量的黏土,以满足制坯时对可塑性的需要。

砖坯成型后,含水率较高,如若直接焙烧,会因坯体内产生的较大蒸汽压使砖坯爆裂,甚至造成砖垛倒塌等严重后果。因此,砖坯成型后需要进行干燥处理,干燥后的砖坯含水率要降至 6% 以下。干燥有自然干燥和人工干燥两种。前者将砖坯在阴凉处阴干后再经太阳晒干,这种方法受季节限制;后者利用焙烧窑中的余热对砖坯进行干燥,不受季节限制。干燥中常出现的问题是干燥裂纹,在生产中应严格控制。

焙烧是烧结砖最重要的环节。焙烧时,坯体内发生了一系列的物理、化学变化。当温度达 110 ℃时,坯体内的水全部被排出,温度升至 500~700 ℃,有机物燃尽,黏土矿物和其他化合物中的结晶水脱出。温度继续升高,黏土矿物发生分解,并在焙烧温度下重新化合生成合成矿物和易熔硅酸类新生物。原料不同,焙烧温度(最高烧结温度)有所不同,通常黏土砖为 950 ℃ 左右;页岩砖、粉煤灰砖为 1 050 ℃ 左右;煤矸石砖为 1 100 ℃ 左右。当温度升高达到某些矿物的最低共熔点时,便出现液相,该液相包裹一些不熔固体颗粒,并填充于颗粒的间隙中,在制品冷却时,这些液相凝固成玻璃相。从微观上观察烧结砖的内部结构是结晶的固体颗粒被玻璃相牢固地黏结在一起的,所以烧结砖的性质与生坯完全不同,既有耐水性,又有较高的强度和化学稳定性。

焙烧温度若控制不当,就会出现过火砖和欠火砖。过火砖的特点为色深、敲击声脆、变形大等。欠火砖的特点为色浅、敲击声哑、强度低、吸水率大、耐久性差等。因此,焙烧时要严格控制焙烧温度。为减少能耗,在坯体制作过程中,加入部分含可燃物的废料,如粉煤灰、煤矸石、煤粉等,在焙烧过程中这些可燃物可以在砖中燃烧,经此种方法烧结制成的砖叫"内燃砖"。内燃砖不仅可以节约黏土资源,而且环保利废,且燃烧均匀,表观密度小,导热系数低,强度可提高约 20%。因此,内燃砖是烧结砖的发展方向之一。

焙烧砖坯的窑主要有轮窑、隧道窑和土窑,用轮窑或隧道窑烧砖的特点是生产量大、可以利用余热、可节省能源,烧出砖的色彩为红色,也叫红砖。土窑的特点是窑中的焙烧"气氛"可以调节,到达焙烧温度后,可以采取措施使窑内形成还原气氛,使砖中呈红色的高价 Fe_2O_3 还原成呈青色的 FeO,从而得到青砖。青砖一般较红砖致密、耐碱、耐久性好,但由于价格高,青砖多用于仿古建筑的修复。

2. 烧结普通砖

以黏土、页岩、煤矸石或粉煤灰为原料,制得的没有孔洞或孔洞率小于 15% 的烧结砖,称为烧结普通砖。其外形尺寸一般为 240 mm×115 mm×53 mm。烧结普通砖按所采用的主要原料又分为烧结黏土砖(N)、烧结页岩砖(Y)、烧结粉煤灰砖(F)和烧结煤矸石砖(M)。其中烧结页岩砖(Y)、烧结粉煤灰砖(F)和烧结煤矸石砖(M)属于烧结非黏土砖。

(1)烧结普通砖的技术性质

①尺寸偏差

为了保证砌筑质量,要求砖的尺寸偏差必须符合《烧结普通砖》(GB 5101—2017)的规定,见表 10-1。

表 10-1   烧结普通砖的尺寸允许偏差   mm

公称尺寸	指标	
	样本平均偏差	样本极差≤
240	±2.0	6.0
115	±1.5	5.0
53	±1.5	4.0

②外观质量

砖的外观质量包括两条面高度差、弯曲、杂质凸出高度、缺棱掉角、裂纹长度、完整面和颜色等,各项内容应符合《烧结普通砖》(GB 5101—2017)的规定,见表 10-2。

表 10-2   烧结普通砖的外观质量要求   mm

项 目		指 标
两条面高度差	≤	2
弯曲	≤	2
杂质凸出高度	≤	2
缺棱掉角的三个破坏尺寸	不得同时大于	5
裂纹长度	≤	30
a.大面上宽度方向及其延伸至条面的长度		50
b.大面上长度方向及其延伸至顶面的长度或条顶面上水平裂纹的长度		
完整面*	不得少于	一条面和一顶面

注:为砌筑挂浆而施加的凹凸纹、槽、压花等不算作缺陷

* 凡有下列缺陷之一者,不得称为完整面:

——缺损在条面或顶面上造成的破坏面尺寸同时大于 10 mm×10 mm。

——条面或顶面上裂纹宽度大于 1 mm,其长度超过 30 mm。

——压陷、粘底、焦花在条面或顶面上的凹陷或凸出超过 2 mm,区域尺寸同时大于 10 mm×10 mm

③强度等级

烧结普通砖根据抗压强度分为五个等级:MU30、MU25、MU20、MU15 和 MU10,抽取 10 块砖试样进行抗压强度试验。试验后计算出 10 块砖的抗压强度平均值,并分别按照式(10-1)、式(10-2)、式(10-3)计算标准差、变异系数和强度标准值。根据试验和计算结果按照表 10-3 确定烧结普通砖的强度等级 s。其公式为

$$s = \sqrt{\frac{1}{9} \sum_{i=1}^{10} (f_i - \bar{f})^2} \tag{10-1}$$

$$\delta = \frac{s}{\bar{f}} \tag{10-2}$$

$$f_k = \bar{f} - 1.83s \tag{10-3}$$

式中 f_i——第 i 块砖样的抗压强度测定值,MPa;

      $\bar{f}$——10 块砖样的抗压强度平均值,MPa;

      s——单块砖样的抗压强度标准差,MPa;

      f_k——烧结普通砖抗压强度标准值,MPa;

      δ——砖强度变异系数。

表 10-3　　　　　　　　　　　烧结普通砖、烧结多孔砖强度等级　　　　　　　　　　　MPa

强度等级	抗压强度平均值 $\overline{f}$ ≥	强度标准值 f_k ≥
MU30	30.0	22.0
MU25	25.0	18.0
MU20	20.0	14.0
MU15	15.0	10.0
MU10	10.0	6.5

④泛霜

泛霜是指原料中的可溶性盐类(如硫酸钠等),随着砖内水分蒸发而在砖表面产生的盐析现象,一般为絮团状斑点的白色粉末,影响建筑的美观。轻微泛霜就对清水砖墙建筑外观产生较大影响,中等程度泛霜的砖用于建筑中潮湿部位时,7~8 年后因盐析结晶膨胀将使砖砌体表面产生粉化剥落,在干燥环境使用约 10 年以后也将开始剥落。严重泛霜对建筑结构的破坏性更大。

⑤石灰爆裂

当生产砖的原料中含有石灰石时,焙烧过程中石灰石会煅烧成生石灰留在砖内,这时的生石灰为过火生石灰,砖吸水后生石灰消化产生体积膨胀,导致砖发生胀裂破坏,这种现象称为石灰爆裂。石灰爆裂严重影响烧结砖的质量,并降低砌体强度。所以标准中规定,砖的石灰爆裂应符合下列规定:

a.破坏尺寸大于 2 mm 且小于或等于 15 mm 的爆裂区域,每组砖不得多于 15 处。其中大于 10 mm 的不得多于 7 处。

b.不准许出现最大破坏尺寸大于 15 mm 的爆裂区域。

c.试验后抗压强度损失不得大于 5 MPa。

⑥抗风化性能

烧结普通砖的抗风化性是指能抵抗干湿变形、冻融变化等气候作用的性能。它是烧结普通砖的重要耐久性之一。烧结普通砖的抗风化性通常以其抗冻性、吸水率及饱和系数等指标判别。饱和系数是指砖在常温下浸水 24 h 后的吸水率与 5 h 的煮沸吸水率之比。

对砖的抗风化性要求应根据各地区风化程度不同而定。严重风化区中的 1~5 区(包括黑龙江省、吉林省、辽宁省、内蒙古自治区和新疆维吾尔自治区)的烧结普通砖必须进行冻融试验,其他地区烧结砖的抗风化性能若能符合表 10-4 所规定要求时可以不做冻融试验,否则必须进行冻融试验。

表 10-4　　　　　　　　　　　烧结普通砖的抗风化性能指标

砖种类	严重风化区				非严重风化区			
	5 h 煮沸吸水率/% ≤		饱和系数 ≤		5 h 煮沸吸水率/% ≤		饱和系数 ≤	
	平均值	单块最大值	平均值	单块最大值	平均值	单块最大值	平均值	单块最大值
黏土砖	18	20	0.85	0.87	19	20	0.88	0.90
粉煤灰砖[a]	21	23			23	25		
页岩砖	16	18	0.74	0.77	18	20	0.78	0.80
煤矸石砖								

注:a 为粉煤灰掺入量(体积比)小于 30% 时,按黏土砖规定判定。

砖的冻融试验是将砖吸水饱和后置于 -15 ℃以下的环境中冻结,再在 $10\sim20$ ℃水中融化,按规定的方法反复 15 次冻融循环后,其质量损失不得超过 2％,抗压强度降低值不得超过 25％,即抗冻合格。

（2）烧结普通砖的产品标记

砖的产品标记按产品名称的英文缩写、类别、强度等级和标准编号顺序编写。例如:烧结普通砖,强度等级 MU15 的黏土砖,其标记为 FCB N MU15 GB/T 5101。

（3）烧结普通砖的应用

烧结普通砖的表观密度为 1 600～1 800 kg/m³,吸水率为 8％～16％,有一定的强度,并具有良好的绝热性、透气性、耐久性和热稳定性等特点,是传统的墙体材料,主要用于砌筑建筑的内外墙、柱、拱、烟囱和窑炉。

3. 烧结多孔砖

烧结多孔砖是以黏土、页岩、煤矸石、粉煤灰为主要原料,经过焙烧而成的孔洞率大于 25％,砖内孔洞内径不大于 22 mm,孔多而小的烧结砖。烧结多孔砖的孔洞多与承压面垂直,它的单孔尺寸小,孔洞分布合理,非孔洞部分砖体较密实,具有较高的强度,常用于建筑物承重部位。多孔砖的常用尺寸有 190 mm×190 mm×90 mm（M 型）和 240 mm×115 mm×90 mm（P 型）两种规格。烧结多孔砖的外形如图 10-1 所示。

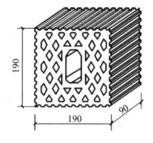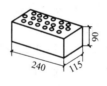

图 10-1　烧结多孔砖的外形

（1）强度等级与质量等级

根据国家标准《烧结多孔砖和多孔砌块》（GB 13544－2011）的规定,烧结多孔砖按 10 块砖样的抗压强度平均值和抗压强度标准值或单块抗压强度最小值可划分为 MU30、MU25、MU20、MU15、MU10 五个强度等级,各强度等级的强度值与烧结普通砖相同,见表 10-3。孔形、孔洞率及孔洞排列、外观质量、尺寸偏差、泛霜、石灰爆裂的质量要求在《烧结空心砖和空心砌块》（GB/T 13545－2014）中有明确规定。

（2）烧结多孔砖的产品标记

砖和砌块的产品标记按产品名称、品种、规格、强度等级、密度等级和标准编号顺序编写。

标记示例:规格尺寸 290 mm×140 mm×90 mm、强度等级 MU25、密度 1 200 级的黏土烧结多孔砖,其标记为烧结多孔砖 N 290×140×90 MU25 1 200 GB 13544－2011。

（3）烧结多孔砖的应用

烧结多孔砖的孔洞率在 25％以上,体积密度约为 1 400 kg/m³。主要用于六层以下建筑物的承重墙体或多、高层框架结构的填充墙。由于该种砖具有一定的隔热保温性能,故又可用于部分地区建筑物的外墙砌筑。由于为多孔构造,故不宜用于基础墙、地面以下或室内防潮层以下的砌筑。原材料中如果掺入煤矸石、粉煤灰及其他工业废渣的砖,应进行放射性物质检测。

4.烧结空心砖

烧结空心砖是以黏土、页岩、煤矸石、粉煤灰及其他废料为主原料,经过焙烧而成的一般孔洞率大于35%的砖。其孔尺寸大而数量少,平行于大面和条面,在与砂浆的接合面上应设有深度在1 mm以内的凹线槽。一般用于砌筑非承重的结构。其外形如图10-2所示。

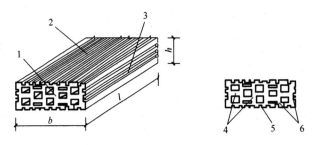

图10-2 烧结空心砖的外形

1—顶面;2—大面;3—条面;4—肋;5—凹线槽;

6—外壁;l—长度;b—宽度;h—高度

空心砖的长度、宽度、高度有两个系列:290 mm、190 mm、90 mm;240 mm、180 mm、115 mm。若长度、宽度、高度有一项或一项以上分别大于365 mm、240 mm或者115 mm,则称为烧结空心砌块。砖或砌块的壁厚应大于10 mm,肋厚应大于7 mm。

(1)强度等级和密度级别

根据国家标准《烧结空心砖和空心砌块》(GB/T 13545—2014)的规定,烧结空心砖可划分为MU3.5、MU5.0、MU7.5、MU10.0四个不同的强度等级和800、900、1 000、1 100四个密度级别,分别见表10-5、表10-6。强度等级是根据10块试样砖的抗压强度的平均值与变异系数、标准值或单块最小抗压强度确定的。密度级别是依据抽取5块样品所测得的表观密度平均值来确定的。外观质量、尺寸偏差、吸水率、抗风化性能应符合《烧结空心砖和空心砌块》(GB/T 13545—2014)中的规定。

表 10-5 烧结空心砖和空心砌块强度等级 MPa

强度等级	抗压强度		
	抗压强度平均值 $f \geqslant$	变异系数 $\delta \leqslant 0.21$ 强度标准值 $f_k \geqslant$	变异系数 $\delta > 0.21$ 单块最小抗压强度值 $f_{min} \geqslant$
MU10.0	10.0	7.0	8.0
MU7.5	7.5	5.0	5.8
MU5.0	5.0	3.5	4.0
MU3.5	3.5	2.5	2.8

表 10-6 烧结空心砖和空心砌块密度级别的划分

密度级别	五块砖的平均密度值/(kg·m^{-3})
800	≤800
900	801~900
1 000	901~1 100
1 100	1 001~1 100

（2）耐久性

烧结空心砖的耐久性常以其抗冻性、吸水率等指标来表示。一般要求应有足够的抗冻性。经规定的冻融循环试验后，对于优等品不允许出现裂纹、分层、掉皮、缺棱掉角等损坏现象；一等品与合格品只允许出现轻微的裂纹，不允许出现其他损坏现象。由于烧结空心砖耐久性的好坏与其内部结构、质量缺陷等有关，为保证耐久性，对于严重风化地区所使用的空心砖应进行冻融试验。

（3）烧结空心砖的产品标记

烧结空心砖和空心砌块的产品标记按产品名称、类别、规格（长度×宽度×高度）、密度等级、强度等级、质量等级和标准编号的顺序编写。如：规格尺寸 290 mm×190 mm×90 mm、密度等级 900、强度等级 MU10.0、优等品的粉煤灰空心砖，其标记为：烧结空心砖F（290×190×90）900 MU10.0 A GB/T 13545。

（4）烧结空心砖的应用

烧结空心砖的孔洞率一般为 40％以上，体积密度小、强度不高，因而不能在承重墙体结构中使用，多用于砌筑非承重墙。

10.1.2 蒸养（压）砖

蒸养（压）砖也称非烧结砖，是以石灰和含硅材料（砂、粉煤灰、煤矸石、炉渣和页岩等）加水拌和，经压制成型、蒸汽养护或蒸压养护而成。生产这类砖可以大量利用工业废弃物，减少环境污染，不需占用农田，且可常年稳定生产。因此，这类砖将是我国墙体材料的主要发展方向之一。

根据原料的来源可以将非烧结砖分为蒸压灰砂砖、蒸压（养）粉煤灰砖和炉渣砖等，它们均是水硬性材料，在潮湿环境中使用时，强度不会降低。

1. 蒸压灰砂砖

蒸压灰砂砖是以石灰和天然砂为主要原料，经磨细、计量配料、搅拌混合、消化、压制成型（一般温度为 175～203 ℃，压力为 0.8～1.6 MPa 的饱和蒸汽）养护、成品包装等工序而制成的空心砖或实心砖，如图 10-3 所示。

图 10-3　蒸压灰砂砖

（1）蒸压灰砂砖的技术要求

灰砂砖的规格尺寸同烧结普通砖为 240 mm×115 mm×53 mm，表观密度为 1 800～1 900 kg/m³，导热系数为 0.61 W/（m·K）。按抗压强度分为 MU30、MU25、MU20、MU15、MU10 五个强度等级。蒸压灰砂砖的强度等级见表 10-7。尺寸偏差与外观质量应符合 GB/T 11945－2019 的规定。

表 10-7　蒸压灰砂砖的强度等级（GB/T 11945－2019）

强度等级	抗压强度	
	平均值	单个最小值
MU10	≥10.0	≥8.5
MU15	≥15.0	≥12.8
MU20	≥20.0	≥17.0
MU25	≥25.0	≥21.2
MU30	≥30.0	≥25.5

（2）蒸压灰砂砖的性能与应用

灰砂砖耐热性、耐酸性差，不宜用于长期受热高于 200 ℃、受急冷急热交替作用或有酸性介质的建筑部位；耐水性良好，但抗流水冲刷能力差，不能用于有流水冲刷的建筑部位，如落水管出水处和水龙头下面等；与砂浆黏结力差，当用于高层建筑、地震区或筒仓构筑物等时，除应有相应结构措施外，还应有提高砖和砂浆黏结力的措施，如采用高黏度的专用砂浆，以防止渗雨、漏水和墙体开裂；砌筑灰砂砖砌体时，砖的含水率宜为 8％～12％，严禁使用干砖或饱水砖，灰砂砖不宜与烧结砖或其他品种砖同层混砌。

2. 蒸压（养）粉煤灰砖

蒸压粉煤灰砖是以粉煤灰、石灰、石膏以及骨料为原料，经坯料制备、压制成型、常压或高压蒸汽养护等工艺过程制成的实心粉煤灰砖。常压蒸汽养护的称蒸养粉煤灰砖；高压蒸汽（温度在 176 ℃，工作压力在 0.8 MPa 以上）养护制成的称蒸压粉煤灰砖。

粉煤灰具有火山灰活性，在水热环境中，在石灰碱性激发剂和石膏的硫酸盐激发剂共同作用下，形成水化硅酸钙、水化铝酸钙等多种水化产物。蒸压养护可使砖中的活性组分水化反应充分，砖的强度高，性能趋于稳定。而蒸养粉煤灰砖的性能较差，墙体更易出现开裂等弊端。

根据《蒸压粉煤灰砖》（JC/T 239－2014）规定，粉煤灰砖按抗压强度和抗折强度划分为 MU30、MU25、MU20、MU15、MU10 五个强度等级。

蒸压粉煤灰砖呈深灰色，表观密度为 1 400～1 500 kg/m³，热导系数约为 0.65 W/(m·K)，干燥收缩大，外观尺寸同烧结普通砖，性能上与灰砂砖相近，不得用于长期受热高于 200 ℃、受急冷急热交替作用或有酸性介质的建筑部位；与砂浆黏结力低，使用时，应尽可能采用专用砌筑砂浆；粉煤灰砖的初始吸水能力差，后期吸水较大，施工时应提前湿水，保持砖的含水率在 10％左右，以保证砌筑质量。由于粉煤灰砖出釜后收缩较大，因此，出釜一周后才能用于砌筑。

3. 炉渣砖

炉渣砖是以煤燃烧后的残渣为主要原料，配以一定数量的石灰和少量石膏，加水搅拌，经陈化、轮碾、成型和蒸汽养护制成，如图 10-4 所示。

煤渣砖的规格尺寸为 240 mm × 115 mm × 53 mm，呈灰黑色，表观密度为 1 500～2 000 kg/m³，吸水率为 6％～19％，根据抗压强度和抗折强度将强度

图 10-4　炉渣砖

等级划分为 MU20、MU15、MU10。技术要求主要有尺寸偏差、外观质量、强度等级、抗冻性、碳化性能、放射性六个方面。其碳化后强度不得低于相应等级的强度的 75％。根据尺寸偏差、外观质量与强度等级分为优等品（A）、一等品（B）、合格品（C）三个等级。其中，优等品的等级不低于 MU15，一等品的等级不低于 MU10。

炉渣砖的使用注意事项：

（1）由于蒸养炉渣砖的初期吸水速度较慢，故与砂浆的黏结性能差，在施工时应根据气候条件和砖的不同湿度及时调整砂浆的稠度。

（2）对经常受干湿交替及冻融作用的工程部位，最好使用高强度等级的炉渣砖，或采取水泥砂浆抹面等措施。

（3）煤渣砖不得用于长期受热 200 ℃以上、受急冷急热和有酸性介质侵蚀的建筑部位。

灰砂砖、粉煤灰砖及炉渣砖的规格尺寸均与普通黏土砖相同，可代替黏土砖用于一般工业与民用建筑的墙体和基础，其原料主要是工业废渣，可节省土地资源，减少环境污染，是很有发

展前途的砌体结构材料。但是这些砌墙砖收缩性很大且易开裂,由于应用历史较短,还需要进一步研究适用于这类砖的墙体结构和砌筑方法。

10.2　砌　块

砌块是工程中用于砌筑墙体的尺寸较大、用以代替砖的人造块状材料,外形多为直角六面体,也有其他各种形状。砌块使用灵活,适应性强,无论在严寒地区或温带地区、地震区或非地震区、各种类型的多层或低层建筑中都能适用并满足高质量的要求,因此,砌块在世界上发展很快。目前,混凝土空心砌块已成为世界各国的主导墙体材料,在发达国家其应用比例已占墙体材料的70%。例如:美国小型砌块年产量超过 45 亿块,约占其墙体材料的80%;日本小型砌块年产量超过 13 亿块;俄罗斯大量发展小型砌块,其产量已占黏土砖的27%左右。

砌块的造型、尺寸、颜色、纹理和断面可以多样化,能满足砌体建筑的需要,既可以用作结构承重材料、特种结构材料,也可以用作墙面的装饰和功能材料。特别是高强砌块和配筋混凝土砌块已发展并用以建造高层建筑的承重结构。

10.2.1　砌块的分类

(1)按砌块空心率。砌块可分为实心砌块和空心砌块两类。空心率小于25%或无孔洞的砌块为实心砌块;空心率等于或大于25%的砌块为空心砌块。

(2)按规格大小。砌块外形尺寸一般比烧结普通砖大,砌块中主规格的长度、宽度或高度有一项或一项以上应分别大于365 mm、240 mm 或115 mm,但高度不大于长度或宽度的6倍,长度不超过高度的3倍。在砌块系列中主规格的高度大于 115 mm 而又小于 380 mm 的砌块,简称为小砌块;主规格的高度为380~980 mm 的砌块,称为中砌块;主规格的高度大于980 mm 的砌块,称为大砌块。目前,中小型砌块在建筑工程中使用较多,是我国品种和产量增长都较快的新型墙体材料。

(3)按骨料的品种。砌块可分为普通砌块(骨料采用的是普通砂、石)和轻骨料砌块(骨料采用的是天然轻骨料、人造的轻骨料或工业废渣)。

(4)按用途。砌块可分为承重砌块和非承重砌块。

(5)按胶凝材料的种类。砌块可分为硅酸盐砌块、水泥混凝土砌块。前者用煤渣、粉煤灰、煤矸石等硅质材料加石灰、石膏配制成胶凝材料,如煤矸石空心砌块;后者是用水泥作胶结材料制作而成的,如混凝土小型空心砌块和轻骨料混凝土小型空心砌块。

10.2.2　常用的建筑砌块

1.普通混凝土小型空心砌块

(1)品种。按原材料分有普通混凝土砌块、工业废渣骨料混凝土砌块、天然轻骨料混凝土砌块和人造轻骨料混凝土砌块;按性能分有承重砌块和非承重砌块。

(2)规格形状。普通混凝土小型空心砌块的主规格尺寸为390 mm×190 mm×190 mm,最小外壁厚应不小于30 mm,最小肋厚应不小于25 mm。小型砌块的空心率应不小于25%。其他规格尺寸也可以根据供需双方商定。图 10-5 所示是砌块各部位名称。

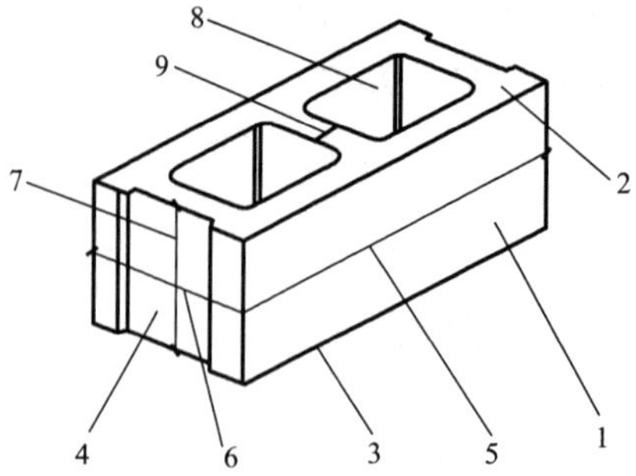

图 10-5 砌块各部位名称

1—条面;2—坐浆面(肋厚较小的面);3—铺浆面;4—顶面;5—长度;6—宽度;7—高度;8—壁;9—肋

(3)产品等级。根据《普通混凝土小型砌块》(GB/T 8239—2014)的规定,按强度等级可分为 MU5.0、MU7.5、MU10.0、MU15.0、MU20.0、MU25.0、MU30.0、MU35.0 和 MU40.0 九个强度等级,见表 10-8。

表 10-8   普通混凝土小型空心砌块强度等级   MPa

强度等级	抗压强度	
	平均值≥	单块最小值≥
MU5.0	5.0	4.0
MU7.5	7.5	6.0
MU10.0	10.0	8.0
MU15.0	15.0	12.0
MU20.0	20.0	16.0
MU25.0	25.0	20.0
MU30.0	30.0	24.0
MU35.0	35.0	28.0
MU40.0	40.0	32.0

(4)技术性能。

①体积密度、吸水率和软化系数

混凝土小型空心砌块的体积密度与密度、空心率、半封底与通孔以及砌块的壁、肋厚度有关,一般砌块的体积密度为 1 300~1 400 kg/m³。当采用卵石骨料时,吸水率为 5%~7%;当骨料为碎石时,吸水率为 6%~8%。小型砌块的软化系数一般为 0.9 左右,属于耐水性材料。

②相对含水率

砌块因失水而产生收缩会导致墙体开裂,为了控制砌块建筑的墙体开裂,国家标准 GB/T 8239—2014 规定了砌块的相对含水率,见表 10-9。

表 10-9   相对含水率(GB/T 8239—2014)   %

使用地区	潮湿	中等	干燥
相对含水率≤	45	40	35

注:①潮湿是指年平均相对湿度大于 75%的地区;

②中等是指年平均相对湿度为 50%~75%的地区;

③干燥是指年平均相对湿度小于 50%的地区。

③抗冻性

《普通混凝土小型砌块》(GB/T 8239—2014)中规定抗冻性要求对于夏热冬暖地区,抗冻等级达 D15,夏热冬冷地区抗冻等级达 D25,寒冷地区达 D35,严寒地区达 D50。

④干缩率

小型砌块会产生干缩,一般干缩率为 0.23%~0.40%,干缩率的大小直接影响墙体的裂缝情况,因此应尽量提高强度减少干缩。

目前,我国建筑上常选用的强度等级为 MU5.0、MU7.5、MU10.0 三种。强度等级在 MU7.5 以上的砌块可用于 5 层砌块建筑的底层和 6 层砌块建筑的 1~2 层;5 层砌块建筑的 2~5 层和 6 层砌块建筑的 4~6 层都用 MU5.0,也用于 4 层砌块建筑;MU15.0、MU20.0 多用于中、高层承重砌块墙体。

2. 轻骨料混凝土小型空心砌块

(1)轻骨料混凝土小型空心砌块的优势

目前,国内外使用轻骨料混凝土小型空心砌块非常广泛,如图 10-6 所示。这是因为轻骨料混凝土小型空心砌块与普通混凝土小型空心砌块相比具有许多优势:

①轻质。干表观密度不大于 1 950 kg/m³。

②保温性好。轻骨料混凝土的导热系数较小,做成空心砌块会因孔洞使整块砌块的导热系数进一步减小,从而更有利于保温。

图 10-6 轻骨料混凝土小型空心砌块

③有利于综合治理与应用。轻骨料的种类可以是人造轻骨料如页岩陶粒、黏土陶粒、粉煤灰陶粒,也可以有如煤矸石、煤渣、钢渣等工业废料,将其利用起来,可净化环境,造福于人类。

④强度较高。砌块的强度可达 10 MPa,因此可作为承重材料,建造 5~7 层的砌块建筑。

(2)轻骨料混凝土小型空心砌块的分类及等级

①分类。轻骨料混凝土小型空心砌块按其孔的排数分为单排孔、双排孔、三排孔和四排孔四类。

②等级。

a. 按密度等级分为 700、800、900、1 000、1 100、1 200、1 300、1 400 八个等级;

b. 按其强度等级分为 MU2.5、MU3.5、MU5.0、MU7.5、MU10.0 五个等级;

(3)技术要求

①砌块的主规格尺寸为 390 mm×190 mm×190 mm,其他尺寸可由供需双方商定。

②密度等级要求见表 10-10。

表 10-10　　　轻集料混凝土小型空心砌块密度等级(GB/T 15229—2011)　　　kg/m³

密度等级	干表观密度范围
700	≥610,≤700
800	≥710,≤800
900	≥810,≤900
1 000	≥910,≤1 000
1 100	≥1 010,≤1 100
1 200	≥1 110,≤1 200
1 300	≥1 210,≤1 300
1 400	≥1 310,≤1 400

③强度等级要求见表 10-11。

表 10-11　　　轻集料混凝土小型空心砌块强度等级(GB/T 15229—2011)　　　MPa

强度等级	抗压强度/MPa		密度等级范围/(kg·m⁻³)
	平均值	最小值	
MU2.5	≥2.5	≥2.0	≤800
MU3.5	≥3.5	≥2.8	≤1 000
MU5.0	≥5.0	≥4.0	≤1 200
MU7.5	≥7.5	≥6.0	≤1 200a ≤1 300b
MU10.0	≥10.0	≥8.0	≤1 200a ≤1 400b

注:当砌块的抗压强度同时满足 2 个强度等级或 2 个以上强度等级要求时,应以满足要求的最高强度等级为准。

　a. 除自然煤矸石掺量不小于砌块质量 35% 以外的其他砌块;

　b. 自然煤矸石掺量不小于砌块质量 35% 的砌块。

外观质量、吸水率、干缩率、相对含水率、抗冻性、碳化与软化系数等其他指标要求详见《轻集料混凝土小型空心砌块》(GB/T 15229—2011)。

(4)轻骨料混凝土小型空心砌块的应用

①用作保温型墙体材料。强度等级小于 MU5.0 的用于框架结构中的非承重隔墙和非承重墙。

②用作结构承重型墙体材料。强度等级为 MU7.5、MU10.0 的主要用于砌筑多层建筑的承重墙体。

③应用要点:设置钢筋混凝土带,墙体与柱、墙、框架采用柔性连接;隔墙门口处理采取相应措施;砌筑前一天,注意在与其接触的部位洒水湿润。

3. 蒸压加气混凝土砌块

蒸压加气混凝土砌块是蒸压加气混凝土的制品之一。它是由钙质材料(水泥、石灰等)、硅质材料(砂、粉煤灰、工业废渣等)、发气剂(铝粉)及外加剂(气泡稳定剂、铝粉脱脂剂、调节剂等)等为原料,经配料、搅拌、浇筑、发气、切割、蒸压养护等工艺制成的多孔砌块。

加气混凝土砌块发展很快,世界上 40 多个国家都能生产加气砌块,我国加气砌块的生产和使用在 20 世纪 70 年代特别是 80 年代得到很大的发展,目前,全国有加气混凝土砌块厂 140 多家,总生产能力达 700 万 m³,应用技术规程等方面也已经成熟。

(1)蒸压加气混凝土砌块的技术性能

①规格尺寸(mm)。长度(L):600。宽度(B):100、125、150、200、250、300 及 120、180、240。高度(H):200、240、250、300。

②分类。根据《蒸压加气混凝土砌块》(GB/T 11968—2020)规定,砌块按抗压强度分为 A1.5、A2.0、A2.5、A3.5、A5.0 五个等级,标记中 A 代表砌块强度等级,数字表示强度值(MPa)。具体指标见表 10-12、表 10-13。按体积密度(kg/m³)分为 300、400、500、600、700 五级,分别记为 B03、B04、B05、B06、B07。

③干缩值、抗冻性、导热系数。砌块孔隙率较高,抗冻性较差、保温性较好;出釜时含水率较高,干缩值较大;因此《蒸压加气混凝土砌块》(GB/T 11968—2020)还规定了干缩值、抗冻性

和导热系数要满足的相应指标要求。

表 10-12　　　　　　　　　　**砌块的抗压强度（GB/T 11968—2020）**

强度级别	抗压强度/MPa	
	平均值	最小值
A1.5	≥1.5	≥1.2
A2.0	≥2.0	≥1.7
A2.5	≥2.5	≥2.1
A3.5	≥3.5	≥3.0
A5.0	≥5.0	≥4.2

表 10-13　　　　　　　　　　**砌块的强度级别（GB/T 11968—2020）**

干密度级别	平均干密度/(kg·m⁻³)
B03	≤350
B04	≤450
B04	≤450
B05	≤550
B04	≤450
B05	≤550
B06	≤650
B05	≤550
B06	≤650
B07	≤750

（2）蒸压加气混凝土砌块的特性及应用

蒸压加气混凝土砌块表观密度小、质量轻（仅为烧结普通砖的 1/3），工程应用可使建筑物自重减轻 2/5～1/2，有利于提高建筑物的抗震性能，并降低建筑成本。多孔砌块使导热系数减小[0.14～0.28 W/(m·K)]，保温性能较好。砌块加工性能好（可钉、可锯、可刨、可黏结），使施工便捷。制作砌块可利用工业废料，有利于保护环境。

砌块可用于一般建筑物墙体，可作为低层建筑的承重墙和框架结构、现浇混凝土结构建筑的外墙填充、内墙隔断，也可用于抗震圈梁构造柱多层建筑的外墙或保温隔热复合墙体。加气混凝土砌块不得用于建筑基础和处于浸水、高湿和有化学侵蚀的环境中，也不能用于承重制品表面温度高于 80 ℃的建筑部位。

4. 蒸养粉煤灰小型空心砌块

蒸养粉煤灰小型空心砌块是指以粉煤灰、水泥、石灰和石膏为胶结料，以煤渣为骨料，经加水搅拌、振动成型、蒸汽养护制成的密实或空心硅酸盐砌块，简称粉煤灰砌块。其配合比一般为：粉煤灰 31%～35%、石灰 8%～12%、石膏 1%～2%、水 31%～32%（占干状混合料的质量百分比）。

根据《粉煤灰混凝土小型空心砌块》（JC/T 862—2008）中的规定，砌块主规格为 390 mm×190 mm×190 mm，其他规格尺寸可以由供需双方商定。粉煤灰小型空心砌块按孔的排数分为单排孔、双排孔和多排孔三类；按强度等级可分为 MU3.5、MU5.0、MU7.5、MU10.0、MU15.0、

MU20.0 六个等级。

粉煤灰小型空心砌块适用于工业和民用建筑的墙体和基础,但不宜用于酸性侵蚀的、密闭性要求高的、受较大振动影响的建筑物,也不宜用于经常处于高温的承重墙和经常处于潮湿环境中的承重墙。

10.3 砌筑石材

石材是古老的建筑材料之一,由于其抗压强度高,耐磨、耐久性好,美观而且便于就地取材,因此现在仍然被广泛使用。世界上许多古老建筑,如埃及的金字塔、意大利的比萨斜塔、中国秦代所建的万里长城、中国河北隋代的赵州桥等;还有现代建筑,如北京天安门广场的人民英雄纪念碑等均由天然石材建造而成。石材的缺点是,自身质量大,脆性大,抗拉强度低,结构抗震性能差,开采加工困难。随着现代化开采与加工技术的进步,石材在现代建筑中,尤其在建筑装饰中的应用越来越广泛。

在建筑中,块状的毛石、片石、条石、块石等常用来砌筑建筑基础、桥涵、墙体、勒脚、渠道、堤岸、护坡与隧道衬砌等;石板用于内外墙的贴面和地面材料;页片状的石材可作屋面材料。纪念性的建筑雕刻和花饰均可采用各种天然石材。散状的砂、砾石、碎石等广泛用于道路工程、水利工程等,它们是混凝土、砂浆和人造石材的主要原料。有些天然石材还是生产砖、瓦、石灰、水泥、陶瓷、玻璃等建筑材料的主要原材料。

10.3.1 天然砌筑石材

1. 天然岩石的分类

天然岩石按形成的地质条件不同,可分为岩浆岩、沉积岩和变质岩三类。

(1)岩浆岩

岩浆岩又称火成岩,是地壳内的熔融岩浆在地下或喷出地面后冷凝而成的岩石,约占地壳总体积的 65%。根据形成条件可将岩浆岩分为喷出岩、深成岩和火山岩三类。

①喷出岩。喷出岩是岩浆喷出地表时,在压力降低和冷却较快的条件下形成的岩石。由于大部分岩浆来不及完全结晶,因而常呈隐晶或玻璃质结构。当喷出的岩浆形成较厚的岩层时,其岩石的结构与性质类似深成岩;当形成较薄的岩层时,由于冷却速度快及气压作用而易形成多孔结构的岩石,其性质近似于火山岩。土木工程中常用的喷出岩有辉绿岩、玄武岩及安山岩等。

②深成岩。深成岩是岩浆在地下深处(>3 000 m)缓慢冷却、凝固而生成的全晶质粗粒岩石,一般为全晶质粗粒结构。其结晶完整、晶粒粗大、结构致密,具有抗压强度高、孔隙率及吸水率小、表观密度大及抗冻性好等特点。土木工程中常用的深成岩有花岗岩、正长岩、橄榄岩和闪长岩等。

③火山岩。火山岩是火山爆发时,岩浆被喷到空中而急速冷却后形成的岩石。火山岩多呈非结晶玻璃质结构,其内部含有大量气孔,并有较高的化学活性,常用作混凝土骨料、水泥混合料等。土木工程中常用的火山岩有火山灰、火山凝灰岩和浮石等。

(2)沉积岩

沉积岩又称为水成岩,是地表各种岩石的风化产物和一些火山喷发物,经过水流或冰川的搬运、沉积、成岩作用形成的岩石。其特征是呈层状构造,外观多层理,表观密度小,孔隙率和吸水率较大,强度较低,耐久性较差。沉积岩主要包括有石灰岩、砂岩、页岩等。

①石灰岩。石灰岩简称灰岩,主要化学成分为 $CaCO_3$,主要矿物成分为方解石,有时也含有白云石、黏土矿物和碎屑矿物,有灰、灰白、灰黑、黄、浅红、褐红等色,硬度一般不大。石灰石来源广、易劈裂、便于开采,具有一定的强度和耐久性,被广泛应用于土木工程材料中。块石可作为基础、墙身、阶石及路面等,碎石是常用混凝土的骨料。

②砂岩。砂岩是源区岩石经风化、剥蚀、搬运在盆地中堆积形成的岩石。绝大部分砂岩是由石英或长石组成的。砂岩按其沉积环境可划分为石英砂岩、长石砂岩和岩屑砂岩三大类。砂岩是使用最广泛的一种建筑用石材。几百年前用砂岩装饰而成的建筑至今仍保存完好,如巴黎圣母院、罗浮宫、英伦皇宫、哈佛大学等。最近几年砂岩作为一种天然建筑材料,被追随时尚和自然的建筑设计师所推崇,广泛地应用在商业和家庭装潢上。

③页岩。页岩成分复杂,具有薄页状或薄片层状的节理,主要是由黏土沉积经压力和温度形成的岩石,但其中也混杂有石英、长石的碎屑和其他化学物质。页岩的结构比较致密,其普氏硬度系数为 4～5,有的硬质页岩的硬度更大。页岩的颗粒组成与它的自然颗粒级和成岩原因有关,颗粒组成变化的波动幅度较大,从而影响页岩的其他性能。土木工程中使用页岩作为烧结砖的原料,或是利用页岩陶粒作为轻集骨架料制备墙体材料。

(3)变质岩

变质岩是地壳中原有的岩石受构造运动、岩浆活动或地壳内热流变化等内应力影响,使其矿物成分、结构构造发生不同程度的变化而形成的新岩石。固态的岩石在地球内部的压力和温度作用下,发生物质成分的迁移和重结晶,形成新的矿物组合。如普通石灰石由于重结晶变成大理石;如片麻石是由岩浆岩经变质而形成的。

①大理岩。大理岩又称大理石,是由石灰岩或白云石经高温、高压作用,重新结晶变质而成的。大理岩的构造多为块状构造,也有不少大理岩具有大小不等的条带、条纹、斑块或斑点等构造,它们经加工后便成为具有不同颜色和花纹图案的装饰建筑材料。土木工程中常用于建造纪念碑、铺砌地面、墙面以及雕刻栏杆等,也用作桌面、石屏或其他装饰。

②片麻岩。片麻岩是花岗岩变质而成,变质程度深,具有片麻状构造或条带状构造,有鳞片粒状变晶,主要由长石、石英、云母等组成,其中长石和石英含量大于 50%,长石多于石英。片麻岩可用作碎石、块石及人行道石板等。

2. 天然砌筑石材的技术性质

天然砌筑石材的性质主要取决于它们的矿物组成、结构与构造的特征,同时也受到一些外界因素的影响,如自然风化或开采加工过程中造成的缺陷等。

(1)物理性质

①表观密度。石材的表观密度与矿物组成、孔隙率有关。致密的石材,如花岗岩、大理石等,其表观密度接近于密度,在 2 500～3 100 kg/m³,而孔隙率较大的石材,如火山凝灰岩、浮石岩,表观密度较小,在 500～1 700 kg/m³。表观密度是石材品质评价的粗略指标。表观密度大于 1 800 kg/m³ 的称为重质石材,一般用作基础、桥涵、隧道、墙、地面及装饰用材料等。表观密度小于 1 800 kg/m³ 的称为轻质石材,一般多用作墙体材料。一般情况下,同种石材表观密度越大,抗压强度越高,吸水率越小,抗冻性与耐久性越好,导热性越好。

②吸水性。岩石吸水性的大小与其孔隙率及孔隙特征有关。深成岩及许多变质岩,它们的孔隙率都很小,吸水率也较小。如花岗岩的吸水率小于 0.5%;沉积岩的孔隙率及孔隙特征

变化很大,吸水率波动也很大。如致密的石灰岩其吸水率可小于1.0%,而多孔的贝壳石灰岩的吸水率可高达15.0%。一般岩石吸水率低于1.5%的称为低吸水性岩石;吸水率高于3.0%的岩石称为高吸水性岩石;吸水率在1.5%～3.0%的岩石称为中吸水性岩石。石料吸水后其强度会降低、耐水性及抗冻性变差,导热性增大。

③抗冻性。石材的抗冻性与其吸水性、吸水饱和程度和冻融次数有关,吸水率越低,抗冻性越好。如坚硬致密的花岗岩、石灰岩等,抗冻性好。冻结温度越低或冷却温度越快,则冻结的破坏速度与程度越大。石材的吸水多少与其吸水饱和程度有关,饱和系数是指材料体积吸水率与开口孔隙的体积百分比。饱和系数越大,吸水越多,抗冻性越差;反之则抗冻性越好。石材浸水时间越长,吸水越多,饱和系数越大,抗冻性越差。如有些石灰石,浸水1～5天时抗冻性尚可,但浸水30天后则抗冻性能很差,基本不能承受冻融循环破坏。

影响石材抗冻性强弱的实质在于石材的矿物成分、结构、构造以及其风化程度。当石材中含有较多的黑云母、黄铁矿、黏土等矿物时,抗冻性较差;风化程度大者,抗冻性较差。石材的抗冻等级分为七个:5、10、15、25、50、100、200(冻融循环次数)。在不同地区和不同部位使用石材时需要注意其抗冻性的要求。

④耐水性。石材的耐水性用软化系数表示,根据软化系数的大小,石材的耐水性分为高、中、低三等。软化系数高于0.90的石材称为高耐水性,软化系数在0.75～0.90的石材为中耐水性,软化系数在0.60～0.75的石材为低耐水性。软化系数小于0.60的石材不能用于重要建筑物。经常与水接触的建筑物,石料的软化系数一般不应低于0.75～0.90。

⑤耐热性。石材的耐热性与其化学成分及其矿物组成有关。含有石膏的石材,在100 ℃以上时开始破坏;含有碳酸镁的石材,温度高于725 ℃时会发生破坏;而含有碳酸钙的石材,则当温度达到827 ℃时开始破坏。由石英与其他矿物组成的结晶石材,如花岗岩等,当温度达到700 ℃时,由于石英受热膨胀,强度迅速下降。

⑥导热性。石材的导热性与表观密度和结构有关。重质石材的导热系数为2.91～3.49 W/(m·K);轻质石材的导热系数则在0.23～0.70 W/(m·K)。相同成分的石材,玻璃态比结晶态的导热系数要小。具有封闭孔隙的石材,其导热系数较小。

⑦抗风化性及风化程度。岩石抗风化能力的强弱与其矿物组成、结构和构造状态有关。其风化程度见表10-14。岩石的风化程度用k_w表示,k_w为该岩石与新鲜岩石单轴抗压强度的比值。

表 10-14 岩石风化程度表

风化程度	k_w 值	风化程度	k_w 值
新鲜(包括微风化)	0.90～1.00	半风化	0.40～0.75
		强风化	0.20～0.40
微风化	0.75～0.90	全风化	<0.20

建筑物中所用的石料要求:质地均匀,没有显著风化迹象,没有裂缝,不含易风化矿物。

(2)力学性质

①抗压强度。天然石料的强度取决于石料的矿物组成、晶粒粗细及构造的均匀性、孔隙率大小和岩石风化程度等。石料强度一般变化都较大,具有层理构造的石料,其垂直层理方向的抗压强度较平行层理方向的高。国家标准《砌体结构设计规范》(GB 50003—2011)规定,石材的强度等级,以三块棱长为70 mm的立方体试件,用标准试验方法所测得极限抗压强度平均

值（MPa）表示。按抗压强度值的大小，分为七个强度等级：MU100、MU80、MU60、MU50、MU40、MU30、MU20。水利工程中，将天然石料按 ϕ50 mm×100 mm 圆柱体或 50 mm×50 mm×100 mm 棱柱体试件，浸水饱和状态的极限抗压强度，划分为 100、80、70、60、50、30 六个等级。并按其抗压强度分为硬质岩石、中硬岩石及软质岩石三类，见表 10-15。水利工程中所用石料的等级一般均应大于 30 MPa。

表 10-15　　　　　　　　　　　　岩石软硬分类表

岩石类型	单轴饱和抗压强度/MPa	代表性岩石
硬质岩石	>80	中细粒花岗岩、花岗片麻岩、闪长岩、辉绿岩、安山岩、流纹岩、石英岩、硅质灰岩、硅质胶结的砾岩、玄武岩
中硬岩石	30～80	厚层与中厚层石灰岩、大理岩、白云岩、砂岩、钙质岩、板岩、粗粒或斑状结构的岩浆岩
软质岩石	<30	泥质岩、互层砂质岩、泥质灰岩、部分凝灰岩、绿泥石片岩、千枚岩

②冲击韧性。岩石的韧性取决于其矿物组成及结构。天然石材是典型的脆性材料，抗拉强度为抗压强度的 1/50～1/14。石英岩、硅质砂岩具有较高的脆性，而含有暗色矿物较多的辉长岩、辉绿岩等具有较高的韧性。通常晶体结构的岩石韧性高于非晶体结构的岩石。

③耐磨性。石材的耐磨性是指其抵抗磨损和磨耗的性能。石材的耐磨性用磨耗率来表示，该值为试样磨耗损失质量与试样磨耗之前的质量之比。石材的耐磨性取决于其矿物组成、结构及构造。组成矿物越硬，构造越致密以及石材的抗压强度和抗冲击韧性越高，石材的耐磨性越好。

④硬度。硬度用莫氏硬度或肖氏硬度表示。石材的硬度取决于该矿物组成的硬度与构造。凡由致密、坚硬的矿物组成的石料，其硬度均较高。结晶质结构的硬度高于玻璃质结构。一般来说，石材的抗压强度越高，硬度越大，其耐磨性和抗刻划性越好，但表面加工越难。

（3）工艺性质

建筑石材的工艺性质是指石材开采和加工过程的难易程度及可能性，包括加工性、磨光性、抗钻性等。加工性质对应用于建筑装饰工程的石材而言是非常重要的，直接影响石材的装饰效果。

①加工性。建筑石材的加工性是指对岩石劈解、破碎、凿琢等加工工艺的难易程度。凡是强度、硬度、韧性较高的石材，均不易加工；性脆而粗糙、有颗粒交错结构、含有层状或片状构造，以及已经风化的岩石，都难以加工成规则石材。

②磨光性。建筑石材的磨光性是指岩石能否磨成光滑表面的性质。致密、均匀、细粒的岩石，一般都有良好的磨光性，可以磨成光滑整洁的表面；疏松多孔、有鳞片状构造的岩石，磨光性均不好。

③抗钻性。建筑石材的抗钻性是指岩石钻孔时的难易程度。影响石材抗钻性的因素很复杂，一般认为与岩石的强度、硬度等性质有关。

由于具体工程以及使用条件的不同，对建筑石材的性质及其所要达到的指标的要求均有所不同。对应用于基础、桥梁、隧道以及砌筑工程的石材，一般规定必须具有较高的抗压强度、抗冻性和耐水性；应用于建筑装饰工程的石材，除了要求具备一定的强度、抗冻性、耐水性之外，对于石材的密度、耐磨性等的要求也较高。

（4）放射性

石材的放射性来源于地壳岩石中所含的天然放射性核素。岩石中广泛存在的天然放射性核素主要有铀、钍、镭、钾等长寿命放射性同位素。这些长寿命的放射性核素放射产生的 γ 射线和氡气,对室内的人体造成外照射危害和内照射危害。这些放射性核素在不同种类岩石中的平均含量有很大差异。在碳酸盐岩石中,放射性核素含量较低;在岩浆岩中,放射性核素则随岩石中 SiO_2 含量的增加而增大;此外岩石的酸性增加,放射性核素的平均值含量也有规律地增加。研究表明:大理石放射性水平较低;而一般红色品种的花岗岩放射性指标都偏高,并且颜色越红紫,放射性指标越高。因此,在选用天然石材用于室内装修时,应有放射性检验合格证明或检测鉴定。

根据国家标准《建筑材料放射性核素限量》(GB 6566－2010) 规定装修材料(包括石材、建筑陶瓷、石膏制品、吊顶材料、粉刷材料及其他新型饰面材料等)按放射性水平大小划分为 A、B、C 三类:

A 类: I_{Ra}(内照射指数)$\leqslant 1.00$;I_r(外照射指数)$\leqslant 1.30$,产销与使用范围不受限制。

B 类: $I_{Ra} \leqslant 1.30$;$I_r \leqslant 1.90$,不可用于 I 类民用建筑的内饰面,但可用于 I 类民用建筑的外饰面及其他建筑物的内、外饰面。其中 I 类民用建筑规定为住宅、医院、幼儿园、老年公寓和学校。其他民用建筑一律划归为 II 类民用建筑。

C 类:不满足 A、B 类要求而满足 $I_r \leqslant 2.80$,只可用于建筑物的外饰面及室外其他用途。$I_r > 2.80$ 的天然石材只可用于碑石、海堤、桥墩等其他用途。

（5）化学性质

应用于土木工程和建筑装饰工程的石材的化学性质,主要包括以下两个方面:

①石材自身的化学稳定性。在通常情况下,可以认为石材的化学稳定性较好;但各种石材的耐酸性和耐碱性存在差别。例如大理石的主要成分是碳酸钙,易受化学介质的影响;而花岗岩的化学成分为石英、长石等硅酸盐,其化学稳定性较大理石好。

②石材的化学性质对集料-结合料结合效果的影响。土木工程中配制水泥混凝土、沥青混凝土的集料可由石材轧制加工而成,因此,石材的化学性质将影响集料的化学性质,进而影响集料和水泥、沥青等结合料的结合效果。例如:沥青为酸性材料,利用碱性的石灰岩制备的沥青混合料的性能比利用酸性的花岗岩、石英岩制备的沥青混合料的性能要好。

3. 常用天然砌筑石材

土木建筑工程在选用天然石材时,应根据建筑物的类型、使用要求和环境条件,再结合当地资源进行综合考虑,使所选用的石材满足适用、经济、环保和美观的要求。

土木建筑工程中常用的天然石材有毛石(片石)、料石、石板、道砟、骨料等。

（1）毛石(片石)

毛石是由爆破直接得到的、形状不规则的石块,又称片石或块石。按其表面的平整程度又分为乱毛石和平毛石两种。

①乱毛石。乱毛石指各个面的形状均不规则的毛石。乱毛石一般在一个方向上的尺寸为 $300 \sim 400$ mm,质量为 $20 \sim 30$ kg,其强度不小于 10 MPa,软化系数不应小于 0.75。

②平毛石。平毛石是将乱毛石略经加工而成的石块,形状较整齐,但表面粗糙,其中部厚度不应小于 200 mm。

毛石常用于砌筑基础、勒脚、墙身、堤坝、挡土墙等;其中乱毛石也可用作混凝土的骨料。

（2）料石

料石是指由人工或机械开采的、并略加凿琢而成的、较规则的六面体石块。按料石表面加工的平整程度可分为以下四种：

①毛料石。毛料石表面一般不经加工或仅稍加修整，为外形大致方正的石块。其厚度不小于 200 mm，长度通常为厚度的 1.5～3.0 倍，叠砌面凹凸深度不应大于 25 mm，抗压强度不得低于 30 MPa。毛料石可用于桥梁墩台的镶面工程、涵洞的拱圈与帽石、隧道衬砌的边墙，也可以用作高大的或受力较大的桥墩台的填腹材料。

②粗料石。粗料石经过表面加工，外形较方正，截面的宽度、高度不应小于 200 mm，而且不小于长度的 1/4，叠砌面凹凸深度不应大于 20 mm。粗料石的抗压强度视其用途而定，用作桥墩破冰体镶面时，不应低于 60 MPa；用作桥墩分水体时，不应低于 40 MPa；用于其他砌体镶面时，不应低于砌体内部石料的强度。

③半细料石。半细料石经过表面加工，外形方正，规格尺寸同粗料石，但叠砌面凹凸深度不应大于 15 mm。

④细料石。细料石表面经过细加工，外形规则，规格尺寸同粗料石，其叠砌面凹凸深度不应大于 10 mm。制作为长方形的称为条石，长、宽、高大致相等的称为方料石，楔形的称为拱石。

常用致密的砂岩、石灰岩、花岗岩等经开采、凿制，至少应有一个面的边角整齐，以便相互合缝。料石常用于砌筑墙身、地坪、踏步、拱和纪念碑等；形状复杂的料石制品可用作柱头、柱基、窗台板、栏杆和其他装饰等。

（3）石板

石板是指对采石场所得的荒料经人工凿开或锯解而成的板材，厚度为 10～30 mm，长度和宽度范围一般为 300～1 200 mm。一般多采用花岗岩或大理石锯解而成。按板材的表面加工程度分为：

①粗面板材。其表面平整粗糙，具有较规则的加工条纹。品种有机刨板、剁斧板、锤击板、烧毛板等。

②细面板材。细面板材为表面平整、光滑的板材。

③镜面板材。指表面平整，具有镜面光泽的板材，大理石板材一般均为镜面板材。

粗细板材多用于室内外墙、柱面、台阶、地面等部位。镜面板材多用于室内饰面及门面装饰、家具的台面等。大理岩的主要矿物组成是方解石或白云石，在大气中受二氧化碳、硫化物、水气等作用，易于溶蚀，失去表面光泽而风化、崩裂，故大理石板材主要用于室内装饰。

（4）道砟材料

道砟材料主要有碎石道砟、砾石道砟与砂道砟三种。

①碎石道砟。由开采坚韧的岩浆岩或沉积岩，或是大粒径的砾石经过破碎而得到的。碎石道砟按其粒径可分为：标准道砟（20～70 mm），应用于新建、大修与维修铁道线路上；中道砟（15～40 mm），应用于垫砂起道。碎石道砟的石质应是坚韧、耐磨、不易风化的，所含松软颗粒、尘屑不得超过规定限值。

②砾石道砟。又分筛选砾石道砟与天然级配砾石道砟。筛选砾石道砟是由粒径为 5～40 mm 的天然级配的砾石，掺以规定数量的 5～40 mm 的敲碎颗粒所组成。天然级配砾石道砟是既有砾石，又有砂的混合物。其中 3～60 mm 的砾石占混合物总量的 50%～80%，小于 3 mm 的砂占混合物总量的 20%～50%。砾石道砟同样应是坚韧、耐磨、不易风化的，所含松软颗粒、尘屑不得超过规定限值。

③砂道砟。基本上由坚韧的石英砂所组成,其中大于 0.5 mm 的颗粒应超过总质量的 50%,尘末与黏土含量均不得超过规定值。

10.3.2 人工砌筑石材

1. 人造石材的类型

人造石材是以水泥、不饱和聚酯树脂等材料作为黏结剂,配以天然大理石或方解石、白云石、硅砂、玻璃粉等无机物粉料,以及适量的阻燃剂、颜色等,经配料混合、瓷铸、振动压缩、挤压等方法成型固化制成的。

根据人造石材使用胶结料的种类可以将其分为四大类。

(1)水泥型人造石材

水泥型人造石材是以白色水泥、彩色水泥、硅酸盐水泥、铝酸盐水泥等各种水泥为胶结材料,砂、碎石粒为粗细骨料,经配制、搅拌、加压蒸养、磨光和抛光后制成的人造石材。配制过程中,混入色料,可制成彩色水泥石。水泥型石材的生产取材方便,价格低廉,但其装饰性较差。水磨石和各类花阶砖即属此类。

(2)聚酯型人造石材

聚酯型人造石材是以不饱和聚酯树脂为胶结剂,与天然大理碎石、石英砂、方解石、石粉或其他无机填料按一定比例配合,再加入催化剂、固化剂、颜料等外加剂,经混合搅拌、固化成型、脱模烘干、表面抛光等工序加工而成。使用不饱和聚酯的产品光泽好、颜色鲜艳丰富、可加工性强、装饰效果好;这种树脂黏度低,易于成型,常温下可固化。成型方法有振动成型、压缩成型和挤压成型。聚酯型人造石材多用于室内装饰,可用于宾馆、商店、公共土木工程和制造各种卫生器具等。

(3)复合型人造石材

复合型人造石材是由无机胶结料(水泥、石膏等)和有机胶结料(不饱和聚酯或单体)共同组合而成。其制作工艺是先用水泥、石粉等制成水泥砂浆的坯体,再将坯体浸于有机单体中,使其在一定条件下聚合而成。对板材而言,底层用性能稳定而价廉的无机材料,面层用聚酯和大理石粉制作。复合型人造石材制品的造价较低,但它受温差影响后聚酯面易产生剥落或开裂。

(4)烧结型人造石材

烧结型人造石材是将长石、石英、辉绿石、方解石等粉料和赤铁矿粉,以及一定量的高龄土共同混合,一般配比为石粉 60%,黏土 40%,采用混浆法制备坯料,用半干压法成型,再在窑炉中以 1 000℃左右的高温焙烧而成。烧结型人造石材的装饰性好,性能稳定,但需经高温焙烧,因而能耗大,造价高。

2. 人造石材的性能

(1)装饰性

人造石材模仿天然花岗岩、大理石的表面纹理特点设计而成的,具有天然石材的花纹和质感,美观大方,视觉效果好,具有很好的装饰性。

(2)物理性能

用不同的胶结料和工艺方法所制的人造石材,其物理力学性能不完全相同。

（3）可加工性

人造石材具有良好的可加工性。可用加工天然石材的常用方法对其锯、切、钻孔等。易加工的特性对人造石材的安装和使用十分有利。

（4）环保特性

人造石材本身不直接消耗原生的自然资源、不破坏自然环境,而是利用天然石材开矿时产生的大量的难以处理的废石料资源,其生产方式是环保型的。人造石材的生产过程中不需要高温聚合,不存在大量消耗燃料和废气排放的问题。

习题及案例分析

一、习题

1. 砌墙砖分哪几类?

2. 墙用砌块与普通黏土砖相比有哪些优点?

3. 某住宅楼地下室墙体用普通黏土砖,设计强度等级为 MU10.0,经对现场送检试样进行检验,抗压强度测定结果见表 10-16,试评定该砖的强度是否满足设计要求。

表 10-16　　　　　　　　　　　抗压强度测定结果

试件编号	1	2	3	4	5	6	7	8	9	10
抗压强度/MPa	11.2	9.8	13.5	12.3	9.6	9.4	8.8	13.1	9.8	12.5

4. 按岩石的生成条件,岩石可分为哪几类? 举例说明。

5. 石材有哪些主要的技术性质? 影响石材抗压强度的主要因素有哪些?

6. 表征天然石材耐水性的指标是什么,如何区分天然石材的耐水性等级?

二、工程实例与分析

案例 1:灰砂砖墙体裂缝问题

工程概况:我国西部某石油基地库房砌筑采用蒸压灰砂砖,由于工期紧,灰砂砖亦紧俏,出厂四天的灰砂砖即砌筑。8 月完工,后发现墙体有较多垂直裂缝,至 11 月月底裂缝基本稳定。

原因分析:

首先是砖出厂到上墙时间太短,灰砂砖出釜后含水量随时间而减少,20 多天后才基本稳定。出釜时间太短必然导致灰砂砖干缩大。另外是气温影响。砌筑时气温很高,而几个月后气温明显下降,从而温差导致温度变形。最后是因为该灰砂砖表面光滑,砂浆与砖的黏结程度低。还需要说明的是灰砂砖砌体的抗剪强度普遍低于普通黏土砖。

案例 2:蒸压加气混凝土砌块墙体裂缝

工程概况:某工程用蒸压加气混凝土砌块砌筑外墙,该蒸压加气混凝土砌块出釜一周后即砌筑,工程完工一个月后,墙体出现裂纹,试分析原因。

原因分析:

该外墙属于框架结构的非承重墙,所用的蒸压加气混凝土砌块出釜仅一周,其收缩率仍较大,在砌筑完工干燥过程中继续产生收缩,墙体在沿着砌块与砌块交接处就会产生裂缝。

第11章 建筑功能材料

防水材料

学习目标

1.知识目标:熟悉常用建筑装饰材料、建筑防水材料和建筑绝热材料的概念、指标、标准及实验方法、影响因素及改善措施,掌握高聚物改性沥青防水卷材及合成高分子防水卷材的主要技术性质及应用掌握复杂结构和严酷环境下建筑功能材料的选择设计、失效的原因分析并提供相应的解决方案等。

2.能力目标:提供解决工程中功能材料相关技术评价和解决方案。

3.素质目标:立德树人,培养学生严谨勤奋的工作态度,精益求精的工作作风,求真务实的社会责任。

发展趋势

随着科学技术的发展,学科的交叉及多元化产生了新的技术和工艺。前沿的材料技术、工艺越来越多地应用于建筑功能材料的研制和开发,使得建筑功能材料的发展日新月异。不仅提高了材料原有的性能,如隔水、防热等性能得到了提高,而且实现了在节能、隔音、防水、美观等方面多功能的综合。同时,社会发展对建筑功能材料的发展提出了更高的要求,可持续发展理念已逐渐深入建筑功能材料中,具有节能、环保、绿色和健康等特点的建筑功能材料应运而生。建筑功能材料正向着多功能化、智能化、全寿命周期经济性,以及可循环利用性、再生利用性等方向发展。

11.1 建筑装饰材料

11.1.1 建筑装饰石材

建筑石材是人类最早使用的建筑材料。虽然低价的钢铁及混凝土已逐渐取代石材在承重构造方面的地位,但是石材表面美妙的颜色及纹理的变化,经由建筑师的设计,增加了石材高贵、亮丽的质感,这些都是混凝土、钢铁及玻璃所无法企及的。

1. 简介

常用建筑装饰石材按成因可分为火成岩、沉积岩和变质岩;按岩性可分为花岗岩类、绿色岩类、石灰岩类、大理岩类、砂岩类和皮岩类;按来源可分为天然石材和人造石材。

常用建筑装饰石材的分类、成因、常见类型、构造特点、性质及用途见表 11-1。

表 11-1　　常用建筑装饰石材的分类、成因、常见类型、构造特点、性质及用途

分类		成因	常见类型	构造特点	性质	用途
火成岩	深成岩	熔融岩浆由地壳内部上升,冷却而成	花岗岩、闪长岩、辉长岩等	块状构造较致密	抗压强度高,容重大,孔隙小,吸水性小,耐磨	道路、桥墩、基础、石坝、骨料等
	喷出岩		玄武岩、辉绿岩、安山岩等	气孔状	熔点高,抗压强度较高,不易磨损,有孔隙形成	铸石原料,混凝土骨料,路面用石料等
	火山岩		火山灰、火山砂、浮石等	多孔	孔隙率大,具有化学活性	水泥原料,轻混凝土骨料
沉积岩	机械沉积岩	由原来的母岩风化后,经搬运,沉积和再造岩作用而形成	砂岩、页岩等	层状构造	有较多孔隙,强度较低,耐久性差	基础、墙身、人行道、骨料等
	化学沉积岩		白云岩	粒状构造		做一般建筑材料,碎石等
	有机沉积岩		石灰岩	层状构造		做道路建筑材料,制造石灰,水泥的原料,混凝土骨料等
变质岩	由岩浆岩形成	由岩浆岩或沉积岩经过地质上的变质作用而形成	片麻岩(花岗岩变质而成)	片麻状或带状构造		碎石、块石、人行道石板等
	由沉积岩形成		大理岩(石灰岩变质而成)	块状构造		
			石英岩(硅质砂岩变质而成)			装饰材料

2. 技术性质

建筑装饰石材因生成条件或生产工艺各异,即使是同一类岩石,其性质也可能有很大的差别。因此,在使用前都必须进行检验和鉴定,以保证工程质量。

建筑装饰石材的技术性质包括物理性质、力学性质、工艺性质及化学性质等。

(1)物理性质

①表观密度

表观密度是指建筑装饰石材在自然状态下单位体积的质量。它与矿物成分、孔隙率及含水率有关。致密的建筑装饰石材,如花岗岩和大理岩等,其表观密度接近于密度,一般为 $2\,500\sim3\,100\ kg/m^3$。而孔隙较多的建筑装饰石材,如火山凝灰岩和浮石等,其表观密度远小于密度,为 $500\sim1\,700\ kg/m^3$。

天然建筑装饰石材根据表观密度的大小可分为轻质建筑装饰石材和重质建筑装饰石材:

A. 轻质建筑装饰石材:表观密度 $<1\,800\ kg/m^3$,多用作墙体材料;

B. 重质建筑装饰石材:表观密度 $>1\,800\ kg/m^3$,多用作基础、桥涵、挡土墙及道路等。

②吸水性

吸水性是指建筑装饰石材在水中吸收水分的性质。

建筑装饰石材吸水性主要受到建筑装饰石材的孔隙率及孔隙特征、矿物成分、湿润性及浸水条件等的影响。

孔隙率及孔隙特征的影响：开口孔隙易被水浸润，闭口孔隙不易被水浸入。孔隙特征相同的建筑装饰石材，孔隙率越大，则吸水率越高。

矿物成分的影响：岩浆深成岩以及许多变质岩，它们的孔隙率都很小，故其吸水率也很低，例如，花岗岩的吸水率通常低于0.5%；而沉积岩由于形成的条件不同，密实程度与胶结情况会有所不同，因而孔隙率与孔隙特征的变动很大，这导致建筑装饰石材吸水率的波动也很大，如致密的石灰岩吸水率可低于1%，而多孔贝壳灰岩可高达15%。

湿润性的影响：建筑装饰石材的湿润性与其中矿物成分的亲水性有关。酸性岩石，如花岗岩等，含有亲水性较好的矿物，比碱性岩石，如石灰石等，具有更大的湿润性，因而吸水性较强。

建筑装饰石材按吸水性可分为三种：吸水性低于1.5%的岩石为低吸水性岩石，吸水性在1.5%～3.0%的岩石为中吸水性岩石，吸水性高于3.0%的岩石为高吸水性岩石。

建筑装饰石材的吸水性对其强度及耐水性有很大影响。建筑装饰石材吸水后，会使结构减弱，降低颗粒之间的黏结力，从而使强度降低。有些岩石还容易被水溶蚀。因此，吸水性强与易溶的岩石，其耐水性较差。建筑装饰石材的吸水性与饱和系数有关。饱和系数是指材料的体积吸水率与开口孔隙的体积百分率之比。饱和系数越大，吸水性越强。同时，建筑装饰石材的吸水程度与浸水时间有关，浸水时间越长，吸水饱和程度越大。此外，建筑装饰石材的吸水性还与其他一些性质，如导热性和抗冻性等有着密切的关系。

③耐水性

建筑装饰石材的耐水性是指建筑装饰石材长期在饱和水的作用下不破坏，强度也无显著降低的性质。耐水性用软化系数表示。软化系数(K_p)指建筑装饰石材在吸水饱和状态下的抗压强度与干燥状态下的抗压强度之比。当岩石中含有较多的黏土或易溶物质时，软化系数较小，耐水性较差。根据软化系数的大小，可将建筑装饰石材分为高、中、低三个等级：

软化系数＞0.90的为高耐水性。

软化系数在0.75～0.90的为中耐水性。

软化系数在0.60～0.75的为低耐水性。

软化系数＜0.60的不允许用于重要建筑物中。

④抗冻性

建筑装饰石材在潮湿状态下，能抵抗冻融而不发生显著破坏的性能称为抗冻性。建筑装饰石材抗冻性指标用冻融循环次数表示。在规定的冻融循环次数内，无贯穿裂缝，质量损失不超过5%，强度减少不超过25%，则抗冻性合格。根据能经受的冻融循环次数，可将建筑装饰石材分为D5、D10、D15、D25、D50、D100及D200七个等级。根据经验，吸水率低于0.5%的建筑装饰石材，被认为是抗冻的，可不进行抗冻试验。

⑤耐热性

建筑装饰石材的耐热性与其化学成分及矿物组成有关。含有石膏的建筑装饰石材在100 ℃以上时开始破坏；含有碳酸镁的建筑装饰石材，温度高于725 ℃会发生破坏；含有碳酸钙的建筑装饰石材,温度达 827 ℃时开始破坏。由石英与其他矿物组成的结晶建筑装饰石材,如花岗岩等,当温度在 700 ℃以上时,由于石英受热发生膨胀,强度迅速下降。

（2）力学性质

建筑装饰石材的力学性质主要包括:抗压强度、冲击韧性、硬度及耐磨性等。

①抗压强度

建筑装饰石材的抗压强度,是以三个棱长为 70 mm 的立方体试块的抗压破坏强度的平均值表示。根据抗压强度值的大小,建筑装饰石材共分为九个强度等级:MU100、MU80、MU60、MU50、MU40、MU30、MU20、MU15 和 MU10。

②冲击韧性

建筑装饰石材的冲击韧性取决于岩石的矿物组成与构造。石英岩、硅质砂岩脆性较大,韧性较小。含暗色矿物较多的辉长岩、辉绿岩等具有较高的韧性。通常晶体结构的岩石较非晶体结构的岩石具有较高的韧性。

③硬度

建筑装饰石材的硬度取决于其矿物组成的硬度与构造。凡由致密、坚硬矿物组成的建筑装饰石材,其硬度较高。岩石的硬度以莫氏硬度表示。

④耐磨性

石材的耐磨性是指石材在使用条件下抵抗摩擦、边缘剪切及冲击等复杂作用的能力。石材的耐磨性包括耐磨损与耐磨耗两个方面。

（3）工艺性质

建筑装饰石材的工艺性质主要是指开采加工技术的工艺性质,主要包括加工性、磨光性和抗钻性等。

①加工性

加工性是指对岩石劈解、破碎以及锯切等加工工艺的难易程度。凡强度、硬度和韧性较高的建筑装饰石材,均不易加工。质脆而粗糙,有颗粒交错结构,含有层状或片状构造以及已风化的岩石,都难以满足加工的要求。

影响建筑装饰石材加工性的主要因素如下:

A.硬度。一般情况下,建筑装饰石材硬度越大,则加工越困难,对工具的磨损也越大。因建筑装饰石材硬度增大,抗磨蚀性能也增强,切割阻力也加大。

B.矿物组成和化学成分。建筑装饰石材的物质组分包括矿物组成和化学成分,不同的矿物组成和化学成分,其加工性也不同。如大理石的主要造岩矿物为方解石、白云石,其莫氏硬度分别是 3 和 3.5~4.0,较花岗石硬度低,易于加工。花岗石的主要造岩矿物是石英、正长石、斜长石,它们的莫氏硬度为 6.5~7.0。其可加工性在很大程度上取决于石英和长石的含量,含量越高,越难加工。在化学成分上,如 SiO_2 含量越高,加工越困难。

C.岩石的结构构造。一般情况下,颗粒均匀比不均匀的建筑装饰石材易加工;细粒比片状的磨光质量高;致密建筑装饰石材比疏松石材光泽度高,矿物结晶程度好,且定向排列、光轴方向一致,将大大提高抛光后的光泽度。

②磨光性

磨光性是指岩石能够磨成光滑表面的性质。致密、均匀和细粒的岩石,一般都有良好的磨光性。疏松多孔或有鳞片结构的岩石,磨光性均不好。

③抗钻性

抗钻性是指岩石钻孔的难易程度。影响抗钻性的因素很复杂,一般与岩石的强度、硬度等性质有关。

由于用途和使用条件不同,对建筑装饰石材的性质及其所要求的指标均有所不同。工程中用于基础、桥梁、隧道及石砌工程的建筑装饰石材,一般规定其抗压强度、抗冻性与耐水性都必须达到一定的指标。当用作建筑装饰的饰面石材时,以其外观质量、装饰性能及光泽度等为主要评价指标,同时还要考虑其可加工性。

(3)装饰性质

目前,建筑装饰石材主要用于建筑装饰领域。与其他的装修材料相比,建筑装饰石材最大的特点在于:建筑装饰石材属于天然矿产,在许多方面如颜色、质感、线条、硬度等均有其独特的装饰性。

建筑装饰石材颜色的成因很复杂,但主要是由自身矿物中的金属离子引起的。同一种金属离子在不同建筑装饰石材中的含量不同,所形成的颜色也不同;同一种金属离子的价态不同,其颜色也不同;不同带色离子的混合物,同样会形成不同的颜色。此外,建筑装饰石材的干湿程度不同也会引起颜色的变化。正是如此,才形成建筑装饰石材颜色的千差万别,装点多色的世界。

建筑装饰石材的颜色、花纹与质感等因素在选用上属于较为主观的层面,常因业主与设计师的喜好而有所不同,但是若能对建筑装饰石材有较深入的认识,做好石材颜色阴阳、明暗、软硬、冷暖等方面的合理搭配,并在此基础上设计出风格独特的施工图纸,则建筑装饰石材的装饰性就能更完美地体现出来。

3. 常用品种

常用的建筑装饰石材主要有大理石和花岗岩两大类。建筑上的天然大理石除大理岩外,还包括主要成分为碳酸盐矿物、质地较软的其他碳酸盐岩和与其有关的变质岩。市场上常见的变质岩、板岩、千板岩、白云岩、石灰岩等装饰石材统归于大理石类。建筑上的花岗岩包括质地较硬的各类火成岩和花岗岩的变质岩;安山岩、玄武岩、闪长岩、辉绿岩、橄榄岩、辉长岩等用于建筑装饰的石材,因其质地较坚硬,也归于花岗岩。

(1)天然大理石

①结构特征和化学成分

岩石学中所指的大理岩,是由石灰岩或白云岩在高温高压作用下变质而成的变质岩,主要矿物成分为方解石、白云石,主要化学成分为碳酸盐类(碳酸钙或碳酸镁)。但建筑上所说的大理石是广义的,是指具有装饰功能,并可磨光、抛光的各种沉积岩和变质岩;大致包括各种大理岩、石英岩、蛇纹岩(以上均属变质岩),致密石灰岩、砂岩、白云岩(以上均属沉积岩)等。如我国著称于世的汉白玉就是北京房山产的白云岩,丹东绿为蛇纹石化硅片岩,云南大理石则是产于云南大理县的大理岩。

②物理力学性能

天然大理石的物理力学性能见表11-2。

表 11-2　　　　　　　　　　　　　　天然大理石的物理力学性能

项目		技术性能
密度/(kg·m^{-3})		2 600～2 700
强度/MPa	抗压	70.0～110.0
	抗折	6.0～16.0
	抗剪	7.0～12.0
吸水率/%		<1
膨胀系数(×10^{-6}/℃)		6.5～10.12
耐久性		耐久性好,一般使用 40～100 年
抗风化性		较差(因大理石的主要成分为碱性物质 $CaCO_3$,易被酸侵蚀)

③应用

天然大理石板材为高级饰面材料,主要用于建筑装饰等级要求高的建筑物,如用作纪念建筑、宾馆、展览馆、影剧院、商场、图书馆、机场、车站等大型公共建筑的室内墙面、柱面、地面、楼梯踏步等处的饰面材料,也可用作楼梯栏杆、服务台、门脸、墙裙、窗台板、踢脚板等。抛光的大理石板光泽可鉴,色彩绚丽,花纹奇异自然,具有极佳的室内装饰效果,因而被广泛应用。少数质地纯正、杂质少、比较稳定耐久的品种,如汉白玉、艾叶青等大理石也可用作外墙饰面。天然大理石与天然花岗石一样均是天然生成材料,其颜色、花纹很难完全一致,在大面积使用时,务必要仔细选择,以免影响装饰效果。另外,因大理石易被酸侵蚀,故不宜用于有酸性介质侵蚀之处,除个别品种外,一般不宜用于室外装饰,否则会受到酸雨以及空气中 CO_2、SO_3 等酸性氧化物的侵蚀,从而失去表面光泽。

④大理石板材的检测与评价

根据《天然大理石建筑板材》(GB/T 19766－2016),大理石板材分为毛光板、普型板和圆弧板。普型板按规格尺寸偏差、平面度公差、角度公差及外观质量将板材分为 A、B、C 三个等级;圆弧板按规格尺寸偏差、直线度公差、线轮廓度公差及外观质量将板材分为 A、B、C 三个等级。普型板的规格尺寸允许偏差见表 11-3。圆弧板壁厚最小值应不小于 20 mm,规格尺寸允许偏差见表 11-4。毛光板的规格尺寸允许偏差见表 11-5。

表 11-3　　　　　　　　　普型板的规格尺寸允许偏差　　　　　　　　　　mm

项目		技术指标		
		A	B	C
平面度		0.8	1.0	1.5
厚度	≤12	±0.5	±0.8	+1.0
	>12	±1.0	±1.5	±2.0

表 11-4　　　　　　　　　圆弧板的规格尺寸允许偏差　　　　　　　　　　mm

项目	允许偏差		
	优等品	一等品	合格品
弧长	0 −1.0	0	0 −1.5
高度	0 −1.0	0	0 −1.5

表 11-5 毛光板的规格尺寸允许偏差　　　　　　　　　　　　　　　mm

项目		技术指标		
		A	B	C
平面度		0.8	1.0	1.5
厚度	≤12	±0.5	±0.8	±1.0
	≥12	±1.0	±1.5	±2.0

此外,《天然大理石建筑板材》(GB/T 19766－2016)对平面度允许公差、角度允许公差、外观质量等也做了相应的规定。

(2)花岗岩

①结构特征与化学成分

花岗岩中长石含量为 40%～60%,石英含量为 20%～40%。其化学成分虽因产地不同而有些差别,但各种花岗岩的二氧化硅含量均很高,可达 65%～75%,故花岗岩属酸性岩石。

岩石学中所指的花岗岩是由石英、长石及少量云母和暗色矿物(橄榄石类、辉石类、角闪石类及黑云母等)组成全晶质的岩石。但建筑上所说的花岗石与大理石一样,也是广义中的深成岩和部分喷出岩及变质岩,大致包括各种花岗石、闪长岩、正长岩、辉长岩(以上均属深成岩)、辉绿岩、玄武岩、安山岩(以上均属喷出岩)、片麻岩(属变质岩)等。当花岗岩中斜长石的数量增加时,就逐渐过渡为花岗闪长岩或石英闪长岩;而当石英数量减少并保持碱性长石数量不变时,则过渡为正长岩。如北京白虎涧的白色花岗石就是花岗岩,而济南青是辉长岩,青岛的黑色花岗石则是辉绿岩。

②物理力学特性

花岗石主要物理力学性能见表 11-6。

表 11-6 花岗石主要物理力学性能

项目	性能指标
密度/(kg·m⁻³)	2 500～2 700
抗压强度/MPa	120～250
抗折强度/MPa	8.5～15.0
抗剪强度/MPa	13.0～19.0
硬度(肖氏)	80～100
吸水率	<1%
平均质量磨耗率	11%
化学稳定性	不易风化变质,耐酸性很强
耐久性	细粒花岗石使用年限可达 100～500 年,粗粒花岗石可达 100～200 年
耐火性	花岗石不抗火,因其含大量石英,在 573～870 ℃的高温下均会发生晶态转变,产生体积膨胀,故火灾时花岗石会产生严重开裂破坏

③花岗石制品的品种及用途

花岗石制品的品种及用途列于表 11-7。

表 11-7　　　　　　　　　　　　　　　　花岗石板材的品种及用途

品种	特征	用途
剁斧板材	表面粗糙,有规律性条状斧纹	室外地面、台阶、基础等
机刨板材	表面平整,有平行的机械刨纹	地面、台阶、基座、踏步等
粗磨板材	表面平整,无光泽	墙面、柱面、台阶、基座、纪念碑等
磨光板材	表面光亮、晶体显露、有鲜明色彩或花纹	内外墙面、地面、柱面、旱冰场面、纪念碑、铭碑等

④花岗石建筑板材的检测与评价

根据《天然花岗石建筑板材》(GB/T 18601—2009),根据不同的分类标准可分为较多种类型,其中根据形状分为毛光板、普型板、圆弧板及异形板。毛光板按厚度偏差、平面度公差、外观质量等将板材分为优等品(A)、一等品(B)、合格品(C)三个等级;普型板按规格尺寸偏差、平面度公差、角度公差、外观质量等将板材分为优等品(A)、一等品(B)、合格品(C)三个等级;圆弧板按规格尺寸偏差、直线度公差、线轮廓度公差、外观质量等将板材分为优等品(A)、一等品(B)、合格品(C)三个等级。其中,普型板规格尺寸偏差见表 11-8。

表 11-8　　　　　　　　　　　　　　　　普型板规格尺寸偏差　　　　　　　　　　　　　　　mm

项目		技术指标					
		镜面和细面板材			粗面板材		
		优等品	一等品	合格品	优等品	一等品	合格品
长度、宽度		0 −1.0	0 −1.5		0 −1.0		0 −1.5
厚度	≤12	±0.5	±1.0	+1.0 −1.5	—		
	>12	±1.0	±1.5	±2.0	+1.0 −2.0	±2.0	+2.0 −3.0

此外,《天然花岗石建筑板材》(GB/T 18601—2009)对花岗石建筑板材的各项指标均有相关规定。

11.1.2　建筑陶瓷

陶瓷是建筑物中重要的装饰材料之一,现代建筑装饰工程中应用的陶瓷制品有外墙面砖、内墙面砖、地砖、陶瓷锦砖、琉璃制品及卫生陶瓷等。

1. 陶瓷的生产和分类

传统的陶瓷产品都是以黏土类及其他天然矿物为主要原料经坯料制备、成型、焙烧等过程而得到。

(1)陶质制品

陶质制品烧结程度相对较低,为多孔结构,通常吸水率较高(10%～22%),强度较低,抗冻性差,断面粗糙无光、不透明,敲击声哑,分为粗陶和精陶两种。粗陶包括建筑砖瓦以及陶管、盆、罐和某些日用缸器;精陶有釉面砖、美术精陶和日用精陶等。

(2)瓷质制品

瓷质制品烧结程度高,结构致密,断面细密并有光泽,强度高,坚硬耐磨,基本不吸水(吸水率<1%),有一定半透明性,通常施釉,分为粗瓷和细瓷两种。其制品包括日用餐茶具、陈设瓷、电瓷等。

(3)炻质制品

其性质介于陶质与瓷质之间,吸水率 1%～10%,分为粗炻(4%～9%)和细炻(1%～3%)

两种,建筑外墙砖、地砖多属粗炻;陶瓷锦砖、卫浴陶瓷多属细炻。

2. 建筑陶瓷的性质

(1)湿膨胀和渗透性

素陶坯体的孔隙率很大,在使用过程中会吸收水分,使坯体膨胀 0.7%～1.2%。含有开口气孔的素陶或不施釉及一面施釉的精陶坯体,可以渗水。

(2)白度

瓷以白色和透光性为首要评判条件。用硫酸钡薄片作标准板(100%白度),将瓷制品与之进行比较。瓷的白度通常在 60%～75%,超过 80%的为高白瓷。原料、烧成温度等因素对白度有影响。原料中含有氧化铁、氧化钛和氧化锰等时,白度会降低。

(3)强度

建筑陶瓷强度指标列于表 11-9。

表 11-9　　　　　　　　　　　建筑陶瓷强度指标　　　　　　　　　　　MPa

种类	抗压强度	抗折强度	抗拉强度	抗冲击强度
精陶	—	15～30	13～62	13～19
炻器	60～90	—	5～8	11～15
石英玻璃	500～1 000	98	85	85～150

(4)硬度

表征材料表层的强度,用材料抵抗比其硬的材料－金刚石(莫氏法)或钢球(布氏法)压入的能力表示。硬度是釉的重要质量指标。釉的莫氏硬度值为 6～7,布氏硬度为 6 000～7 000 MPa。硬度与材料的化学成分、结构及制备工艺有关,提高氧化铝含量可以增加硬度。

(5)化学稳定性

陶瓷材料坯体结构致密,表面施以釉层,具有较高的耐化学腐蚀的性能,故广泛应用于建筑卫生制品、化学化工及餐饮业。一般情况下,陶瓷受酸性侵蚀时,表面可形成保护膜,但碱性离子可浸入其结晶格子中去,使物质结构改变。因此陶瓷的耐酸性好,耐碱性差。

3. 常用品种

(1)外墙面砖

外墙面砖是用于建筑物外墙面的建筑装饰砖,它是以耐火黏土或陶土为主要原料烧制而成的。外墙面砖有各种规格,常见的为 200 mm×100 mm×(8～10) mm、150 mm×75 mm×(8～10) mm 的长方形制品。有施釉和不施釉之分。

外墙釉面砖的正面可以制成平光、粗糙或有纹理的多种色彩的釉面。砖背面要压制成凸凹的图案,以便于砖和砂浆的粘贴。外墙面砖具有强度高、防潮、抗冻、易于清洗、釉面抗急冷急热等优点,既可达到一定的装饰效果也可以保护墙面,提高建筑物的耐久性。

彩色釉面陶瓷墙地砖按外观质量和变形允许偏差分为优等品、一等品和合格品。其技术指标有吸水率(≤10%)、热稳定性(三次急冷急热循环)、抗冻性(20 次冻融循环)、耐磨性、耐化学腐蚀性能。

(2)内墙面砖

内墙面砖又称瓷砖或釉面砖,是用于建筑物内部装饰的精陶制品,正面为白釉或彩釉。内墙面砖种类繁多,规格不一,但较为常见的是 108 mm×108 mm×(5～10) mm ,200 mm×300 mm×(5～10) mm 和 152 mm×152 mm×(5～10) mm。内墙面砖耐湿,便于清洁,多用于浴室、卫生间、化验室等。近年来有些场所采用彩色釉面砖拼成巨幅壁画,具有很好的艺术效果。

根据外观质量可将釉面砖分为优等品、一等品和合格品三个等级。

物理力学性能指标有吸水率、耐急冷急热性、弯曲强度、白度、抗龟裂性、釉面抗化学腐蚀性。

（3）地砖

地砖主要用于铺筑公共建筑、实验室、工厂等处的地面，它是以可塑性较大的难熔黏土为原料烧制而成，其表面不上釉，多在坯料中加入矿物颜料以获得一定的颜色。地砖强度高、耐磨、易于清洗、美观大方。它有正方形、长方形、六角形、八角形等各种形状，表面有单色的、彩色的、光滑的，规格品种繁多。

（4）陶瓷锦砖

陶瓷锦砖又称马赛克，是由各种颜色，多种几何形状的小块瓷片铺贴在牛皮纸上形成色彩丰富的装饰砖。它以 300 mm×300 mm 贴成一联，每 40 联为一箱，砖的吸水率要求不得高于 0.2%，脱纸时间不得大于 40 min。它质地坚实、色泽形式多样、耐酸碱、耐磨，不易渗水且清洗方便，除用于建筑的内墙面、地面外，还可用于高级建筑物的外墙面饰面。按尺寸允许偏差和外观质量分为优等品和合格品两个等级。

（5）劈离砖

劈离砖又称劈裂砖，双合砖。是将一定配比的原料经粉碎、炼泥、真空积压成型、干燥、高温烧结而成。成型时双砖背连坯体，烧成后再劈离成两块砖。

（6）瓷质砖

瓷质砖的品质优于陶质砖和炻质砖。它的煅烧温度高，瓷化程度好，结构紧密，基本上不吸水，所以又有同质砖、硅质砖、玻化砖、石化瓷砖等美称。随着现代室内外装饰水平和要求的不断提高，瓷质砖作为较高档的面砖系列，正得到越来越广泛的开发和应用。

（7）陶瓷制品

陶瓷制品是以难熔黏土为原料，经成型、素烧、表面涂以釉料后又经第二次烧制而得到的陶瓷制品。目前国内生产的有筒瓦、屋脊瓦、花窗、栏杆等，用以建造纪念性宫殿式房屋及园林中亭、台、楼、阁。陶瓷制品表面光滑、质地密实、造型古朴，富有传统的民族特色，具有使用、装饰等多种功能。它的生产和应用在我国的历史上占有很重要的地位，是我国独特的建筑艺术制品之一。

《陶瓷砖》(GB/T 4100－2015)对有关陶瓷制品作了其他的相关规定。

11.1.3　建筑玻璃

在建筑工程中，玻璃是一种重要的建筑材料。它除了透光、透视、隔声和绝热外，还有艺术装饰作用。特种玻璃还具有防辐射、防弹、防爆等用途。此外，玻璃还可制成玻璃幕墙、玻璃空心砖以及泡沫玻璃等作为轻质建筑材料以满足隔声、绝热、保温等方面的特殊要求。现代建筑物立面大面积采用玻璃制品，尤其是采用当今玻璃技术发展领域中的中空玻璃、镜面玻璃、热反射玻璃和夹层玻璃等，以减轻建筑物的自重，以改善采光效果，扩大视野，提高建筑的艺术效果。

1.玻璃的性质

（1）密度及表观密度

玻璃中普通钠钙玻璃的密度为 2 500～2 600 kg/m³；表观密度较大，为 2 450～2 550 kg/m³，而且随温度升高而减小。密度的大小主要取决于玻璃的成分及结构。目前工业上可通过测定玻璃密度控制工艺生产，借以控制玻璃成分。

（2）热学性质

玻璃的热学性质包括热膨胀系数、导热性、比热、热稳定性和热后效应等。

①热膨胀系数

玻璃的热膨胀系数对玻璃的成型、退火、钢化、玻璃与其他材料如金属或陶瓷的封接，以及玻璃的热稳定性等性质都有重要的意义。玻璃的热膨胀系数可在很大范围内变化，根据成分的不同，玻璃的热膨胀系数可在 $5.8×10^{-7}～150×10^{-7}$ 变化。微晶玻璃中已能获得零膨胀或负膨胀的材料,从而为玻璃开辟了新的使用领域。

②导热性

玻璃的导热性很小,常温下石英玻璃的导热系数最大为 0.003 2 kcal/(cm·S·℃),仅为铜的 1/400。玻璃的导热系数随温度的升高而增大,此外还取决于玻璃的组成。

③比热

在 15~100 ℃的温度范围内,玻璃的比热为$(0.33\sim1.05)\times10^3$ J/(kg·K)。在低于玻璃软化点温度和高于流动温度的范围内,玻璃的比热几乎不变。但在上述温度范围内,比热随着温度的上升而急剧增大。

④热稳定性

玻璃的热稳定性决定了玻璃在温度剧变时抵抗破裂的能力,其大小用试样在保持不破坏条件下所能经受的最大温度差来表示。热稳定性与玻璃的热膨胀系数、导热系数及制品的厚度有关。提高玻璃热稳定性的途径主要是降低玻璃的热膨胀系数和减小制品的壁厚。

(3)光学性质

玻璃是一种高度透明的物质,可以通过调整成分、着色、光照、热处理、光化学反应,以及涂膜等物理和化学方法,使之具有一定的光学常数、光谱特性(颜色)、吸收或透过紫外线、红外线、受激辐射、感光、荧光、光致变色、光存储和显示等一系列重要的光学性质。

①折射率

玻璃折射率可以理解为电磁波在玻璃中传播速度的降低(以真空中的光速为基准),即

$$折射率(n)=C/V$$

式中　C——光在真空中的传播速度,m/s;

　　　V——光在玻璃中的传播速度,m/s;

　　　n——折射率。

普通玻璃的折射率为 1.5 左右,碲酸盐玻璃的折射率为 2.2~2.4,含氟硅酸盐玻璃的折射率在 1.4 以下。

②色散和玻璃的光学常数

玻璃的折射率随入射光波长不同而不同的现象,称为色散。绝大多数的玻璃在近紫外光区折射率最大,逐步向红光区降低。

由于玻璃的折射率以及与有关的各种性质都与入射光的波长有关,因此,为了定量地表示玻璃的光学性质,首先要建立标准波长。国际上统一规定以下波长为共同标准:

钠光谱中的 D 线——波长 589.3 nm 黄色

氦光谱中的 d 线——波长 587.6 nm 黄色

氢光谱中的 F 线——波长 486.1 nm 浅蓝

氢光谱中的 C 线——波长 656.3 nm 红色

汞光谱中的 g 线——波长 435.8 nm 浅蓝

氢光谱中的 G 线——波长 434.1 nm 浅蓝

上述波长测得的折射率分别用 n_D、n_d、n_F、n_C、n_g、n_G 表示。在比较不同玻璃折射率时,一律以 n_D 为准。

2. 常用的建筑玻璃

玻璃近几年来在装饰用量上有很大比例的增长,从功能要求仅仅局限于空间的围护和采光,发展为节能、安全、高强、环保等新的功能,使装饰玻璃的功能概念有了根本改变。建筑玻璃的品种虽然很多,但基本可分为平板玻璃、安全玻璃、装饰玻璃、特种玻璃等,以下介绍几种常用的建筑玻璃。

(1)浮法玻璃

浮法玻璃是用海砂、石英砂岩粉、纯碱、白云石等原料,按一定比例配制,经熔窑高温熔融,

玻璃液从池窑连续流至并浮在金属液面上,摊成厚度均匀平整、经火抛光的玻璃带,冷却硬化后脱离金属液,再经退火切割而成的透明无色平板玻璃。

浮法玻璃表面特别平整光滑、厚度非常均匀,光学畸变很小。按外观质量分为优等品、一级品、合格品三类;按用途分为制镜级、汽车级、建筑级;按厚度分为 2 mm、3 mm、4 mm、5 mm、6 mm、8 mm、10 mm、12 mm、15 mm、19 mm 十种。

根据《平板玻璃》(GB/ 11614－2009),其相关技术性质见表 11-10。

表 11-10　　　　　　　　　　　　浮法玻璃的技术性质

厚度/mm	尺寸允许偏差/mm		可见光总透过率/%
	尺寸小于 3 000	尺寸 3 000～5 000	
2	±2	—	89
3	±2	—	88
4	±2	—	87
5	±2	±3	86
6	±2	±3	84
8	+2	+3	82
10	−3	−4	81
12	±3	±4	78
15	±3	±4	76
19	±5	±5	72

此外,《平板玻璃》(GB 11614－2009)对浮法玻璃的其他性质也进行了相关规定。

(2)中空玻璃

中空玻璃(图 11-1)是由两层或两层以上平板玻璃构成,四周用高强度、高气密性复合黏合剂将玻璃与铝合金框或橡皮条、玻璃条黏结、密封;中间充入干燥空气或惰性气体,以获得优良的绝热性能。制造中空玻璃的原片除玻璃普通片外,还可以用钢化、压花、夹丝、吸热和热反射等玻璃,以相应地提高强度、装饰性和保温、绝热等功能。

(3)钢化玻璃

钢化玻璃是普通平板玻璃的二次加工产品,通过一定的处理,使强度、抗冲击性、抗弯及耐热冷急变的性能大幅度提高。钢化玻璃有平面钢化玻璃和曲面钢化玻璃两种。钢化玻璃属于安全玻璃。《建筑玻璃应用技术规程》(JGJ 113－2015)中规定有三种场合必须使用安全玻璃:在可能发生人体撞击的场合、在有可能发生高空坠落伤人的场合和在水下使用的玻璃。

(4)夹层玻璃

夹层玻璃(图 11-2)是在两片或多片玻璃之间夹有透明有机胶合层构成的复合玻璃制品。它具有较高的强度,受到破坏时产生辐射状或同心圆形裂纹,碎片不易脱落,且不会影响透明度和产生折光现象。

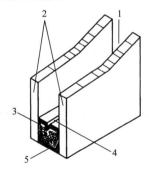

图 11-1　中空玻璃

1—干燥空气;2—玻璃;3—密封胶;4—干燥剂;5—隔离条

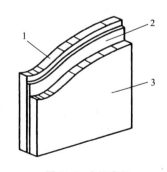

图 11-2　夹层玻璃

1—玻璃原片;2—透明有机胶层;3—玻璃原片

夹层玻璃可用普通平板玻璃、磨光玻璃、浮法玻璃、钢化玻璃等作原片,夹层材料常用的有聚乙烯醇缩丁醛(PVB)、聚氨酯(PU)、聚酯(PES)、丙烯酸酯类聚合物、聚醋酸乙烯酯及其共聚物、橡胶改性酚醛等。

夹层玻璃有平面夹层玻璃和曲面夹层玻璃两类产品。前者为普通型,后者为异型。原片厚度一般为 2~6 mm,夹层层数为 2~8 层,目前最大规格尺寸为 1 200 mm×800 mm。

夹层玻璃中间的有机夹层膜,当玻璃温度超过 70 ℃时会产生气泡,高温环境不能选用夹层玻璃。夹层玻璃边缘要做好产品的防护,玻璃边缘暴露在外或者使用有机清洁剂,都会导致玻璃产品的剥落和薄膜层的破坏。夹层玻璃也属于安全玻璃。

(5)Low-E 玻璃

Low-E 玻璃又称低辐射玻璃,是在玻璃表面镀上多层金属或其他化合物组成的膜系产品。其镀膜层具有对可见光高透过及对中远红外线高反射的特性,使其与普通玻璃及传统的建筑用镀膜玻璃相比,具有优异的隔热效果和良好的透光性。

Low-E 玻璃的可见光透过率理论上为 0~95%,可见光透过率代表室内的采光性;室外反射率为 10%~30%,室外反射率就是可见光反射率,代表反光强度或者耀眼程度。

(6)其他玻璃

①磨砂玻璃

磨砂玻璃是将平板玻璃的表面经机械喷砂或手工研磨、氢氟酸溶蚀等方法处理成均匀的毛面而成,又称毛玻璃、暗玻璃。

由于玻璃表面粗糙,使光线产生漫射,只有透光性而不能透视,并能使室内光线柔和而不刺目。主要应用于隐秘和不受干扰的房间,如浴室、办公室的门窗。磨砂玻璃安装,因单面磨砂玻璃沾水后易透视,应注意糙面向室内。磨砂玻璃还可用作教学用黑板。磨砂玻璃常用研磨材料有硅砂、金刚砂、石榴石粉等。

②有色玻璃

有色玻璃又称彩色玻璃,分为透明和不透明两种。透明有色玻璃是原料中加入一定的金属氧化物使玻璃带色。不透明有色玻璃是在一定形状的平板玻璃的一面喷以色釉烘烤而成,具有耐磨、抗冲刷、易清洗等特点。有色玻璃可拼成各种花纹图案,产生独特的装饰效果。

有色玻璃经钢化处理可制成有色安全玻璃。经退火处理的不透明有色玻璃可以进行裁割,但经钢化处理的不能进行裁割等再加工。不透明有色玻璃亦称饰面玻璃,其彩色饰面或涂层可以用有机高分子涂料制得。这种饰面层为两层结构,底层由透明着色涂料组成,为了在表面造成漫反射,可使用很细的碎贝壳或铝箔粉,面层为不透明的着色涂料。

③玻璃锦砖

玻璃锦砖又称马赛克,是一种小规格的彩色饰面玻璃,一般尺寸为 20 mm×20 mm、30 mm×30 mm、40 mm×40 mm,厚 4~6 mm,一面光滑,另一面带有槽纹,以利于砂浆黏结。玻璃锦砖具有色彩柔和、朴实、典雅、美观大方、化学稳定性好、冷热稳定性好、不变色、易洗涤等优点,并且质轻、便于施工,适用于宾馆、医院、办公楼、住宅等建筑物内外墙装饰。

玻璃马赛克一般采用熔融法和烧结法生产。熔融法是用石英砂、石灰石、长石、纯碱、着色剂、乳化剂等主要原料经高温熔化后用对辊压延法或镶板式压延法成型,退火后而制成。烧结法工艺与瓷砖的相类似,是以废玻璃为主,加上工业废料或矿物废料,再加胶黏剂和水等原料经压块、干燥、表面染色、烧结、退火而成的。

④吸热玻璃

吸热玻璃是一种可以控制阳光,既能吸收大量红外线辐射能,又能保持良好透光率的平板玻璃。吸热玻璃是在普通钠、钙硅酸盐玻璃中加入有着色作用的金属氧化物制成的。金属氧化物既能使玻璃带色,又可使玻璃具有较高的吸热性能。吸热玻璃也可以通过在玻璃表面喷涂有色金属氧化物薄膜制成。

吸热玻璃按成分可分为硅酸盐吸热玻璃、磷酸盐吸热玻璃、光致变色吸热玻璃和镀膜玻璃等。吸热玻璃广泛应用于建筑工程门窗或外墙,也可以用作车船挡风玻璃,起采光、隔热、防眩等作用。无色磷酸盐吸热玻璃能大量吸收红外线辐射热,可用于电影拷贝、电影放映、幻灯片放映、彩色印刷等。

⑤玻璃砖

玻璃砖也称特厚玻璃,分为空心玻璃砖和实心玻璃砖两种。实心玻璃砖是采用机械压制方法制成的。空心玻璃砖是采用箱式模具压制而成的两块凹形玻璃熔接或胶结成具有一个或两个空腔的玻璃制品,空腔中充以干燥空气,经退火,最后涂饰侧面而制成的。

空心玻璃砖按形状分为正方形、矩形以及各种异形;按尺寸分为 115 mm、145 mm、240 mm、300 mm 等规格。

玻璃砖被誉为"透光墙壁",具有强度高、隔热、隔音、耐水等特点,主要用于砌筑透光的墙壁、建筑物非承重内外隔墙、淋浴隔断、门厅、通道等处,尤其适合高级建筑、体育馆用作控制透光、眩光和太阳光等场合。

安装玻璃砖时,墙、隔断和顶棚镜嵌玻璃砖的骨架,应与建筑结构连接牢固,玻璃砖应排列均匀整齐,表面平整,嵌缝的油灰或密封膏应饱满密实,安装好的玻璃砖不得移位、翘曲和松动,接缝应均匀、平整、密实。

11.2　建筑防水材料

11.2.1　概述

防水工程是指为防止地表水(雨水)、地下水、滞水、毛细管水,以及人为因素引起的水文地质改变而产生的水渗入建筑物、构筑物或防止蓄水工程向外渗漏所采取的一系列结构、构造和建筑措施。防水工程主要包括防止外水向防水建筑渗透、蓄水结构的水向外渗漏和建筑物、构筑物内部相互止水三大部分。建筑防水工程是建筑工程中的一个重要组成部分,建筑防水技术是保证建筑物和构筑物不受水侵蚀,内部空间不受危害的分项工程和专门措施。

建筑防水按设防方法包括复合防水和采用各种防水材料进行防水。此外还有构造自防水,即采用一定形式或方法进行构造自防水或结合排水进行防水。如地铁车站为防止侧墙渗水采用的双层侧墙内衬墙(补偿收缩防水钢筋混凝土)、为防止顶板结构产生裂纹而设置的诱导缝和后浇带等。

建筑防水按设防材料性能可分为柔性防水和刚性防水。其中柔性防水包括防水卷材、防水涂料和建筑密封材料等。防水卷材可分为三大类:沥青防水卷材、高聚物改性沥青防水卷材、合成高分子防水卷材。目前,常用的防水卷材有弹性体改性沥青防水卷材、塑性体改性沥青防水卷材、合成高分子防水卷材等。防水卷材分类如图 11-3 所示。

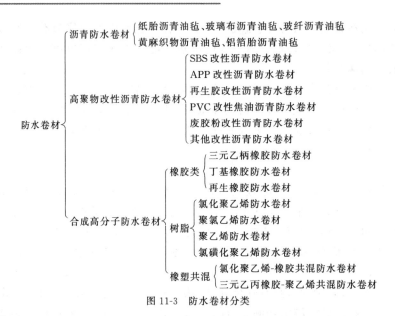

图 11-3　防水卷材分类

防水涂料的内容已在前一章高分子材料部分进行介绍,此处不再赘述。

11.2.2　防水卷材

1.弹性体改性沥青防水卷材

SBS(苯乙烯-丁二烯-苯乙烯)是对沥青进行改性处理效果最为优异的高分子材料。这是因为 SBS 聚合物属嵌段聚合物高分子材料,它有两个聚合物嵌段,即聚苯乙烯和聚丁二烯。聚苯乙烯嵌段抗拉强度高,耐高温性好;聚丁二烯嵌段弹性高、耐疲劳性和柔软性好,从而使 SBS 聚合物具有抗拉强度高、弹性丰富、高温稳定、低温柔软等性能。在机械搅拌和助剂的参与下,一定量的 SBS 聚合物(一般为沥青含量的 12% 左右)与沥青通过相互作用,使沥青产生吸收、膨胀,形成分子键态牢固的沥青混合物,从而显著改善了沥青的弹性、延伸率、高温稳定性、低温柔性、耐疲劳性及耐老化等性能。SBS 改性沥青具有以下特点:

(1)延伸率高达 150%,卸载后能恢复原状,对结构变形有很高的适应性,能明显提高防水层的抗裂性能,而普通沥青的延伸率仅为 3% 左右。

(2)有效使用温度范围广,为 −38∼119 ℃,特别是低温柔性突出,适合在寒冷地区应用。

(3)耐疲劳性能优异,疲劳循环试验在 1 万次以上仍无异常。

国家标准《弹性体改性沥青防水卷材》(GB 18242—2008)规定了 SBS 改性沥青防水卷材单位面积质量、面积及厚度要求(表 11-11)和性能要求(表 11-12)。

表 11-11　　SBS 改性沥青防水卷材单位面积质量、面积及厚度要求

规格(公称厚度)/mm		3			4			5		
上表面材料		PE	S	M	PE	S	M	PE	S	M
下表面材料		PE	PE、S		PE	PE、S		PE	PE、S	
面积/ (m²·卷⁻¹)	公称面积	10、15			10、7.5			7.5		
	偏差	±0.10			±0.10			±0.10		
单位面积质量/(kg·m⁻²), 不小于		3.3	3.5	4.0	4.3	4.5	5.0	5.3	5.5	6.0
厚度/mm	平均值,不小于	3.0			4.0			5.0		
	最小单值	2.7			3.7			4.7		

注:①PE:聚乙烯膜;②S:细砂;③M:矿物粒料。

表 11-12　　　　　　　　　　**SBS 改性沥青防水卷材性能要求**

序号	项目		指标				
			I		II		
			PY	G	PY	G	PYG
1	可溶物含量/ (g·m⁻²), 不小于	3 mm	2 100				—
		4 mm	2 900				—
		5 mm			3 500		
		试验现象	—	胎基不燃	—	胎基不燃	—
2	耐热性	℃	90		105		
		≤mm	2				
		实验现象	无流淌、滴落				
3	低温柔性/℃		−20		−25		
			无裂缝				
4	不透水性 30 min		0.3 MPa	0.2 MPa	0.3 MPa		
5	拉力	最大峰拉力(N/50 mm), 不小于	500	350	800	500	900
		次高峰拉力(N/50mm), 不小于	—	—	—	—	800
		试验现象	拉伸过程中,试件中部无沥青涂盖层开裂或与胎基分离现象				
6	延伸率	最大峰时延伸率/%,不小于	30	—	40	—	—
		第二峰延伸率/%,不小于	—		—		15
7	浸水后质量增加/%,不大于	PE、S	1.0				
		M	2.0				
8	热老化	拉力保持率/%,不小于	90				
		延伸率保持率/%,不小于	80				
		低温柔性/℃	−15		−20		
			无裂缝				
		尺寸变化率/%,不大于	0.7	—	0.7	—	0.3
		质量损失/%,不大于	1.0				
9	渗油性	张数,不大于	2				
10	接缝剥离强度/(N·mm⁻¹),不小于		1.5				
11	钉杆撕裂强度ᵃ/N,不小于		—				300
12	矿物粒料黏附性ᵇ/g,不大于		2.0				
13	卷材下表面沥青涂盖层厚度ᶜ/mm,不小于		1.0				
14	人工气候加速老化	外观	无滑动、流淌、滴落				
		拉力保持率/%,不小于	80				
		低温柔性/℃	−15		−20		
			无裂缝				

注:①a. 仅适用于单层机械固定施工方式卷材;b. 仅适用于矿物粒料表面的卷材;c. 仅适用于热熔施工的卷材。
②PY:聚酯毡;G:玻纤毡;PYG:玻纤增强聚酯毡;PE:聚乙烯膜;S:细砂;M:矿物粒料。

SBS 改性沥青防水卷材的生产工艺是将沥青、SBS 聚合物、各种助剂按比例进行共混研磨,加入填料继续混拌,制成 SBS 改性沥青。该卷材的胎基可使用聚酯毡或玻纤毡,也可使用黄麻布。采用浸渍法或喷涂法将 SBS 改性沥青涂施在胎基上,厚度达 2 mm,最后经撒砂、冷却、隔离及成卷,制成 SBS 改性沥青卷材。

SBS 改性沥青防水卷材具有优良的力学性能和复原性,能适应基层的较大变形,除用于一般工业与民用建筑防水外,尤其适用于高级和高层建筑的屋面、地下室、卫生间的防水防潮,桥梁、停车场、屋顶花园、游泳池、蓄水池等建筑的防水和旧建筑物屋面及地下渗漏修复。卷材具有良好的低温柔性和极高的弹性延伸性,特别适用于北方寒冷地区和结构易变形的建筑物防水。

2. 塑性体改性沥青防水卷材

APP(无规聚丙烯)是对油毡用沥青进行改性处理,效果良好的另一类高分子材料,无规聚丙烯是生产有规聚丙烯(IPP)时的副产品,不结晶,呈蜡状低聚物,无明显熔点。塑性体改性(APP 改性)主要是用机械混合的方法掺入沥青中,在高温条件下将 APP 加入沥青内溶解。APP 加入量一般为 25%~30%,可大幅度提高沥青的软化点,并使低温柔性明显改善。

APP 价格低,与沥青的相溶性好,易于分散,在国外应用非常普遍。我国生产的 APP 改性沥青防水卷材是以聚酯毡或玻纤毡为胎体,经氧化沥青轻度浸渍后,两面涂覆 APP 改性沥青,然后上表面撒以隔离材料,下表面覆盖聚乙烯薄膜或撒布细砂而成的沥青类防水卷材。该类卷材的特点是抗拉强度大,延伸率高,具有良好的弹塑性和耐高、低温性能;耐热度好,120 ℃不变形,150 ℃不流淌;耐老化性能好,有效使用年限在 20 年以上,但其低温柔性较 SBS 沥青防水卷材差。以聚酯毡为胎基的塑性 APP 沥青防水卷材抗拉性能、延伸率高,具有很强的抗穿刺和抗撕裂能力。无纺玻纤毡卷材成本低、抗蚀性及尺寸稳定性好,但抗拉强度和延伸率较低。

国家标准《塑性体改性沥青防水卷材》(GB 18243—2008)规定了 APP 改性沥青防水卷材的单位面积质量、面积及厚度要求(表 11-13)和性能要求(表 11-14)。

表 11-13　　　　APP 改性沥青防水卷材单位面积质量、面积及厚度要求

规格(公称厚度)/mm		3			4			5		
上表面材料		PE	S	M	PE	S	M	PE	S	M
下表面材料		PE	PE、S		PE	PE、S		PE	PE、S	
面积/ (m²·卷⁻¹)	公称面积	10、15			10、7.5			7.5		
	偏差	±0.10			±0.10			±0.10		
单位面积质量/(kg·m⁻²),不小于		3.3	3.5	4.0	4.3	4.5	5.0	5.3	5.5	6.0
厚度/mm	平均值,不小于	3.0			4.0			5.0		
	最小单值	2.7			3.7			4.7		

注:①PE:聚乙烯膜;②S:细砂;③M:矿物粒料。

表 11-14　　　　　　　　　　　　　　　　　**APP 改性沥青防水卷材性能要求**

序号	项目		指标				
			I		II		
			PY	G	PY	G	PYG
1	可溶物含量/ (g·m⁻²), 不小于	3 mm	2 100				—
		4 mm	2 900				—
		5 mm	3 500				
		试验现象	—	胎基不燃	—	胎基不燃	—
2	耐热性	℃	110		130		
		mm,不大于	2				
		试验现象	无流淌、滴落				
3	延伸率		−7		−15		
			无裂缝				
4	不透水性 30 min		0.3 MPa	0.2 MPa	0.3 MPa		
5	拉力	最大峰拉力(N/50 mm), 不小于	500	350	800	500	900
		次高峰拉力(N/50mm), 不小于	—	—	—	—	800
		试验现象	拉伸过程中,时间中部无沥青涂盖层开裂或与胎基分离现象				
6	延伸率	最大峰时延伸率/%,不小于	25	—	40	—	—
		第二峰延伸率/%,不小于	—	—	—	—	15
7	浸水后质量增加/%,不大于	PE、S	1.0				
		M	2.0				
8	热老化	拉力保持率/%,不小于	90				
		延伸率保持率/%,不小于	80				
		低温柔性/℃	−2		−10		
			无裂缝				
		尺寸变化率/%,不大于	0.7	—	0.7	—	0.3
		质量损失/%,不大于	1.0				
9	接缝剥离强度/(N·mm⁻¹),不小于		1.0				
10	钉杆撕裂强度[a]/N,不小于		—				300
11	矿物粒料黏附性[b]/g,不大于		2.0				
12	卷材下表面沥青涂盖层厚度[c]/mm,不小于		1.0				
13	人工气候加速老化	外观	无滑动、流淌、滴落				
14		拉力保持率/%,不小于	80				
15		低温柔性/℃	−2		−10		
16			无裂缝				

注:①a.仅适用于单层机械固定施工方式卷材;b.仅适用与矿物粒料表面的卷材;c.仅适用与热熔施工的卷材。
　　②PY:聚酯毡;G:玻纤毡;PYG:玻纤增强聚酯毡;PE:聚乙烯膜;S:细砂;M:矿物粒料。

APP 改性沥青防水卷材适用于各种屋面、墙体、地下室等一般工业和民用建筑的防水,也可用于水池、桥梁、公路、机场跑道、水坝等的防水、防护工程,还可用于各种金属容器和地下管道的防腐保护。该类防水卷材的耐高温性能和耐老化性能都较好,故特别适用于我国南方炎热地区。

3. 合成高分子防水卷材

合成高分子防水卷材是以合成橡胶、合成树脂或它们两者的共混体为基料,加入适量的化学助剂和填充料等,经混炼、压延或挤出等工序加工而制成的可卷曲的片状防水材料。其中又可分为加筋增强型与非加筋增强型两种。

合成高分子防水卷材具有拉伸强度和抗撕裂强度高,断裂伸长率大,耐热性和低温柔性好,耐腐蚀,耐老化等一系列优异的性能,是新型高档防水卷材。常用的有再生胶防水卷材、三元乙丙橡胶防水卷材、三元丁橡胶防水卷材、聚氯乙烯防水卷材、氯化聚乙烯防水卷材、氯化聚乙烯-橡胶共混防水卷材等。此类卷材按厚度分为 1.0 mm、1.2 mm、1.5 mm、2.0 mm 等规格,一般单层铺设,可采用冷黏法或自黏法施工。

(1)聚氯乙烯防水卷材

聚氯乙烯防水卷材是以聚氯乙烯树脂为主要原料,掺入填充料和适量的改性剂、增塑剂及其他助剂,经混炼、压延或挤出成型、分卷包装而成的防水卷材。

按《聚氯乙烯(PVC)防水卷材》(GB 12952—2011)的规定,聚氯乙烯防水卷材根据其有无复合层分为无复合层、纤维单面复合和织物内增强三类,按理化性能分为 I 型和 II 型。该种卷材的尺寸稳定性、耐热性、耐腐蚀性、耐细菌性等均较好,适用于各类建筑的屋面防水工程和水池、堤坝等防水抗渗工程。

(2)三元乙丙橡胶防水卷材

三元乙丙橡胶防水卷材是以三元乙丙橡胶为主体,掺入适量的硫化剂、促进剂、软化剂、填充料等,经过密炼、拉片、过滤、压延或挤出成型、硫化、分卷包装而成的防水卷材。

由于三元乙丙橡胶分子结构中的主链上没有双键,当它受到紫外线、臭氧、湿和热等作用时,主链上不易发生断裂,故耐老化性能最好,化学稳定性良好。因此,三元乙丙橡胶防水卷材有优良的耐候性、耐臭氧性和耐热性。此外,它还具有质量轻(1.2~2.0 kg/m²)、拉伸强度高(在 7.0 MPa 以上)、断裂伸长率大(在 450% 以上)、低温柔性好(脆性温度−40 ℃以下)、使用寿命长(在 20 年以上)、耐酸碱腐蚀等特点。该卷材广泛适用于防水要求高、耐用年限长的工业与民用建筑的防水工程。

(3)氯化聚乙烯-橡胶共混型防水卷材

氯化聚乙烯-橡胶共混型防水卷材是以氯化聚乙烯树脂和合成橡胶共混物为主体,加入适量的硫化剂、促进剂、稳定剂、软化剂和填充料等,经过素炼、混炼、过滤、压延或挤出成型、硫化、分卷包装等工序制成的防水卷材。

氯化聚乙烯-橡胶共混型防水卷材兼有塑料和橡胶的特点。它不仅具有氯化聚乙烯所特有的高强度和优异的耐臭氧、耐老化性能,而且具有橡胶类材料所特有的高弹性、高延伸性和良好的低温柔性。因此,该卷材具有良好的物理性能,拉伸强度在 7.0 MPa 以上,断裂伸长率在 400% 以上,脆性温度在−40 ℃以下,热老化保持率在 80% 以上。因此,该类卷材特别适用于寒冷地区或变形较大的建筑防水工程。

合成高分子防水卷材除以上三种典型品种外,还有再生胶、三元丁橡胶、氯化聚乙烯、氯磺化聚乙烯、三元乙丙橡胶-聚乙烯共混等防水卷材,这些卷材原则上都是塑料经过改性,或橡胶经过改性,或两者复合以及多种复合,制成的能满足建筑防水要求的制品。它们因所用的基材不同而性能差异较大,使用时应根据其性能的特点合理选择。

按国家标准《屋面工程技术规范》(GB 50345-2012)的规定,合成高分子防水卷材适用于防水等级为Ⅰ级、Ⅱ级和Ⅲ级的屋面防水工程。在Ⅰ级屋面防水工程中必须至少有一道厚度不小于 1.5 mm 的合成高分子防水卷材;在Ⅱ级屋面防水工程中,可采用一道或二道厚度不小于 1.2 mm 的合成高分子防水卷材;在Ⅲ级屋面防水工程中,可采用一道厚度不小于 1.2 mm 的合成高分子防水卷材。屋面工程中使用的合成高分子防水卷材,除外观质量和规格应符合要求外,还应检验拉伸强度、断裂伸长率、低温弯折性和不透水性等物理性能,并应符合表 11-15 的规定。

表 11-15　　合成高分子防水卷材物理性能[《屋面工程技术规范》(GB 50345-2012)]

项目		性能要求			
		硫化橡胶类	非硫化橡胶类	树脂类	树脂类(复合片)
断裂拉伸强度/MPa		≥6	≥3	≥10	≥60 N/10 mm
扯断伸长率/%		≥400	≥200	≥200	≥400
低温弯折/℃		-30	-20	-20	-20
不透水性	压力/MPa	≥0.3	≥0.2	≥0.3	≥0.3
	保持时间/min	≥30			
加热收缩率/%		<1.2	<2.0	<2.0	≤2.0
热老化保持率/% (80 ℃,168 h)	断裂拉伸强度	≥80		≥85	≥80
	扯断伸长率	≥70		≥80	≥70

4. 建筑防水等级和设防要求

建筑物的屋面工程将屋面防水分为四个等级,对适用的建筑物的类别、防水层耐用年限、防水层选用材料和设防要求做了规定,见表 11-16。

表 11-16　　　　　　　　　　　建筑防水等级和设防要求

项目	屋面防水等级			
	Ⅰ	Ⅱ	Ⅲ	Ⅳ
建筑物类别	特别重要建筑和对防水有特殊要求的工业民用建筑	重要的工业与民用建筑、高层建筑	一般工业与民用建筑	非永久性的建筑
防水层耐用年限	25 年	15 年	10 年	5 年
防水层选用材料	宜选用合成高分子防水卷材、高聚物改性沥青防水卷材、金属板材、合成高分子防水涂料、细石防水混凝土等材料	宜选用高聚物改性沥青防水卷材、合成高分子防水卷材、金属板材、合成高分子防水涂料、高聚物改性沥青防水涂料、细石防水混凝土、平瓦等材料	应选用三毡四油沥青防水卷材、高聚物改性沥青防水卷材、合成高分子防水卷材、高聚物改性沥青防水涂料、沥青基防水涂料、刚性防水层、平瓦、油毡瓦等材料	可选用二毡三油沥青防水卷材、高聚物改性沥青防水涂料、沥青基防水涂料、波形瓦等材料
设防要求	三道或三道以上防水设防,其中应有一道合成高分子防水卷材,且只能有一道厚度不小于 2 mm 的合成高分子防水涂膜	二道防水设防,其中宜有一道卷材	一道防水设防,或两种材料复合使用	一道防水设防

11.2.3　建筑密封材料

建筑密封材料是使建筑上的各种接缝或裂缝、变形缝（沉降缝、伸缩缝、抗震缝）保持水密、气密性能，并具有一定强度，能连接构件的填充材料，具有弹性的密封材料有时亦称弹性密封胶或简称密封胶。

建筑密封材料可分为不定型和定型两大类，见表 11-17，前者是指胶泥状嵌缝油膏，后者是指软质带状嵌条缝。

表 11-17　　建筑密封材料的分类

不定型	弹性型	单组分型	非溶剂型	硅酮、聚硫化物、聚氨酯
			溶剂型	硅酮、丙烯酸类、丁基橡胶
			乳液型	丙烯酸类
		双组分型	丁基苯橡胶、硅酮、聚硫化物、聚氨酯、环氧树脂
	非弹性型	油灰、油性嵌缝材料（有膜、无膜）、沥青
定型	弹性型	聚丁烯、丁基橡胶、聚丙烯、橡胶沥青、聚氯乙烯、氯丁橡胶、氯磺化聚乙烯、三元乙丙橡胶、沥青聚氨酯
	非弹性型	

1. 嵌缝油膏

嵌缝油膏是一种胶泥状物质，具有很好的黏结性和延伸性，用来密封建筑物中各种接缝。传统的嵌缝油膏是油性沥青基底，属于塑性油膏，弹性较差。用高分子材料制得的油膏则为弹性油膏，延性大，耐低温性能突出。将嵌缝油膏用溶剂稀释也可以作为防水涂料使用。常用的嵌缝油膏有胶泥、有机硅橡胶、聚硫密封膏、丙烯酸密封膏、氯磺化聚乙烯密封膏等。

根据《建筑防水沥青嵌缝油膏》(JC/T 207—2011)，建筑防水沥青嵌缝油膏的技术性能要求见表 11-18。

表 11-18　　建筑防水沥青嵌缝油膏的技术性能要求

序号	项目		技术要求	
			702	801
1	密度/$(g \cdot cm^{-3})$，不小于		规定值±0.1[①]	
2	施工度/mm，不小于		22.0	20.0
3	耐热性	温度/℃	70	80
		下垂值/mm，不大于	4.0	
4	低温柔性	温度/℃	−20	−10
		黏结状况	无裂纹、无剥离	
5	拉伸黏结性/%，不小于		125	
6	浸水后拉伸黏结性/%，不小于		125	
7	渗出性	渗出幅度/mm，不大于	5	
		渗出张数/张，不大于	4	
8	挥发性/%		2.8	

注：①规定值是指企业标准或产品说明书所规定的密度值。

2.嵌缝条

嵌缝条是采用塑料或橡胶挤出成型制成的一类软质带状制品,所用材料有软质聚氯乙烯、氯丁橡胶、三元乙丙橡胶防水卷材、丁苯橡胶等,嵌缝条被用来密封伸缩缝和施工缝。

根据《聚氯乙烯建筑防水接缝材料》(JC/T 798—1997),聚氯乙烯建筑防水接缝材料的技术要求见表 11-19。

表 11-19　　　　　　　　　聚氯乙烯建筑防水接缝材料的技术要求

项　目		技术要求	
		802	801
密度/(g·cm⁻³)①		规定值±0.1①	
下垂值/mm,小于		4	
低温柔性	温度/℃	—20	—10
	柔性	无裂缝	
拉伸黏结性	最大抗拉强度/MPa	0.02～0.15	
	最大延伸率/%,不小于	300	
浸水拉伸黏结性	最大抗拉强度/MPa,不小于	0.02～0.15	
	最大延伸率/%,不小于	250	

注:①规定值是指企业标准或产品说明书所规定的密度值。

11.3　建筑绝热材料

11.3.1　概述

绝大多数建筑材料的导热系数在 0.023～3.49 W/(m·K),一般情况下,绝热材料是指导热系数小于 0.175 W/(m·K)的材料。绝热材料主要用于屋面、墙体、地面、管道等的隔热与保温,以减少建筑物的采暖和空调耗能,并保证室内的温度适宜于人们工作、学习和生活。

一般建筑绝热材料按材质可分为无机保温材料和有机保温材料,无机保温材料包括石棉、岩棉、矿渣棉、玻璃棉、膨胀珍珠岩、膨胀蛭石、多孔混凝土等,有机保温材料包括软木、纤维板、刨花板、聚苯乙烯泡沫塑料、脲醛泡沫塑料、聚氨酯泡沫塑料、聚氯乙烯泡沫塑料等。

按绝热材料的物理形态,绝热材料可分为纤维状保温材料、散粒状保温材料及多孔保温材料。按使用温度可分为:低温保温材料,使用温度低于 250 ℃;中温保温材料,使用温度为250～700 ℃;高温保温材料,使用温度在 700 ℃以上。按机械强度可分为硬质制品、半硬质制品、软质制品。按应用方式可分为填充物、玛碲脂、包覆物、衬砌物、预制品等。

我国保温隔热材料的发展方向是开发保温隔热性能好、热容量大、热损失小的墙体及屋面材料、围护结构,以及采用合理的建筑规划和结构形式。我国的能源需求面临着较大的增长空间,这与现存的大量非节能住宅建筑构成了极大的矛盾。节能已成为当前我国建筑工程界紧迫的大问题,其关键就是要提高围护结构及材料的节能科技含量,提高建筑室内热舒适度的同时减少能源的浪费,实现建筑领域的可持续发展。

11.3.2　主要品种及特点

1. 岩棉、矿渣棉及其制品

岩棉是以精选的天然岩石如优质玄武岩、辉绿岩、安山岩等为基本材料,经高温熔融,采用高速离心设备或其他方法将高温熔体甩拉成非连续性纤维。矿渣棉是以工业矿渣如高炉渣、磷炉渣、粉煤灰等为主要原料,经熔炉、纤维化而制成的一种无机质纤维,在棉纤维中通过加入一定量的胶黏剂、防尘油、憎水剂等助剂再制成轻质保温隔热材料产品,并可根据不同的用途分别加工成棉板、岩棉毡、岩棉管壳、粒状棉、保温带等系列制品。

矿渣棉和岩棉(可统称为矿物棉)制品原料易得、生产能耗低、成本低。这两类保温材料虽属同一类产品,有其共性,但从两类纤维的应用来比较,矿渣棉的最高使用温度为 600～650 ℃,且矿渣纤维较短、脆;而岩棉最高使用温度可达 820～870 ℃,且纤维长,化学耐久性和耐水性也较矿渣棉好。

(1)制品特点

绝热、绝冷性能优良;使用温度高,长期使用不会发生松弛、老化;具有不燃、耐腐、不蛀等优点;防火性能优良;具有较好的耐低温性;在潮湿情况下长期使用也不会发生潮解;对金属设备无腐蚀作用;吸声、隔声;性脆,施工时有刺痒感。

(2)技术性质

根据《绝热用岩棉、矿渣棉及其制品》(GB/T 11835－2016),矿物棉的技术性质见表 11-20。

表 11-20　　　　　　　　　　　矿物棉的技术性质

项目	指标
渣球含量(颗粒直径＞0.25 mm,%)	≤7.0
纤维平均直径/μm	≤6.0
密度/(kg·m^{-3})	≤150
导热系数(平均温度 70$^{+5}_{-2}$℃,试验密度 150 kg/m^3)/[W·(m·k)$^{-1}$]	≤0.044
热荷重收缩温度/℃	≥650

(3)使用范围

岩棉、矿渣棉广泛应用于建筑物的填充绝热、吸声、隔热,以及工业、国防和交通等行业各类管道、贮罐、蒸馏塔、锅炉、烟道、热交换器、风车、车船以及冷库等设备的保温、隔热、隔冷和吸声。

2. 膨胀蛭石

蛭石,一般认为是由金云母或黑云母变质而成,是一种复杂的镁、铁含水硅酸盐矿物,具有层状结构,层间有结晶水。

将天然蛭石经晾干、破碎、筛选、煅烧后而得到膨胀蛭石。蛭石在 850～1 000 ℃煅烧时,其内部结晶水变成气体,可使单片体积膨胀 20～30 倍,蛭石总体积膨胀 5～7 倍。膨胀后的蛭石薄片间形成空气夹层,其中充满无数细小孔隙,表观密度降至 80～200 kg/m^3,导热系数 0.047～0.07 W/(m·K),最高使用温度 1 000～1 100 ℃,是一种良好的无机保温材料,既可直接作为松散填料用于建筑,也可用水泥、水玻璃、沥青、树脂等作胶结材料,制成膨胀蛭石制品。

（1）水泥膨胀蛭石制品

以膨胀蛭石为骨料，不同品种和标号的水泥为胶结材料，加水搅拌制得蛭石制品，再压制成型，养护而成，可用作房屋建筑及冷库建筑的保温层等。

（2）水玻璃膨胀蛭石制品

以膨胀蛭石为骨料，水玻璃为胶结材料，氟硅酸钠为促硬剂，质量比为 1∶2∶0.065。把水玻璃与氟硅酸钠拌匀，再加入膨胀蛭石拌匀、成型、养护、焙烧而成，可用于围护结构、管道等需要绝热的地方。

3. 膨胀珍珠岩

膨胀珍珠岩是一种火山玻璃质岩，由地下喷出的熔岩在地表水中急冷而成。在显微镜下观察基质部分，有明显的圆弧裂开，构成珍珠结构，并具有波纹构造，显现珍珠和油脂光泽。将珍珠岩原矿破碎、筛分后快速通过煅烧带，可使其体积膨胀 20 倍。膨胀珍珠岩是一种表观密度很小的白色颗粒物质，具有轻质、绝热、吸声、无毒、无味、不燃、熔点高于 1 050 ℃等特点，在建筑保温隔热工程中广泛应用。

（1）膨胀珍珠岩保温混凝土

膨胀珍珠岩保温混凝土以水泥为胶结材料，膨胀珍珠岩粉为骨料，按一定配合比配合、搅拌、筛分、成型、养护而成，具有表观密度小、导热系数低、承压能力较强、施工方便、经济耐用等特点。膨胀珍珠岩保温混凝土主要用于围护结构、管道等需要保温隔热的地方。

（2）水玻璃膨胀珍珠岩制品

将膨胀珍珠岩、水玻璃及其他配料按一定配合比经搅拌、成型、干燥、焙烧（650 ℃）即可得到水玻璃膨胀珍珠岩制品。

（3）磷酸盐膨胀珍珠岩制品

磷酸盐膨胀珍珠岩制品以膨胀珍珠岩为骨料，以磷铝酸盐和少量的硫酸铝、纸浆废液作胶黏剂，经过配料、搅拌、成型、焙烧而成；具有耐火温度高，表观密度较低，强度和绝热性能较好的特点。

（4）沥青膨胀珍珠岩制品

通常将表观密度小于 80 kg/m³ 的膨胀珍珠岩加热到 60 ℃左右，与 250 ℃的 3 号或 5 号石油沥青按 1∶1 配比均匀搅拌，然后根据不同规格压制成型，即可得到沥青膨胀珍珠岩制品。沥青膨胀珍珠岩制品具有防水性好的特点，常用于屋面保温，冷库保温及地下热水管道。

4. 微孔硅酸钙

微孔硅酸钙是以石英砂、普通硅石或活性高的硅藻土，以及石灰为原料经过水热合成的绝热材料。其主要水化产物为托贝莫来石或硬硅钙石。以托贝莫来石为主要水化产物的微孔硅酸钙，其表观密度约为 200 kg/m³，导热系数约为 0.047 W/(m·K)，最高使用温度约为 650 ℃；以硬硅钙石为主要水化产物的微孔硅酸钙，其表观密度约为 230 kg/m³，导热系数为 0.056 W/(m·K)，最高使用温度约为 1 000 ℃。

5. 泡沫塑料

泡沫塑料是高分子化合物或聚合物的一种，以各种树脂为基料，加入各种辅助料经加热发泡制得的轻质保温材料。

（1）聚苯乙烯泡沫塑料

聚苯乙烯泡沫塑料是用低沸点液体的可挥发性聚苯乙烯树脂与适量的发泡剂（如碳酸氢钠）经预发泡后，再放在模具中加压成型制得；其结构是由表皮层和中心层构成的蜂窝状结构；

其表皮层不含气孔,而中心层含大量微细封闭气孔;其孔隙率可达 98%。

聚苯乙烯泡沫塑料具有质轻、保温、吸音、防震、吸水性小、耐低温性能好等特点,并且有较强恢复变形的能力。聚苯乙烯泡沫塑料对水、海水、弱酸、弱碱、植物油、醇类等都相当稳定。聚苯乙烯泡沫塑料包括硬质、软质及纸状等几种类型。

在制造过程中经预发泡,再在模具中进一步发泡制得的产品称可发性聚苯乙烯泡沫塑料。其表观密度极小,可小至 0.15 g/cm^3;具有优良的绝热性能以及很好的柔性和弹性,是性能优良的绝热缓冲材料。聚苯乙烯泡沫塑料的缺点是高温下易软化变形,安全使用温度为 70 ℃,最高使用温度为 90 ℃,最低使用温度为 −150 ℃。其本身可燃,可溶于苯、酯、酮等有机溶剂。

(2)聚氨酯泡沫塑料

聚氨酯泡沫塑料是以聚醚树脂或聚酯树脂为基料与适量的甲苯二异氰酸酯、水、催化剂、泡沫稳定剂等混合,发泡(异氰酸酯与水反应生成二氧化碳)成型的泡沫材料。

由于生产工艺不同可分为硬质和软质两类,硬质泡沫塑料的制造方法通常采用两段法,即先用羟基树脂和异氰酸酯反应形成预聚体,然后再加入发泡剂、催化剂等进一步混合、反应、发泡,制造过程既可以在工厂内进行,也可在施工现场进行,可采用注入发泡法或喷雾发泡工艺。软质泡沫塑料的制造方法有平板发泡法和模型发泡法。

硬质聚氨酯泡沫塑料中气孔绝大多数为封闭孔(在 90% 以上),故吸水率低,导热系数小,机械强度也较高。它具有十分优良的隔音性能和隔热性能。软质聚氨酯泡沫塑料具有开口的微孔结构,一般用作吸音材料和软垫材料,也可和沥青制成嵌缝材料。

聚氨酯泡沫塑料的导热系数受使用温度影响而发生改变,并且与其泡沫中气体种类有关。聚氨酯泡沫塑料在 200 ℃ 左右软化,250 ℃ 分解。聚氨酯本身可燃,不宜用在防火要求高的地方。

聚氨酯泡沫塑料耐蚀能力强,可耐碱和稀酸的腐蚀,并且耐油,但不耐浓的强酸腐蚀;在建筑上可用作保温、隔热、吸声、防震、吸尘、吸油、吸水等材料。

(3)聚氯乙烯泡沫塑料

聚氯乙烯泡沫塑料是聚氯乙烯与适量的化学发泡剂、稳定剂、溶剂等,经过捏合、球磨、模塑、发泡而制成的一种闭孔型的泡沫材料。按形态将其分为硬质泡沫塑料和软质泡沫塑料。其制造方法有发泡分解法、溶剂分散法和气体混入法。

聚氯乙烯泡沫塑料质轻、保温隔热、吸声、防震性能好、吸水性小、耐酸碱、耐油好、不燃烧。高温下分解产生的气体不燃烧,是一种自熄性材料,适用于防火要求高的地方。由于含有许多完全封闭的孤立的气孔,因此吸水性、透水性和透气性都非常小,适合于潮湿环境下使用;并且强度和刚度很高,耐冲击和震动;其价格较为昂贵。聚氯乙烯泡沫塑料制品一般为板材,常用来作为屋面、楼板、隔板和墙体等的隔热材料,以及夹层墙板的芯材。

(4)酚醛泡沫塑料

酚醛树脂可采用机械或化学发泡法制得发泡体。机械发泡制得的泡沫酚醛塑料的气孔多为连续、开口气孔,因而导热系数较大,吸水率也较高;而化学发泡法所制得的泡沫酚醛塑料的气孔多为封闭气孔,所以吸水率低,导热系数也较小。

泡沫酚醛的耐热、耐冻性能良好,使用温度范围在 −150~150 ℃。泡沫酚醛低温下强度要高于常温下强度,恢复到常温时,强度又降低,即使反复变化也不会产生裂纹。并且泡沫酚醛塑料长期暴露在阳光下,也未见明显的老化现象,强度反而有所增加。

泡沫酚醛除了不耐强酸外,抵抗其他无机酸、有机酸的能力较强,强有机溶剂可使其软化。

泡沫酚醛不易燃,火源移去后,火焰自熄。由于泡沫酚醛塑料具有上述良好的性能,且易于加工,因而广泛应用于工业、建筑业。

(5)脲醛泡沫塑料

以尿素和甲醛聚合而得到的树脂为脲醛树脂。脲醛树脂很容易发泡,将树脂液与发泡剂混合、发泡、固化即可得脲醛泡沫塑料。脲醛泡沫塑料又称氨基泡沫塑料。

脲醛泡沫塑料外观洁白、质轻,价格也比较低廉。其表现密度一般在 $0.01\sim0.015$ g/cm^3。其属于闭孔型硬质泡沫塑料,但其内部气孔有一部分为部分连通的开口气孔,因而吸水性强,机械强度也较低。

脲醛泡沫塑料耐冷热性能良好,不易燃,在 100 ℃ 以下可长期使用而性能不变,但在 120 ℃ 以上时会发生显著收缩;可在 $-150\sim-200$ ℃ 超低温下长期使用。由于发泡工艺简单,施工时常采用现场发泡工艺。可将树脂液、发泡剂、硬化剂混合后注入建筑结构空腔内或空心墙体中,发泡硬化后就形成泡沫塑料隔热层。脲醛泡沫塑料对大多数有机溶剂有较好的抗蚀能力,但不能抵抗无机酸、碱及有机酸的侵蚀。

此外,轻质混凝土、泡沫玻璃、热反射玻璃等也是建筑中常用的绝热材料。

习题及案例分析

一、习题

1. 简述沥青防水卷材的改性目的及方法。

2. 什么是绝热材料?工程上对绝热材料有哪些要求?

3. 吸声材料的基本特征如何?

4. 吸声材料和绝热材料的性质有何异同?使用绝热材料和吸声材料时各应注意哪些问题?

5. 用于室外和室内的建筑装饰材料,对其要求的主要功能有何不同?

6. 选择装饰材料要注意哪些原则?

7. 天然大理石与花岗石主要性能有何区别?

8. 磨砂玻璃与普通压花玻璃的性质和用途有何异同?

9. 简述建筑涂料的主要性能。

二、案例分析

案例 1:港珠澳大桥

港珠澳大桥是目前世界上最长的跨海大桥,兼具世界上最长的沉管海底隧道,它将香港、澳门、珠海三地连为一体。大桥主体工程采用桥隧组合方式,全长为 55 km,其中大桥主体工程全长约为 29.6 km,海底隧道长为 6.7 km,桥面为双向六车道高速公路,设计速度为 100 km/h。该工程于 2009 年初开工,2017 年建成通车。工程师们用科技和勇气,完成了中国建设史上里程最长、投资最多、施工难度最大的跨海桥梁项目。这项史无前例的工程,加深了内地与港澳之间政治经济文化联系,见证了中国工程技术又一奇迹,充分体现了我国之强大。

沉管隧道是大桥的控制性工程,其长度为 5 664 m,由 33 节标准管节组成,每节长 180 m。沉管隧道主要结构为 C45 自防水混凝土,抗渗等级 P12,采用橡胶止水带防止节段连接,再采用喷涂聚脲技术,将管节与管节连接为整体。

原因分析：

为了避免海水等腐蚀环境因素、潮汐风浪等荷载因素对港珠澳大桥海底沉管隧道的影响，沉管隧道主要结构采用了 C45 自防水混凝土，抗渗等级为 P12，以满足结构耐久性的要求。沉管隧道 180 m 管节是由 8 个 22.5 m 长的节段拼接而成，然后在预制构件厂把 8 个节段串成一个管节，再拖到海面上，通过 GPS 定位沉放预定位置，最终 33 个管节在海底连成整体。因此，除主体结构抗渗、防水等要求外，沉管间的连接面临更为严峻的问题。第一道橡胶止水带可以连接节段，从而防止节段之间产生裂缝并避免刚性碰撞造成破坏；在此基础上，第二道采用喷涂聚脲技术，由于该材料具有更加优异的防水、防海水腐蚀与耐老化的作用，将橡胶止水带包裹于其中，并将管节与管节连接为整体，保证了 40 m 水压下沉管隧道"滴水不漏"，创造了新的世界纪录。

案例 2：上海中心大厦

上海中心大厦位于陆家嘴金融贸易区，集高档办公、酒店、零售、娱乐功能于一体，是我国首个 600 m 以上的建筑。总建筑面积为 57.8 万 m²，由主楼和裙房组成，总高度为 632 m，采用钢筋混凝土核心筒及外围钢框架结构体系。上海中心大厦建筑超高，造型奇特，结构复杂，工程凝结了中国工程技术人中的超凡智慧与勇气，令世人折服。40 多项绿色建筑新材料与新技术，使它成为世界最高的绿色建筑。而在诸多绿色技术中，分离式双层幕墙是关键的绿色技术，上海中心大厦创造性地设计了从未在超高层建筑中大规模使用的内、外分离的双层幕墙系统。而且，双层幕墙旋转 120°，令上海中心大厦成为史无前例的世界第一高双层表皮旋转摩天楼。

原因分析：

上海中心大厦的主体结构为钢筋混凝土核心筒及外围钢框架结构体系，适应超高建筑承载和安全要求。采用双层透明幕墙这样一个复杂的体系，最大幅度地利用自然光，降低对电力照明的需求，减少了制暖和制冷的能源消耗；在双层幕墙之间形成环境缓冲区，进一步降低能耗，总能耗降低 21%，体现上海中心大厦的"绿色"这一特色。此外，双层幕墙系统旋转 120°，减少 24% 的风荷载，巧妙化解了上海地区台风的袭击，保障上海中心大厦的安全。与邻近的金茂大厦和上海环球金融中心共同组成的中国首个超高层建筑区，共同构成了上海天际线上的新标志。

第12章　土木工程材料实验

学习目标┃

1. 知识目标:掌握所有实验过程所需要的理论知识。
2. 能力目标:加强学生实验技能的培训。
3. 素质目标:掌握基本的实验方法,为毕业后从事材料质量的实验与控制工作奠定基础。

12.1　水泥性能实验

12.1.1　水泥细度实验(筛析法)

1. 实验目的、依据

细度是水泥质量控制的指标之一。本实验依据为国家标准《水泥细度检验方法　筛析法》(GB/T 1345—2005)。采用 $80\ \mu m$ 或 $45\ \mu m$ 筛作为实验用筛,实验时,$80\ \mu m$ 筛析实验称取试样 $25\ g$,$45\ \mu m$ 筛析实验称取试样 $10\ g$。

2. 负压筛法

(1)主要仪器设备

①负压筛析仪。由筛座(图 12-1)、负压筛、负压源及吸尘器组成。

②天平。最大称量为 $100\ g$,感量为 $0.01\ g$。

(2)实验步骤及结果

①筛析实验前,将负压筛放在筛座上,盖上筛盖,接通电源,检查控制系统,调节负压至 $4\sim 6\ kPa$。

②称取试样精确至 $0.01\ g$,置于洁净的负压筛中,盖上筛盖放在筛座上,开动筛析仪连续筛析 $2\ min$,筛析期间如有试样附着在筛盖上,可轻轻敲击,使试样落下。

③用天平称量筛余物,精确至 $0.01\ g$。

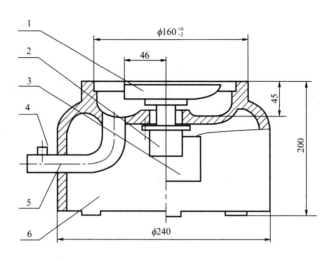

图 12-1　负压筛析仪筛座的构造

1—喷气嘴；2—电动机；3—控制板开口；4—负压表接口；5—负压源及收尘器接口；6—外壳

3. 水筛法

（1）主要仪器设备（图 12-2）

①水筛。采用方孔边长为 0.08 mm 的铜丝网筛布。

②筛座。用旋转托架支撑筛布，并能带动筛子转动，转速为 50 r/min。

③喷头。直径为 55 mm，面上均匀分布 90 个孔，孔径为 $0.5\sim0.7$ mm，喷头底面和筛布之间的距离为 $35\sim75$ mm。

④天平。最大称量为 100 g，感量为 0.01 g。

（2）实验步骤及结果

①称取试样精确至 0.01 g，倒入筛内，立即用洁净水冲洗至大部分细粉通过筛孔，再将筛子置于筛座上，用水压为 (0.05 ± 0.02) MPa 的喷头连续冲洗 3 min。

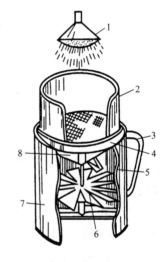

图 12-2　水筛法装置

1—喷头；2—标准筛；3—把手；4—旋转托架；
5—出水口；6—叶轮；7—外筒；8—集水斗

②筛毕取下，将剩余物冲到一边，用少量水把筛余物全部移至蒸发皿（或烘样盘），待沉淀后，将水倒出，烘至恒重，称量，精确至 0.01 g。

4. 手工筛析法

（1）主要仪器设备

水泥标准筛，筛框高度为 50 mm，筛子直径为 150 mm。筛布应紧绷在筛框上，接缝必须严密，并附有筛盖。

（2）实验步骤与结果

称取试样精确至 0.01 g，倒入筛内，盖上筛盖。用一只手持筛往复摇动，另一只手轻轻拍打，拍打速度约为 120 次/min，每 40 次向同一方向转动 $60°$，使试样均匀分散在筛网上，直至通过量不超过 0.03 g/min 时为止。筛毕，称其筛余物，精确至 0.01 g。

5. 结果评定

水泥试样筛余百分数按式(12-1)计算：

$$F = \frac{m_s}{m_c} \qquad (12\text{-}1)$$

式中　F——水泥试样的筛余百分数，%；

　　　m_s——水泥筛余物的质量，g；

　　　m_c——水泥试样的质量，g。

计算结果精确至 0.1%。

合格评定时，每个样品应称取两个试样分别筛析，取筛余平均值为筛析结果。当两次筛余结果绝对误差大于 0.5% 时(筛余值大于 5.0% 时可放至 1.0%)应再做一次实验，取两次相近结果的算数平均值，作为最终结果。

12.1.2　水泥标准稠度用水量实验

1. 实验目的、依据

为测定水泥凝结时间及安定性时制备标准稠度的水泥净浆确定加水量。本实验按国家标准《水泥标准稠度用水量、凝结时间、安定性检验方法》(GB/T 1346－2011)进行，标准稠度用水量有调整水量法和固定水量法两种测定方法。当发生争议时，以调整水量法为准。

2. 主要仪器设备

(1)水泥净浆搅拌机(图 12-3)

水泥净浆搅拌机由搅拌锅、搅拌叶片组成。

(2)标准法维卡仪

标准法维卡仪如图 12-4、图 12-5 所示，标准稠度测定用试杆由有效长度为(50±1) mm、直径为(10±0.05) mm 的圆柱形耐腐蚀金属制成。测定凝结时间时取下试杆，用试针代替试杆。试针为由钢制成的圆柱体，其有效长度初凝针为(50±1) mm、终凝针为(30±1) mm、直径为为(1.13±0.05) mm。滑动部分的总质量为(300±1) g。与试杆、试针连接的滑动杆表面应光滑，能靠重力自由下落，不得有紧涩和旷动现象。

图 12-3　水泥净浆搅拌机

图 12-4　水泥维卡仪

(3)代用法维卡仪

滑动部分的总质量为(300±2) g，金属空心试锥锥底直径为 40 mm，高为 50 mm，装净浆用锥模上部内径为 60 mm,锥高为 75 mm。

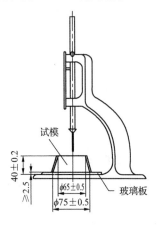

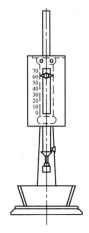

(a) 初凝时间测定用立式试模的侧视图   (b) 终凝时间测定用反转式试模的前视图

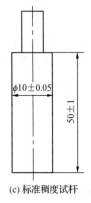

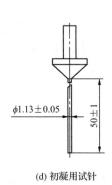

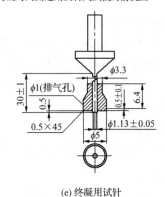

(c) 标准稠度试杆   (d) 初凝用试针   (e) 终凝用试针

图 12-5　测定水泥标准稠度和凝结时间维卡仪主要部件的构造

（4）量水器

量水器最小刻度为 0.1 mL,精度为 1%。

（5）天平

天平最大称量不小于 1 000 g,分度值不大于 1 g。

（6）水泥净浆试模

盛装水泥的试模应有耐腐蚀的、由足够硬度的金属制成,形状为截顶圆锥体,每只试模应配备一块厚度不小于 2.5 mm、大于试模底面的平板玻璃底板。

3. 标准法实验步骤

（1）首先将维卡仪调整到试杆接触玻璃板时指针对准零点。

（2）称取水泥试样 500 g,拌和水量按经验找水。

（3）用湿布将搅拌锅和搅拌叶片擦过,将拌和水倒入搅拌锅内,然后在 5~10 s 内小心将称好的 500 g 水泥加入水中,防止水和水泥溅出。

（4）拌和时,先将锅放到搅拌机的锅座上,升至搅拌位置。启动搅拌机进行搅拌,低速搅拌 120 s,停拌 15 s,同时将叶片和锅壁上的水泥浆刮入锅中,接着高速搅拌 120 s 后停机。

（5）拌和结束后,立即将拌制好的水泥净浆装入已置于玻璃底板上的试模中,用小刀插捣,轻轻振动数次,使气泡排出,刮去多余的净浆,抹平后迅速将试模和底板移到维卡仪上,并将其中心定在试杆下,降低试杆直至与水泥净浆表面接触,拧紧螺钉 1～2 s 后,突然放松,使试杆垂直自由地沉入水泥净浆中,使试杆停止沉入或释放试杆 30 s 时记录试杆距底板之间的距离,整个操作应在搅拌后 1.5 min 内完成。

(6)以试杆沉入净浆并距底板(6±1) mm 的水泥净浆为标准稠度净浆。其拌和水量为该水泥的标准稠度用水量(P),以水泥质量的百分比计,按式(12-2)计算为

$$P = \frac{拌和用水量}{水泥用量} \times 100\% \tag{12-2}$$

4. 代用法实验步骤

(1)实验前必须检查测定仪的金属棒能否自由滑动,试锥降至锥顶面位置时,指针应对准标尺零点,搅拌机应运转正常。

(2)称取水泥试样 500 g,采用调整水量方法时,拌和水量按经验找水;采用固定水量方法时,拌和水量为 142.5 mL,精确至 0.5 mL。

(3)拌和用具先用湿布擦抹,将拌和水倒入搅拌锅内,然后在 5～10 s 内将称好的 500 g 水泥试样倒入搅拌锅内的水中,防止水和水泥溅出。

(4)拌和时,先将锅放到搅拌机锅座上,升至搅拌位置,开动机器,慢速搅拌 120 s,停拌 15 s,接着快速搅拌 120 s 后停机。

(5)拌和完毕,立即将净浆一次装入锥模中,用小刀插捣并振动数次,刮去多余净浆,抹平后,迅速放到试锥下面的固定位置上。将试锥降至净浆表面,拧紧螺丝,指针对零,然后突然放松,让试锥垂直自由地沉入净浆中,到停止下沉时(下沉时间约为 30 s),记录试锥下沉深度 S。整个操作应在搅拌后 1.5 min 内完成。

(6)用调整水量方法测定时,以试锥下沉深度为(28±2) mm 时的拌和水量为标准稠度用水量(%),以占水泥质量百分数计(精确至 0.1%),按式(12-3)计算为

$$P = \frac{A}{500} \times 100\% \tag{12-3}$$

式中　A——拌和用水量,mL。

如超出范围,须另称试样,调整水量,重新实验,直至达到(28±2) mm 时为止。

(7)用固定水量法测定时,根据测得的试锥下沉深度 S(单位:mm),可按经验公式(12-4)计算标准稠度用水量:

$$P(\%) = 33.4 - 0.185S \tag{12-4}$$

当试锥下沉深度小于 13 mm 时,应用调整水量方法测定。

12.1.3　水泥体积安定性实验

1. 实验目的、依据

检验游离 CaO 的危害性以评价水泥的安定性。实验依据为国家标准《水泥标准稠度用水量、凝结时间、安定性检验方法》(GB/T 1346—2011)。沸煮法又可以分为标准法(雷氏法)和代用法(饼法)两种,有争议时以标准法为准。

2. 主要仪器设备

雷氏夹膨胀值测量仪(图 12-6)、雷氏夹(图 12-7)、沸煮箱(箅板与箱底受热部位的距离不得小于 20 mm)(图 12-8)、水泥净浆搅拌机、标准养护箱、直尺、小刀等。

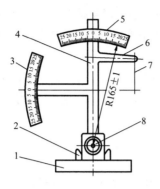

图 12-6　雷氏夹膨胀值测定仪

1—底座；2—模子座；3—测弹性标尺；4—立柱；5—测膨胀值标尺；6—悬臂；7—悬丝；8—弹簧顶扭

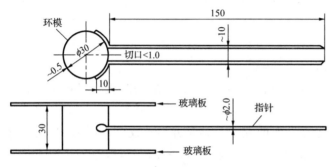

图 12-7　雷氏夹　　　　　　　　　　　图 12-8　沸煮箱

3.标准法（雷氏法）

（1）每个雷氏夹配备质量为 75～85 g 玻璃板两块，一垫一盖，每组成型两个试件。先将雷氏夹与玻璃板表面涂上一薄层机油。

（2）将预先准备好的雷氏夹放在已涂机油的玻璃板上，并立即将已制备好的标准稠度的水泥净浆一次装满雷氏夹，装入净浆时一只手轻扶雷氏夹，另一只手用小刀插捣 15 次左右后抹平，并盖上涂油的玻璃板。随即将成型好的试件移至养护箱内，养护（24±2）h。

（3）除去玻璃板，取下试件，测雷氏夹指针尖端间的距离 A，精确至 0.5 mm，接着将试件放在沸煮箱内水中的篦板上，指针朝上，然后在（30±5）min 内加热至沸腾，并恒沸（180±5）min。

（4）煮沸结束后，立即放掉沸煮箱中的热水，打开箱盖，待箱体冷却至室温，取出雷氏夹试件，用膨胀值测定仪测量试件指针尖端的距离 C，精确至 0.5 mm，

（5）计算雷氏夹膨胀值 C-A。当两个试件组后膨胀值 C-A 的平均值不大于 5.0 mm 时，即认为该水泥安全性合格。当两个试件的 C-A 值相差超过 4.0 mm 时，应用同一品种水泥重做一次实验。再如此，则认为该水泥安定性不合格。

4.代用法（饼法）

（1）从拌制好的标准稠度净浆中取出约 150 g，分成两等份，使之呈球形，放在涂少许机油的玻璃板上，轻轻振动玻璃板并用湿布擦过的小刀由边缘向中央抹动，做成直径为 70～80 mm，中心厚约 10 mm，边缘渐薄，表面光滑的两个试饼，连同玻璃板放入标准养护箱内养护（24±2）h。

（2）将养护好的试饼，从玻璃板上取下并编号，先检查试饼，在无缺陷的情况下将试饼放在沸煮箱内水中的篦板上，然后在（30±5）min 内加热至沸，并恒沸（180±5）min。

用饼法时应注意先检查试饼是否完整,若已龟裂、翘曲,甚至崩溃等,要检查原因,确保无外因时,该试饼已属安定性不合格,不必沸煮。

(3)煮毕,将热水放掉,打开箱盖,使箱体冷却至室温。取出试饼进行判别。

(4)目测试饼未发现裂缝,用钢直尺检查也未发生弯曲(用钢直尺和试饼底部紧靠,以两者间不透光为不弯曲)的试饼为安定性合格;否则为不合格。当两个试饼的判断结果有矛盾时,该水泥的安定性为不合格。

12.1.4　水泥胶砂强度实验(ISO 法)

1. 实验目的、依据

实验水泥各龄期强度,以确定强度等级;或已知强度等级,检验其强度是否满足国标规定的各龄期强度数值。

本实验方法的依据是国家标准《水泥胶砂强度检验方法(ISO 法)》(GB/T 17671—2021)。

2. 主要仪器设备

(1)行星式水泥胶砂搅拌机(图 12-9)。搅拌叶片既绕自身轴线作顺时针自转,又沿搅拌锅周边按逆时针方向公转。

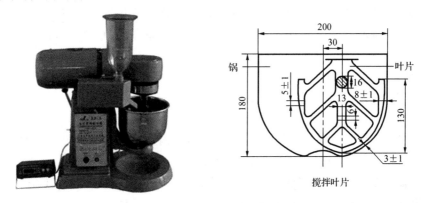

图 12-9　水泥胶砂搅拌机及搅拌叶片

(2)胶砂振实台(图 12-10)。振幅为(15±0.3) mm,振动频率为 60 次/(60±2)s。

图 12-10　胶砂振实台

(3)胶砂振动台:是胶砂振实台的代用设备,振动台的全波振幅为(0.75±0.02) mm,振动频率为 2 800~3 000 次/min。

(4)胶砂试模。可装拆的三联模(图 12-11),模内腔尺寸为 40 mm×40 mm×160 mm,附有下料漏斗或播料器。

(5)下料漏斗、刮平直尺。

(6)抗压实验机和抗压夹具。抗压实验机的量程为 200~300 kN,示值相对误差不超过 ±1%;抗压夹具应符合 JC/T 683—2005 要求,试件受压面积为 40 mm×40 mm。

(7)抗折强度实验机。一般采用双杠杆式电动抗折实验机(图 12-12),也可采用性能符合标准要求的专用实验机。

图 12-11 三联试模

图 12-12 抗折实验机

3.试件制备

(1)实验前,将试模擦净,模板四周与底座的接触面上应涂黄油,紧密装配,防止漏浆。内壁均匀刷一层薄机油。搅拌锅、叶片和下料漏斗等用湿布擦干净(更换水泥品种时,必须用湿布擦干净)。

(2)实验采用的灰砂比为 1:3,水灰比为 0.5。一锅胶砂成型三条试件的材料用量:水泥,(450±2) g;ISO 标准砂,(1 350±5) g;拌和水,(225±1) mL。

配料中规定称量用天平精度为 ±1 g,量水器精度 ±1 mL。

(3)胶砂搅拌时先将水加入锅内,再加入水泥,把锅放在固定架上,上升至固定位置。立即开动机器,低速搅拌 30 s 后,在第二个 30 s 开始的同时均匀加入标准砂,30 s 内加完,高速再拌 30 s。接着停拌 90 s,在刚停的 15 s 内用橡皮刮具将叶片和锅壁上的胶砂刮至拌和锅中间。最后高速搅拌 60 s。各个搅拌阶段,时间误差应在 ±1 s 以内。

4.试件成型

(1)用振实台成型

①胶砂制备后立即进行成型。把空试模和模套固定在振实台上,用勺子将搅拌好的胶砂分两层装入试模。装第一层时,每个槽内约放 300 g 胶砂,用大播料器垂直架在模套顶部,沿每个模槽来回一次将料层播平,接着振实 60 次;再装入第二层胶砂,用小播料器播平,再振实 60 次。

②振实完毕后,移走模套,取下试模,用刮平直尺以近似 90°,架在试模的一端,沿试模长度方向,以横向锯割动作慢慢向另一端移动,一次刮去高出试模多余的胶砂。最后用同一刮尺以近似水平的角度将试模表面抹平。

(2)用振动台成型

①将试模和下料漏斗卡紧在振动台的中心。胶砂制备后立即将拌好的全部胶砂均匀地装入下料漏斗内。启动振动台,胶砂通过漏斗流入试模的下料时间为 20~40 s(下料时间以漏斗三格中的两格出现空洞时为准),振动(120±5) s 停机。

下料时间若大于 20~40 s,须调整漏斗下料口宽度或用小刀划动胶砂以加速下料。

②振动完毕后,自振动台取下试模,移去下料漏斗,试模表面抹平。

5. 试件养护

(1)将成型好的试模放入标准养护箱内养护,在温度为(20±1)℃、相对湿度不低于90%的条件下养护20~24 h之后脱模。对于龄期为24 h的试件应在破型前20 min内脱模,并用湿布覆盖至实验开始。

(2)将试件从养护箱中取出,用防水墨汁进行编号,编号时应将每只模中3条试件编在两个龄期内,同时编上成型和测试日期。然后脱模,脱模时应防止损伤试件。硬化较慢的试件允许24 h以后脱模,但须记录脱模时间。

(3)试件脱模后立即水平或竖直放入水槽中养护。水温为(20±1)℃,水平放置时刮平面朝上,试件之间应留有空隙,水面至少高出试件5 mm,并随时加水保持恒定水位。

(4)试件龄期是从水泥加水搅拌开始时算起,至强度测定所经历的时间。不同龄期的试件,必须相应地在24 h±15 min,48 h±30 min,72 h±45 min,7 d±2 h,28 d±8 h的时间内进行强度实验。到龄期的试件应在强度实验前15 min从水中取出,擦去试件表面沉积物,并用湿布覆盖至实验开始。

6. 强度实验

(1)水泥抗折强度实验

①将抗折实验机夹具的圆柱表面清理干净,并调整杠杆处于平衡状态。

②用湿布擦去试件表面的水分和砂粒,将试件放入夹具内,使试件成型时的侧面与夹具的圆柱面接触。调整夹具,使杠杆在试件折断时尽可能接近平衡位置。试件在夹具中的受力状态如图12-13所示。

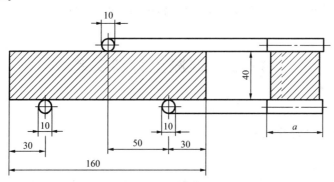

图 12-13　抗折强度测定加荷图

③以(50±10) N/s的速度进行加荷,直至试件折断,记录破坏荷载。

④保持两个半截棱柱体处于潮湿状态,直至抗压实验开始。

⑤按式(12-5)计算每条试件的抗折强度 R_f(精确至0.1 MPa):

$$R_f = \frac{1.5 F_f l}{b^3} \tag{12-5}$$

式中　F_f——折断时施加于棱柱体中部的荷载,N;

　　　l——支撑圆柱之间的距离,mm;

　　　b——棱柱体正方形截面的边长,mm。

⑥取三条棱柱体试件抗折强度测定值的算术平均值作为实验结果(精确至0.1 MPa)。当三个测定值中仅有一个超出平均值的±10%时,应予剔除,再以其余两个测定值的平均数作为实验结果;如果三个测定值中有两个超出平均值的±10%时,则以剩下的一个测定值作为抗折

强度结果,若三个测定值全部超过平均值的±10%时而无法计算强度时,必须重新检验。

(2)水泥抗压强度实验

①立即在抗折后的六个断块(应保持潮湿状态)的侧面上进行抗压实验。抗压实验须用抗压夹具(图12-14),使试件受压面积为40 mm×40 mm。实验前,应将试件受压面与抗压夹具清理干净,试件的底面应紧靠夹具上的定位销,断块露出上压板外的部分应不少于10 mm。

②在整个加荷过程中,夹具应位于压力机承压板中心,以(2.4±0.2)kN/s的速率均匀地加荷至破坏,记录破坏荷载P(kN)。

③按式(12-6)计算每块试件的抗压强度R_c(精确至0.1 MPa):

$$R_c = \frac{F}{A} \qquad (12\text{-}6)$$

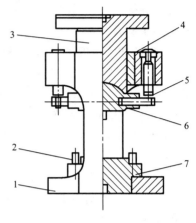

图12-14 抗压夹具
1—框架;2—定位销;3—传压柱;4—衬套;
5—吊簧;6—上压板;7—下压板

式中 F——破坏时的最大荷载,N;

A——受压面积,mm²。

④每组试件以六个抗压强度测定值的算术平均值作为实验结果。如果六个测定值中有一个超出平均值的±10%,应剔除此结果,而以剩下五个的平均值作为实验结果。如果五个测定值中再有超过它们平均数±10%的,则此组结果作废,应重做。

根据上述测得的抗折、抗压强度的实验结果,按相应的水泥标准确定其水泥强度等级。

12.2 混凝土骨料实验

12.2.1 砂的筛分实验

1.实验目的、依据

通过实验,计算砂的细度模数以确定砂的粗细程度和评定砂的颗粒级配的优劣。本实验依据国家标准《建设用砂》(GB/T 14684—2022)。

2.主要仪器设备

(1)标准套筛(图12-15)。方孔筛包括孔为9.50 mm、4.75 mm、2.36 mm、1.18 mm、0.60 mm、0.30 mm、0.15 mm的方孔筛,以及筛底和筛盖各1只。

(2)天平。天平最大称量为1 kg,感量为1 g。

(3)摇筛机(图12-16)。

(4)烘箱。烘箱能将温度控制在(105±5)℃。

(5)浅盘和硬、软毛刷等。

3.试样制备

在缩分前,应先将试样通过9.50 mm的筛,并算出筛余百分率。然后,将试样在潮湿状态下充分拌匀,用四分法缩分至每份不少于550 g的试样两份。在(105±5)℃的温度下烘干至恒质量,冷却至室温后待用。

图 12-15　标准套筛　　　　　　　图 12-16　摇筛机

4. 实验步骤

(1)称取烘干试样 500 g,置于 4.75 mm 的筛中,将套筛装入摇筛机,摇筛 10 min。

(2)取出套筛,再按筛孔大小顺序,在清洁的浅盘上逐个进行手筛,直到每分钟的筛出量不超过试样总质量的 0.1% 时为止。

(3)通过的颗粒并入下一号筛,并和下一号筛中的试样一起过筛。依次顺序进行,直到各号筛全部筛完为止。

(4)如试样含泥量超过 5%,则应先用水洗,然后烘干至恒温,再进行筛分。

(5)试样在各号筛上的筛余量,均不得超过其最大筛余量 G。按式(12-17)计算 G,否则应将该筛余试样分成两份。再次进行筛分,并以其筛余量之和作为各筛的筛余量。

$$G = \frac{A \times \sqrt{d}}{200} \tag{12-17}$$

式中　G——在各号筛上的最大筛余量,g;

　　　A——筛面面积,mm^2;

　　　d——筛孔尺寸,mm。

(6)称量各筛筛余试样的质量(精确至 1 g)。所有筛的分计筛余质量和底盘中剩余质量的总和,与筛分前的试样总质量相比,相差不得超过 1%。

5. 结果计算

(1)分计筛余百分率。各号筛上的筛余量除以试样总质量的百分率(精确到 0.1%)。

(2)累计筛余百分率。该号筛上的分计筛余百分率与大于该号筛的各号筛上的分计筛余百分率之和(精确至 0.1%):

(3)根据式(12-8)计算细度模数 M_x,精确至 0.01。

$$M_x = \frac{(A_2 + A_3 + A_4 + A_5 + A_6) - 5A_1}{100 - A_1} \tag{12-8}$$

式中,A_1、A_2、A_3、A_4、A_5、A_6 分别为 4.75 mm,2.36 mm,1.18 mm,0.60 mm,0.30 mm,0.15 mm 各筛上的累计筛余百分率。

(4)筛分实验应采用两个试样进行,并以其实验结果的算术平均值作为测定值。如两次实验所得的细度模数之差大于 0.20,须重新进行实验。

12.2.2 砂的表现密度实验

1. 实验目的、依据

本实验测定砂的表观密度,即其单位体积(包括内部封闭孔隙与实体体积之和)的质量,以评定砂的质量。实验依据为国家标准《建设用砂》(GB/T 14684—2022)。

2. 主要仪器设备

(1)天平。天平最大称量为 1 kg,感量为 1 g。

(2)容量瓶。500 mL 容量瓶。

(3)干燥器、浅盘、铝制料勺、温度计等。

3. 试样制备

将缩分至 660 g 左右的试样在温度为(105±5)℃的烘箱中烘干至恒量,并在干燥器内冷却至室温。

4. 实验步骤

(1)称取烘干的试样 300 g(m_0),装入盛有半瓶冷开水的容量瓶中。

(2)摇转容量瓶,使试样在水中充分搅动以排出气泡,塞紧瓶塞,静置 24 h 左右。然后,用滴管添水,使水面与瓶颈刻度线平齐,再塞紧瓶塞,擦干瓶外水珠,称其质量 m_1。

(3)倒出瓶中的水和试样,将瓶的内外表面洗净,再向瓶内注入与第 2 步水温相差不超过 2 ℃的冷开水至瓶颈刻度线。塞紧瓶塞,擦干瓶外水分,称其质量 m_2。

注:在砂的表观密度实验过程中,应测量并控制水的温度。实验的各项称量可以在 15~25 ℃的温度范围内进行,但从试样加水静置的最后 2 h 起直到实验结束,温度相差不应超过 2 ℃。

5. 结果计算

结果按式(12-9)计算,精确 0.01 g/cm³:

$$\rho' = \frac{m_0}{m_0 - (m_1 - m_2)} \times \rho_水 \qquad (12-9)$$

式中　ρ'——砂的表观密度,g/cm³;

　　　$\rho_水$——水的密度,1.00g/cm³。

以两次实验的算术平均值作为测定值,当两次结果之差值大于 0.02 g/cm³ 时,应重新取样进行实验。

12.3 水泥混凝土拌和物性能实验

12.3.1 坍落度法测定混凝土拌和物的稠度

1. 实验目的、依据

测定混凝土拌和物坍落度与坍落扩展度,用以评定混凝土拌和物的流动性及和易性。主要适用于骨料为最大粒径不大于 40 mm、坍落度不小于 10 mm 的塑性混凝土拌和物。实验依据为国家标准《普通混凝土拌合物性能试验方法标准》(GB/T 50080—2016)、《水工混凝土试验规程》(SL 352—2006)。

2. 主要仪器设备

坦落度筒(图 12-17):由厚度为 1.5 mm 的薄钢板制成的圆锥形筒,其内壁应光滑,无凸凹部位,底面及顶面应互相平行,并与锥体的轴线相垂直。

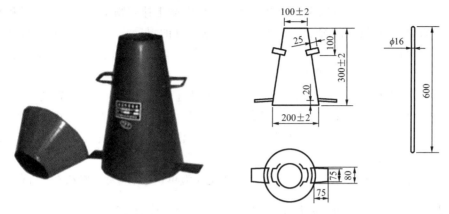

图 12-17 坦落度筒

3. 实验步骤

(1)湿润坦落度筒及其他用具,并把筒放在坚实的水平面上,然后用脚踩住两边的脚踏板,使坦落度筒在装料时保持固定的位置。

(2)把按要求取得的混凝土试样用小铲分 3 层均匀地装入筒内,每次所装高度大致为坦落度筒筒高的三分之一,每层用捣棒插捣 25 次。插捣应呈螺旋形由外向中心进行,每次插捣匀应在截面上均匀分布。插捣筒边混凝土时,捣棒可以稍稍倾斜。插捣底层时,捣棒应贯穿整个深度。插捣第 2 层和顶层时,插捣深度应为插透本层,并且插入下面一层 1～2 cm 的距离。浇灌顶层时,混凝土应灌满到高出坦落度筒。插捣过程中,如混凝土沉落到低于筒口,则应随时添加。顶层插捣完后,刮去多余的混凝土,用抹刀抹平。

(3)清除筒边底板上的混凝土,垂直平稳地提起坦落度筒。坦落度筒的提离过程应在 5～10 s 内完成。从开始装料到提起坦落度筒的整个过程应不间断地进行,并应在 150 s 内完成。

(4)提起坦落度筒后,立即测量筒高与坦落后的混凝土拌和物最高点之间的高度差,即该混凝土拌和物的坦落度值,如图 12-18 所示。

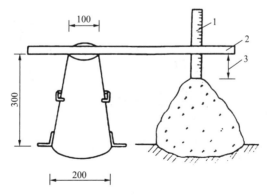

图 12-18 混凝土坦落度测试

4. 结果评定

(1)坦落度筒提起后,如混凝土拌和物发生崩坍或一边剪坏现象,则应重新取样进行测定。

如第二次实验仍出现上述现象,则表示该混凝土和易性不好,应记录备查。

(2)观察坍落后的混凝土试体的保水性、黏聚性。黏聚性的检查方法是用捣棒在已坍落的混凝土锥体侧面轻轻敲打。此时,如果锥体渐渐下沉,则表示黏聚性良好,如果锥体倒塌部分崩裂或出现离析现象,则表示黏聚性不好。保水性以混凝土拌和物中稀浆析出的过程来评定。坍落度筒提离后,如有较多的稀浆从底部析出,锥体部分的混凝土也因失浆而骨料外露,则表明此混凝土拌和物的保水性能不好。如坍落度筒提起后无稀浆或仅有少量稀浆自底部析出,则表示此混凝土拌和物保水性良好。

(3)当混凝土拌和物坍落度大于 220 mm 时,用钢直尺测量混凝土扩展后最大直径和最小直径,在这两个直径之差小于 50 mm 的条件下,用其算术平均值作为坍落扩展度值;否则,此次实验无效。如果发现粗骨料在中央堆集或边缘有水泥净浆析出,表示此混凝土拌和物抗离析性不好,应予记录。

(4)混凝土拌和物坍落度和坍落扩展度值以 mm 为单位,结果表达修约至 5 mm。

12.3.2　维勃稠度法测定混凝土拌和物的稠度

1.实验目的、依据

测定混凝土拌和物的维勃稠度是用以评定混凝土拌和物坍落度在 10 mm 以内混凝土的稠度。本方法适用于骨料粒径不大于 40 mm,维勃稠度在 5~30 s 的混凝土拌和物稠度测定。坍落度不大于 50 mm 或干硬性混凝土和维勃稠度大于 30 s 的特干性混凝土拌和物的稠度,可采用增实因素法来测定。

实验依据为国家标准《普通混凝土拌合物性能试验方法标准》(GB/T 50080—2016)、《水工混凝土试验规程》(SL 352—2006)。

2.主要仪器设备

(1)维勃稠度仪。

①维勃稠度仪(图 12-19):维勃稠度仪的振动台,台面长为 380 mm、宽为 260 mm,支撑在四个减振器上。台面底部安装有频率为(50±3) Hz 的振动器。

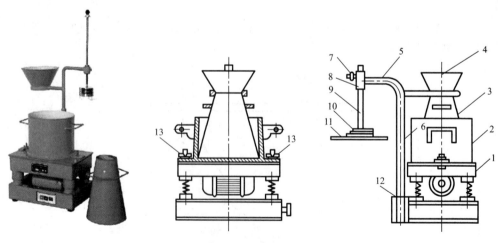

图 12-19　维勃稠度仪

1—振动台;2—容器;3—坍落度筒;4—喂料斗;5—旋转架;6—定位螺钉;
7—测杆螺钉;8—套管;9—测杆;10—荷重块;11—透明圆盘;12—支柱;13—固定螺钉

②容器：由钢板制成，内径为(240±2) mm，筒壁厚为 3mm，筒底厚为 7.5 mm。

③坍落度筒：其内部尺寸同坍落度实验法中的要求，但无下端的脚踏板。

④旋转架：连接测杆及喂料斗。测杆下部安装有透明且水平的圆盘。并用测杆螺丝把测杆固定在套筒中，旋转架安装在支柱上，通过十字凹槽来固定方向。并用定位螺钉来固定其位置。就位后，测杆或喂料斗的轴线与容器的中轴重合。

⑤透明圆盘：直径为(230±2) mm、厚度为(10±2) mm。荷载直接固定在圆盘上。由测杆、圆盘及荷载块组成的滑动部分总质量应为(2 750±50) g。

(2)捣棒：直径为 16 mm、长为 600～650 mm 的钢棒，端部磨圆。

(3)小铲、秒表等。

3. 实验步骤

(1)把维勃稠度仪放置在坚实水平面上，用湿布把容器、坍落度筒、喂料斗内壁及其他用具擦湿。

(2)将喂料斗提至坍落度筒上方扣紧，校正容器位置，使其中心与喂料斗中心重合，然后拧紧固定螺钉。

(3)把按要求取得的混凝土试样用小铲分 3 层，经喂料斗均匀装入筒内，装料及插捣的方法同坍落度法。

(4)把喂料斗转离，小心并垂直地提起坍落度筒。此时应注意不使混凝土试件产生横向的扭动。

(5)把透明圆盘转到混凝土圆台体顶面。放松测杆螺钉，小心地降下圆盘，使它轻轻接触到混凝土顶面。

(6)拧紧固定螺钉，并检查测杆螺钉是否已经完全放松。

(7)同时开启振动台和秒表，当振动到透明圆盘的底面被水泥浆布满的瞬间停下秒表，并关闭振动台。

(8)记下秒表上的时间，读数精确至 1 s。

12.4　水泥混凝土物理力学性能实验

12.4.1　立方体抗压强度实验

1. 实验目的、依据

测定混凝土立方体的抗压强度，用以检验混凝土质量，确定、校核混凝土配合比，并为控制施工工程质量提供依据。实验依据为国家标准《混凝土物理力学性能试验方法标准》(GB/T 50081—2019)。

2. 主要仪器设备

(1)压力实验机：试件破坏荷载应大于实验机全量程的 20%，宜小于压力机全量程的 80%，示值相对误差应为±1%。实验机上、下压板应有足够的刚度，其中的一块压板(最好是上压板)应带球形支座，使压板与试件接触均衡。

(2)钢直尺：量程为 300 mm，最小刻度为 1 mm。

3.实验步骤

(1)试件从养护地点取出后应尽快进行实验,以免试件内部的温度、湿度发生显著变化。

(2)试件在试压前应擦拭干净,测量尺寸并检查其外观。试件尺寸测量精确至 1 mm 并据此计算试件的承压面积 A。如实际测定尺寸之差不超过 1 mm,可按公称尺寸进行计算。

(3)将试件安放在实验机压板上,试件的中心与实验机下压板中心对准,试件的承压面应与成型时的顶面垂直。开动实验机。当上压板与试件接近时,调整球座,使接触均衡。

在实验过程中应连续均匀地加荷,混凝土强度等级小于 C30 时,加荷速度取 0.3~0.5 MPa/s;混凝土强度等级不小于 C30 且小于 C60 时,加荷速度取 0.5~0.8 MPa/s;混凝土强度等级不小于 C60 时,取 0.8~1.0 MPa/s;当试件接近破坏而开始迅速变形时,停止调整实验机油门,直到试件破坏,然后记录破坏荷载(P)。

4.结果计算

(1)混凝土立方体试件抗压强度按式(12-10)计算:

$$f_{cc} = \frac{F}{A} \tag{12-10}$$

式中　f_{cc}——混凝土立方体试件抗压强度,MPa;

　　　F——破坏荷载,N;

　　　A——试件承压面积,mm²。

混凝土立方体试件抗压强度计算应精确至 0.1 MPa。

(2)以三个试件的算术平均值作为该组试件的抗压强度值。三个测量值中的最大值或最小值中如有一个与中间值的差超过中间值的 15%,则把最大值及最小值一并舍除,取中间值作为该组试件的抗压强度值;如两个测量值与中间值相差均超过 15%,则此组实验结果无效。

(3)取 150 mm×150 mm×150 mm 的立方体试件的抗压强度为标准值,用其他尺寸试件测得的强度值均应乘以尺寸换算系数。

12.4.2　抗折强度实验

1.实验目的、依据

适用于测定混凝土的抗折强度,检验其是否符合结构设计要求。实验依据为国家标准《混凝土物理力学性能试验方法标准》(GB/T 50081—2019)。

2.主要仪器设备

(1)抗折实验所用的实验设备可以是抗折实验机、万能实验机或带有抗折实验架的压力实验机。所有这些实验机均应带有能使两个相等的、均匀、连续速度可控的荷载同时作用在小梁跨度三分点处的装置(图 12-20)。

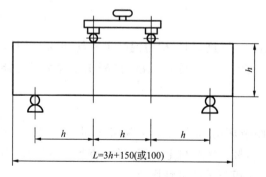

图 12-20　抗折实验

(2)钢直尺。量程为 300 mm、最小刻度为 1 mm。

3. 试件制备

混凝土抗折实验采用 150 mm×150 mm×550(或 600)mm 棱柱体小梁作为标准试件。

若确实有必要,允许采用 100 mm×100 mm×400 mm 棱柱体试件。

4. 实验步骤

(1)试件从养护地点取出后应及时进行实验。实验前,试件应保持与原养护地点相似的干湿状态。

(2)试件在实验前应先擦拭干净,测量尺寸并检查外观。试件尺寸测量精确至 1 mm,并据此进行强度计算。试件不得有明显缺损,在跨中三分之一梁的表面内,不得有表面直径超过 5 mm、深度超过 2 mm 的孔洞。

(3)按图 12-20 要求调整支承及压头的位置,其所有间距的尺寸偏差应不大于±1 mm。将试件在实验机的支座上放稳对中,承压面应选择试件成型时的侧面。开动实验机,当加压头与试件快接近时,调整加压头及支座,使接触均衡。如加压头及支座均不能前后倾斜,则各接触不良之处应用胶皮等物垫平。

在实验过程中,应连续均匀地加荷。混凝土强度等级小于 C30 时,加荷速度为 0.02~0.05 MPa/s;混凝土强度等级大于或等于 C30 且小于 C60 时,加荷速度取 0.05~0.08 MPa/s;混凝土强度等级大于或等于 C60 时,取 0.08~0.10 MPa/s;当试件接近破坏而开始迅速变形时,停止调整实验机油门,直到试件破坏,然后记录破坏荷载(P)。

5. 结果计算

(1)折断面位于两个集中荷载之间时,抗折强度按式(12-11)计算。

$$f_t = \frac{PL}{bh^2} \tag{12-11}$$

式中　f_t——混凝土抗折强度,MPa;

　　　P——破坏荷载,N;

　　　L——支座间距即跨度,mm;

　　　b——试件截面宽度,mm;

　　　h——试件截面高度,mm。

混凝土抗折强度计算精确至 0.01 MPa。

(2)以三个试件的算术平均值作为该组试件的抗折强度值。三个测量值中的最大值或最小值中如有一个与中间值的差超过中间值的 15%,则把最大值及最小值一并舍除,取中间值作为该组试件的抗折强度值;如两个测量值与中间值相差均超过 15%,则此组实验结果无效。

三个试件中如有一个折断面位于两个集中荷载之外,则该试件的实验结果予以舍弃,混凝土抗折强度按另两个试件的实验结果计算。如有两个试件的折断面均超出两集中荷载之外,则该组实验作废。

(3)采用 100 mm×100 mm×400 mm 棱柱体非标准试件时,取得的抗折强度值应乘以尺寸换算系数 0.85。

当混凝土强度等级大于或等于 C60 时,宜采用标准试件。使用非标准试件时,尺寸换算系数应由实验确定。

12.5 钢筋力学与机械性能实验

12.5.1 钢材的拉伸性能实验

1. 实验目的、依据

在室温下对钢材进行拉伸实验,可以测定钢材的屈服点、抗拉强度以及伸长率等重要技术性能,并以此对钢材的质量进行评定,看是否满足国家标准的规定。

实验依据为国家标准《金属材料 拉伸试验 第 1 部分:室温实验方法》(GB/T 228.1—2021)。

2. 主要仪器设备

(1) 液压万能实验机:示值误差应小于 1%。

(2) 游标卡尺:根据试样尺寸测量精度要求,选用相应精度的任一种量具,如游标卡尺、螺旋千分尺或精度更高的测微仪,精度为 0.1 mm。

(3) 钢筋打点机。

3. 试件条件

(1) 实验速度:钢筋拉伸实验加载速率见表 12-1。

(2) 实验应在室温 10~35 ℃ 范围内进行,对温度要求严格的实验,实验温度应为 (23 ± 5) ℃。

(3) 夹持方法:应使用如楔形夹头、螺纹夹、套环夹头等合适的夹具持试样,夹头的夹持面与试样接触应尽可能对称均匀。

4. 试件制备

拉伸实验用钢筋试件长度:$L_0 \geqslant L_0 + 200$ mm,钢筋拉伸试件尺寸如图 12-21 所示,L_0 尺寸见表 12-2。如平行长度 L_c 比原始标距长许多,例如不经机加工的试样,可以标记一系列套叠的原始标距。有时可以在试样表面划一条平行于试样纵轴的线,并在此线上标记原始标距(标记不应影响试样断裂),测量标距长度 L_0(精确至 0.1 mm)。

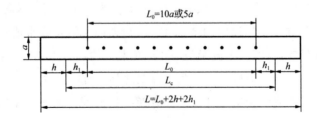

图 12-21 钢筋拉伸试件尺寸

a—试样原始直径;L_0—标距长度;h_1—取 $(0.5\sim1.0)a$;h—夹具长度

表 12-1 圆钢规格加载速率表

直径	横截面积/mm²	屈服前加载速率区间/(kN·s⁻¹)	屈服期间加载速率区间/(kN·s⁻¹)	平行长度加载速率/(kN·s⁻¹)
$\phi6$	28.27	0.17～1.70	1.48～14.84	47.49
$\phi7$	38.48	0.23～2.31	2.02～20.20	64.65
$\phi8$	50.27	0.30～3.02	2.64～26.39	84.45
$\phi9$	63.63	0.38～3.82	3.34～33.41	106.90
$\phi10$	78.54	0.47～4.71	4.12～41.23	131.95
$\phi11$	95.03	0.57～5.70	4.99～49.89	159.65
$\phi12$	113.1	0.68～6.79	5.94～59.38	190.01
$\phi13$	132.7	0.80～7.96	6.97～69.67	222.94
$\phi14$	153.9	0.92～9.23	8.08～80.80	258.55
$\phi15$	176.7	1.06～10.60	9.28～92.77	296.86
$\phi16$	201.1	1.21～12.07	10.56～105.58	337.85
$\phi17$	227	1.36～13.62	11.92～119.18	381.36
$\phi18$	254.5	1.53～15.27	13.36～133.61	427.56
$\phi19$	283.5	1.70～17.01	14.88～148.84	476.28
$\phi20$	314.2	1.89～18.85	16.50～164.96	527.86
$\phi21$	346.4	2.08～20.78	18.19～181.86	581.95
$\phi22$	380.1	2.28～22.81	19.96～199.55	638.57
$\phi24$	452.4	2.71～27.14	23.75～237.51	760.03
$\phi25$	490.9	2.95～29.45	25.77～257.72	824.71
$\phi26$	530.9	3.19～31.85	27.87～278.72	891.91
$\phi28$	615.8	3.69～36.95	32.33～323.30	1034.54
$\phi30$	706.9	4.24～42.41	37.11～371.12	1187.59
$\phi32$	804.2	4.83～48.25	42.22～422.21	1351.06
$\phi34$	907.9	5.45～54.47	47.66～476.65	1525.27

表 12-2 钢筋试件尺寸表　　　　　　　　　　　　　　　　　　mm

直径	$L_0(5a)$	$L_0(10a)$	直径	$L_0(5a)$	$L_0(10a)$
$\phi6$	30	60	$\phi18$	90	180
$\phi7$	35	70	$\phi19$	95	190
$\phi8$	40	80	$\phi20$	100	200
$\phi9$	45	90	$\phi21$	105	210
$\phi10$	50	100	$\phi22$	110	220
$\phi11$	55	110	$\phi24$	120	240
$\phi12$	60	120	$\phi25$	125	250
$\phi13$	65	130	$\phi26$	130	260
$\phi14$	70	140	$\phi28$	140	280
$\phi15$	75	150	$\phi30$	150	300
$\phi16$	80	160	$\phi32$	160	320
$\phi17$	85	170	$\phi34$	170	340

5.实验步骤

(1)根据被测钢筋的品种和直径,确定钢筋试样的原始标距 L_0。

(2)用钢筋打点机在被测钢筋表面打刻标点。

(3)接通实验机电源,启动实验机油泵,使油缸升起,读盘指针调零。根据钢筋直径的大小选定实验机的量程。

(4)夹紧被测钢筋,使上下夹持点在同一直线上,保证试样轴向受力。不得将试件标距部位夹入实验机的钳口中,试样被夹持部分不小于钳口的三分之二。

(5)启动油泵,按要求控制实验机的拉伸速度,拉伸中,测力度盘指针停止转动时的恒定荷载,或第一次回转时的最小荷载,即所求的屈服点荷载 P_s(N)。

(6)屈服点荷载测出后,继续对实验加荷直至拉断,读出最大荷载 P_b(N)。

(7)卸去试样,关闭实验机油泵和电源。

(8)试件拉断后,将其断裂部分紧密地对接在一起,并尽量使其位于一条轴线上。如断裂处形成缝隙,则此缝隙应计入该试件拉断后的标距内。断后标距 L_1 的测量。

①直接法。如拉断处到最邻近标距端点的距离大于 $L_0/3$ 时,直接测量标距两端点距离;

②移位法。如拉断处到最邻近标距端点的距离小于或等于 $L_0/3$ 时,则按以下方法测定 L_1 在长段上从拉断处 O 点取基本等于短段格数,得 B 点,接着取等于长段所余格数[偶数,图12-22(a)]的一半,得 C 点;或所余格数[奇数,图12-22(b)]分别加1或减1的一半,得 C 点和 C_1 点。移位后的 L_1 分别为 $l_{AB}+2l_{BC}$ 和 $l_{AB}+l_{BC}+l_{BC}$。

测量断后标距的量值其最小刻度应不大于 0.1 mm。

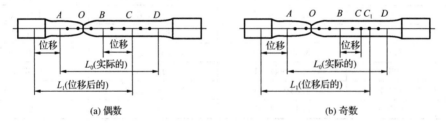

(a) 偶数   (b) 奇数

图 12-22 测量示意图

6.结果评定

(1)钢筋的屈服点和抗拉强度分别按式(12-12)和式(12-13)计算:

$$\sigma_s = \frac{P_s}{A} \tag{12-12}$$

式中 σ_s——屈服点,MPa;

       P_s——屈服点荷载,N;

       A——试件横截面积,mm²。

$$\sigma_s = \frac{P_b}{A} \tag{12-13}$$

式中 σ_b——抗拉强度,MPa;

       P_b——最大荷载,N;

       A——试件横截面积,mm²。

(2)断裂伸长率按式(12-14)式计算:

$$\delta_5(\text{或})\delta_{10} = \frac{L_1 - L_0}{L_0} \times 100\% \tag{12-14}$$

式中 δ_5、δ_{10}——$L_0=5a$、$L_0=10a$ 时的伸长率；

L_0——原标距长度 $5a$（或 $10a$），mm；

L_1——拉断后标距端点间的长度，mm（测量精度 ± 0.5 mm）。

（3）实验出现下列情况之一者，实验结果无效。

①试样断在机械刻划的标记上或标距之外，造成断裂伸长率小于规定最小值。

②实验记录有误或设备发生故障影响实验结果。

（4）遇有实验结果作废时，应补做同样数量试样的实验。

（5）实验后试样出现两个或两个以上的颈缩以及显示出肉眼可见的冶金缺陷（例如分层、气泡、夹渣、缩孔等），应在实验记录和报告中注明。

（6）当实验结果有一项不合格时，应另取两倍数量的试样重新做实验，如仍有不合格项目，则该批钢材应判为拉伸性能不合格。

12.5.2 钢筋弯曲（冷弯）实验

1. 实验目的、依据

检验钢筋承受规定弯曲程度的弯曲塑性变形性能，并显示其缺陷，作为评定钢筋质量的技术依据。

实验依据为国家标准《金属材料 弯曲试验方法》（GB/T 232—2010）。

2. 方法原理

弯曲实验是以圆形、方形、矩形或多边形横截面试样在弯曲装置上经受弯曲塑性变形，改变加力方向，直至达到弯曲的角度。

弯曲实验时，试样两臂的轴线保持在垂直于弯曲轴的平面内。如为弯曲180°的弯曲实验，按照相关产品标准要求，将试样弯曲至两臂相距规定距离且相互平行或两臂直接接触。

3. 主要仪器设备

应在配备下列弯曲装置之一的压力或万能材料实验机上完成实验。

（1）辊式弯曲装置，如图 12-23 所示。

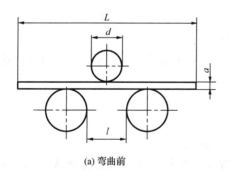

(a) 弯曲前

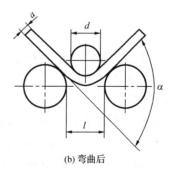

(b) 弯曲后

图 12-23 支撑辊式弯曲装置

（2）V 形模具式弯曲装置，如图 12-24 所示。

（3）虎钳式弯曲装置，如图 12-25 所示。

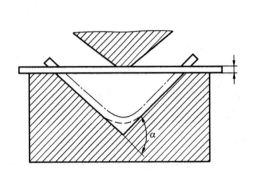

图 12-24　Ⅴ形模具式弯曲装置

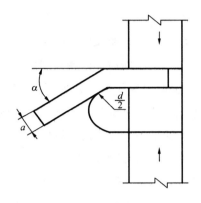

图 12-25　虎钳式弯曲装置

（4）翻板式弯曲装置，如图 12-26 所示。

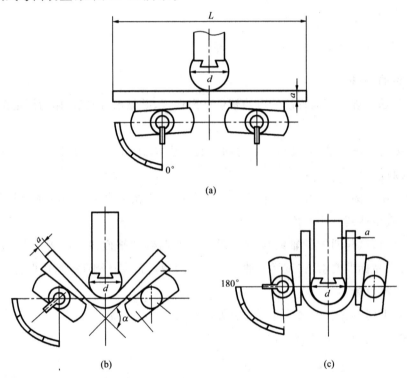

图 12-26　翻板式弯曲装置

　　具备不同直径的弯心，弯心直径由有关标准规定，其宽度应大于试样的直径，弯曲 A 压头应具有足够的硬度。

4. 试样制备

（1）试样的弯曲外表面不得有划痕。

（2）试样加工时，应去除剪切或火焰切割等形成的影响区域。

（3）当钢筋直径小于 35 mm 时，不需要加工，直接实验。钢筋直径大于 35 mm、小于 50 mm时，加工成横截面内切圆直径不小于 25 mm 的圆试样。直径或多边形横截面内切圆直径大于 50 mm 的产品，应将其加工成横截面内切圆直径不小于 25 mm 的试样。加工时，应保留一侧的原表面；实验时，原表面应位于弯曲的外侧。

（4）弯曲试样长度根据试样直径和弯曲装置而定。

5. 实验步骤

实验一般在 10～35 ℃的室温范围内进行,对温度要求严格的实验,实验温度应为 18～28 ℃。由相关产品标准规定,采用下列方法之一完成实验。

试样在图 12-23、图 12-24、图 12-25、图 12-26 所给定的条件进行弯曲,在作用力下的弯曲程度可分下列 3 种类型:

(1)试样在力作用下弯曲至两臂相距规定距离且相互平行,如图 12-27 所示。

(2)试样在力作用下弯曲至两臂直接接触,如图 12-28 所示。

(3)弯曲实验时应缓慢平稳地施加实验力。

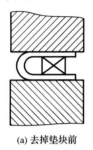 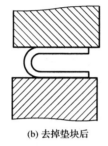

(a) 去掉垫块前　　　　(b) 去掉垫块后

图 12-27　试样弯曲程度(1)

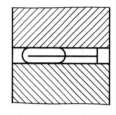

图 12-28　试样弯曲程度(2)

6. 实验结果

(1)弯曲后,按有关标准规定检查试样弯曲外表面,进行结果评定。相关产品标准规定的弯曲角度作为最小值,规定的弯曲半径作为最大值。

(2)有关标准未做具体规定时,检查试样的外表面,按以下五种实验结果进行评定,若无裂纹、裂缝或断裂,则评定试样合格。

①完好:试样弯曲处的外表面金属基体上,肉眼可见因弯曲变形产生的缺陷时称为完好。

②微裂纹:试样弯曲的外表面金属基体上出现细小的裂纹,其长度不大于 2 mm、宽度不大于 0.2 mm 时,称为微裂纹。

③裂纹:试样弯曲外表面金属基体上出现开裂,其长度大于 2 mm,而小于或等于 5 mm,宽度大于 0.2 mm,而小于或等于 0.5 mm 时,称为裂纹。

④裂缝:试样弯曲外表面。金属基体上出现开裂,其长度大于 5 mm,宽度大于 0.5 mm时,称为裂缝。

⑤断裂:试样弯曲外表面出现沿宽度贯穿的开裂,其深度超过试样厚度的 1/3 时,称为断裂。

参 考 文 献

[1] 湖南大学,天津大学,同济大学,东南大学.土木工程材料.4版.北京:中国建筑工业出版社,2002

[2] 徐有明.木材学.北京:中国林业出版社,2006

[3] 彭小芹.土木工程材料.重庆:重庆大学出版社,2010

[4] 刘一星.木质材料环境学.北京:中国林业出版社,2008

[5] 刘军.土木工程材料.北京:中国建筑工业出版社,2009

[6] 夏燕.土木工程材料.武汉:武汉大学出版社,2009

[7] 余丽武.土木工程材料.武汉:东南大学出版社,2011

[8] 王世芳.建筑材料.武汉:武汉大学出版社,2000

[9] 葛勇.土木工程材料学.北京:中国建材工业出版社,2007

[10] 刘祥顺.建筑材料.3版,北京:中国建筑工业出版社,2010

[11] 吴科如.土木工程材料.2版,上海:同济大学出版社,2008

[12] 施惠生.土木工程材料.重庆:重庆大学出版社,2011

[13] 陈剑峰,杨红玉.生态建筑材料.北京:北京大学出版社,2011

[14] 陈燕,岳文海,董若兰.石膏建筑材料.2版,北京:中国建材工业出版社,2012

[15] 陈宝璠.土木工程材料检测实训.北京:中国建材工业出版社,2009

[16] 赵亚丁.建筑材料.武汉:武汉大学出版社,2014

[17] 薛正良.钢铁冶金概论.北京:冶金工业出版社,2008

[18] 廖国胜,曾三海.土木工程材料.北京:冶金工业出版社,2011

[19] 朋改非.土木工程材料.武汉:华中科技大学出版社,2008

[20] 葛勇.土木工程材料学.北京:中国建材工业出版社,2007

[21] 沈祖炎,陈扬骥,陈以一.钢结构基本原理.北京:中国建筑工业出版社,2005

[22] 过镇海.钢筋混凝土原理.北京:清华大学出版社,2013

[23] 叶列平,赵作周.混凝土结构.北京:清华大学出版社,2005

[24] 苏达根.土木工程材料.北京:高等教育出版社,2008

[25] 钱觉时.建筑材料学.武汉:武汉理工大学出版社,2007

[26] 梁松.土木工程材料.广州:华南理工大学出版社,2007

[27] 张思梅.土木工程材料.北京:机械工业出版社,2011

[28] 王春阳,裴锐.土木工程材料.北京:北京大学出版社,2009

[29] 邢振贤.土木工程材料.北京:中国建筑工业出版社,2011

[30] 赵志曼,张建平.土木工程材料.北京:北京大学出版社,2012

[31] 宋少民,孙凌.土木工程材料.武汉:武汉理工大学出版社,2006

[32] 蒋晓曙.土木工程材料.北京:中国水利水电出版社,2008

[33] 霍曼琳.建筑材料学.重庆:重庆大学出版社,2009

[34] 柯国军.土木工程材料.北京:北京大学出版社,2006

[35] 钱晓倩,詹树林,金南国.建筑材料.北京:中国建筑工业出版社,2009

[36] 刘斌,许汉明.土木工程材料.武汉:武汉理工大学出版社,2009

[37] 张正雄,姚佳良.土木工程材料.北京:人民交通出版社,2008

[38] 陈辉.土木工程材料.西安:西安交通大学出版社,2012

[39] 符芳.土木工程材料.南京:东南大学出版社,2006

[40] 李崇智,周文娟,王林.建筑材料.北京:清华大学出版社,2009

[41] 夏吉军,京沪高速轨道板混凝土优化配制技术,混凝土与制品.2011

[42] 吴中伟,廉慧珍.高性能混凝土.中国铁道出版社.1999

[43] 吕平,魏小胜,庞鲁峰,全洪珠,金祖权.土木工程材料[M].北京:科学出版社